TOLKIEN ET LES SCIENCES

Sous la direction de
Roland Lehoucq, Loïc Mangin
et Jean-Sébastien Steyer

TOLKIEN ET LES SCIENCES

Alpha • Sciences

Crédits photographiques :

p. 169 : © Robert Reynolds
p. 170 : © William Sarjeant
p. 183 à 192 : © Dan Lunt
p. 196-197 : © Jean-Yves Dubuisson
p. 284, 353, 355 et 391 : © Diane Rottner

ISBN 978-2-3838-8037-0
Dépôt légal — 1re édition, Belin Éditeur : 2019, octobre
1re édition, Alpha : 2022, juin

170 bis, boulevard du Montparnasse 75014 Paris

SOMMAIRE

TROISIÈME PARTIE

UN ENVIRONNEMENT COMPLEXE

QUATRIÈME PARTIE

DES MILIEUX GRANDIOSES

CINQUIÈME PARTIE

DES PERSONNAGES ÉTONNANTS

SIXIÈME PARTIE
UN BESTIAIRE FANTASTIQUE

ANNEXES

TOLKIEN, *THE LORD OF SCIENCE*

Quel rapport entre la langue elfique et le vieil anglais ? Quelle est la géologie de la Terre du Milieu ? Comment le dragon Smaug fait-il pour voler ? Pour répondre à ces questions, nul besoin d'être scientifique ou spécialiste de Tolkien, il suffit d'ouvrir ce livre.

En 1937, John Ronald Reuel Tolkien marque à jamais l'histoire de la *fantasy* avec *Le Hobbit*, initialement écrit pour ses enfants. L'auteur polymorphe, à la fois professeur d'université à Oxford, philologue et poète, récidive avec, pour les œuvres les plus connues, *Le Seigneur des Anneaux* (1954-1955) ou *Le Silmarillion* (publié en 1977 à titre posthume). Ce passionné de mythologies et de langues, qu'il s'amusait à inventer, laisse derrière lui un *legendarium* complexe : un monde imaginaire si riche, construit et développé qu'il correspond à un formidable énoncé pour faire des sciences en s'amusant ! C'est le but assumé de cet ouvrage : utiliser l'univers de Tolkien – son histoire, ses langues, sa géographie, ses monstres, ses personnages – pour parler de sciences humaines, de sciences physiques ou encore de sciences naturelles. Nous le voyons bien, les thèmes sont nombreux et les questions multiples. Mais à défaut d'être exhaustifs, nous souhaitons être lisibles et diffuser les connaissances vers le grand public. Notre but n'est pas de briser le rêve de cette *fantasy* – encore moins de critiquer Tolkien – mais de montrer comment les sciences peuvent enrichir le monde. Bienvenue en « Terre du Milieu des sciences » ! Un voyage transdisciplinaire – et parfois indiscipliné – au pays de Tolkien… « Et si vous en revenez, vous ne serez plus les mêmes ! »

Roland Lehoucq, Loïc Mangin et Jean-Sébastien Steyer

Tolkien et les sciences, une relation à plusieurs visages

Isabelle Pantin,
historienne, École normale supérieure

Tolkien se voyait d'abord comme un poète, un créateur de mythes à travers les mots, mais il était certainement tout autant un scientifique, si on s'en tient à une définition fondamentale (et donc intemporelle) de la science : l'effort mené de façon rationnelle pour connaître et comprendre la réalité naturelle, depuis l'organisation du cosmos jusqu'aux activités et productions humaines. En revanche, si on restreint la définition à l'image standard (caricaturale ?) d'une science moderne occidentale dominée par des modèles créés par et pour la physique et les mathématiques, et engagée dans une démarche conquérante appuyée sur la technologie, l'analyse doit devenir bien plus nuancée. Il faut donc examiner séparément ces deux approches.

Tolkien avait l'esprit scientifique dans l'acception la plus large : sans doute pas celle de Gaston Bachelard et de tous ceux pour qui cette aptitude à la « connaissance objective » ne pouvait exister avant le tournant de la modernité, mais plutôt celle de Platon, d'Aristote ou de Roger Bacon

(1214-1294), le « docteur admirable » à l'insatiable curiosité qui l'avait précédé à Oxford, quelque sept siècles auparavant et à une autre chaire. Il aimait la réalité, il en était curieux, et il voulait avoir avec elle une relation non biaisée : doué d'un sens critique aigu, il détestait cordialement, en tous domaines, les discours alambiqués et prétentieux qui offrent mensongèrement l'accès à une connaissance alors qu'ils fonctionnent comme des écrans opaques et illusoires.

Le refus de tricher avec le réel

Pour exprimer ce dégoût des faux-semblants, un mot venait souvent sous sa plume : *bogus*, qui désigne une facticité de pacotille, souvent associée à la tricherie et à l'imposture. Il l'emploie, par exemple, dans une lettre de 1968 à *Time-Life International* (*Lettres*, n° 302) pour refuser une série de photos dans son cadre de travail, soulignant qu'il ne partage visiblement pas avec l'agence la même conception du « naturel » : comme il ne lui arrive jamais d'être photographié quand il écrit ou discute avec quelqu'un, un cliché de lui « faisant semblant de travailler serait totalement *bogus* ». Le terme revient à propos de la pratique des écrivains, mais aussi de diverses sciences.

Ainsi, dans son étude sur le *Kalevala*, Tolkien note que ce recueil d'anciens poèmes finnois, constitué et édité de façon tout à fait sérieuse à partir de sources orales par Elias Lönnrot, médecin et linguiste, au XIXe siècle, n'est en rien touché par cet archaïsme artificiel et de mauvais aloi (*bogus archaïsm*) qui marque l'œuvre attribuée à Ossian (mythique poète gaélique du IIIe siècle) par son prétendu traducteur, James Macpherson[1]. Le même adjectif lui sert à stigmatiser les mauvais auteurs de romans historiques qui donnent à leurs personnages un langage faussement ancien, faussement noble et, pour tout dire, ridicule (*Lettres*, n° 171), mais aussi l'arsenal pseudoscientifique de la science-fiction médiocre qui utilise de grosses ficelles technologiques : *mere abracadabra in bogus 'scientific' form*[2].

Le syndrome du *bogus* peut également toucher ceux qui affectent un purisme savant en matière de terminologie botanique, comme ces correcteurs pédants du *Seigneur des Anneaux* qui ont remplacé par *nasturtium* (nom latin du cresson de fontaine) l'authentique nom anglais du cresson indien : *nartustians*. Dans une lettre de juillet 1954, Tolkien produit à son appui le témoignage du jardinier du Merton College et rejette *nasturtium* comme *bogusly botanical* et « faussement érudit ».

Le mal affecte de façon bien plus grave certains des champions de la théorie indo-européenne et de son application tendancieuse à l'étude des mythologies. Georges Dasent (1817-1896), un auteur pilier des études scandinaves qui n'hésitait pas à exprimer dans ses travaux sa conviction de la supériorité de la race nordique (dont participaient selon lui les Anglais), est accusé par Tolkien, dans son essai *Du conte de fées* (*On Fairy-Stories*), d'avoir détourné les contes de leur fonction, armé et aveuglé par le fatras théorique dont il était infatué, ce « farrago de pseudo préhistoire (*mishmash of bogus pre-history*), fondée sur les premières conjectures de la philologie comparée ». Le pire en la matière a été atteint par la « doctrine de la race totalement pernicieuse et non scientifique » dont se réclamaient les nazis, et que Tolkien condamne dans une lettre de juillet 1938 à son éditeur Stanley Unwin qui lui avait transmis les exigences d'une maison d'édition allemande désirant faire traduire le *Hobbit*.

Étant donné le caractère fondamental de ce refus de tricher avec le réel, la distinction souvent faite entre le rigoureux savant Tolkien, philologue reconnu, le citoyen Tolkien aimant lire les journaux pour s'informer sur le monde présent, et le créateur Tolkien laissant son esprit s'échapper vers les espaces de la Terre du Milieu, n'a strictement aucune validité : il est absurde de séparer, pis encore d'opposer, un niveau de la libre création imaginaire et un niveau où se jouerait la confrontation avec les choses telles qu'elles sont. C'est pourquoi, de front avec son ami C. S. Lewis (1898-1963), son collègue à Oxford, Tolkien a rudement bataillé contre les préjugés opposant une littérature dite sérieuse, témoin prétendument fidèle et responsable des problèmes actuels (« en prise sur le monde » comme on dit), et une littérature dite d'évasion, moyen facile de se changer les idées grâce à des fictions aussi éloignées que possible du fade quotidien.

Mythe et vérité scientifique

La dernière section de Du conte de fées (avant l'épilogue) concerne la finalité de ces récits qui s'écartent délibérément du réalisme et du vraisemblable ordinaires pour accéder, à travers le mythe et la création de mondes imaginaires, à une forme supérieure de réalisme, parce qu'ils approchent le réel à un niveau plus profond, plus fondamental. Les critiques adressées à la littérature dite d'évasion sont réfutées dans ce cadre. Les contes de fées, soutient Tolkien, offrent un apport essentiel grâce à la pleine confiance qu'ils accordent à l'imaginaire et sont, paradoxalement, la source d'une connaissance plus riche. Ils rendent la vision plus claire, décapée de la grisaille des habitudes et libérée de l'illusion que les choses nous appartiendraient, si bien que nous serions dispensés de leur prêter attention.

> *Je ne dis pas que cette vision plus claire consiste à « voir les choses comme elles sont » pour me mettre au nombre des philosophes, mais je pourrais aller jusqu'à dire « voir les choses comme nous sommes, ou avons été, destinés à les voir » : comme des choses distinctes de nous-mêmes [...]. Les choses qui sont banales, ou familières au mauvais sens du terme, sont celles que nous nous sommes appropriées, légalement ou mentalement. Nous disons que nous les connaissons. Elles sont devenues comme les objets qui nous ont naguère attirés par leur éclat, leur couleur ou leur forme : nous avons mis la main dessus, puis les avons engrangées et, les ayant acquises, avons cessé de les regarder.*

Les meilleurs conteurs fantastiques gardent pour objets premiers les choses simples et fondamentales.

> *Car le conteur qui se permet d'être « libre avec » la Nature peut être son amant, non son esclave. C'est dans les contes de féerie que j'ai eu pour la première fois l'intuition du pouvoir des mots et de la merveille des choses, comme la pierre, le bois et le fer, l'arbre et l'herbe.*

Il n'y a aucune raison de mépriser « l'évasion » procurée par la « féerie ». Pourquoi mépriser le prisonnier qui tente de s'évader ? Dans la même section (sur l'« Évasion ») de cette conférence donnée en 1939 et révisée pour publication après la guerre, Tolkien use même d'une analogie radicale : appellerait-on désertion ou trahison le fait de s'échapper du Troisième Reich ou de toute autre dictature ? La fonction essentielle des contes est de répondre aux désirs fondamentaux des humains, les plus révélateurs de leur propre nature : reculer les limites de son expérience en nageant avec les poissons, en volant avec les oiseaux, en parlant avec d'autres espèces vivantes, et, degré ultime de la libération imaginée, en franchissant la barrière de la mort.

L'amour des mythes ne s'oppose donc nullement à une démarche rationnelle. Il ne diminue en rien « l'appétit pour la vérité scientifique », pas plus qu'il n'en trouble la perception. Bien au contraire, la valeur des mondes imaginaires dépend des qualités scientifiques de leurs créateurs, de leur aptitude à reconnaître les choses du monde réel pour ce qu'elles sont, et de leur rigoureux travail pour rendre leurs inventions cohérentes. Car ces créateurs doivent reconstituer un cosmos ordonné par un système de lois naturelles (*Du conte de fées*, section « Enfants »).

Se rappelant quel genre de lecteur il était lui-même dans son enfance, Tolkien souligne qu'il n'était nullement un amateur exclusif et inconditionnel de contes (ce goût s'étant surtout développé plus tard, avec sa connaissance des langues). Ce qu'il recherchait avant tout, c'était de « savoir ». Il satisfaisait ce besoin en lisant des histoires qui l'emmenaient dans un autre monde où il trouvait ce qui l'attirait (comme les dragons), sans le confondre en rien avec le monde réel, mais aussi, voire plus souvent, en découvrant l'histoire, la botanique, la grammaire ou l'étymologie. Une note évoque son goût précoce pour la zoologie et la paléontologie. Le vif intérêt qu'il y prenait n'aurait pourtant jamais pu le décider à passer entièrement du côté de la science pour satisfaire les préjugés des adultes :

> *En fait, j'étais plus avide d'étudier la nature que de lire la plupart des contes, mais je ne voulais pas faire le marché de dupe de perdre la Féerie pour m'adonner à la Science, persuadé par les arguties de gens qui semblaient tenir pour acquis que je devais préférer les contes, en raison de quelque péché originel, mais qu'il fallait m'inciter à aimer la science, conformément aux impératifs d'une sorte de nouvelle religion*[3].

Tolkien devait découvrir plus tard le bien-fondé de cette résistance instinctive : nul besoin de sacrifier la fiction à la science. Les échanges entre elles sont constants : la première prête à la seconde la ressource des hypothèses, et lui emprunte en retour de quoi donner substance et cohérence à ses inventions. Toutes les deux procurent, chacune à sa façon, l'émerveillement devant le monde réel et le moyen d'y répondre. Seulement, la fiction passe par l'intermédiaire d'une création seconde, un monde imaginaire, apparemment autonome et régi par ses propres lois, mais constitué d'éléments pris au monde premier.

Dans la dernière partie de sa vie, Tolkien passait beaucoup de temps à répondre aux lettres de lecteurs captivés par la Terre du Milieu au point d'être convaincus de son existence, et qui lui demandaient constamment d'éclaircir certains détails, ou d'expliquer tel ou tel phénomène. Loin de prendre de haut leur naïveté, il faisait de son mieux pour les satisfaire, avouant volontiers qu'il s'était, lui aussi, pris au jeu de sa création. Il ne s'agissait pas pour lui d'un simple univers de papier.

On aurait tort de voir dans cette attitude la dangereuse dérive d'un imaginatif pris au piège des séductions du virtuel. Décrire la Terre du Milieu était bien pour Tolkien le moyen d'appréhender pleinement la planète sur laquelle il vivait, de percevoir plus vivement l'admiration qu'elle suscitait en lui, et d'y répondre par un travail de poète, différent mais complémentaire de celui des scientifiques. Il l'a dit très simplement, en mars 1966, lors d'une interview téléphonique à Henry Resnick, qui préparait un article sur lui, article paru le 2 juillet 1966 dans le *Saturday Evening Post*, sous le titre de : « The Hobbit-Forming World of J.R.R. Tolkien » : « Si vous voulez vraiment savoir quel est le fondement de la Terre du Milieu, c'est l'émerveillement et la joie que me donne la terre telle qu'elle est, particulièrement la terre naturelle. » Cet émerveillement et cette joie, précisait-il, avaient été d'abord éveillés par sa découverte, à trois ou quatre ans, de la campagne des environs de Birmingham. Le passage, qui confirme l'enracinement de la création de Tolkien dans une expérience du monde réel, ne contient aucune réflexion particulière sur la science, mais il rappelle la façon dont Aristote, dans la *Métaphysique*, évoque les débuts de la philosophie et de la quête d'une connaissance de la nature, en soulignant le rôle essentiel de l'étonnement ou émerveillement (*thauma*), et la parenté entre l'amour des mythes (c'est-à-dire des récits fictifs) et celui de la science.

> *Ce fut en effet l'étonnement qui poussa, comme aujourd'hui, les premiers penseurs aux spéculations philosophiques. Au début, ce furent les difficultés les plus apparentes qui les frappèrent, puis ils cherchèrent peu à peu à résoudre des problèmes plus importants, tels que les phénomènes de la Lune, ceux du Soleil et des étoiles, enfin la genèse de l'Univers. Apercevoir une difficulté et s'étonner, c'est reconnaître sa propre ignorance, et c'est pourquoi aimer les mythes est, en quelque sorte se montrer philosophe, car le mythe est composé de merveilleux.*
>
> *(A, 2, 982b)*

Aristote poursuit en soulignant que ces pionniers de la recherche, qui exprimaient souvent leurs questions et leurs hypothèses à travers des fictions, poursuivaient la connaissance pour elle-même, et non à des fins utilitaires, une idée également chère à Tolkien, mais qui sera abordée plus loin.

La valeur scientifique de la démarche de Tolkien est donc indéniable, et elle a été spontanément reconnue par beaucoup de ses lecteurs, notamment par des astronomes, physiciens, biologistes ou paléontologues, nullement rebutés par le caractère archaïque et fantaisiste de la Terre du Milieu. Bien au contraire, ils ont été sensibles à la façon dont son créateur a cherché à donner une cohésion aux éléments de cet univers, et l'a fait vivre et évoluer (loin de construire simplement la maquette d'un décor), au long d'un patient processus durant lequel il semble s'être posé constamment des questions (sur le tracé des côtes et des fleuves, la flore, la faune, l'adaptation des êtres à leur milieu, et bien d'autres effets), avant d'imaginer des réponses. La qualité de ses observations en matière d'histoire naturelle ne leur a pas non plus échappé.

Henry Gee, paléontologue de formation, exprime bien cette reconnaissance. Dans son ouvrage *The Science of Middle-Earth* (*La Science de la Terre du Milieu*), il commence par développer une analogie entre les méthodes de la discipline académique de Tolkien (la philologie) et celles de la cladistique (permettant d'établir des arbres de parenté entre espèces) qui, selon lui, ont le plus fait progresser la connaissance de l'évolution des espèces : que ce soit pour établir des filiations entre des manuscrits, des langues ou des organismes vivants, il s'agit toujours de dresser des arbres. Puis Gee élargit l'enquête à d'autres domaines, effectuant des rapprochements et signalant des emprunts réciproques.

La nomenclature de la Terre du Milieu, précise, suggestive, respectueuse des lois du langage et soigneusement adaptée à ce qu'elle désigne, n'est pas seulement admirée, elle est parfois imitée. Des entomologistes, des paléontologues, des géologues ou des astronomes puisent dans cette mine quand ils ont besoin de baptiser tel ou tel objet récemment découvert, insecte, fossile ou astéroïde, et que celui-ci leur semble avoir une parenté, ou une simple analogie, même très indirecte, avec un objet ou un personnage décrit par Tolkien. Kristine Larsen, professeur de physique et d'astronomie, a dressé un bilan de ces emprunts.

Rejet du matérialisme scientifique

Mais cette image d'une parfaite harmonie entre la création de Tolkien et le monde des sciences ne rend pas compte d'une vérité plus complexe. Elle ne doit pas faire oublier les multiples et vigoureuses dénonciations par l'écrivain de ce qu'il appelait le « matérialisme scientifique » et en lequel il voyait le fléau du monde moderne.

Ce « matérialisme scientifique », sous sa forme diabolique qui associe la recherche proprement dite à une escalade technologique et à la manipulation par de grandes puissances – puissances d'argent ou puissances politiques – est évoqué dans le *Seigneur des Anneaux* à travers l'empire du Mordor et son satellite, l'Isengard de Saruman : il est clair qu'il s'agit d'un totalitarisme. Tolkien le confirme dans une lettre à son fils Christopher, datée de janvier 1945, où il exprime l'espoir d'une sorte de millenium, c'est-à-dire d'un règne terrestre des « saints » : ceux qui n'ont pas cédé aux forces du Mal, à savoir « en termes modernes, mais non universels, le matérialisme "scientifique". Le socialisme représenté dans chacune des deux factions actuellement en guerre ».

Dans ce passage, « scientifique » est entre guillemets, ce qui montre que Tolkien faisait la part des choses. Il n'empêche qu'il ressentait une hostilité profonde et tenace envers les tendances « matérialistes », douces et insidieuses, qui lui semblaient avoir pénétré très avant le domaine de la science, y compris dans ses provinces apparemment les plus vertueuses, comme les facultés de l'université d'Oxford.

Sa remarque, citée plus haut, sur son refus enfantin de s'enrôler au service de la « science » en renonçant à la « féerie » est significative à cet égard. Elle rejoint les jugements qu'il exprimait volontiers sur l'évolution de l'organisation des études. Malgré les tragédies et les horreurs du début du XXe siècle, Tolkien s'estimait extrêmement heureux d'avoir été jeune à une période où le temps et la liberté avaient pu lui être laissés de trouver sa voie et d'approfondir ses connaissances – bref de devenir lui-même, J.R.R. Tolkien, professeur reconnu et créateur de la Terre du Milieu. En ce temps béni, on avait le loisir de s'enraciner dans les domaines correspondant à sa vocation sans risquer de compromettre tout espoir d'une carrière académique : on n'avait pas besoin d'être docteur pour obtenir un poste, du moment qu'on avait donné des preuves de sa valeur.

Le discours d'adieu qu'il prononça le 5 juin 1959 lors de son départ à la retraite – et que l'on retrouve dans *Les Monstres et les Critiques et autres essais* –, insiste sur ce thème et brosse un portrait ironique de son université telle qu'elle est devenue. Ce n'est plus un lieu de formation, mais d'initiation à la recherche. Les étudiants les plus doués y sont inexorablement orientés vers des études doctorales étroitement déterminées en fonction de la politique de leurs départements – ces derniers cherchant à produire des thèses aussi nombreuses que régulièrement calibrées, comme s'ils étaient des fabriques de saucisses. C'est bien là que le matérialisme s'insinue dans la science, jouant à la fois sur l'ambition, même légitime, des étudiants et sur la volonté de puissance des institutions académiques. Et encore... en 1959 les diplômés d'Oxford n'étaient pas autant qu'aujourd'hui convoités par la finance internationale, et les classements mondiaux n'attisaient pas la compétition entre pôles universitaires.

Dans une lettre de 1966 à son petit-fils Michael George, qui abordait son troisième cycle à Oxford et songeait à un projet de recherche, Tolkien disait de nouveau son scepticisme et son amertume :

> *Il y a tant à apprendre avant. [Cette idée de la recherche] s'impose souvent aux étudiants à la fin de leur scolarité à cause du désir de se hisser sur le grand train de la science en marche (ou au moins sur une petite remorque en queue), afin de capter un peu du prestige et de l'argent que les « Souverainetés et Pouvoirs et les chefs de ce siècle » font pleuvoir sur la Vache sacrée (comme un écrivain, un scientifique, l'a nommée) et ses acolytes.*

Pour mieux comprendre cette attitude, il faut revenir sur les bases de la position de Tolkien, à commencer par ses convictions religieuses. Sa foi chrétienne, son sens aigu de la distinction entre l'ordre de l'Esprit (ou du Christ) et celui de la Chair, pour reprendre les termes de saint Paul, explique la profondeur de ses exigences éthiques et la force de son rejet de tous les aspects « matérialistes » de la science. Son idée de la nature et de la façon de la connaître en dépendait aussi. Il n'était en rien un fondamentaliste, et les propositions nouvelles de la science de son temps trouvaient en lui un esprit ouvert et curieux, mais il restait fidèle à l'idée que « les cieux racontent la gloire de Dieu » (psaume XIX) et que le savant explorant la nature, tout comme l'auteur d'un « monde secondaire », collaborent à la mise en lumière de la beauté de la Création, dans l'admirable complexité de son organisation et de son évolution à travers le temps.

Ce sentiment se trouve à l'arrière-plan d'une lettre de novembre 1969, dans laquelle il remercie Amy Ronald pour le don d'un ouvrage sur la flore sauvage de la province du Cap qui, dit-il, ouvre des perspectives sur la paléobotanique.

Il ébauche une comparaison avec des fleurs des premiers Âges de sa Terre du Milieu, l'élanor et le niphredil, et avoue sa fascination pour les livres qui lui font connaître des plantes nouvelles, surtout les plantes rares dont les connexions ne sont pas encore établies, mais qui peuvent être rapprochées de plantes connues : « elles éveillent en moi des visions de parenté et de descendance à travers des âges immenses, et aussi des pensées sur le mystère du modèle, ou dessein, conçu comme distinct de son incarnation dans une [espèce] individuelle, et reconnaissable ».

Féerie, magie, science-fiction

L'éducation de Tolkien – essentiellement littéraire, comme il était habituel en son temps – a aussi compté. Quand il évoque ses souvenirs d'école, il s'agit toujours de latin, de grec, ou d'autres langues et littératures. Sa culture scientifique, qui était réelle, a donc surtout été acquise dans des ouvrages de vulgarisation : ses représentations ne se sont pas construites au cours d'un apprentissage des signes et des figures mathématiques. Pour lui, la connaissance de la nature pouvait s'exprimer dans les mêmes langues que tout le reste de l'expérience humaine.

C'est sans doute en partie pour cela qu'à ses yeux, l'approche scientifique d'un objet n'impliquait nullement de passer par des modèles inspirés par les disciplines dites « dures » ni de renoncer à la subjectivité. Il lui a été pénible de constater la transformation irréversible en « sciences humaines » des savoirs sur les langues, les littératures et les mythes, et leur soumission aux catégories du structuralisme pour gagner un brevet de rigueur et d'objectivité. Dans *Du conte de fées*, il consacre une section entière (« Origines ») à se désolidariser des folkloristes et des anthropologues qui s'évertuent à fonder une science des contes. Ces chercheurs extraient de la matière narrative des mythèmes, des « motifs », entre lesquels ils repèrent des ressemblances et des oppositions ; ils l'exploitent comme une carrière dont le minerai serait ensuite parfaitement classé, étiqueté et employé à des usages divers, tous authentiquement scientifiques. Un tel travail, reconnaît Tolkien, serait « légitime en soi » si ses maîtres d'œuvre ne s'estimaient entièrement possesseurs du terrain et ne se permettaient de donner sur les récits des jugements totalement faussés par une ignorance fondamentale : ils ne se rendent pas compte qu'ils sont devant des textes littéraires, dont chacun est unique et doit être apprécié comme un tout, en tenant compte de l'ensemble de ses éléments.

Lui-même jugeait que sa valeur comme linguiste tenait en bonne partie à sa sensibilité aux valeurs esthétiques et musicales des langages, et à son aptitude à écouter ses intuitions les plus personnelles et les plus profondes. En 1955, il envoya au poète W. H. Auden, qui préparait une émission sur lui, une sorte d'esquisse des traits essentiels de son caractère. Il y parlait de sa « sensibilité à la forme linguistique » qui le touchait « émotionnellement comme de la couleur ou de la musique », et sa « réponse profonde », liée à ses « racines », à certaines langues et à certaines légendes.

Il était aussi très méfiant envers les tentatives (bien intentionnées) visant à traduire en termes scientifiques les merveilles de sa Terre du Milieu. Sans doute n'aurait-il pas approuvé sans réserve toutes les pages de l'ouvrage déjà cité d'Henry Gee, notamment dans le chapitre XVII qui se base sur l'aphorisme d'Arthur C. Clarke, un auteur de science-fiction, selon lequel « toute technologie suffisamment avancée serait impossible à distinguer de la magie »[4]. Rien n'empêcherait donc de voir dans les portes de la Moria, dans l'éclairage de la Lórien, ou dans la fiole contenant la lumière de l'étoile d'Eärendil, confiée par Galadriel à Frodo, les effets d'une technologie du futur.

Effectivement, Tolkien connaissait bien la notion ancienne de « magie naturelle », qui consiste à comprendre les processus naturels afin de les reproduire expérimentalement, en les accélérant et en les intensifiant au besoin, de manière à créer ce que les naïfs prennent pour des prodiges[5]. Certains de ses elfes et de ses nains, ou bien Radagast avec ses oiseaux et Gandalf avec ses feux d'artifice, peuvent être vus comme des « mages naturels ». Mais il ne faut pas aller trop loin. Dans *Du conte de fées*, Tolkien distingue la « féerie » de la « magie » pour limiter justement de telles interprétations :

> *Il est peut-être permis de considérer la Magie comme une traduction très approchée de la Féerie, mais il s'agit d'une magie ayant une atmosphère et un pouvoir particuliers, diamétralement opposée aux procédés vulgaires du magicien laborieux et scientifique.*

En juin 1958, Tolkien rédigea une critique détaillée (et ravageuse) d'un scénario élaboré à partir du *Seigneur des Anneaux* par Morton Grady Zimmerman. Le point 22 concerne le *lembas* (le pain léger et très reconstituant que les elfes préparent pour les voyageurs), malencontreusement remplacé par « concentré nutritif ». On retrouve ce texte dans ses *Lettres*. La mise au point est nette :

> *Comme je l'ai montré, tout ce qui tire mon histoire vers le style du « conte de fée » à la française me déplaît fortement. Mais tout ce qui vise à la « scientifiser », par exemple cette expression, me déplaît tout autant [...] Nous ne sommes pas*

[dans le roman] en train d'explorer la Lune, ou quelque autre région plus improbable. Aucune analyse par aucun laboratoire ne saurait découvrir des propriétés chimiques rendant le lembas supérieur aux autres galettes de farine.

Le côté de la féerie et celui de la science-fiction étaient bien distincts pour Tolkien. En tant que lecteur, il aimait beaucoup les deux, avec même une préférence probable pour la seconde, parce qu'elle inspirait plus de romans originaux et imaginatifs. Il était notamment un lecteur assidu d'Isaac Asimov et un admirateur sincère, bien que critique, d'*Un voyage en Arcturus* de David Lindsay, et de la *Trilogie cosmique* de C. S. Lewis[6].

Comme auteur, en revanche, il ne se sentait à l'aise que dans la féerie. En 1936, comme le révèle une lettre de février 1967, Lewis et Tolkien décidèrent d'écrire parallèlement des romans correspondant à ce qui leur plaisait vraiment, et qu'ils ne trouvaient pas dans la production contemporaine, Lewis devait essayer le voyage dans l'espace (ce qu'il fit dans sa trilogie), et Tolkien le voyage dans le temps. Ce dernier commença *La Route perdue*, et l'abandonna très vite. En 1945-1946, un second essai sur un thème très semblable (le retour de deux personnages modernes vers une catastrophe très ancienne, analogue à l'engloutissement de l'Atlantide) est mené un peu plus loin : ce sont les *Notion Club Papers* (*Les Archives du Notion Club*) qui butent pourtant sur le même obstacle que *La Route perdue* : à partir du moment où il s'agit de franchir le mur du temps, le récit semble se désagréger.

La partie écrite des *Archives* éclaire cette difficulté à écrire une véritable histoire de science-fiction. Elle rapporte les discussions à ce propos des membres du Notion Club, dont plusieurs sont des écrivains. Certains des personnages semblent défendre le point de vue de Tolkien : ils attaquent le caractère artificiel des explications pseudo-scientifiques que les auteurs se croient obligés de donner, et des machines qu'ils inventent. Il en résulte, selon eux, un désastre littéraire : la destruction de la cohérence de l'œuvre, de son unité esthétique. D'admirables évocations de mondes imaginaires sont gâchées par le fait que les visiteurs y arrivent à bord de véhicules ridicules. Mieux vaut donc rester fidèle aux procédés narratifs de la féerie, ou bien faire voyager ses héros dans le temps par le moyen de la réminiscence, de la vision ou du songe : c'est le choix que Tolkien a fait lui-même dans *Le Seigneur des Anneaux*.

La relation de Tolkien avec la science avait donc des aspects contrastés. Sans sa curiosité très vive pour la cosmologie, la géographie et la géologie de ce monde, et pour la connaissance de ses plantes et de ses habitants, jamais il n'aurait eu le désir d'inventer sa Terre du Milieu, ni l'énergie et l'inspiration nécessaires pour la faire exister dans son étendue, son histoire, et la vérité de ses moindres détails. D'un autre côté, il voyait bien comment la science pouvait se mettre du côté du pouvoir (pas seulement celui d'une dictature visible), et imposer ses valeurs de façon impérialiste : ce contre quoi l'instinct anarchiste qu'il portait profondément en lui (à côté de son amour de l'ordre et de l'harmonie) l'incitait à une résistance obstinée.

De toute façon, la science, avec la fascination qu'elle exerce et la dynamique qui la fait progresser sans cesse, fait partie du réel. C'est pourquoi elle a toute sa place dans la Terre du Milieu, avec son ambivalence. Différentes façons de la pratiquer y sont représentées. Des plus noires, il a déjà été question ; les elfes, peuple scientifique par excellence, sont de géniaux et dangereux chercheurs prêts à tout sacrifier à leur passion pour leurs inventions, comme Fëanor du *Silmarillion*, tout comme les contemplatifs de la Lórien, capables de réunir quête de la connaissance et création artistique :

> *Les elfes représentent, pour ainsi dire, les aspects artistique, esthétique et purement scientifique de la nature humaine, élevés à un degré supérieur qu'on ne le voit effectivement en l'homme. C'est-à-dire qu'ils ont un amour fervent pour le monde naturel, et un désir de l'observer et de le comprendre à la fois pour lui-même et comme « autre », à savoir comme une réalité dérivée de Dieu au même degré qu'eux-mêmes, et non pas comme une matière à utiliser ou une plate-forme pour le pouvoir.*

C'est une image idéale et sublime qu'il décrit en 1956 dans une lettre à Michael Straits, mais de plus humbles personnages réussissent un accord comparable, comme le hobbit Sam Gamgie, puisant dans le même amour des plantes son savoir botanique et son talent de jardinier.

PREMIÈRE PARTIE

LA CONSTRUCTION D'UN MONDE

Tolkien chercheur, illustrateur… et rêveur

Cécile Breton, journaliste scientifique

« La science, moi, ça m'fait rêver »
Monsieur Z. (Communication personnelle).

Comment un professeur de philologie à l'allure si conventionnelle et aux mœurs si casanières a-t-il pu créer des mondes imaginaires si singuliers ? C'est la première question qui vient à l'esprit en contemplant le portrait de John Ronald Reuel Tolkien, pipe à la bouche et veste en tweed, posant dans sa douillette bibliothèque.

On pourrait se débarrasser de la question en invoquant les nombreuses figures littéraires paradoxales que comptent les sujets de Sa Majesté, mais ce serait une facilité. Ce serait aussi oublier qu'une idée bien ancrée dans notre culture postule que les scientifiques sont nécessairement dénués d'imagination et de sentiments au prétexte qu'ils travaillent à la compréhension du réel. Mais résistons aux sirènes du manichéisme qui flattent si bien notre paresse intellectuelle et, grâce à Tolkien, chercheur, illustrateur et rêveur, tentons de montrer combien cette opposition est absurde. Pour cela, nous discuterons celui de ses talents qui, selon le préjugé énoncé plus haut, l'éloigne le plus de la rationalité : le dessin.

Tolkien aimait dessiner. Il griffonnait beaucoup et n'importe où, sur ses manuscrits ou sur des coupures de journaux. Il avait peu d'estime pour ses propres créations et rechignait à laisser ses éditeurs les publier : c'était un plaisir privé. L'image, finalement assez stéréotypée, que nous avons de la Terre du Milieu et de ses habitants fut popularisée, bien après la parution de ses œuvres, par des illustrateurs comme Jon Howe ou Alan Lee. Mais que nous révèlent les dessins de Tolkien sur la façon dont il se représentait son univers et sur les artistes qui l'ont inspiré ? Les œuvres qui nous intéresseront ici sont celles qui illustrent *Le Seigneur des Anneaux*, car Tolkien a aussi produit des dessins d'après nature (vie de famille ou paysages) et des illustrations pour enfants (pour ses *Lettres du père Noël* et pour *Mr. Bliss*) à la facture volontairement plus naïve et qui mériteraient une autre analyse.

À la source du récit : les cartes et manuscrits médiévaux

La première édition de *The Hobbit, or There and Back Again*, parue en septembre 1937, contenait deux cartes et huit dessins en noir de Tolkien. Ces œuvres furent parfois colorisées par d'autres, puis rééditées dans *The J. R. R. Tolkien Calendars* en 1973 et 1974, et dans *The Hobbit Calendar* en 1976. Dans *Pictures by J. R. R. Tolkien*, son fils Christopher en réunit quarante-neuf. Plus tard, W. G. Hammond et C. Scull en publieront environ deux cents dans leur *J. R. R. Tolkien, artist and illustrator*. Cette œuvre se compose en grande majorité de paysages, mais on y trouve aussi des pages de calligraphie et des motifs décoratifs (*patterns*).

Les illustrations du *Hobbit*, ouvrage destiné aux enfants, sont beaucoup plus nombreuses que celles qui ont trait à la trilogie du *Seigneur des Anneaux* dont les premières éditions ne contiennent que des cartes. Concernant *Le Hobbit*, Tolkien écrira dans une lettre en 1955 (*Lettres*, n° 163) que « pendant longtemps, et pendant des années [Le Hobbit] n'est pas allé plus loin que la réalisation de la carte de Thror ». Méthodique, Tolkien prenait un soin maniaque à la cohérence temporelle et spatiale du récit et ses cartes en étaient la pierre angulaire. Rêver le nez dans les atlas était l'un des passe-temps préférés de ce petit garçon né dans les années 1890. Tolkien inventait des langages avant de créer les peuples qui les parlaient, il dessinait des cartes pour imaginer ceux qui les parcouraient.

La cartographie de ses deux livres principaux, réalisée avec l'aide de son fils Christopher, utilise les codes graphiques en vigueur jusqu'au XVIe siècle qui mêlent vue « en plan » et figuration du relief en perspective. Les cours d'eau sont remplis de lignes parallèles et les lacs de lignes concentriques. Cartouches, roses des vents et échelles sont presque toujours présents et parfois quelques créatures marines comme des dauphins jouent dans l'océan. Ici, hors du souci de réalisme, pas d'autre volonté que de « faire ancien », pour donner l'impression de fac-similés. Bien entendu, en tant que linguiste doublé d'un dessinateur, Tolkien porte un grand soin à la calligraphie. Preuve de l'angoisse que suscitait en lui la représentation des êtres vivants, les paysages de Tolkien sont le plus souvent déserts, les personnages y sont absents ou se réduisent à de petites silhouettes. La seule bête qui semble trouver grâce à ses yeux est le dragon Smaug qu'il reproduit plusieurs fois, veillant sur son tas d'or ou attaquant Bourg-du-Lac (*Lake Town* dans l'œuvre originale). Il est tout à fait conforme à l'une des formes les plus courantes du dragon médiéval, mais parfois teinté d'influences asiatiques : tête chevaline, long corps reptilien et ailes de chauve-souris. On sait combien Tolkien aimait les dragons, fussent-ils celui qui tua Beowulf ou le Fàfnir de Sigurd[1].

L'imaginaire préhistorique

Dans l'attaque incendiaire de Bourg-du-Lac par Smaug, dessin au crayonné rapide, le dragon touché par la flèche noire s'effondre sur la ville en flammes figurée par une longue rangée de pilotis et une palissade. Une autre image, bien plus élaborée et simplement intitulée Lake Town, montre la cité lacustre vue de la rive. Un pont mène à une vaste plateforme sur pilotis sur laquelle une impressionnante ville est bâtie. Quelques tonneaux épars, un batelier et un bateau témoignent de son activité commerciale. Ce dessin nous donne une information importante sur les centres d'intérêt de Tolkien et les images qui ont pu le toucher. L'une des grandes découvertes archéologiques du milieu du XIXe siècle fut l'habitat protohistorique lacustre des lacs suisses : l'hiver 1853-1854, particulièrement froid et sec, provoqua une exceptionnelle baisse du niveau des eaux qui révéla de véritables « forêts de pieux ». Plus de deux cents « villages » furent ainsi découverts dans tout l'arc alpin au cours des deux décennies qui suivirent et l'image des cités dites « palafittes[2] », véhiculée par les nombreuses reconstitutions dans les livres de vulgarisation scientifique, a profondément marqué l'imaginaire populaire. Ces cités lacustres ont été aussi naturellement représentées par le chantre des scènes de vie bucoliques helvètes, le peintre suisse Albert Anker (1831-1910) connu pour ses scènes de la vie pastorale et familiale à l'esprit rousseauiste ainsi que pour ses nombreux portraits intimistes d'enfants. Dans Der Pfahlbauer, un « palafitte » à la moustache gauloise guette sa proie, arc en main, allongé sur une éminence surplombant son lac. Comment ne pas penser aux Indiens d'Amérique qui peuplaient les livres du jeune Tolkien ? Les découvertes archéologiques cristallisent un imaginaire mêlant l'exotisme et une image de l'homme « à l'état de nature », libéré des contraintes d'une civilisation aux rapports sociaux codifiés. Elles donnent ainsi aux artistes maints prétextes à la représentation de belles sauvageonnes à demi nues brutalisées par de virils guerriers, comme dans le magnifique tableau de Paul Jamin[3] (1853-1903), *Rapt à l'âge du Bronze*.

Le bateau à proue zoomorphe (dragon ? cheval ?) qui semble rejoindre la ville sur ce dessin fait immédiatement penser à un drakkar et *Beord's Hall*, une autre œuvre de Tolkien, nous dirige aussi vers le monde nordique. Avec ses poutres transversales et son grand foyer central enterré et quadrangulaire, cet intérieur évoque les *mead halls*, bâtiments communautaires vikings à vocation politique et religieuse. Pour W. G. Hammond et C. Scull, ce dessin est d'ailleurs inspiré d'un autre, publié par son collègue médiéviste E. V. Gordon, auteur de *An Introduction to Old Norse* (« Introduction à la Norvège antique »), en 1927. On peut donc légitimement voir Bourg-du-Lac comme une ville d'inspiration « néolithico-viking », construite sur les interprétations romantiques des découvertes archéologiques du siècle.

L'imaginaire écolo

Dans une lettre du 25 octobre 1958 (*Lettres*, n° 213), Tolkien écrit : « Je suis en fait un Hobbit (en tout sauf pour la taille). J'aime les jardins, les arbres et les terres cultivées sans machine. » Ce qui frappe dans ses œuvres – surtout si on les compare avec les scènes de batailles, monstres et tours sombres de ceux qui les ont illustrées plus tard –, c'est leur aspect paisible et bucolique : les forêts les plus profondes, les montagnes les plus vertigineuses et même les trolls ne semblent pas véritablement menaçants. Il est ici difficile de ne pas faire le lien avec son enfance et son amour pour les vertes vallées des Midlands. Né en Afrique du Sud, c'est pour protéger ses enfants de la chaleur que sa mère décide de rentrer en Angleterre alors que le petit John Ronald Reuel n'a que trois ans. La famille s'installe alors dans le Worcestershire puis à quelques lieues de Birmingham, à Sarehole. Il fera souvent mention de cette période bénie qui se termine, cinq ans plus tard, par son entrée au collègue en plein cœur de la ville.

On peut interpréter le paysage de *Hobbiton, The hill, hobbiton-across-the-water* comme l'image que Tolkien se faisait du paradis terrestre : un bocage, une rivière et une colline autour de laquelle s'ouvrent les fenêtres circulaires de Cul-de-Sac (*Bag-End)* et des résidences voisines. Tolkien est un hobbit qui aime par-dessus tout les arbres, non seulement pour leur majestueuse beauté, mais aussi parce qu'il voit en eux une illustration de la façon dont se construisent les mythes. Il qualifiera d'ailleurs *Le Seigneur des Anneaux* de « mon Arbre intérieur » dans l'une de ces lettres (*Lettres*, n° 241) en septembre 1962. Les arbres sont omniprésents dans son œuvre, et on les trouve en nombre dans l'un de ses dessins préférés : *Bilbo comes to the Huts of the Raft-elves.* Le style de ce dessin, mais peut-être de manière encore plus frappante celui de *The Elvenking's Gate* ou de celui des *Doors of Durin*, est résolument Art nouveau.

L'imaginaire symboliste

Les stations de métro parisiennes d'Hector Guimard (1867-1942) sont l'expression la plus célèbre de l'Art nouveau, mouvement artistique né aux alentours de 1890. Les peintres, illustrateurs ou architectes qui s'y reconnaissent s'inspirent largement des formes de la nature et exaltent la grâce des courbes végétales et féminines. La vie animale y est aussi omniprésente et, parmi les précurseurs de ce mouvement résolument anti-positiviste, on trouve – paradoxalement – un scientifique qui marqua l'histoire de la biologie, Ernst Hæckel (1834-1919). Sur ses célèbres planches venant appuyer les nombreuses descriptions d'espèces qu'on lui doit, les méduses et les poulpes enroulent sagement leurs tentacules en volutes parfaitement symétriques[4]. L'Art nouveau est considéré comme l'une des ramifications du symbolisme, mouvement artistique prenant sa source au milieu du XIXe siècle. Ce dernier se développe en réaction au naturalisme et à l'impressionnisme en postulant que l'art doit s'attacher à représenter une « réalité » située au-delà du monde sensible. Le symbolisme plonge lui-même ses racines dans un mouvement strictement britannique, la « fraternité préraphaélite » (*Pre-Raphaelite Brotherhood*) dont les sujets de prédilection sont les mythologies médiévales, le théâtre shakespearien, La *Divine Comédie* de Dante et, bien entendu, la Bible. Se croisent donc sur leurs toiles Ophélie, Merlin,

Chaucer[5] et sainte Agnès dans une atmosphère mêlant exaltation du sentiment religieux et *dress-code* préhistorico-médiéval. Dans une lettre datée de 16 mars 1972, Tolkien écrira : « Le grand terre-plein du jardin des Fellows[6] fait penser au premier plan d'un tableau préraphaélite. »

On doit aux préraphaélites l'utilisation décomplexée de la couleur et la remise au goût du jour du vitrail (aplats de couleurs vives ceinturés de traits) que l'on retrouve dans beaucoup d'aquarelles de Tolkien comme *Rivendell.* Ces artistes sont l'expression picturale de l'engouement du XIXe siècle pour une époque médiévale fantasmée.

Tolkien était aussi un grand admirateur de William Morris (1834-1896), personnalité politique emblématique du socialisme britannique cumulant de multiples talents : écrivain, traducteur de littérature médiévale (lui aussi), peintre, architecte, illustrateur et créateur de motifs textiles. Ami d'Edward Burne-Jones (1833-1898), fer de lance du mouvement préraphaélite, William Morris a illustré ses propres livres avec force encadrements, entrelacs végétaux et typographies néomédiévales. De nombreuses aquarelles de Tolkien utilisent ces cadres et cartouches brodés de motifs pour contenir le titre de l'œuvre. On ne peut s'empêcher de voir dans les *Numenorean Tile and Textiles* et les *Heraldic devices* toute l'admiration qu'il portait au travail de Morris. Il dira en outre que si les Marais Morts doivent beaucoup à sa dramatique expérience des tranchées de la Somme, Morris en est le principal inspirateur.

Pour « remplir » et donner sa profondeur au dessin, Tolkien utilise abondamment des procédés graphiques composés de lignes et de pointillés, technique que l'on retrouve sur ses cartes. Outre Morris, Henry J. Ford (1860-1941) qui illustra le *Red Fairy Book* d'Andrew Lang (1844-1912) – dans lequel Tolkien, enfant, découvrit les légendes nordiques –, use aussi de ce procédé inspiré des gravures sur bois. Ce style très populaire, lancé par des illustrateurs comme Aubrey Beardsley, se retrouve dans les arbres et les volutes de fumée de *The Trolls*, œuvre directement inspirée par une autre illustratrice de contes, Jennie Harbour (1893-1959).

Symbolisme et préraphaélisme, jugés élitistes et passéistes, ont longtemps été rejetés au purgatoire de l'histoire de l'art. Ils ont cependant trouvé des héritiers chez les artistes de ce qui s'appellera, dès les années 1950, la *fantasy*, un art lui aussi longtemps – toujours ? – considéré comme mineur, sans doute car, comme ses précurseurs, il est inféodé au texte.

Magie et machines

L'atmosphère picturale qui a vu la naissance de Tolkien n'est évidemment que l'un des symptômes d'un contexte historique et social bien particulier. L'Angleterre de la fin du XIXe siècle baigne dans les fumées d'usines de l'industrialisation galopante, celles que le petit Tolkien respire à Birmingham. Les ingénieurs avaient alors pour mission d'asseoir définitivement la domination de l'homme sur la nature comme la suprématie de l'Empire britannique sur le reste du monde.

C'est donc en réaction à ce qu'ils dénoncent comme étant une « tyrannie de la raison » que les symbolistes développent un art teinté de spiritualité. Paradoxalement encore, ce sont les écrivains comme Mary Shelley[7] (1797-1851) ou Villiers de L'Isle-Adam[8] (1838-1889), qui poseront les bases de la littérature d'anticipation, dans l'intention de dénoncer la façon dont les technologies concrétisent les désirs les plus absurdes de l'homme. Rappelons au passage la grande admiration de Tolkien pour l'auteur visionnaire de science-fiction américain Isaac Asimov (1920-1992).

L'antagonisme n'est donc qu'apparent et c'est Tolkien qui en parle peut-être le mieux lorsqu'il établit un parallèle entre la magie et la machine, toutes deux créations humaines destinées à modifier l'ordre naturel. En 1951, il écrit dans une lettre (n° 131) :

> *Par cette dernière [la machine], j'entends tout recours à des plans ou procédés (appareils) externes aux dépens du développement des pouvoirs ou des talents internes qui nous sont propres – ou même le recours à ces talents avec l'intention corrompue de dominer: raser le monde réel, ou contraindre d'autres volontés. De nos formes modernes, la Machine est la plus évidente, bien qu'elle soit plus étroitement apparentée à la Magie qu'on ne l'admet généralement.*

Le « progrès » est pour Tolkien un Sauron qui, par de vaines promesses de pouvoir, nous aliène et nous éloigne des bienfaits de cette nature que nous voulons dominer.

Avec les premiers conflits sociaux et les catastrophes ferroviaires du début du XXe siècle, le culte du progrès prendra un « coup dans l'aile » pour finir par s'embourber dans les tranchées de la Grande Guerre. L'ange déchu du positivisme emmènera dans sa chute le scientifique soudain devenu valet du pouvoir, un être-machine rétif aux arts comme à toute forme de spiritualité. Or, ce sont bien les connaissances qu'il a acquises qui nourrissent l'inspiration de Tolkien : les textes anciens où les valeurs chevaleresques sont exaltées et les dragons toujours vivants, l'archéologie qui restaure l'image d'un Éden disparu où des néolithiques-hobbits se satisfont du plaisir simple de la vie au grand air.

Les chercheurs qui s'interrogent aujourd'hui sur la montée de l'extrémisme religieux ou le succès de l'astrologie – dans un monde où on pourrait penser que les croyances auraient été affaiblies par le progrès des connaissances – soulignent, comme le sociologue Romy Sauvayre, que « les découvertes scientifiques et les hypothèses que la science tente de valider stimulent tant initiés et profanes qu'elles ouvrent des portes vers l'imaginaire, vers un champ inépuisable de possibles ». La science, indiscutablement, nourrit l'imaginaire. La *fantasy*, pourtant tournée vers un passé fantasmé, et la science-fiction sont les deux faces d'une même pièce.

Revenons à notre question, volontairement provocatrice : les scientifiques ont-ils de l'imagination ? Comment un homme qui n'est jamais allé plus loin que la Suisse peut-il inventer Barad-dûr et la Lothlórien ? On peut répondre grâce à Tolkien, preuve vivante que sa connaissance objective des mythes et légendes médiévaux, de la façon dont ils se sont construits et ont évolué et des langues qui les ont exprimés ont alimenté son rêve. Seul son esprit scientifique, méthodique – que certains trouvent si dénué de romantisme –, lui a permis de solidement construire cet univers complexe. L'œuvre de Tolkien est fantasmagorique sans être déraisonnable et c'est bien de sa cohérence et de sa logique qu'elle tire sa puissance évocatrice.

L'opposition entre curiosité scientifique et attirance pour la féerie n'existe donc que dans les esprits chagrins prisonniers des idées reçues. Et Tolkien l'a très vite compris : « Je n'avais pas encore achevé mes études quand la réflexion et l'expérience me révélèrent que les pôles opposés de la science et du *romance* ne relevaient pas de goûts divergents mais étaient totalement apparentés », écrit-il dans une lettre fin 1951 (n° 131). Les lecteurs de cet ouvrage, sans nul doute, le comprendront aussi.

Tolkien et la sociologie : face à la perte d'un monde

THIERRY ROGEL, professeur agrégé
de sciences économiques et sociales

Deux regards sur un monde en changement

Dans une conférence consacrée au conte de fées[1], donnée à l'université de St Andrews en 1939, Tolkien revint sur deux idées reçues. La première est que le conte de fées serait destiné aux enfants : selon lui, qui s'est intéressé au conte de fées via la philologie, les adultes peuvent, autant que les enfants, apprécier ces récits. Ce n'est que par un accident historique que le conte de fées est associé à l'enfance. La deuxième idée reçue concerne le caractère escapiste de ces récits : si les contes de fées sont des « récits d'évasion », il ne s'agit pas, selon les termes de Tolkien, de l'évasion du déserteur mais de celle du prisonnier, il ne s'agit pas de fuir un devoir mais de fuir une prison pour rejoindre un monde désiré. Pour Tolkien, les contes de fées (et la *fantasy* dont on situe généralement l'apparition en 1865 avec *Les Aventures d'Alice au pays des Merveilles* de Lewis Carroll) sont une manière d'appréhender le monde (« Le conte de fées a sa propre manière de “réfléchir” la vérité», écrit Tolkien dans sa lettre n° 181 datée de janvier ou février 1956) car, en créant un «monde secondaire», on ne parle pas de ce qui est possible, mais de ce qui est désirable. En cela, les contes ne sont pas en rupture avec le savoir et ont leur mot à dire sur le réel.

Cependant, Tolkien n’usait pas du conte pour entreprendre une critique du monde et n’avait nullement l’intention de faire du *Seigneur des Anneaux* une allégorie du monde moderne. Ainsi, il a régulièrement contesté l’idée que cette œuvre parle du danger nazi, du monde communiste ou de la bombe nucléaire. Pour autant, il ne rejetait pas l’idée selon laquelle la sensibilité de l’écrivain au monde qui l’entoure transparait dans son récit. On retrouve donc dans les écrits de Tolkien son refus, voire son dégoût, du monde moderne, qui naît au cours du «long XIXe siècle» (de la Révolution industrielle à la Première Guerre mondiale) pour s’épanouir au XXe siècle.

Son refus du monde moderne apparait clairement dans sa correspondance. Ainsi, il n’aimait pas les automobiles qui détruisent son univers: «[…] l’esprit d’Isengard, si ce n’est celui du Mordor, affleure bien entendu en permanence. Le projet actuel de destruction d’Oxford au bénéfice des voitures en est un exemple» (brouillon de la lettre n° 181 de janvier ou février 1956). Il n’aimait pas les machines en général à l’exception de la machine à écrire[2] (dont il aurait aimé posséder un modèle équipé de caractères feanoriens, comme on le trouve dans la lettre n° 257 du 16 juillet 1954) : «[…] là est mise à nu toute la tragédie, et la vacuité, de toute machine. Contrairement à l’art qui se contente de créer en pensée un nouveau monde secondaire, elle essaie de concrétiser le désir, pour ainsi dire de générer du pouvoir en ce Monde; et cela ne peut pas vraiment être fait de façon réellement satisfaisante» (lettre n° 75 du 7 juillet

1944). De même, il n'aimait pas les villes modernes et était horrifié par « la destruction démente des terres qu'habitent physiquement les Américains » (brouillon de lettre n° 328, automne 1971). Les loisirs modernes ne trouvaient pas plus grâce à ses yeux, notamment ce qui venait de Disney comme en témoigne une lettre de mai 1937 (soit quelques mois seulement avant la sortie de *Blanche-Neige*, premier long métrage en couleur de l'histoire du dessin animé), à l'occasion d'un échange épistolaire sur une éventuelle édition de *Bilbo le Hobbit* aux États-Unis. Tolkien, parlant des illustrations possibles, pose un veto à « tout ce qui viendrait des studios Disney (dont je hais sincèrement tous les travaux) » (lettre n° 13 du 13 mai 1937), avis qui, à l'évidence, n'avait pas changé quelques années plus tard lorsqu'il parle d'un conte comme « d'une annonce terrible du plus vulgaire Disney » (lettre n° 234 du 22 novembre 1961). En bref, il n'aime pas le monde moderne : « Telle est la vie moderne. Le Mordor est parmi nous » (lettre n° 135 du 24 octobre 1952) et il décrit « l'esprit du Mal » « en termes modernes, mais pas universels : la machine, le matérialisme "scientifique" [...] » (lettre n° 96 du 30 janvier 1945).

Ce dégoût transparait à de nombreuses reprises dans les livres I et II du *Seigneur des Anneaux* quand, par exemple, Gandalf explique comment Saruman l'emprisonna sur l'Orthanc d'où il observa le paysage : « [...] la vallée paraît extrêmement loin en contrebas. La contemplant, je vis qu'alors qu'autrefois elle était verte et belle, elle était à présent remplie de puits et de forges. Des loups et des orques étaient logés à Isengard [...]. Sur tous ses ouvrages était suspendue une fumée sombre qui enveloppait les flancs de l'Orthanc ». Cette description ne s'appliquerait-elle pas également à l'Angleterre qui fut à l'avant-garde de la Révolution industrielle ? Et en retraçant le passage du temps du mythe (celui du *Silmarillion* et du monde des elfes) au temps de l'Histoire (celui du *Seigneur des Anneaux*, lorsque les elfes s'effacent peu à peu), Tolkien réalisa son ambition qui était d'offrir une mythologie à l'Angleterre.

Ainsi, Tolkien ressemble à Don Quichotte qui combat un réel insupportable. Une autre réaction aurait pu être d'accepter ce réel et ses changements et de l'analyser pour pouvoir, peut-être, en modifier la course. Ces bouleversements sont également responsables de l'essor de la sociologie dont le rôle essentiel est, selon le sociologue allemand Norbert Elias, de « traquer les mythes ».

En effet, les « sociologues classiques » qui ont œuvré entre 1830 et 1920[3] ont tous été frappés par les effets des deux grandes révolutions que furent la Révolution démocratique et la Révolution industrielle, écrivait Robert Nisbet en 1966. L'ébranlement du monde a été multiforme : industrialisation et remise en cause des hiérarchies traditionnelles, rationalisation croissante et désenchantement du monde, déplacement des lieux du sacré, transformation du lien social, etc. Tout cela ne se fit pas sans crises, conflits sociaux, « anomie » et « nivellement du monde ». On reconnaitra là quelques centres d'intérêt des sociologues classiques, chacun privilégiant un angle d'analyse : les rapports de production et de classes (Karl Marx), la rationalisation du monde et son désenchantement (Max Weber), l'objectivation du monde et le rôle de l'argent (Georg Simmel), les transformations du lien social (Émile Durkheim)… À la différence de Tolkien, les sociologues prennent acte de cette transformation du monde. Comme l'écrit Robert Nisbet en 1966 : « Notre civilisation est urbaine, démocratique, industrielle, bureaucratique, rationalisée ; c'est une civilisation à grande échelle qui est formelle, laïque et technologique […] Que beaucoup d'entre nous éprouvent un certain malaise, une certaine perplexité et même une certaine nostalgie à voir les résultats de ces deux révolutions ne change rien à la question, et même si quelques Don Quichotte essaient parfois de se battre contre des moulins à vent, ces résultats sont bien là, et ils sont irréversibles ».

Marches de la communauté

La grille de lecture restée comme fondatrice de la sociologie moderne fut celle de Ferdinand Tönnies, mettant en avant l'opposition entre communauté et société, qui se retrouve également en toile de fond chez Tolkien. Dans son ouvrage *Communauté et Société* paru en 1887, Tönnies montrait que tout rassemblement humain est la résultante de deux formes de lien social. La première, le « lien communautaire », assure une cohésion entre les individus par la profondeur et la chaleur des sentiments et par la reconnaissance de sentiments réciproques communs liés à l'habitude et à la coutume. C'est ce lien qu'on retrouve typiquement dans le cas des relations familiales ou amicales ou des relations de voisinage dans un village. Dans ces cas, on appartient généralement au groupe sans avoir choisi de le rejoindre.

Mais pour que les humains vivent ensemble, il faut aussi des « liens sociétaires », des liens volontairement choisis, généralement fondés sur le raisonnement ou le calcul. Le contrat d'association ou le contrat marchand et la relation marchande en sont les exemples les plus évidents, l'entreprise est l'organisation se rapprochant le plus de ce caractère sociétaire, et la ville cosmopolite en est le cadre privilégié.

Selon Tönnies, toute forme sociale résulte donc d'une combinaison de ces deux types de liens. Mais il ajoute que l'évolution au XIXe siècle fait passer d'un monde où les liens communautaires (la famille, le village et la tradition) dominent à un monde où les liens sociétaires (les relations marchandes, l'activité de l'entreprise et la mégapole) sont prépondérants. On passe de la *communauté* à la *société*.

La description que Tolkien fait des hobbits et de la Comté dans le premier chapitre du livre I du *Seigneur des Anneaux* est parfaitement représentative de la communauté au sens de Tönnies. Elle est fondée sur la famille et sur le clan :

> *Les maisons et les trous des Hobbits de la Comté étaient souvent vastes et habités par des familles nombreuses. […] Les hobbits étaient tous, et dans tous les cas, attachés aux clans, et ils tenaient un compte extrêmement soigneux de leurs parentés. Ils dressaient des arbres généalogiques longs et compliqués, aux branches innombrables.*

Leur monde est avant tout rural : « ils aiment la paix, la tranquillité et une terre bien cultivée : une campagne bien ordonnée et bien mise en valeur était leur retraite favorite ». Ils n'aimaient pas le savoir en tant que tel, en tout cas, pas l'inconnu que celui-ci représente : « le goût du savoir (autre que la généalogie) était peu prononcé parmi eux », « […] ils aimaient avoir des livres emplis de choses qu'ils savaient déjà, posées nettement et sans conteste. »

Et ils n'aimaient pas les machines : « Ils ne comprennent ni ne comprenaient, et ils n'aiment pas davantage les machines dont la complication dépasse celle d'un soufflet de forge, d'un moulin à eau ou d'un métier à tisser manuel, encore qu'ils fussent habiles au maniement des outils ».

Surtout, ils formaient une communauté assez fermée (« ils ne se mêlaient en aucune façon des événements du monde extérieur ») et, peu perméables au passage du temps, ils « ne se pressent pas sans nécessité ». Tolkien décrit sans doute un mode de vie auquel il aspire, à l'image d'une

Angleterre en train de disparaître. Mais le changement va s'opérer dans le monde des hobbits à partir de deux sources: l'individu « différent » et le monde extérieur.

Vers l'association

Le sociologue Émile Durkheim, utilisant le concept de « solidarité mécanique » dans *De la division du travail social*, considérait que la « communauté » fondait l'essentiel de sa cohésion sur la conformité des individus à un modèle collectif et sur leur soumission à une conscience collective. Celui qui est différent est alors ressenti comme un danger par le groupe et sera irrémédiablement rejeté. C'est bien ce qui arrive à Bilbo : perçu comme l'ami des elfes, honoré par les nains et les magiciens, il est soupçonné d'être associé à toutes sortes d'étrangers et sa réputation en est entachée.

Cependant, si les déviants sont rejetés par le groupe, ils sont aussi les agents nécessaires à son évolution, car ce qui est perçu comme un crime aujourd'hui peut être l'origine d'une normalité à venir. De même, le changement au centre de *Bilbo le Hobbit* et du *Seigneur des Anneaux* ne provient pas de n'importe quel individu : Bilbo et Frodo sont des hobbits bien particuliers, célibataires au début du récit, aventureux en son cours et, pour finir, amis des étrangers. Tolkien l'indique explicitement dans le livre I du *Seigneur des Anneaux* (« Des Hobbits ») : « Les maisons et les trous des Hobbits de la Comté étaient souvent vastes et habités par des familles nombreuses. Bilbon et Frodon Sacquet, célibataires, étaient très exceptionnels, comme en bien d'autres matières, par exemple leur amitié avec les Elfes ».

Bilbo est également remarquable parce qu'il quittera son cocon en s'engageant dans l'aventure, en tant que cambrioleur, avec Gandalf et les nains de Thorïn. C'est là qu'on observe les prémices du changement. En effet, l'association entre Bilbo et les nains n'est pas fondée sur une appartenance ou des sentiments communs mais sur des intérêts convergents et a tous les caractères du lien sociétaire. En témoigne le message fixé sur la porte de Bilbo (certes écrit par Gandalf) qui s'apparente à une demande d'emploi : « Cambrioleur désire bon boulot, comportant sensations fortes et rémunération raisonnable ». Le caractère commercial de l'affaire ne fait d'ailleurs aucun doute lorsque le lendemain matin Thorïn s'adresse à Bilbo :

> *Thorïn et Cie au Cambrioleur Bilbo, salut ! Nos plus sincères remerciements pour votre hospitalité, et notre reconnaissante acceptation de votre offre d'assistance technique. Conditions : paiement à la livraison, jusqu'à concurrence d'un quatorzième des bénéfices totaux (s'il y en a), tous frais de voyage garantis en tout état de cause ; frais d'enterrement à notre charge ou à celle de nos représentants s'il y a lieu et si la question n'est pas réglée autrement.*
>
> *Le Hobbit.*

L'abréviation « Cie » nous renvoie plus directement aux compagnies commerciales qu'aux compagnies médiévales de guerriers. Enfin, toutes les conditions de paiement et de compensations en cas de pertes sont données. Il n'y a là ni honneur ni valeurs à défendre : nous sommes bien dans une relation marchande.

Il en est de même au début du livre I quand Gandalf réapparait pour parer le danger que représente l'appropriation de l'Anneau unique par Sauron. On n'est certes pas dans le cadre d'une association commerciale, mais nous ne sommes déjà plus dans une « relation communautaire » au sens où l'entend Tönnies. Il n'est plus question de rémunérer Frodo mais de sauver la Terre du Milieu, ce qui explique l'association de représentants des divers peuples libres de cette terre. Neuf marcheurs pour faire face aux neuf cavaliers noirs : Gandalf comme magicien (mais parfois rapproché des elfes), Legolas pour les elfes, Gimli pour les nains, Aragorn et Boromir pour les hommes et enfin les quatre hobbits, Frodo, Sam, Merry et Pippin. L'association n'est pas commerciale mais elle est volontaire et destinée à détruire l'Anneau unique afin de vaincre Sauron : il ne s'agit donc pas véritablement d'une communauté. Communauté ou association ? On peut noter que Gérard Klein, dans une présentation du *Seigneur des Anneaux* en 1969, avant sa parution en français, avait traduit le titre original, *The Fellowship of the Ring* par *La Compagnie de l'Anneau* et non *La Communauté de l'Anneau*[4].

Cette association est aussi un prélude probable à d'autres rapprochements et alliances que seront l'amitié entre certains hobbits et des elfes ou le mariage à venir d'un homme, Aragorn, avec une elfe (ou semi-elfe), Arwen. Ainsi, les divers peuples que sont les elfes, les hommes, les nains et les hobbits poursuivront leurs vies respectives tout en suivant un chemin commun, créant ainsi un sentiment d'appartenance commun. Sans aller jusqu'à parler de « nation », ce qui serait anachronique, on peut reprendre les termes du philosophe Ernest Renan lorsqu'il tint sa célèbre conférence *Qu'est-ce qu'une nation ?* : « Avoir des gloires communes dans le passé, une volonté commune dans le présent ; avoir fait de grandes choses ensemble, vouloir en faire encore, voilà les conditions essentielles pour être un peuple. [...] Un long passé d'efforts, de sacrifices et de dévouement [et] une volonté commune dans le présent », c'est ce qui est en construction dans tout le périple du *Seigneur des Anneaux*.

Sur les frontières

La communauté existe surtout par la conscience de l'exis tence de sa frontière avec l'extérieur, ce qui, en retour, renforce sa cohésion interne, explique Georg Simmel. L'arrivée de l'étranger est alors à même de bousculer cette frontière et cette communauté. Simmel fait de l'étranger un concept sociologique désignant celui qui est à la fois dans le groupe et hors du groupe (le commerçant itinérant, le touriste, le voyageur, mais aussi celui qui est déviant ou représentant d'un groupe minoritaire) et, pour lui, une collectivité humaine se définit par l'attitude qu'elle adopte à l'égard de l'étranger. Ainsi, le petit monde des hobbits se forge en partie autour de la peur de ceux qui rôdent le long des frontières :

> *À l'époque où commence ce récit, le nombre des Frontaliers, comme on les appelait, s'était grandement accru. On parlait beaucoup, pour s'en plaindre, de personnes et de créatures étranges qui rôdaient le long des frontières ou les passaient : premier signe que tout n'était pas tout à fait dans l'ordre, comme ce l'avait toujours été, sinon dans les contes et légendes du temps jadis.*
>
> *Le Hobbit.*

On pense immédiatement à Sauron et à ses affidés, mais la véritable figure de l'étranger, c'est Gandalf. Venu d'ailleurs, il a entretenu des liens anciens avec quelques membres de la communauté et il est donc à la fois dans et hors du groupe. C'est lui qui va entrainer le casanier Bilbo hors de son monde et l'amener à découvrir d'autres peuples. Cela va transformer profondément Bilbo, car sceller des alliances avec les elfes et les nains implique de les « comprendre » (au sens sociologique du terme, c'est-à-dire donner sens à leurs mœurs et leur mode de vie). La compréhension pourra alors se substituer aux modes de rencontre avec l'autre que sont le conflit, le rejet ou la volonté de domination. Ne retrouve-t-on pas là le défi qui se posera à l'Europe au tournant du XXe siècle ? Alors qu'avant le XIXe siècle les mondes non européens n'intéressaient que comme objets de curiosité, comme terres à évangéliser ou comme sources de richesses et de main d'œuvre, ils devinrent objets d'intérêt scientifique avec l'essor de l'ethnologie et de l'anthropologie. Et s'il n'y eut pas de peuples d'elfes et de nains sur notre Terre, nous avons alors cessé de croire qu'elle puisse être peuplée de créatures monstrueuses, mi-humaines mi-animales pour enfin saisir l'unité du genre humain.

Mythologie contre mythologie : Tolkien et l'économie

Thierry Rogel, professeur agrégé
de sciences économiques et sociales

Un monde pré-économique

S'il est une science sociale qui domine notre monde, c'est bien l'économie. Il a toujours fallu produire et échanger pour pouvoir consommer, mais ce n'est qu'au XVIIIe siècle que nos sociétés cessèrent de se fonder principalement sur le respect dû aux apparentés, les devoirs du croyant ou la question politique. Deux dates marquent l'histoire de l'économie : 1776 avec la parution de *La Richesse des nations* d'Adam Smith (1723-1790), considéré comme l'ouvrage fondateur de l'économie politique au sens moderne du terme, et 1834, marquant l'abolition de la loi de Speenhamland[1] qui, en imposant la création d'un véritable marché du travail, inaugure l'apparition d'une économie de marché au sens plein du terme.

Pourtant, de l'économie, on ne trouve guère de traces dans les écrits de Tolkien, car il fait référence à des temps (même imaginaires) où elle n'était pas au centre de la vie sociale.

Le monde de la Terre du Milieu est incontestablement un monde « pré-économique ». Tolkien reconnait lui-même en avoir peu développé l'aspect économique (dans la lettre no 154 datée du 25 septembre 1954), mais ce n'est pas, dit-il, par manque de connaissance. Il énumère les points pouvant donner lieu à description de l'économie en Terre du Milieu : le Gondor a suffisamment de fiefs et de parcelles alimentées en eau potable pour approvisionner sa population et il possède de nombreux ateliers ; la Comté est suffisamment proche des montagnes et des cours d'eau pour être fertile ; les hommes de Bourg-du-Lac vivent essentiellement de commerce. Les nains, qui travaillent dans les mines, font commerce de métaux et d'armes ; ce sont d'ailleurs eux qui semblent les plus aptes à commercer, plus encore que les hommes, et les plus animés par ce qu'on pourrait appeler « l'esprit économique ». En revanche, les elfes ne se souciaient guère du travail des métaux, du commerce et du labourage bien que le roi des elfes soit attentif aux cargaisons passant par les péages qui lui assuraient une certaine opulence. Si l'histoire du *Seigneur des Anneaux* est celle de la fin du monde des elfes face au monde naissant des hommes, on peut aussi supposer que c'est aussi la fin du monde de l'art face à celui du commerce.

Ce que Tolkien dit de l'économie dans ses correspondances donne le sentiment qu'il a quelques connaissances en géographie économique, voire en histoire économique. Mais on ne trouve pas trace de connaissances relatives à l'économie politique ou à la science économique telle qu'on la connait au XXᵉ siècle. La pensée économique moderne est jeune, contemporaine de la première Révolution industrielle et de l'émergence des autres sciences sociales. Les économistes classiques[2], quelles que soient leurs différences par ailleurs, inséraient leur réflexion économique dans le cadre d'une société de classes (Adam Smith et David Ricardo parlaient de classes sociales bien avant Karl Marx), mais il se produisit un véritable coup de force à la fin du XIXe siècle. Dans l'ambiance scientiste de l'époque, quelques auteurs, dont Léon Walras est le plus connu, décidèrent de faire de l'économie une véritable science « pure et dure » calquée sur la physique et dont l'objectif serait de dégager des lois universelles, semblables aux lois en physique, valables en tout temps et en tout lieu. L'analyse de cas concrets (l'économie appliquée) s'appuierait sur la mise en évidence de ces lois. On créa des concepts abstraits tels que l'*homo œconomicus* rationnel et indépendant (au point d'être inaccessible à toute relation sociale) ou le « marché de concurrence pure et parfaite » (l'équivalent des gaz parfaits de la physique). Cette discipline évacua alors la sociologie et l'histoire de sa réflexion. Bref, de science sociale, l'économie bascula dans le territoire de la mathématisation et des sciences exactes (ou du moins certains de ses propagateurs le désiraient-ils). Cette approche devint largement dominante dans la recherche économique du XXe siècle alors même qu'elle était sévèrement critiquée par Friedrich Hayek et John Maynard Keynes, probablement les deux plus grands économistes du siècle.

Sans connaitre les idées de Tolkien en matière de pensée économique, on peut raisonnablement supposer qu'il n'aurait eu que peu de goût pour cette discipline mathématisée à outrance qui se prétend rationnelle en évacuant toute passion du champ de l'activité humaine. Cependant, sa correspondance nous permet de deviner quelques pans de ses opinions en matière de doctrine économique : il n'aimait pas le socialisme « dans l'une ou l'autre de ses formes qui s'affrontent actuellement » qui est « l'esprit du Mal » au même titre que la machine et le matérialisme « scientifique » (lettre n° 96 du 30 janvier 1945) ; il était opposé à la planification (lettre n° 181 datée de 1956) et aurait exécuté quiconque lui parle de l'État. Mais il n'était pas non plus réformateur (« je ne suis pas un réformateur [par l'exercice du pouvoir] puisque cela semble être condamné au Sarumanisme », lettre n° 154 du 25 septembre 1954) et cette idée selon laquelle la moindre réforme politique amène inéluctablement à la domination injuste de Saruman n'est pas sans rappeler les propos de Hayek dans *La Route de la servitude*, quand il affirme que toute intervention de l'État ne peut qu'amener au totalitarisme.

Tolkien n'était pas socialiste et n'aurait peut-être pas partagé les critiques de l'économiste Karl Polanyi à l'encontre du système de marché dans *La Grande Transformation* (1944), mais leurs descriptions respectives des dégâts de Saruman, pour l'un, et de l'industrialisation, pour l'autre, font curieusement écho. Lorsque, dans *Les Deux Tours*, Tolkien décrit l'Isengard : « là, Saruman avait des trésors, des magasins, des armureries, des forges et de grands fourneaux. Des roues d'acier y tournaient sans répit, et les marteaux y résonnaient sourdement. La nuit, des panaches de vapeur s'échappaient des trous d'aération, éclairés par en dessous de lueurs rouges, bleues ou d'un vert vénéneux. », Polanyi semble lui répondre : « Aucune société ne pourrait supporter, ne fut-ce que pendant le temps le plus bref, les effets d'un pareil système […], si sa substance humaine et naturelle comme son organisation commerciale n'étaient pas protégées contre les ravages de cette fabrique du diable ». Quand Frodo et ses amis découvrent le Mordor, Tolkien écrit, toujours dans le deuxième volume de sa trilogie : « Ils étaient parvenus à la désolation qui s'étendait devant le Mordor : monument permanent au sombre travail de ses esclaves, qui durerait encore quand tous leurs desseins seraient vidés de leur substance, une terre polluée, atteinte au-delà de toute possibilité de guérison » et Polanyi renchérit : « Une telle institution (cf. le marché) ne pouvait exister de façon suivie sans anéantir la substance humaine et naturelle de la société, sans détruire l'homme et sans transformer son milieu en désert » et il conclut : « Après un siècle d'"amélioration" aveugle, l'homme restaure son "habitation". Si l'on ne veut pas laisser l'industrialisme éteindre l'espèce humaine, il faut le subordonner aux exigences de la nature de l'homme ».

Et Keynes ? On imagine mal que le fervent catholique qu'est Tolkien, qui dut épargner difficilement toute sa vie et qui se plaignait du surcroit d'impôts que lui occasionnait les ventes du *Seigneur des Anneaux*, ait pu avoir eu quelque attirance pour les idées de Keynes, libertin et homosexuel, et dont les doctrines économiques reposaient sur les bienfaits de la dépense. Cependant, il ne l'aurait peut-être pas désavoué lorsque celui-ci écrivit en 1930, dans *Perspectives économiques pour nos petits enfants* :

> *C'est un problème effroyable pour un être quelconque, qui n'a pas de talent particulier, que de s'occuper, surtout lorsqu'il n'a plus de racines par lesquelles il communique avec la terre, de liens qui l'attachent aux coutumes et aux conventions chères à une société qui vit de traditions. À en juger par les occupations et l'attitude des classes riches aujourd'hui dans toutes les parties du monde, la perspective est fort déprimante. [...] Je ne vois donc rien qui nous empêche de revenir un jour à certains des principes les plus sûrs et les plus solides de la religion, à ces vertus traditionnelles qui veulent que l'avarice soit un vice, la pratique de l'usure un délit, et l'amour de l'argent méprisable [...] De nouveau, nous estimerons davantage la fin que les moyens*

et attacherons plus de prix à ce qui est bien qu'à ce qui est utile. [...] Mais surtout, n'attachons pas une importance excessive au problème économique, et ne sacrifions pas à des nécessités présumées des valeurs d'une signification plus profonde et plus durable.

Estimant que le problème économique pourrait être réglé durant le siècle à venir et que trois heures de travail par jour permettraient de satisfaire nos besoins fondamentaux, Keynes s'inquiétait de l'usage que l'on pourrait faire du temps de loisirs libéré, défi auquel l'humanité n'a jamais été confrontée : « Cependant ce ne sera que pour ceux qui prendront part aux cantiques que la vie sera tolérable – mais combien peu d'entre nous savent chanter »... seuls ceux qui pourront accéder à l'art, et notamment au chant, trouveront la vie tolérable. On sait combien le chant est important dans *Le Seigneur des Anneaux*.

Argent et puissance

Pourtant on parle d'or et d'argent dans *Le Seigneur des Anneaux*. Mais parler d'argent, voire parler de monnaie, ne signifie pas forcément parler d'économie. Selon le sens commun et les économistes *mainstream*[3], la monnaie n'est qu'un objet neutre facilitant les échanges et permettant de surmonter les difficultés du troc. En effet, dans les premiers temps, les échanges se faisaient d'individu à individu en troquant des objets. Voilà une belle histoire élaborée par Adam Smith (qui pouvait difficilement faire autrement, faute de données), mais qu'il faut abandonner aujourd'hui puisqu'elle est infirmée par toutes les recherches historiques et anthropologiques. Ces dernières montrent en effet que les échanges se sont notamment faits entre groupes ou au sein du groupe sous le mode du « don contre don ». Il semblerait que le troc généralisé n'ait pas existé dans les sociétés traditionnelles et n'apparait guère que dans les sociétés modernes en crise (comme l'explique André Orléan en 2008). Mais cette « fable du troc » s'est imposée dans notre imaginaire collectif et a des conséquences non négligeables. Ainsi, elle implique que la monnaie n'est pas désirée pour elle-même, mais seulement pour les objets qu'elle permet d'obtenir : c'est l'idée de « neutralité de la monnaie » (ou de « monnaie voile ») qui est au cœur de la pensée économique dominante, mais qui va à l'encontre d'une observation à peine appuyée de la réalité. Heureusement, tous les penseurs en sciences sociales n'ont pas adopté cette perspective : chez Keynes la monnaie peut être désirée pour elle-même, soit pour faire face à un avenir incertain (et elle est alors destinée à rester le plus longtemps possible sous forme d'épargne), soit pour spéculer (elle est alors à la base de l'amour de l'argent pour l'argent que Keynes voyait comme une maladie). Dans son immense *Philosophie de l'argent*, Georg Simmel rappelait que les prédispositions psychologiques à l'égard de l'argent sont tout sauf neutres : on peut vouloir l'argent pour lui-même (cupidité) et refuser de s'en séparer sans bonne raison (avarice), on peut le désirer pour le seul plaisir de la dépense sans même chercher à profiter des biens achetés (ce qu'il appelait prodigalité) ou bien, cas plus rare, on peut refuser la possession d'argent (c'est le cas des ascètes ou de certaines personnes atteintes « d'anorexie monétaire ») ; et on peut désirer posséder de l'argent par simple volonté de puissance ou de considération.

On ne voit guère de « monnaie voile » chez Tolkien. La possession d'or dans Le Seigneur des Anneaux et dans Bilbo le Hobbit est rarement animée par le désir de jouir d'une vie meilleure (même si c'est parfois le cas chez les hobbits), mais plutôt par la volonté de puissance. Dans Bilbo le Hobbit, le roi des elfes ne rêve que « d'amasser des trésors, surtout en argent et en gemmes blanches » et il est toujours avide d'accroitre sa fortune afin d'égaler les seigneurs elfes de l'ancien temps. Les nains, plus que l'or et l'argent, désirent la possession du « vrai argent » dont le nom elfique est « mithril ». Le mithril peut se marteler comme le cuivre et se polir comme le verre, il est à la fois léger et dur et ne ternit pas avec le temps, il sert à faire des cottes de mailles, des casques, des navires, les portes de Minas Tirith et bien sûr des bijoux (dont l'anneau Nenya). Sa rareté et son utilité peuvent expliquer qu'il vaille infiniment plus que l'or, mais c'est aussi sûrement parce que sa possession fait l'admiration de tous qu'il est « l'objet du désir de tous ». Plus frappant encore est bien sûr le désir de Smaug de dormir sur un tas d'or dont il ne tire rien, ni jouissance des objets achetés, ni désir de considération ou de puissance. Le désir d'or trouve ici son origine en lui-même : on est dans la pure cupidité.

Cela nous amène à la question de la valeur des choses dont la détermination sépare les économistes en deux courants. Pour les uns, classiques et marxistes[4], la valeur vient du travail intégré dans l'objet (ici, le fait qu'il faille creuser de plus en plus profond pour obtenir du mithril). Pour les néoclassiques qui leur ont succédé, la valeur vient de son « utilité », utilité objective liée, par exemple, aux diverses qualités du mithril, mais aussi utilité subjective qui désigne le fait que la valeur est d'abord un phénomène relevant de la psychologie individuelle. Ces deux conceptions présentent le lourd défaut de situer la valeur en dehors de tout lien social entre humains ; elle préexiste donc à l'échange et à la société. Or, des économistes contemporains comme André

Orléan estiment que la valeur, même subjective, ne naît pas miraculeusement dans la tête de chacun mais dans les interactions entre les individus et dans leur désir d'imitation né de la comparaison sociale, ce qu'on retrouve de manière caricaturale avec les « biens de démonstration » analysés par Thorstein Veblen.

Les conceptions de l'économie et de l'argent chez Tolkien sont donc à mille lieues de ce qu'en dit la pensée économique dominante mais, pour ce qui est de l'argent, il est peut-être plus proche de la réalité que ne le sont les économistes *mainstream* qui, rappelons-le, avaient adopté la fameuse fable de la création de la monnaie comme dépassement du troc. L'idée de cette monnaie neutre est indispensable si on veut maintenir l'image d'un *homo œconomicus* rationnel et désocialisé, fondement de la démarche dominante en économie (même si cet *homo œconomicus* est régulièrement amendé et affiné). En effet, si la monnaie peut être désirée pour ellemême alors l'individu ne se situe pas seulement par rapport aux biens qu'il peut acquérir, mais aussi dans une comparaison avec les autres membres de la société (c'est ce qu'on trouve chez le roi des elfes) à moins que son comportement ne soit irrationnel (c'est le cas de Smaug).

Selon l'anthropologue David Graeber, cette fable du troc persiste parce qu'elle est la clé de voûte de l'ensemble de l'économie dominante. On peut alors sourire de la manière dont Paul Samuelson – auteur de *L'Économique* qui fut longtemps le plus vendu des manuels d'économie – explique la genèse de la monnaie : « Si nous avions à reconstruire l'histoire selon des hypothèses logiques, nous supposerions naturellement qu'à l'âge du troc a dû succéder l'âge de la monnaie marchandise ».

« Reconstruire l'Histoire selon des hypothèses logiques » ! Nul besoin, donc, de longues lectures d'archives sur l'usage de la monnaie dans les sociétés passées, ni de patientes observations sur le terrain pour savoir ce que représente la monnaie dans telle société traditionnelle ou pour comprendre la façon dont les échanges d'argent s'insèrent dans des relations amicales ou familiales (ce qu'on retrouvera dans les travaux des historiens, des ethnologues et des sociologues). Il suffit de reconstituer l'Histoire par la seule force de sa pensée. On voit qu'on n'est pas si loin de Tolkien qui voulait offrir une mythologie à l'Angleterre et cela justifie le fait que l'invention de la monnaie pour dépasser les difficultés du troc soit qualifiée de « fable » par de nombreux ethnologues et économistes. En fait, il s'agit plutôt d'un mythe dans toute son acception : ce récit se situe hors du temps (quand deux humains ont-ils décidé d'inventer la monnaie ?), met en scène des héros formidables (déjà rationnels à peine sortis de l'œuf), est accepté par la plupart de nos contemporains comme une transcription fidèle de la réalité telle qu'elle s'est passée, raconte la création d'un monde (comme tout mythe des origines). Comme tout discours fondateur, il est surtout en mesure de transformer le monde ; et quel monde ! Le nôtre, celui que Tolkien honnissait. On comprend alors que s'il n'y a guère d'économie chez Tolkien, c'est que deux mythologies ne peuvent coexister.

Familles, pouvoir et politique dans *Le Seigneur des Anneaux*

Le Seigneur des Anneaux: un monde de parentèles

Les textes de Tolkien fourmillent de références aux diverses filiations et aux parentèles. Ce n'est pas sans rappeler les commentaires sur les filiations que l'on retrouve dans les sagas nordiques, une des grandes sources d'inspiration de Tolkien.

Dans le monde des hobbits, le poids de la famille est primordial, et la plus importante pouvait donner son nom aux quartiers et régions qui composent la Comté. Pour les hobbits, société à filiation patrilinéaire[1] (cette précision nous est donnée par Tolkien dans sa correspondance, dans la lettre nº 214 datée de 1958 ou 1959), la généalogie semble être l'un des seuls savoirs dignes d'intérêt: « Le goût du savoir (autre que la généalogie) était peu prononcé parmi eux » (*Le Seigneur des Anneaux*, livre I). Dans le livre III de la même œuvre, Gandalf ne manque d'ailleurs pas de prévenir ses interlocuteurs: « Vous ne connaissez pas le danger où vous êtes, Théoden, dit Gandalf, s'interposant. Ces hobbits peuvent se tenir au bord de la ruine et discuter des plaisirs de la table ou des petits faits de leurs pères, grand-père et arrière-grands-pères ou petits cousins au neuvième degré, pour peu que vous les encouragiez par une patience indue. »

Le lien entre cousins est particulièrement important chez les hobbits. Le cousin, c'est celui qui est à la fois proche et lointain ; assez lointain pour ne pas faire partie de la famille restreinte, mais assez proche pour qu'on ait confiance en lui et qu'il fasse un bon allié. Il n'est donc pas étonnant de retrouver dans le *Seigneur des Anneaux* nombre de cousins embarqués dans la même aventure : les hobbits Frodo, Merry et Pippin, mais aussi les nains Bifur, Bofur et Bombur. De même, Thorin invite les aventuriers à contacter son cousin Daïn dans les Collines de Fer. Dans *Le Retour du roi*, l'elfe Celeborn va jusqu'à lancer à Aragorn un « Adieu, cousin » qui a pu dérouter le lecteur (*kinsman* dans l'édition originale : sont-ils cousins à un lointain degré ou bien s'agit-il ici de marquer par là une nouvelle alliance ?).

La place du cousin est cependant ambivalente. Il peut être protecteur : ainsi Bilbo « n'eut pas d'amis intimes jusqu'au moment où certains de ses jeunes cousins commencèrent à prendre de l'âge » (*Le Seigneur des Anneaux*, livre I). De même, on a dit à Hobbiteville que Frodo, ruiné, irait vivre dans le Pays-de-Bouc auprès de ses cousins, et les Souscolline de Raccard qui portent le même nom que Frodo qu'ils ne connaissaient pas « le prirent en affection comme un cousin longtemps perdu » (*Le Seigneur des Anneaux*, livre I). Mais les cousins peuvent aussi être hostiles comme le sont les Bessac-Descarcelle prêts à dépouiller un Bilbo présumé mort (*Bilbo le Hobbit*). Dans les sociétés humaines, le cousin est à la jonction de la famille et du reste de la société. Sa position dans le cadre des règles de mariage est à cet égard significative, en général à la frontière du licite et de l'interdit : le mariage avec le cousin peut, suivant les cas, soit ouvrir le groupe sur l'extérieur – il sera alors préférentiel – soit le refermer et il tombera sous le coup du tabou de l'inceste. Par exemple, comme le décrit l'anthropologue Christian Ghasarian, dans de nombreuses populations, le mariage avec la cousine croisée (fille du frère de la mère ou de la sœur du père) est privilégié alors que le mariage avec la cousine parallèle (fille du frère du père ou de la sœur de la mère) est prohibé, le premier ouvrant sur un cycle d'alliances alors que le second enferme le groupe sur lui-même.

Quelques mentions de Tolkien indiquent que les cousins peuvent être l'objet d'interdictions de mariage : « les lois de Númenor interdisaient le mariage, même à la maison royale, entre parents plus proches que des cousins au second degré » (*Le Silmarillion*). Mais ce mariage ne semble pas prohibé chez les hobbits puisqu'il est indiqué que M. Drogo, le père de Frodo, avait épousé Primula Brandibouc, cousine germaine de Bilbo du côté maternel « et M. Drogon était son cousin issu de germain » (*Le Seigneur des Anneaux*, livre I).

Comme le mariage avec la cousine croisée est privilégié dans de nombreuses sociétés, la position de frère de la mère devient essentielle car, puisque celui-ci renonce à sa sœur pour la céder à autrui (qui est un futur allié), il devient « donneur de femme » (selon l'expression de Claude Lévi-Strauss). Il s'ensuit que la relation entre le neveu et l'oncle maternel (dite « relation avunculaire ») devient centrale et le triptyque « fils/mère/frère de la mère » constitue, toujours selon Lévi-Strauss, « l'atome de parenté ». Ce lien avunculaire, central dans les analyses ethnologiques de la famille, est également essentiel dans la littérature médiévale dans laquelle on fait fréquemment référence au « fosterage », situation où l'oncle maternel doit éduquer le fils de sa sœur et en faire un héritier à l'égal de ses propres enfants[2].

Connaissant les compétences de Tolkien en matière de littérature médiévale, il n'est pas étonnant de retrouver l'importance de la relation oncle/neveu dans ses récits (relation qui sera théorisée au même moment, dans un article de 1941, par l'ethnologue Alfred Radcliffe-Brown, lui-même professeur à Oxford), mais sans toujours avoir assez de précisions permettant de dire s'il s'agit d'une relation avunculaire ou entre oncle paternel et neveux. Ainsi, dans *Le Seigneur des Anneaux*, Boromir nous apprend qu'Isildur s'installa auprès de son neveu Meneldil afin de l'instruire et de lui confier le royaume du sud, et Denethor s'intéressait à la position d'Eoren, neveu du roi. Les neveux succèdent souvent à leur oncle : Tarondor succéda à son oncle, le roi Telemnar, Eärnil à son oncle Tarannon (qui fut roi sous le nom de Falastur). La succession peut aussi être usurpation : Ar-Pharazôn (le Doré) s'empara du sceptre de son oncle Tar-Palantir au détriment de sa cousine. Mais la relation centrale du *Seigneur des Anneaux* est celle qui concerne Bilbo et Frodo. Là, Tolkien ne nous facilite pas la tâche : Bilbo est le petit-fils de Mungo qui est lui-même le frère de Largo, arrière-grand-père de Frodo, ce qui fait que Tolkien peut aussi bien écrire que Frodo est l'ainé des cousins de Bilbo (et son préféré), et faire dire à Bilbo, au cours d'un banquet, que Frodo est son neveu et héritier.

La maison : l'intrusion du politique dans la parentèle

Les théories ethnologiques de la famille se sont construites autour des deux axes que sont l'alliance et la filiation. Mais les ethnologues se sont retrouvés face à des situations ne relevant ni de l'une ni de l'autre. On doit à Claude Lévi-Strauss d'avoir mis l'accent sur ces cas en leur donnant le nom de « maison ». La maison est une personne morale détentrice d'un domaine composé de biens matériels (terre, patrimoine, etc.) et immatériels (traditions, croyances, légendes, noms, droits sur certains rituels, etc.). Elle se perpétue « en transmettant son nom, sa fortune et ses titres en ligne directe ou fictive, tenue pour légitime à la seule condition que cette continuité puisse s'exprimer dans le langage de la parenté ou de l'alliance et, le plus souvent, des deux ensemble », comme il le confiait à l'anthropologue Pierre Lamaison en 1987. La maison, parfois dépourvue de toute base biologique, permet donc de concilier les contraires que sont l'alliance et la filiation ; ainsi « la filiation vaut l'alliance, l'alliance vaut la filiation », écrit-il dans *La Voie des masques*. Si Lévi-Strauss déclare trouver cette institution dans des sociétés américaines (notamment, en s'appuyant sur les descriptions de Franz Boas, chez les Kwakiutl du Canada), polynésiennes et même (jusqu'à un certain point) africaines, il entend généraliser le modèle de la « maison aristocratique » issu de la période médiévale. Ce n'est donc pas un hasard si l'on retrouve chez Tolkien foison de références aux diverses « maisons ». On peut citer, par exemple, les maisons de Finrod, de Brandibouc, d'Elrond, d'Elendil, d'Anárion (liste non exhaustive), éventuellement avec une certaine ironie (« Peregrin, fils de Paladin, de la maison de Touc » se moque Meriadoc dans *Les Deux Tours*). Chez Tolkien, les maisons se repèrent à leurs possessions matérielles et leurs « marques » comme « l'Étoile de la maison de Fëanor, pierre elfique de la maison d'Elendil » et à leurs possessions immatérielles comme les contes : « S'il faut en croire ces vieux contes transmis de père en fils dans la maison d'Eorl [...] » (*Le Retour du roi*).

L'appartenance à une maison se distingue de l'appartenance à une lignée :

Ceux de ma maison ne sont pas de la lignée d'Elendil, bien que le sang de Númenor coule dans nos veines. Car la nôtre remonte à Mardil, le bon intendant, qui régnait à la place du roi quand celui-ci partait en guerre. C'était le Roi Eärnur, dernier de la lignée d'Anárion, qui n'avait pas d'enfants et ne revint jamais.

Les Deux Tours.

Elle n'est pas non plus synonyme de peuple, comme on le comprend en entendant Aragorn s'adresser à Éowyn : « Adieu, Dame de Rohan ! Je bois à la prospérité de votre maison, à la vôtre et à celle de tout votre peuple » (*Le Retour du roi*).

Les hommes appartiennent à leurs maisons, parfois dans des structures complexes décrites dans *Le Seigneur des Anneaux* : « Elessar, le fils Elfstone d'Arathorn de la Maison de Valandil, fils d'Isildur, héritier d'Elendil, maison de Denethor. » – « Tuor était le fils de Huor de la maison de Nador, la troisième maison des Edain ». Cette appartenance peut être instituée et ne repose alors pas nécessairement sur une base biologique : « Levez-vous à présent, Meriadoc, écuyer de Rohan de la maison de Meduseld », tels sont les propos de Théoden lorsque Merry entre à son service. Les membres d'une maison se reconnaitront à leurs qualités morales : « Mais je suis de la maison d'Eorl et non pas une servante. Je puis monter à cheval et manier l'épée, et je ne crains ni la souffrance ni la mort » (Éowyn dans *Le Retour du roi*). Mais la ressemblance peut également être physique, suggérant un lien biologique même fictif : « Théoden seigneur de la Marche de Rohan, vous êtes reconnaissable à vos nobles emblèmes et encore davantage aux beaux traits de la maison d'Eorl » ; « C'étaient des gens de haute taille, clairs de teint, les yeux gris et les cheveux noirs sauf dans la maison de Finarfin, la maison d'Or disait-on ».

En mêlant l'alliance à la pseudo-biologie, la maison traduit l'intrusion du politique dans la structure familiale : « [...] la formule de la maison traduit un état où les intérêts politiques et économiques, qui tendent à envahir le champ social, empruntent encore le langage de la parenté, mais doivent en même temps le subvertir. », ainsi que la définit Lévi-Strauss dans le *Dictionnaire de l'ethnologie et de l'anthropologie* de Bonte et Izard. De même, chez Tolkien, la maison concernant à la fois les elfes et les hommes (c'est-à-dire deux périodes de l'histoire de la Terre du Milieu) témoigne du moment où cette parenté devient l'objet de fins et stratégies politiques et en cela elle tranche avec la parenté qui structure le monde des hobbits.

Affirmations du pouvoir en Terre du Milieu

Selon l'ethnologue Maurice Godelier, il est erroné de prétendre comme on le fait communément que la famille est toujours à la base de la société, les rapports symboliques et politiques étant souvent au moins aussi importants. Chez les hobbits, la tradition était également essentielle : les hobbits respectaient les lois et règles communes mais, selon la légende, celles-ci auraient été édictées par un roi qu'on n'avait plus vu depuis plus de 1 000 ans. Les instances de contrôle social sont donc quasi absentes : les « shirriffs », ce qu'il y a de plus proche de nos policiers, étaient des gardes champêtres, plus occupés à s'occuper des « égarements des animaux que des gens » (« Des Hobbits », *Le Seigneur des Anneaux*, livre I), et le maire, élu pour sept ans à la foire du solstice d'été, n'avait qu'une fonction symbolique, qui consistait essentiellement à présider les banquets. Il y avait bien une assemblée, dont le maitre était le Thain, mais celle-ci n'était convoquée que pour faire face à des circonstances critiques et nouvelles, elle n'opérait plus jamais dans ce monde immobile. La structure administrative de la Comté reflète assez bien les préférences politiques de Tolkien. Conservateur, Tolkien l'était sans le moindre doute, et nullement démocrate comme il l'indique à plusieurs reprises dans sa correspondance (« Je ne suis pas un "démocrate" uniquement parce que l'humilité et l'égalité sont des principes spirituels corrompus par la tentative de les mécaniser et de les formaliser [...] », lettre n° 186 d'avril 1956). Ses opinions penchaient soit vers l'anarchie (au sens philosophique) soit vers la monarchie non constitutionnelle et il promit d'exécuter quiconque utiliserait le terme « État » (lettre n° 52 du 29 novembre 1943). Dans ses récits, il n'y a pas de place pour la démocratie représentative et les institutions intermédiaires : face à la Comté et à la tradition, Sauron incarne le pouvoir hiérarchique et l'obéissance au pouvoir absolu. Entre les deux, il peut y avoir des assemblées comme le conseil d'Elrond, mais celles-ci s'apparentent plus à des réunions entre puissances qu'à une véritable structure de gouvernement.

La Comté, le conseil d'Elrond, Gandalf, Sauron, autant de sources de pouvoir croisant la célèbre typologie établie par le sociologue Max Weber (pouvoirs traditionnel, rationnel-légal, charismatique). Le pouvoir traditionnel, typique des « communautés » au sens que lui donne son confrère Ferdinand Tönnies, domine la Comté et la plupart des peuples rencontrés dans le récit. Le pouvoir charismatique est celui d'un seul individu, d'un « meneur de foules » ou d'un « homme providentiel », et tient à ses qualités propres ou plus exactement à la relation que celui-ci a réussi à mettre en place avec la foule. C'est ici de toute évidence le cas de Sauron. Pour Gandalf, l'affaire est moins aisée : son pouvoir, fondé sur la magie, peut paraître charismatique (puisque, selon Tolkien, cette maîtrise de la magie ne peut être qu'innée), mais il relève aussi de la maîtrise d'une technique. En ce sens, il se rapproche de la troisième forme de pouvoir mise en évidence par Max Weber, le pouvoir rationnel-légal qui se fonde sur une compétence reconnue ou sur l'élection. Mais il est clair que le pouvoir rationnel-légal et son corollaire, la démocratie représentative, ne pèsent pas face à l'affrontement entre les deux tenants du pouvoir charismatique, Sauron et Gandalf, où l'un a pour but de s'approprier la Terre du Milieu et la Comté alors que l'autre entreprend de les sauver, c'est-à-dire sauver un monde régi par le pouvoir traditionnel.

Mais pour cela, tous deux usent de la magie comme arme essentielle. Les sociologues et anthropologues classiques (Max Weber, Marcel Mauss, James George Frazer) opposaient magie et sorcellerie à la science et à la technique tout en établissant une frontière séparant ce qui est rationnel et ce qui est irrationnel (à supposer que la distinction soit toujours simple à faire). Tolkien reprend différemment cette partition : manifestement, il s'inquiète de ce qui permet une application et une transformation du monde (technique et sorcellerie) qui est le fait de Saruman et qu'il oppose aux moyens de connaissance du monde (science et « magie blanche »). Ce qu'il craint par-dessus tout c'est la domination de l'homme sur l'environnement qui est le propre de la société industrielle, et cette crainte n'est pas sans échos aujourd'hui. Par exemple, le physicien Jean-Marc Lévy-Leblond a déclaré en 2015 : « [...] la science est désormais en passe d'être dépassée par sa propre réussite, et recouverte par les techniques mêmes qu'elle a engendrées, donnant naissance à une technoscience. Le paradoxe de cette évolution est qu'elle engendre une occultation de la spéculation intellectuelle par l'action matérielle : la transformation du monde risque désormais de prendre le pas sur sa compréhension ». En ce sens, Tolkien rapproche la technique et la machine de la sorcellerie (*goeteia*), le goût du pouvoir associé à la magie amenant rapidement à la « machine ». Un monde de coopération entre l'homme et son environnement lui siérait probablement mieux.

Récits fictionnels et régimes de réalité

De fait, Tolkien n'hésite pas à mettre en scène des rencontres entre les humains ou proches des humains et les non humains (aigles, wargs…) ou parahumains (ents…). Ces rencontres, fréquentes dans les récits de *fantasy*, peuvent nous permettre de cerner un imaginaire collectif en cours. Pour Danilo Martuccelli, professeur de sociologie, toute société s'appuie sur des productions narratives culturelles pour établir un « régime de réalité » propre, c'est-à-dire pour définir les limites du possible et de l'impossible de cette société. La reconnaissance de ces limites s'appuie sur un acteur central (la religion, l'État…), une peur spécifique (châtiment divin, peine de prison, honte sociale…), l'ensemble assurant le contrôle social de la population.

Le « régime religieux de réalité » s'appuyait sur la peur des esprits et laissa place au « régime politique de réalité » et au « régime économique de réalité » qui s'appuyaient sur la peur de l'autre et la peur du manque. Certaines œuvres peuvent servir de marqueur de basculement d'un régime de réalité à un autre. Par exemple, le *Don Quichotte* de Cervantès marque le passage du monde médiéval et magique (ou enchanté) au monde moderne et objectivé dans sa version « régime politique de réalité ». Danilo Martuccelli émet l'hypothèse que nous entrerions aujourd'hui dans un nouveau régime de réalité, « le régime écologique de réalité » qui s'appuie sur la peur des catastrophes écologiques et remet en cause l'opposition entre l'homme et la nature, qui amenait à la domination de celle-ci par celui-là. Le discours de ce nouveau régime porterait sur une complémentarité, voire sur une symbiose entre les deux, ce qui est joliment illustré par ces ents, qui ont été décisifs dans la victoire sur Sauron, symbole de la domination sur la nature, et qui ne sont ni hommes ni arbres mais un peu des deux. Comme le rappelle Barbebois : « Certains des miens ressemblent absolument à des arbres, à présent, il leur faut quelque chose de considérable pour sortir de leur torpeur, et ils ne parlent que par murmures. Mais certains de mes arbres ont les membres souples, et ils sont nombreux à pouvoir me parler » (*Les Deux Tours*).

Langage et évolution chez Tolkien

Christine Argot et Luc Vivès,
chercheurs et enseignants, Muséum de Paris

Que penserait Charles Darwin du monde de J. R. R. Tolkien, un monde biologiquement à la fois antérieur et parallèle au nôtre, qui illustre un buissonnement anthropomorphe très distinct de celui des primates d'un point de vue paléontologique, mais qui aurait environné l'espèce humaine avant qu'elle ne reste seule ? S'agirait-il d'une histoire surnaturelle plutôt que naturelle où les mutations ressemblent à des dégénérescences, un taux élevé de mutations donnant naissance à des monstres, sans permettre l'évolution de l'espèce ? Par exemple, les Uruk-hai et les Olog-hai suggèrent une différenciation non adaptative mais forcée des orques et des trolls locaux, au moyen d'un bricolage génétique et, surtout, de l'action corruptrice du Mal qui devient agent de sélection[1]. Tolkien va utiliser ces concepts biologiques dans une création au départ franchement linguistique. Si, dès 1862, le linguiste allemand August Schleicher est parvenu à dresser un arbre généalogique des langues reposant sur le principe biologique de parenté, il n'est pas sûr que Tolkien en ait eu connaissance. Pourtant, sa propre démarche s'en inspire. Il commence par créer deux langues elfiques, un langage qu'il qualifie lui-même de « conte de fées », puis crée l'histoire, le contexte narratif dans lequel ces langues peuvent exister et s'épanouir. Dans les *Étymologies*, son fils Christopher écrit : « Les langues elfiques proposent une image du langage qui est non pas celle de la structure pure, sans antécédents ni avenir, mais celle d'une entité qui évolue, inscrite dans le temps. »

En lisant l'œuvre de Tolkien, *Le Seigneur des Anneaux* bien sûr, mais également *Le Silmarillion*, *Le Livre des Contes perdus* ou *Les Contes et légendes inachevés*, on éprouve le sentiment puissant que l'histoire de la Terre du Milieu est bâtie sur une structure temporelle réelle, constituée de chroniques historiques dont la complexité concerne aussi bien les peuples qui les composent que leurs langues.

Dans le registre linguistique, les discours mythologique et philologique (étude d'un langage d'après ses écrits) s'influencent l'un l'autre. L'arbre des langues préfigure l'arbre des espèces, chacun se ramifiant au gré du temps et notamment des isolements géographiques. Tolkien compose une mythologie des formes mais surtout une généalogie des langues, qu'il justifie par la dissémination des peuples : les hommes comme les elfes s'éveillent à l'est et se dispersent en particulier vers l'ouest. Tolkien, qui cherchait à évoquer pour ces chroniques anciennes un ou des langages d'époques depuis longtemps révolues, leur invente grammaire, vocabulaire, étymologie, déclinaisons et cas particuliers. Il commence par créer deux langues elfiques, puis conçoit le contexte narratif dans lequel ces langues peuvent exister et s'épanouir. Dans son traité intitulé *Lhammas*, écrit en 1937 (publié dans le volume compilatoire *La Route perdue*, en 1987), il décrit des arbres de langues et une équivalence peu à peu se dessine entre histoire des espèces et histoire de leurs langues : ainsi, les nains créés par le Vala Aulë possèdent leur propre langage, le khuzdul, enseigné directement par Aulë et issu du langage des dieux, le valarin. De même, Morgoth fait dériver l'orquien, conçu pour ses serviteurs, d'un valarin déformé et dégradé.

Le cas des elfes et des hommes est plus complexe. Leurs langues, créées par une sorte de dieu unique nommé Ilúvatar, sont soumises à un processus évolutif et à une dérive linguistique liée non seulement à des isolements géographiques entraînant une spéciation grandissante, mais aussi à l'influence d'autres langues, à l'altération commune à tout ce qui vit sur Terre et à la corruption du Mal. Ainsi, dès que les elfes sont découverts par Oromë et qu'une partie d'entre eux entreprend la longue marche vers l'ouest et Valinor, une première scission du quendien primitif se réalise entre eldarin, la langue de ceux qui partent, et lemberin, la langue de ceux qui refusent de répondre à l'appel. Au cours du temps, les langues et dialectes des elfes restés en Terre du Milieu s'éloignèrent radicalement de ceux qui atteignirent Valinor. Une troisième division majeure s'opèrera par la suite, avec la création du telerin, la langue des elfes marins dits Teleri, née d'un isolement millénaire sur l'île solitaire de Tol Eressëa, à mi-chemin entre terres mortelles et immortelles.

Tolkien ne commença cependant pas par créer le quendien primitif mais le quenya, une langue raffinée dite « le latin des elfes » inventée par les plus nobles des Eldar (peuple elfique réfugié à Valinor) et qui émergera plus tard dans la chronologie elfique. Ce peuple se constituera aussi une langue pour la vie quotidienne : le lindarin. Tolkien forge après coup le sindarin, la langue des Elfes gris du Beleriand qui finit par apparaître comme la « langue commune » des elfes et sera même ponctuellement adoptée par les nains et les hommes. La « langue-mère » originelle ne se dévoile donc que par déduction, comparaisons et recoupements entre différentes « langues-filles ». Tolkien hésitera longuement à donner un rôle à Oromë dans la conception de cette protolangue originelle, mais décrira les elfes comme aimant les mots et doués pour créer et faire évoluer leurs propres langues. Ainsi, leur langue-mère se subdivise au cours de leur histoire complexe en différentes branches qui vont former différentes classes langagières : par exemple le lemberin se spécialise, selon les enracinements géographiques en Terre du Milieu, en doriathrin (parlée au Doriath, enclave elfique protégée en Terre du Milieu au Premier Âge par l'anneau de Melian) ou en ossiriandeb, le dialecte des Elfes verts.

Il est dit que les guerres contre Morgoth, menant à la disparition de populations entières d'elfes, entraîneront la disparition des langues associées à ces populations. Au Troisième Âge, seul subsiste le sindarin, la langue syncrétique des Elfes gris du Beleriand, résultant de diverses influences : le doriathrin, le noldorin exilique parlé dans la cité elfique Gondolin, les langues humaines et l'orquien (utilisé dans la forteresse de Morgoth, Angband, auquel furent confrontés les elfes qui y furent retenus prisonniers).

Tolkien semble aspirer à la restauration mythique ou historique d'une *lingua elfica* liée à une recherche étymologique cherchant à saisir les états successifs d'un mot afin de découvrir, filiation par filiation, les origines des langues elfiques (et, comme nous le verrons dans le paragraphe suivant, des langues humaines). Tolkien, tel un paléographe des Premiers Nés (autre nom des elfes), adopte une création littéraire d'essence mytholinguistique et mythographique. Le langage elfique renferme une sorte de « pureté primordiale » et fonctionne comme un conservatoire de vérités théologiques, puisque les seuls noms des Esprits gardiens du monde et émissaires d'Ilúvatar à nous être parvenus sont des noms elfiques, ainsi que le mot même les désignant (Valar), et que ces divinités allèrent jusqu'à adopter la plus accomplie des langues elfiques pour s'exprimer. Tolkien, en créant une langue déjà évoluée et chargée d'une histoire, réfléchit à remonter aux sources de cette langue, aux langues primitives qui lui servent d'assise. Il déploie un univers de langues idéales, de langues révolues dont lui seul détient la clé. Comme inventeur de signes, il tient autant du paléographe (celui qui étudie les manuscrits anciens) que du prophète. Il façonne et modèle la matière du sens, explorant les virtualités poétiques des sons, s'essayant à de nouvelles combinaisons rythmiques, jouant sur les vertus mélodiques et incantatoires des mots. Il invoque le profond plaisir esthétique qu'il tirait du travail sur les formes du langage et enregistra des poèmes en langue elfique pour la seule joie d'entendre résonner ces sons inconnus.

L'arbre des langues

Dans *Le Livre des Contes perdus* émerge la théorie selon laquelle toutes les langues parlées par les hommes en Terre du Milieu proviennent, plus ou moins directement, d'une ancienne langue elfique que l'elfe Nuin enseigna au premier couple d'humains. La première langue humaine est d'abord appelée taliska(n), langue ayant subi l'influence des parlers nains, orques, elfes lembi et elfes verts, sans cependant descendre directement d'aucune. Puis Tolkien conçoit l'adûnaic et, en parallèle à l'histoire des elfes, le taliska devient la langue des hommes qui restent en arrière, en opposition à ceux qui migrent à l'ouest et arrivent en Beleriand. Dès lors, la langue humaine se « sindarinise » : les trois principales lignées humaines de Bëor, Hador et Haleth ne se comprennent déjà plus et doivent utiliser le sindarin comme langue commune. L'adûnaic descendrait du hadorien, langue de la troisième branche humaine à entrer au Beleriand, proche du Bëorien, alors que le halethien, assez distinct, s'éteignit avant la fin du Premier Âge. Bien avant de partir sur l'île de Númenor au Deuxième Âge, les hommes côtoyèrent les elfes demeurés en Terre du Milieu, ainsi que les nains orientaux, et empruntèrent à ces civilisations des mots qu'ils intégrèrent dans leur vocabulaire. De ce fait, quand un mot humain ne semble pas provenir d'une langue elfique, il y a de fortes chances qu'il dérive du khuzdul. L'adûnaic fut parlé plus de 3 000 ans durant par les habitants de Númenor et évolua en trois temps (ancien adûnaic, moyen adûnaic et adûnaic classique). Les Númenóréens apprirent couramment le sindarin et, pour les plus sages d'entre eux, le quenya. Les descendants du premier roi de l'île, Elros, portèrent longtemps deux noms, leur nom véritable en quenya et un nom commun en adûnaic. En Terre du Milieu, on pratiqua l'adûnaic exilique, une des langues qui emprunta le plus à d'autres et qui devint, par la voie de ce syncrétisme linguistique, la langue commune nommée aussi sôval phâre, adûni, westron ou occidentalien, soit le parler commun de tous les peuples doués de parole au Troisième Âge.

Il existe même plusieurs westrons, car le westron utilisé par les hobbits et celui adopté par les elfes et les nobles du Gondor ne sont pas tout à fait identiques. La langue pratiquée par les elfes et la noblesse humaine était plus ancienne, plus formelle et plus concise. À la fin du Deuxième Âge, les exilés de Númenor, amis des elfes, remirent en usage le sindarin elfique comme langue maternelle alors que, à la fin du Troisième Âge, les rapports de force s'inversèrent : la langue commune à dominante humaine connut une utilisation grandissante par tous tandis que le sindarin n'était plus employé que par quelques habitants du Gondor. Beaucoup de groupes humains isolés gardèrent par ailleurs leur propre langage : le dalien dans la région de Dale, utilisé aussi par les nains d'Erebor, le rohanais (ou rohirrique) pour les Rohirrim, qui est au westron ce que le vieil anglais est à l'anglais moderne ; de fait, Tolkien « traduisit » dans son ouvrage le rohanais en vieil anglais, en particulier les noms de lieux et de personnes comme Eomer, Eowyn, Edoras, Theoden, Scadufax ou *mearas* (chevaux). Enfin coexistaient le dunlandais, un éventuel rameau du halethien, qui décline à la fin du Troisième Âge, et le wosien, la langue des Drûgs. Certains dialectes comme le dalien et le rohanais seraient davantage liés au taliska qu'à l'adûnaic.

La lettre et le néant

Doit-on postuler chez Tolkien une relation consubstantielle unissant le son, la langue parlée à l'être qu'il représente ? Le langage peut-il s'égaler à l'être qui le parle ? Il est modelé par cet être, et sans doute le modèle-t-il un peu en retour. Il est fréquemment répété que les orques, caractérisés par leur laideur, pratiquaient une langue verbeuse et répétitive, dégénérée et grossière. Autre exemple : la langue des ents, inutilisable par tout autre qu'eux-mêmes, reproduit les bruissements de la forêt, mélange de murmures longs et d'appels plus brefs assemblés en une chaîne musicale tonale que les elfes eux-mêmes renoncèrent à fixer par écrit. Les elfes, caractérisés par leur beauté et leur noblesse, parlent une langue jugée harmonieuse. A contrario, le khuzdul des nains, pourtant appris du Vala Aulë, s'avère dissonant et discordant aux oreilles elfiques, et seuls deux elfes, Fëanor et Pengolodh, feront l'effort de l'apprendre, alors que les nains assimilèrent avec facilité le sindarin puis la langue commune. Constatons de plus que les nains partageaient avec les Valar et les ents la crainte de révéler leur nom véritable, même sur leurs tombes, car ce nom, pensaient-ils, dévoilait leur essence et leur histoire et octroyait un trop grand pouvoir à qui le détenait. Donner un nom à une chose la fait donc naître, mais cela la tue aussi un peu ! Tolkien rejoint en cela Pythagore et Platon pour lesquels l'âme qui s'incarnait en était diminuée, le corps (sôma en grec) étant à la fois moyen d'expression (sêma) mais aussi prison, tombeau de l'âme qui a « chuté » en lui.

La langue des Valar, qui n'évolua pas et n'eut jamais besoin d'être retranscrite, fait figure de création pure, juste au-dessous de l'ainulindalë, la musique créatrice originelle des Ainur. Si les langues elfiques et humaines s'épanouirent et se scindèrent en rameaux buissonnants, on observe que les orques, trolls et autres créatures de Morgoth, puis les peuples sous la coupe de Sauron, ne firent de la langue commune qu'un instrument de communication. Si le déclin des langues accompagne la disparition des peuples qui les parlent, il est aussi associé à la dégénérescence imposée par l'usage qu'en font les peuples qui les adoptent en les dévoyant : ainsi les orques, dispersés en tribus, deviennent vite incapables de se comprendre entre eux et, au Troisième Âge, se trouvent obligés d'utiliser la langue commune (sôval phâre) pour communiquer, mais une langue pervertie, désorganisée et appauvrie.

Cette évolution se perçoit également dans les signes écrits, en particulier l'écriture des cirth (morphologiquement proches des runes), inventées par les elfes mais que les hommes, spécialement ceux de Dale et de Rohan, les orques et surtout les nains de Khazad-dûm s'approprieront ensuite. Tous les modifièrent à leurs fins propres et selon leurs (in)aptitudes : si les orques dégradèrent les cirth en les retranscrivant selon une graphie plus que schématique, les nains au contraire les enrichirent, allant jusqu'à inventer une écriture cursive associée. À tel point qu'au Troisième Âge on oublia leur origine elfique. Quant à la seconde catégorie de signes elfiques, les tengwar de Fëanor apportés par les Ñoldor en Terre du Milieu, ils furent utilisés au Troisième Âge pour retranscrire la plupart des langues usitées dans l'ouest de la Terre du Milieu, en particulier le westron. Même l'inscription sur l'Anneau, en langue noire mais gravée en tengwar, reste élégante bien que de façon décadente et subtilement déformée. Non dévoyés, les tengwar captivent par leur plastique naturaliste, leur apparence organique : multipliant les variations autour d'un corps et d'un jambage qui créent une écriture cursive fluide, une relation certaine à la végétation semble inspirer leur graphie. D'ailleurs, les cités elfiques du Troisième Âge, Rivendell et Lothlórien, fonctionnent comme des isolats dans un monde bouleversé, préservant les espèces et permettant leur évolution endémique. L'environnement et les espèces qui y vivent et en font intégralement partie agissent mutuellement les uns sur les autres et, en quelque sorte, se cocréent. Cette notion se perçoit chez Tolkien : les elfes sont liés à la végétation, aux étoiles, à la beauté, tandis que le Mordor et les alentours d'Angband sont des lieux désolés, arides et morts. Enfin, les serviteurs de Morgoth craignent la lumière (les orques la fuient, les trolls en sont pétrifiés et les Nazgûl perdent beaucoup de leur pouvoir en plein jour).

La désignation des choses grâce à des signes elfiques, cirth ou tengwar, vise-t-elle à une représentation elfique du monde ? Les elfes aimaient les mots et, par l'intermédiaire de cette création de sons et de signes les transcrivant, s'approprièrent le monde, laissant leur empreinte langagière plusieurs millénaires durant en Terre du Milieu (les noms de lieux employés étant essentiellement elfiques). Si une langue d'origine humaine deviendra le parler commun aux peuples doués de parole au Troisième Âge, après maintes hésitations de la part de Tolkien, elle sera néanmoins très nettement influencée par les langues elfiques. Animisme langagier, magie grammairienne, syntaxe génétique : quelle formule conviendrait le mieux à cette langue qui semble revenue d'entre les mots comme si les mots étaient des morts ? Grâce à ce syncrétisme, des mots elfiques survécurent en effet dans la langue commune parlée au début du Quatrième Âge alors que la plupart des elfes avaient déjà déserté la Terre du Milieu…

Le chant du signe

Si, dans l'Évangile selon saint Jean, « Au commencement était le Verbe », chez Tolkien aussi au commencement était le son : un son éminemment créateur puisque c'est la musique d'Ilúvatar, à laquelle sont invités à se joindre les Ainur, qui engendre le monde. Les thèmes musicaux d'Ilúvatar, chantés en réponse aux discordances introduites par Melkor (devenu Morgoth, « le Noir Seigneur »), sont à l'origine de deux peuples, les elfes ou Premiers Nés, puis les hommes ou Successeurs. Si l'apparition des premiers est liée à la destruction des Lampes éclairant le monde par Melkor, celle des hommes l'est à la destruction des Arbres de Valinor et au vol des silmarils. À chaque fois l'émergence d'un nouveau peuple est donc associée à la lumière, à son anéantissement puis à sa recréation sous une autre forme :

disparition des Lampes puis création des étoiles, disparition des Arbres puis création du Soleil et de la Lune. Si les Ainur forgèrent les astres en compensation de ces dévastations, ils ne participèrent pas aux créations des elfes ni des hommes, êtres étranges et libres qu'ils considérèrent avec fascination, car ils voyaient en eux une part de la sagesse d'Ilúvatar qui, même à eux, leur était restée cachée. La mortalité des hommes, opposée à l'immortalité des elfes, se révèle comme la contrepartie du don de liberté qui leur est accordé : grâce à ce don, dans la limite des pouvoirs et des hasards du monde, il leur est offert de concevoir et façonner leur vie au-delà de tout destin préalablement déterminé, c'est-à-dire chanté, dès les origines du monde, par les Ainur ou Ilúvatar lui-même.

L'œuvre entière de Tolkien bruit des échanges au sein d'un buissonnement d'êtres de nature variée mais de morphologie principalement anthropoïde. Entre les peuples de la Terre du Milieu, des techniques, des savoir-faire et des langues circulent, tandis que des gènes s'échangent seulement entre hommes et elfes, au moins au début de leurs relations et de manière très ponctuelle (trois mariages). Ne saurait donc intervenir entre eux la transmission des caractères par voie génétique ni la descendance avec modification ! Il n'y a pas d'ancêtre commun non plus aux elfes et aux hommes, qui sont des actes de création distincts. Doit-on postuler un saut évolutif à chaque acte de création ? Quoi qu'il en soit, l'environnement en est forcément modifié, ainsi que l'équilibre entre espèces. Il est frappant que les chroniques tolkieniennes reflètent un appauvrissement des espèces anthropomorphes qui côtoyèrent de façon pourtant si étroite l'homme à un certain stade de son histoire. Elles semblent ainsi illustrer la « nécrodiversité » qui frappa ces peuples à l'horizon du Quatrième Âge, ou bien avant pour certains.

Selon Lamarck, le milieu agit au niveau de l'organisme individuel : en ce sens, la dégénérescence de Sméagol en Gollum ou des hommes corrompus en Nazgûl serait quasiment lamarckienne si l'on considère le pouvoir corrupteur de l'Anneau comme un facteur environnemental… Pour Darwin au contraire, la sélection agit sur des populations entières et c'est ce qui se produit chez les hommes et les elfes. Si aucune compétition directe entre eux ne mena à la disparition progressive des elfes, il semble que l'accélération du temps joua un rôle dans cette disparition : contrairement à Darwin, le temps chez Tolkien ne s'écoule pas toujours au même rythme, puisqu'après la destruction des Arbres de Valinor et la création du Soleil et de la Lune, le temps se déroule plus vite, ce qui accélère la croissance et le vieillissement de toutes choses. Le temps n'est pas conçu comme facteur de développement pour les hommes ou les elfes dans leur organisation interne, attendu qu'ils s'éveillent déjà accomplis ; bien pire, c'est un fardeau, surtout pour les elfes, qui finirent par se fatiguer du monde et déclinèrent. Chez Darwin comme chez Tolkien, l'homme arrive en dernier mais finit par dominer seul la planète à partir du Quatrième Âge.

Les apports de Tolkien supposent donc de revoir le rôle des grandes batailles contre le Mal dans l'aspect physique de la Terre du Milieu, la part respective du hasard et du destin dans le fonctionnement du monde, l'origine de l'espèce humaine, sa place parmi les êtres vivants et les relations entre les différentes espèces. Ce monde complexe pose le problème des origines, le problème du déterminisme et offre en quelque sorte une interprétation morale de la théorie de la concurrence vitale explicitant la compétition à laquelle se livrent les espèces.

Défense et illustration de la philosophie chez Tolkien

Michaël Devaux, professeur agrégé

Tolkien philosophe-t-il, voire : est-il un philosophe ? Une réponse de Normand s'impose peut-être, comme souvent. Non, puisqu'il était philologue de profession[1] ; oui, comme tout écrivain en ce que la littérature véhicule (inconsciemment ou non) une philosophie, plus ou moins approfondie. Resterait à savoir si la philologie peut ellemême (comme tout, au fond !) se passer de philosophie. Plutôt que d'exposer les positions philosophiques de Tolkien sur tel ou tel thème, comme le fait le philosophe américain Peter J. Kreeft dans *The Philosophy of Tolkien*, demandons-nous si Tolkien dispose d'un concept (philosophique) de philosophie. Ou ne s'en faisait-il qu'une vague idée ? En va-t-il pour lui autrement que du cousinage entre philologie et philosophie ? Comme en famille, on se connaît (pas toujours si bien que ça) et se ressemble (plus ou moins). Sans pouvoir répondre de façon exhaustive ici à la question des connaissances philosophiques de Tolkien, examinons son positionnement par rapport à la *regina scientiarum*, la reine des sciences. Ne pouvant ici passer en revue toutes les occurrences du lemme philosoph[2] dans le *corpus* tolkiennien en l'état actuel de l'édition de ses œuvres (notamment dans les *Lettres*), je me concentrerai sur trois textes peu connus, en tous cas jamais commentés jusqu'ici, même dans les rares travaux sur Tolkien et la philosophie (Peter J. Kreeft, R. Arduini et C. Testi).

Le paradoxe initial de cette recherche tient d'abord à ce que Tolkien a cité les philosophes avec parcimonie et qu'il emploie peu le terme de philosophie alors que ses enfants Priscilla et John (jésuite, il fit donc des études de philosophie) l'ont présenté comme « le philosophe riant » – comme un nouveau Démocrite puisque tel était le surnom de l'atomiste d'Abdère. De surcroît, Tolkien est docteur *honoris causa* de philosophie de l'université de Liège ! Dans le discours de remise de ce titre honorifique, son élève Simonne d'Ardenne affirmait que *Le Seigneur des Anneaux* était un « conte de fées pour adultes, lourd de sens philosophique ». Malgré ce brevet filial et cette distinction universitaire, le paradoxe se redouble puisque les déclarations de Tolkien relèvent soit du déni (« Je ne suis pas un métaphysicien », écrit-il dans une lettre, ou ailleurs dans *The Notion Club Papers* « Je ne suis pas un philosophe » à travers son *alter ego*, Michael Ramer[3]) ; au mieux de la réticence : « Je ne dirai pas "voir les choses telles qu'elles sont" pour ne pas me mêler aux philosophes », dans *Du conte de fées*[4]. Bref, Tolkien n'endosse pas la toge philosophique, mais laisserait éventuellement d'autres la lui passer. Reste que, dans les brouillons de ce grand texte théorique sur la féérie, il écrit que « [...] les contes de fées sont principalement le fait d'hommes et reflètent une philosophie ou des philosophies concernant la nature du monde. [...] Les contes de fées reposent sur une philosophie ou des philosophies qui sont un compte rendu ou une réponse à la preuve ou supposée preuve du phénomène féerique »[5].

La philosophie mélancolique d'un jeune enseignant

La première occurrence de « philosophie » chez Tolkien date de décembre 1922. Il publie alors, sous le pseudonyme « N. N. », un poème en moyen anglais : « The Clerkes Compleinte » (« La Complainte des étudiants »). Les vers 31-32 convoquent l'éthique et la *philosophye malencholyk*. Le poème met en scène les étudiants le jour de la rentrée universitaire, nombre d'entre eux choisissant des filières professionnelles (chimie des couleurs et ingénierie textile plutôt que la philologie ou la philosophie[6]).

À Leeds alors que je me tiens
Au matin aux portes de ces grands halls
Où viennent en ma compagnie quasiment cinq cents Nouveaux étudiants, telle une foule impatiente
Qui veut apprendre, je présume, les anciennes langues De France ou d'Angleterre ou d'Espagne ou de Russie,
Les langues difficiles de la Haute-Germanie ou de la Prusse, Ou l'histoire, ou le vocabulaire au charme suranné du droit, Encore qu'ils sachent peu de latin, et qu'il se trouve, hélas, Encore moins d'hommes audacieux
Pensant à s'affronter à la langue grecque, Ou se casser la tête avec l'éthique,
Et avec la philosophie mélancolique.[7]

Tolkien a peut-être alors en tête les enseignements de ses collègues à Leeds : Melville Gillespie (qui enseignait sans doute l'histoire de la philosophie antique) et Harold Hallet (à qui revenait vraisemblablement l'éthique, l'histoire de la philosophie moderne et la philosophie anglaise). Gillespie, littéraire devenu philosophe, a publié un article sur Hippocrate et connaissait donc bien la théorie des humeurs, dont relève la mélancolie. Quant à Hallet, il est probable qu'il ait enseigné *L'Anatomie de la mélancolie*, de Robert Burton (1621) dont on avait fêté le tricentenaire l'année précédente. Tolkien a pu en entendre parler et même le lire, si l'on considère au moins trois textes très proches de son poème dans le chapiter « Amour de l'érudition ou abus d'étude. Avec une digression sur la misère des hommes de lettres et la raison de la mélancolie des muses ». Burton parle (comme Tolkien quelque trois siècles plus tard) du jour où l'étudiant entre à l'université, et attire ensuite l'attention sur le rejet estudiantin de l'histoire, de la philosophie et de la philologie, avant enfin de dénoncer le seul souci chez certains du nombre d'étudiants inscrits, quel que soit leur niveau d'éducation (Tolkien regrette le peu de connaissances latines de ses étudiants…) !

Défense de la philosophie à la veille du *Hobbit*

Un texte peu connu date de ses premières années d'enseignement à Oxford. Dans « Philosophical Thoughts » (« Pensées philosophiques »), Tolkien, rapportant en effet une discussion entre son collègue et ami C. S. Lewis et le président de son collège, prend la défense de la philosophie. Nulle réticence ne s'y lit, bien au contraire !

> *Beaucoup de personnes sont incapables de voir un bien quelconque dans la philosophie, et parlent d'elle comme s'il s'agissait d'un processus excrétoire juvénile, à la suite de quoi on peut s'assagir dans l'état d'adulte éduqué sans plus penser*

du tout. Par exemple, le président de rien moins qu'un collège comme Magdalen parla de M. Fausset, l'autre soir au dîner, comme d'un malappris parce qu'il philosophait sur la littérature « alors que vous et moi » – il parlait à Lewis – « sommes passés par tout ça en licence de lettres classiques et l'avons oublié ».

[...] Nous avons également parlé de philosophie idéaliste et athée – cette dernière m'ayant toujours été inintelligible: je n'ai jamais compris comment quelqu'un pouvait de nos jours rester sur une telle position, si on peut appeler cela une position.[8]

De qui parle-t-on ? Tolkien rapporte ici une discussion qui s'est tenue autour de 1931 entre C. S. Lewis (1898-1963) et George Stuart Gordon (1881-1942). La biographe de ce dernier, Mary C. Biggar Gordon, rapporte que : « La philosophie et l'histoire ancienne n'étaient pas spécialement attrayantes pour lui. Pour un temps, elles retinrent son attention, et sa vigueur naturelle et son alacrité pour s'attaquer à des problèmes intellectuels difficiles les transformaient en jeu. »[9] Gordon médisait de Hugh l'Anson Fausset (1895-1965) qui philosopha sur la littérature en publiant notamment en 1923 des *Studies in Idealism* (« Études sur l'idéalisme », ce qui explique la mention de la « philosophie idéaliste »).

Quel(s) concept(s) de philosophie cet extrait nous apporte-t-il ?

Premièrement, la philosophie, dit Tolkien, correspond *pour le commun* d'abord à un âge. La philosophie serait chose appartenant à l'adolescence ou à la jeunesse et dont il serait à propos de se débarrasser. Un adulte ayant fait des études supérieures n'aurait plus besoin de philosopher. Elle serait au mieux le levier d'une *catharsis*, permettant par exemple d'évacuer une contestation. Une sorte de conformisme de bon aloi lui succéderait avantageusement. Évidemment, Tolkien n'en croit rien et combat cette vision réductrice de la philosophie. Ce concept, négatif, de philosophie, avec le repoussoir qu'en fournit Gordon lors d'une discussion banale de la vie universitaire, est instructif : on y lit en creux une défense de la formation philosophique de l'esprit, donc de l'importance de la philosophie.

Deuxièmement, si la *philosophie idéaliste* dont parle Tolkien est celle de Fausset, il est utile de préciser la définition qu'en donnait ce dernier. « Par "philosophie", je n'entends pas le fantôme systématique des écoles. Beaucoup de critiques dénieront qu'un poète ait une philosophie, parce que sa philosophie est chose différente de celle d'Aristote, de Kant ou du Dr Bradley[10]. Sa philosophie consiste en une intuition ou une série d'intuitions concernant l'univers. » (*Studies in Idealism*, p. xix). Cet idéalisme reste bien entendu une quête de la réalité. Il s'agit d'accepter « les choses telles qu'elles sont » (*ibid.*, p. xv). Tolkien n'écrit-il pas dans ses lettres que ses contes de fées forment son « commentaire sur le monde »[11] ? N'est-ce pas l'équivalent de cette série d'intuitions concernant l'univers ? Et Tolkien partage sans doute l'idée qu'un discours peut être philosophique sans devenir systématique. Son œuvre est encyclopédique, avec des linéaments philosophiques sans qu'on en trouve la systématisation !

Enfin, concernant la philosophie athée, on peut se pencher sur le dernier chapitre de l'ouvrage de Fausset précédemment cité, consacré à l'esprit moderne de façon générale. Le couplage entre philosophie idéaliste et athée laisse penser plus largement à une discussion sur l'opposition entre idéalisme et matérialisme (athée). Le matérialisme et l'athéisme partagent l'affirmation de la fierté de l'humanité sans arrière-monde religieux. Voilà qui ne pouvait qu'être disqualifié par Tolkien. La lecture du livre de Fausset peut là encore être l'arrière-fond de cette discussion. Fausset cherchait à brosser ce qui fait de Nietzsche un destructeur : un athée, promoteur conscient de la barbarie (intellectuelle) comme antidote à son hypocondrie spirituelle en éloignant l'homme de son humanité, au profit du surhomme. Pour Tolkien, l'athéisme ne peut pas (se) tenir. La cohérence fait défaut à ses idées. Pour Fausset, il ne s'agit que d'un aspect d'une vision plus vaste. L'esprit moderne est présenté comme celui d'un âge où la science prédomine – ce qui est un danger et un espoir. Si la science apprend l'importance de l'honnêteté intellectuelle, c'est un bien ; mais si elle fait reculer l'empathie, c'est un danger. Il est dangereux de n'accumuler que des connaissances et de ne plus comprendre les valeurs. Il en va d'un problème de valeurs, donc d'estimation intellectuelle. Les péchés contre l'Esprit saint étaient hier des péchés de chair, ce sont aujourd'hui des péchés de l'esprit. On rend un culte au fait pour le fait sur le principe de la science. C'est que l'intelligence mécanique est amorale. L'esprit positiviste est un bien si l'on considère la vie comme un tout et qu'on prend en considération sa beauté.

De ce texte écrit aux environs de 1931, on tire donc une défense de la philosophie comme exigence de pensée à l'âge adulte, comme *programme d'éducation* donc, une conception *non systématique* de la philosophie néanmoins comprise comme série d'intuitions concernant l'univers, et enfin un rejet de l'athéisme comme exemple de philosophie incohérente aux yeux de Tolkien, donc la philosophie comme exigence de *cohérence*.

La philosophie après le succès américain du *Seigneur des Anneaux*

Vers la fin de sa vie, cette fois, Tolkien a employé le terme « philosophie » dans un texte de linguistique elfique, *Le Shibboleth de Fëanor*, en abordant la question du sens des noms de Finwë et de son fils Fingolfin (voir encadré).

FINWË ET FINGOLFIN

1. Finwë fut marié à Míriel dont il eut Fëanor. Il se remaria à Indis dont il eut deux garçons, Fingolfin et Finarfin, et deux filles, Findis et Irimë.

2. Fingolfin fut le roi elfe qui défia Morgoth en combat singulier et le blessa sept fois avant de périr d'un coup de masse. Son frère Finarfin fut le seul à rester avec son peuple en Aman, selon la volonté des Valar (ses enfants, dont Finrod et Galadriel, suivront cependant Fëanor).

Or, Fingolfin est aussi connu sous le nom de Ñolofinwë (« Finwë le sage » en quenya). Tolkien précise que *ñolo* est la racine de la famille de mots gravitant autour de la notion de sagesse[12]. C'est à cette occasion que Tolkien approfondit dans une note le sens de la sagesse chez les Ñoldor en revenant sur le rapport de la sagesse (*sophia*) à la philosophie :

> *« Sagesse » – mais pas dans le sens de « sagacité, [sound judgment] sain jugement » (fondé sur l'expérience et une connaissance suffisante) ; « Savoir » serait le plus proche, ou « Philosophie » dans ses emplois les plus anciens qui incluent la Science. Ñolmë était ainsi distingué de Kurwë « compétence*

*technique et invention », bien qu'il ne soit pas nécessaire que cela soit mis en œuvre par des personnes différentes. La racine apparaît en quenya (langue dans laquelle elle était la plus employée) sous les formes développées depuis l'eldarin commun ñgol-, ñgōlo-, avec ou sans le n syllabique : comme dans *Ñgolodō (quenya Ñoldo, telerin golodo, sindarin goloð) – les Ñoldor ont été depuis les premiers temps les plus éminents en la matière et les plus concernés par ce genre de « sagesse » ; ñolmë un domaine de la sagesse (la science, etc.) ; Ingolë (ñgōlē) Science/Philosophie en tant que tout ; ñolmo une personne sage ; ingólemo quelqu'un avec une très grande connaissance, un « magicien ». Ce dernier mot était cependant archaïque et s'employait seulement pour les grands sages des Eldar en Valinor (tels que Rúmil)*[13].

Une lecture rapide du début de ce texte prendrait le sound judgement comme il est couramment traduit aujourd'hui : « jugement sûr », c'est-à-dire certain de la certitude de la science (positive). La confirmation de cette lecture serait que ce jugement se fonde sur l'expérience. Nous serions sur une base kantienne : la connaissance considérée comme suffisante pour juger ne saurait prendre le risque de ne pas se fonder sur l'expérience. Il n'y a connaissance que si les conditions de la phénoménalité que sont l'espace et le temps offrent quelque chose aux catégories de l'entendement pour s'y appliquer. Pas de science sans expérience : ce qui est hors de son champ ne relève pas de la science, le jugement le concernant ne saurait être sûr. Tolkien oppose cette conception de la sagesse à ce qui est, pour lui, la vraie philosophie. Il préfère rapprocher la sagesse de la science et de la philosophie comprenant la science. Il rappelle alors que c'est une conception (plus) ancienne de la philosophie. Ce qui est ancien est de *conjoindre* philosophie et science. Or la lecture positiviste *réduirait* la philosophie à la science.

Cela interdit de faire une lecture positiviste ou scientiste de ce passage.

Quant à la conception de sagacité (*phronèsis*, aussi traduit par « prudence ») dont il est question, Aristote en est le philosophe incontournable avec le livre VI de l'*Éthique à Nicomaque*. Nous ne pouvons l'analyser dans le détail ici (voir encadré ci-dessous).

SAMWISE GAMGEE

Le rapport entre sagesse et sagacité constitue l'enjeu de la traduction du prénom complet de Sam chez Tolkien. *Samwise* est traduit par Samsagace (F. Ledoux) ou Samsaget (D. Lauzon). Aristote, dans le chapitre 12 du livre VI de l'*Éthique à Nicomaque*, conjoint la *phronèsis* au savoir accumulé par l'expérience des vieillards. Or la sagacité de Sam n'est-elle pas celle de l'Ancien auquel il se réfère ? Par ailleurs, dans l'*Éthique à Nicomaque*, le seul sens acceptable de « sagesse » qu'admet Aristote est celui de la prudence/sagacité comme la sagesse politique (1141*b* 23). Et Sam, en tant que maire de la Comté, n'est-il pas effectivement doué de cette sagesse politique qu'inclut la *phronèsis ?* Le Sam de Ledoux est le descendant de l'Ancien, et celui de Lauzon, le maire de la Comté, mais identiquement, de prudents aristotéliciens !

Arrêtons-nous néanmoins sur la représentation de la philosophie et son rapport à la science. Écartons pour commencer la lecture aristotélicienne : c'est le rapport au tout qui est ici déterminant alors que chez Aristote, la philosophie est avant tout une science théorétique (une pure contemplation par l'intellect), la branche suprême du savoir, mais une branche quand même. De ce point de vue, la plupart des gens sont aristotéliciens en pensant que la philosophie est une occupation peut-être pas tout à fait comme les autres, mais que c'est un pan du savoir et rien de plus (ou de mieux). Le terme central chez Tolkien, celui qui distribue les autres, est *ñolmë* : on voit qu'il l'oppose dans un premier temps à *kurwë* et dans un second temps à *ingolë*. La philosophie n'est pas son objet premier. Il cherche à opposer la « sagesse » du spécialiste, la sagesse que donne la connaissance, la réflexion dans un domaine, la sagesse de l'avis avisé, à celui à la sagesse tout court (le sage en toutes choses).

Sagesse *Ñolo*		
Savoir Ingolë	Ñolmë	Kurwë
Philosophie incluant la science.	Un domaine de la sagesse.	Compétence technique et invention
Science/philosophie en tant que tout.		
Philosophe (*ingólemo*)	« Spécialiste » (*ñolmo*)	Technicien/ouvrier

Nous sommes proches du philosophe platonicien : « celui qui est épris de la sagesse, non pas de tel ou tel aspect plutôt que de tel autre, mais d'elle tout entière » (*La République*, V, 475*b*). Ce désir global épuise-t-il le concept de philosophie ?

Comme l'a montré Monique Dixsaut, spécialiste de Platon, le philosophe est selon lui celui qui est animé du désir de la sagesse. Il s'astreint en cela aux choses de l'intellect bien entendu, mais ce n'est pas le fin mot de l'affaire : je suis philosophe, rien de ce qui est intellectuel ne doit m'être étranger. C'est aussi en ce sens que le philosophe a pour devoir d'être érudit. Toutefois, l'érudition n'est pas une fin en soi, mais le moyen de la vérité. La figure du philosophe qui se dégage ici est donc voisine et englobe celle de l'érudit, mais il doit rester travaillé par la recherche *avant tout de la vérité.* L'objet du désir du philosophe n'est pas le savoir, mais l'essence (la vérité). De même, le désir du philosophe n'est pas relatif au degré d'importance de son objet (on peut philosopher sur des contes de fées, ce qui n'est pas sérieux pour l'*establishment* sans doute, mais est fondamentalement philosophique si on cherche alors toujours la vérité de ce qui s'y joue).

Mais si Tolkien est ici proche de Platon, il ne parvient cependant pas à la cime que représente le concept platonicien de philosophie. En effet, l'érudit ne cherchant que l'érudition n'est chez Platon qu'un faux-semblant de philosophe sans l'être vraiment car la vérité est la vérité du philosophe, non la connaissance en tant que telle et sa collection. Rien n'est dit chez Tolkien de ce rapport à la vérité. La problématique est celle du tout et de la partie : le tout du savoir et sa partie, un département, une branche. De même, chez Platon, le caractère premier du philosophe est son désir qui est tout aussi bien une persévérance. Le philosophe cherche à savoir, il en a le goût et les facilités (on parle de naturel philosophe), mais cela reste toujours un effort. Tolkien n'en dit rien.

Pour finir, un philosophe ?

Tolkien a étudié la philosophie lors de son *cursus* en lettres classiques. Avec son poème de jeune enseignant, ses mentions de la philosophie mélancolique, de la philosophie idéaliste et de l'athéisme révèlent quelques lectures (Platon, Boèce, Burton, Fausset). *Le Shibboleth de Fëanor* fait signe vers Aristote, et Platon de nouveau. Demeurent bien chez Tolkien des éléments platoniciens. Sa conception de la philosophie comme tout, incluant la science, en témoigne. Reste qu'il ne retient du philosophe qu'une figure de l'érudit, sans un rapport à la vérité bien marqué, dans les textes que nous avons convoqués. La globalité du savoir envisagé flirte avec l'*encyclopédisme*, que la Terre du Milieu illustre assurément. Néanmoins la *cohérence* interne à chaque thèse d'une bonne philosophie n'engage pas au-delà d'une *série* d'intuitions de l'univers *sans* qu'un *système* soit requis. Après tout, cela ressemble fort à ce que Tolkien a développé comme philosophie de la Terre du Milieu… Sans vouloir le mêler aux philosophes, ces textes de Tolkien montrent qu'il sait de quoi il parle et dispose *a minima* d'une vision philosophique de la philosophie que ses lectures lui ont préparée.

DEUXIÈME PARTIE

UN ANCRAGE DANS L'ESPACE ET LE TEMPS

Vestiges archéologiques et cités enfouies

Vivien Stocker

Dans une lettre à la romancière Naomi Mitchison (1897-1999), Tolkien affirmait être « plus conscient de [ses] lacunes en archéologie[1] » que dans d'autres domaines comme l'économie ou la musique. Néanmoins, comme souvent, Tolkien avait tendance à sous-estimer l'apport réel de cette discipline à son œuvre, quand bien même il ne l'aurait pas développé consciemment dans son récit comme cela aurait pu être le cas pour la botanique et la linguistique.

L'intérêt de Tolkien pour l'archéologie n'est pas qu'une supposition. Il est rapporté qu'enfant, il trouva un fossile de mâchoire (qu'il suppose alors provenir d'un dragon !) lors d'un séjour sur la côte de Lyme Regis. Ce lieu, où son tuteur, le père Francis Morgan (1857-1935), les emmenait régulièrement en vacances lui et son frère, était célèbre pour ses gisements fossilisés. Plus tard, ses divers postes universitaires et son intérêt pour les textes historiques ou mythologiques l'amenèrent fatalement à se pencher plus en détail sur l'histoire du monde et sur l'archéologie en particulier. C'est ainsi qu'en 1932, il contribua à un recueil d'articles portant sur le site archéologique de Lydney Park, dans le Gloucestershire, comprenant des vestiges préhistoriques et romains. Par ailleurs, il fut quelque temps lecteur de la revue anglaise *Antiquity* traitant d'archéologie – cette revue, qui existe depuis 1927, est encore publiée aujourd'hui – et il possédait au moins un volume d'études archéologiques dans sa bibliothèque, *Scandinavian Archaeology*, offert par son collègue, le professeur E.V. Gordon[2] (1896-1938).

Mégalithes et iconographie préhistorique

L'année 1932 nous offre un point de départ idéal pour plonger dans les racines archéologiques de l'œuvre de Tolkien, au travers de l'une des réutilisations d'iconographie préhistorique la plus visible que Tolkien fit dans ses œuvres. Depuis 1920, Tolkien avait l'habitude d'envoyer chaque année une lettre illustrée à ses enfants, en se faisant passer pour le père Noël. Dans la lettre de 1932, il raconte que l'Ours polaire, un ami du père Noël, se perd dans des cavernes gobelines couvertes de peintures rupestres. Tolkien illustre l'histoire avec une représentation globale de la caverne, mais surtout une pleine page d'art pariétal représentant mammouths, bisons et autres animaux du paléolithique. Bien que censé représenter de mauvais dessins de gobelins, le trait est de qualité. Tolkien n'hésite pas à réutiliser des représentations pariétales vues dans des ouvrages qu'il devait avoir à portée de main. Certains dessins d'animaux sont ainsi repris de l'ouvrage *The Art of Cave Dweller* publié en 1928 par l'historien de l'art Gerald Baldwin Brown (1849-1932), ou encore inspirés d'art pariétal découvert dans des cavernes d'Altamira, au nord de l'Espagne, qu'il aura pu voir dans des ouvrages espagnols que possédait le père Francis Morgan, d'origine espagnole. Mais quelques années auparavant, durant la rédaction des *Contes perdus*, Tolkien était déjà imprégné de cette culture préhistorique lorsqu'il inventait la cité de Menegroth, les Milles Cavernes et la ville cachée de Nargothrond, véritables cités troglodytes.

L'époque néolithique a également apporté son lot d'inspirations à l'auteur. Dans *Le Seigneur des Anneaux*, alors qu'Aragorn le coureur, l'elfe Legolas, le nain Gimli, et le magicien Gandalf arrivent aux portes d'Edoras en Rohan, ils découvrent « de nombreux tertres, hauts et verts ». Cette image fait écho à un épisode qui survient dès le début du récit, après que les quatre hobbits Frodo, Sam, Merry et Pippin ont séjourné chez Tom Bombadil. Alors qu'ils sortent de la Vieille Forêt, leur chemin les mène dans les Coteaux des Tertres, une région de collines d'où sortent parfois des tertres verts et des pierres levées dont la description évoque fatalement des champs de menhirs et les tumulus que l'on croise encore dans l'ouest de la France et dans le sud de l'Angleterre. Quelques instants plus tard, les hobbits se retrouvent capturés et enfermés dans l'un de ces tumulus par un Esprit des Tertres. La structure interne du tumulus n'est pas sans rappeler les dolmens néolithiques. Cela se traduit notamment dans leur forme et fonction première de sépultures collectives construites en pierre, généralement recouvertes de terre. Détail intéressant, le tertre du *Seigneur des Anneaux* cache un certain nombre d'objets en métaux précieux, or et argent principalement, mais également en cuivre et en bronze ; or ces matières correspondent à deux des périodes historiques de construction et d'utilisation des dolmens, l'âge du cuivre et l'âge du bronze (qui font immédiatement suite au néolithique).

La structure des dolmens, et notamment sa forme si particulière prenant la forme de la lettre grecque π, semble d'ailleurs avoir profondément marqué Tolkien. Dans des dessins de la main de l'auteur, les entrées de la cité elfique enfouie de Nargothrond dans *Le Silmarillion*, ainsi que du palais de l'elfe Thranduil dans *Le Hobbit* sont représentées en forme de lettre π très remarquable, avec un linteau et deux colonnes. La porte de Dunhart qui, dans *Le Seigneur des Anneaux*, marque l'entrée des Chemins des Morts empruntés par Aragorn et sa suite, est également esquissée par Tolkien sous cette forme. Plus tard dans sa vie, Tolkien fera de nouveau référence à une porte en π dans son texte *Les Archives du Notion Club*, où apparaît une Grande Porte en forme de « π grec aux côtés penchés » formant l'entrée d'un mégalithe non identifié semblant se situer sur l'île de Númenor.

Númenor : l'Égypte antique au cœur de la terre du milieu

Attardons-nous un peu sur cette île. En 1958, Tolkien écrivait dans une lettre (lettre n° 211) que les Númenóréens, et plus particulièrement les Númenóréens exilés en Gondor et Arnor, étaient « orgueilleux, singuliers et archaïques, et c'est en termes égyptiens qu'on les représente le mieux. À de nombreux égards ils ressemblaient à des "Égyptiens" : l'amour du gigantesque et du massif, et la possibilité de construire ainsi. Et leur grand intérêt pour les ancêtres et les tombeaux. »

Les Númenóréens étaient effectivement des architectes accomplis très portés sur les constructions massives et imposantes. Ainsi la cité de Minas Tirith et sa structure construite sur sept niveaux n'est pas sans rappeler les pyramides à degrés, même si une inspiration plus évidente pourrait être les ziggurats mésopotamiennes, représentées par l'emblématique Tour de Babel. La flèche d'Orthanc, où siège le magicien Saruman, pourrait éventuellement rappeler celle des obélisques égyptiens. Mais au-delà, les Númenóréens étaient également de fameux artistes qui n'ont pas hésité à sculpter de gigantesques statues comme celles des Argonath, représentants d'Isildur et d'Anárion, premiers rois de Gondor et d'Arnor, situées de part et d'autre du fleuve Anduin, et au pied desquelles navigue la Fraternité de l'Anneau. Les statues des Argonath sont ainsi comparables aux deux colosses de Memnon qui siégeaient à l'entrée du temple mortuaire d'Amenhotep III avant sa destruction. On peut également les rapprocher des statues monumentales de Ramsès II, telle la statue du colosse couché, découverte en 1820 par le navigateur et égyptologue Giovanni Battista Caviglia (1770-1845) près de Memphis. La statue du roi, décapitée, découverte par Frodo et Sam à la Croisée des Routes, sur le chemin du Mordor, n'est pas non plus sans rappeler la fameuse effigie de Ramsès II au Ramesséum, qui fut elle aussi décapitée.

L'histoire de l'Égypte ptolémaïque amène également à faire de nombreux parallèles avec l'histoire des Númenóréens. En 331 av. J.-C., Alexandre le Grand fonde la célèbre cité d'Alexandrie, sur le delta du Nil. À sa mort, en 323 av. J.-C., c'est l'un de ses satrapes, le général grec Ptolémée, gouverneur de la province égyptienne, qui prend le pouvoir en faisant d'Alexandrie la capitale de l'Égypte. Ptolémée engendre alors la dynastie des Lagides, qui gouvernera l'Égypte jusqu'en 30 av. J.-C., date à partir de laquelle l'Égypte devient une province romaine après la mort de la reine Cléopâtre. Plusieurs grands noms númenóréens font écho au personnage d'Alexandre. Selon la légende contée par Plutarque dans sa *Vie d'Alexandre*, alors qu'Alexandre dormait après sa campagne d'Égypte, Homère lui apparut en rêve et lui montra l'île de Pharos et la côte qui lui fait face comme lieu idéal pour construire sa ville d'*Alexandria ad Aegyptum* (Alexandrie d'Égypte). Dans l'histoire de Númenor, il n'existe pas de parallèle exact du rêve d'Alexandre. Néanmoins, une conception assez similaire apparaît, dans la formation du port de Vinyalondë, en Terre du Milieu, à l'embouchure du Gwathló. Ce port a été fondé vers l'an 800 du Second Âge par le prince númenóréen, Aldarion le navigateur. Son existence donna l'occasion à Tar-Minastir, vers 1700 du Second Âge, de porter un coup féroce aux armées de Sauron. Selon ce qui est rapporté dans le conte d'« Aldarion et Erendis », dans les *Contes et légendes inachevés*, Aldarion possédait une sorte de don de prescience pouvant être à l'origine de son idée de construire des places fortes en Terre du Milieu, notamment le port de Vinyalondë, en prévision du jour où les Númenóréens en auraient besoin.

Les cités des Númenóréens exilés en Gondor pourraient également être des réminiscences de l'Égypte d'Alexandre. En Égypte ptolémaïque, la première cité construite est Alexandrie, installée sur le delta du Nil. En Gondor, bien avant que ne se construisent les grandes cités de Minas Ithil et de Minas Anor, le point d'attache était également un port, Pelargir, construit sur le delta du fleuve Anduin. Les deux cités de Minas Anor et Minas Ithil, construites en 3320 du Second Âge lors de l'arrivée des exilés, et les pays qu'elles gouvernent, l'Anórien et l'Ithilien, doivent leurs noms à leurs souverains respectifs, les princes Anárion et Isildur, à l'image même d'Alexandrie nommée en l'honneur du célèbre conquérant. Le domaine architectural n'est pas non plus en reste. Ainsi, deux monuments légendaires de l'Alexandrie égyptienne trouvent écho dans l'œuvre de Tolkien. L'exemple le plus frappant est l'existence d'un seul phare dans toute l'île de Númenor, le Calmindon (Tour-deLumière), que l'on doit, une fois encore, à Aldarion. Ce phare se dressait sur l'îlot de Tol Uinen, dans la baie de Rómenna sur la côte est de Númenor, baie qu'Aldarion protégea et renforça par la construction de digues. Ces constructions font immanquablement penser au célèbre phare d'Alexandrie entouré de l'Heptastade, qui fut construit par Ptolémée et son fils, sur l'île de Pharos. L'autre élément architectural alexandrin que l'on peut rapprocher d'un élément númenóréen est la tombe perdue d'Alexandre. À sa mort, le corps d'Alexandre est d'abord emporté en Macédoine, son pays de naissance, avant d'être rapatrié à Alexandrie par Ptolémée. Son arrière-petit-fils, Ptolémée IV, lui construisit un tombeau majestueux, le Sôma. Ce tombeau fut visité par de nombreux empereurs jusqu'à sa disparition lors d'un violent tremblement de terre en 365 ap. J.-C. Depuis, le tombeau d'Alexandre est perdu et sujet à de nombreuses hypothèses quant à sa position. On sait, cependant, qu'autour du Sôma, les souverains ptolémaïques avaient fait construire des niches pour leurs dépouilles. Dans l'œuvre de Tolkien, Elendil, le roi des Númenóréens exilés, est enseveli par son fils Isildur dans une tombe secrète sur l'Amon Anwar, le lieu n'étant connu que des seuls rois et surintendants du Gondor. Lorsque l'Amon Anwar est cédé aux Rohirrim d'Eorl, l'intendant en place, Cirion, rapatrie la dépouille d'Elendil, au Rath Dínen dans la cité de Minas Tirith, des mausolées où sont aussi inhumés les souverains du Gondor, ses successeurs.

Les Númenóréens s'approchent également des Égyptiens dans leurs connaissances et leur science de l'embaumement des morts et la construction de tombeaux à leur gloire. Dans *Le Silmarillion*, Tolkien disait des Númenóréens :

> *Ils se mirent à construire pour leurs morts de grandes maisons où les savants travaillaient sans relâche à découvrir le moyen de les ramener à la vie ou au moins de prolonger les jours des Humains. Ils trouvèrent seulement l'art de préserver intacte la chair morte des Hommes, et ils remplirent le pays de tombes silencieuses…*

Cette phrase pourrait tout aussi bien avoir été écrite à propos des Égyptiens, dont la science de momification restait sans égale dans le monde antique. En Égypte, les tombes silencieuses se trouvent en nombre dans la vallée des Rois, un réseau de tombes de souverains égyptiens creusé au cœur d'une faille des montagnes qui bordent le Nil, aux abords de Thèbes. Elle est surmontée par un sommet montagneux, Ta Dehent (littéralement « la Cime »), qui est considéré comme un lieu sacré, dédié à la déesse Méretséger, « celle qui aime le silence ». La vallée de Noirinan, la vallée des Tombeaux où les Númenóréens ensevelissaient leurs souverains morts, rappelle tout particulièrement la vallée des Rois. Tolkien avait placé la vallée des rois númenóréens au cœur de la montagne sacrée Meneltarma, dont la cime était consacrée à Eru, le dieu créateur, et où le silence était de rigueur.

Passant ensuite de sujets architecturaux aux artefacts, Tolkien ajoute, dans la même lettre citée plus haut, que « la couronne du Gondor (le royaume du sud) était très haute, comme en Égypte, mais avec des ailes fixées, non pas tout droit vers l'arrière, mais en formant un angle. Le royaume du nord n'avait qu'un diadème. […] cf. la différence entre les royaumes du nord et du sud de l'Égypte. » Tolkien compare ici explicitement les couronnes des deux royaumes númenóréens aux deux couronnes de Haute et

Basse-Égypte : l'*Hedjet*, cette couronne fermée blanche et haute qui fusionne avec le *Deshret*, couronne rouge ouverte, pour donner une double couronne, le *Pschent*, symbolisant l'unification des deux territoires de l'Égypte ancienne.

Il existe un autre type de couronne haute qui se rapproche encore de la couronne gondorienne : l'*Atef*. L'*Atef* est une couronne haute et blanche (analogue au *Hedjet*) surmontée d'un globe solaire et ornée de plumes d'autruche sur les côtés. La comparaison avec la couronne du Gondor est saisissante. Cette dernière est ainsi décrite comme haute et blanche avec des « ailes [...] de perles et d'argent ouvrés à la ressemblance des ailes d'un oiseau de mer » et surmontée d'« un unique joyau dont l'éclat montait comme une flamme. » On discerne des attributs communs : la hauteur, la blancheur ainsi que la présence d'un joyau au sommet, associé à la lumière, et d'ailes ou plumes sur le pourtour de la coiffe.

En allant encore plus loin, la couronne du Gondor présente des analogies avec le *Khépresh*, ce casque de couleur bleue que porte le roi lorsqu'il part au combat. En effet, la couronne du Gondor était elle-même, à l'origine, un heaume númenóréen porté par le prince Isildur lors de la Dernière Alliance, qui fut ensuite remplacé par la couronne blanche. Enfin, l'Elendilmir, ce diadème de mithril serti d'une étoile de cristal porté au front par les rois de l'Arnor, est fort semblable au *Seshed* égyptien, simple ruban d'argent tressé qui finit par devenir un diadème à part entière, forgé en métaux précieux et serti de pierreries.

Les Romains de l'Antiquité ont aussi laissé une trace dans les écrits de Tolkien. Toujours à Númenor, le temple que Sauron fit construire en l'honneur de Melkor a été rapproché du Panthéon de Rome. Sa structure était « circulaire » avec murs épais surmontés « d'une énorme coupole

[…] entièrement couvert [e] d'argent». Néanmoins, bien que similaire d'aspect, les dimensions du temple sont sans commune mesure avec celles du Panthéon, qui était pourtant, à l'époque, le plus grand dôme édifié par l'homme (il le resta jusqu'à la Renaissance) : la rotonde de ce dernier mesure 58 mètres de diamètre contre 153 mètres pour le temple élevé par Sauron. On retrouve là le gigantisme habituel du peuple númenóréen.

On pourrait sans doute s'attarder longtemps sur les diverses sources d'inspirations que Tolkien eut en contemplant notre histoire et les civilisations disparues qui l'ont jalonnée. Je me suis volontairement limité à la période antique et aux inspirations les plus évidentes. D'autres pistes de réflexion sont sans cesse ouvertes, certaines plus spéculatives que d'autres. Ainsi, des chercheurs ont laborieusement rapproché l'Anneau Unique de l'anneau de Silvianus, un anneau romain en or découvert en Angleterre vers 1785 et associé au dieu celtique Nodens, au prétexte que Tolkien étudiait le nom de ce dernier dans l'article qu'il publia dans l'ouvrage de 1932, à propos du site archéologique de Lydney Park, évoqué en introduction.

Une chose est certaine, que les influences soient évidentes ou non, prouvées ou seulement envisagées, Tolkien a utilisé ses connaissances en archéologie comme catalyseur de sa fiction, n'hésitant pas à amener le lecteur dans les ruines du Montauvent, ou sur les vestiges du siège de la vue de l'Amon Hen.

Histoire et historiographie en Terre du Milieu

Damien Bador, spécialiste de Tolkien

Du délit d'érudition : l'historiographie romancée

Histoire et historiographie[1] sont-elles indissociables ? C'est assurément une question à laquelle J. R. R. Tolkien aurait répondu par l'affirmative. Dans ses récits, la narration historique et sa transmission constituent un sujet en soi, contrairement à ce qui s'observe chez la plupart des écrivains créateurs d'univers. À la différence d'un Robert E. Howard (1906-1936), l'histoire de son *legendarium* n'est pas relatée sous la forme d'une chronique objective, impersonnelle et rédigée d'un point de vue omniscient. Ce n'est pas non plus une simple apparence d'annales historiques sans autre existence qu'une poignée de citations, comme on peut l'observer dans les inscriptions épigraphiques des chapitres de *Dune* de Frank Herbert (1920-1986). Tolkien adopte la posture d'un éditeur qui s'efforce de compiler et de traduire divers documents historiques parvenus jusqu'à lui, ainsi qu'il l'explique dans l'appendice F du *Seigneur des Anneaux*. Ce faisant, il décrit volontiers les ouvrages à partir desquels il est supposé travailler, leurs auteurs fictifs et même les conditions dans lesquelles certaines de ces œuvres ont été copiées, préservées ou adaptées.

Il ne faut pas oublier que Tolkien était un philologue spécialiste de la littérature anglaise médiévale. Les vicissitudes subies par l'unique manuscrit conservé du Beowulf[2] n'avaient guère de secret pour lui. Dans certaines de ses lectures universitaires, il déplore ouvertement les incertitudes textuelles induites par la perte du *Fragment de Finnesburg*[3]. Cela ne l'empêche pas de reconstituer dans *Finn and Hengest : the Fragment and the Episode*, l'histoire légendaire du seigneur jute Hengest et du roi frison Finn en recoupant les rares allusions à ces deux noms dans les manuscrits anglais médiévaux. Impossible pour Tolkien de s'atteler à la reconstitution de l'histoire antique sans aborder le problème de la transmission des récits et sans s'in-téresser à ces copistes souvent anonymes qui les ont sauvés de l'oubli. Ce qui est vrai pour le haut Moyen Âge l'est évidemment encore plus pour des événements censés se passer plusieurs millénaires avant notre ère, peut-être même avant la dernière période glaciaire, comme on l'observe dans *La Route perdue*. C'est en effet dans les brumes du passé de notre planète que Tolkien place son histoire de la Terre du Milieu.

Des dieux aux elfes : la genèse de l'épopée et sa transmission

Chez Tolkien, l'histoire remonte à une origine fabuleuse inspirée des traditions rattachées à l'Ancien Testament :

Il y eut Eru, le Premier, qu'en Arda on appelle Ilúvatar; il créa d'abord les Ainur, les Bénis, qu'il engendra de sa pensée, et ceux-là furent avec lui avant que nulle chose ne fût créée.

Le Silmarillion.

Ce récit de la création de l'univers est nommé *Ainulindalë*, le « chant des Ainur ». Il relate comment le Père de Tout crée d'abord une vaste cohorte angélique, avant de leur attribuer un rôle démiurgique par le biais d'une Grande Musique. Toutefois, le plus puissant des Ainur, Melkor, se révolte par soif de puissance. Au travers de sa partition dans la Grande Musique, il cherche à façonner la création suivant ses propres desseins, entraînant d'autres Ainur avec lui. En réaction à cette tentative, Eru introduit un thème musical inattendu, qui recèle la création de ses enfants, les elfes et les hommes. Cet effort rédempteur n'est toutefois pas suffisant, ce qui force Eru à interrompre la musique avant son terme. Il décide toutefois de transformer cette grande œuvre et de lui donner vie : ainsi apparaît *Eä*, « le monde qui est ». Certains des Ainur décident d'y rentrer afin de parachever la formation de l'univers : ils deviennent les Valar, ou Puissances.

L'*Ainulindalë* est supposé être l'œuvre de l'elfe Rúmil, rédigé à Valinor sur les indications des Valar[4]. Avec ce récit s'ouvre *Le Silmarillion*, le récit des Jours Anciens qui précèdent les romans du *Hobbit* et du *Seigneur des Anneaux*. Vient ensuite la *Valaquenta*, œuvre elfique anonyme qui décrit les principaux Valar, leurs suivants et leurs domaines d'action privilégiés. Ainsi Manwë, le chef des Valar, régit le domaine de l'air, tandis que sa compagne Varda est la dame des Étoiles et que son frère Ulmo est le maître des Eaux. Il est précisé que ces relations de parenté ou d'union sont purement spirituelles et liées à l'affinité réciproque que certains Valar éprouvent. Il n'en reste pas moins que la *Valaquenta* évoque volontiers la *Théogonie* d'Hésiode[5] ou certains *Hymnes homériques*. L'action d'Ilúvatar n'apparaît plus directement. Ses représentants que sont les Valar agissent désormais à l'intérieur du monde matériel, chacun de manière spécifique et circonscrite, à l'exception de Melkor et de ses séides. Ces derniers constituent le facteur chaotique expliquant l'origine des troubles du monde. Chronologiquement, la *Valaquenta* est suivi par les « Annales d'Aman », dont l'essentiel est aussi l'œuvre de Rúmil, bien qu'elles contiennent également une digression sur le décompte du temps, tiré de l'œuvre d'un autre savant elfique, Quennar Onótimo[6]. Ces annales racontent les premiers temps d'Arda, la demeure que se choisissent les Valar au sein d'Eä. Ils livrent leurs premières luttes contre Melkor, qui s'est lui aussi introduit dans l'univers pour se l'approprier. Après des conflits dévastateurs pour la création, les Valar se retranchent dans l'ouest d'Arda, au pays de Valinor, où ils créent les deux Arbres, la principale source de lumière de cet âge du monde. À l'inverse, Melkor et sa suite s'installent dans une forteresse souterraine du nord de la Terre du Milieu.

L'apparition des elfes dans l'est de la Terre du Milieu conduit les Valar à affronter directement Melkor, à le capturer et à détruire sa forteresse. Cependant, ils ne parviennent pas à faire prisonniers ses principaux lieutenants. Les Valar invitent ensuite les elfes à les rejoindre au pays de Valinor, afin qu'ils puissent demeurer en paix, loin des terres dévastées par Melkor et les monstres qu'il a créés. Toutefois, certains elfes préfèrent rester non loin de Cuiviénen, là où ils se sont éveillés. D'autres se découragent devant les difficultés de la marche qui doit les amener sur la côte occidentale de la Terre du Milieu et s'arrêtent en chemin. Les elfes Sindar, enfin, s'ar rêtent au pays de Beleriand à cause de leur roi, envoûté par l'amour d'une servante des Valar. Après avoir traversé la Grande Mer sur une île détachée des rivages par les Valar, les trois tribus des elfes Vanyar, Ñoldor et Teleri parviennent enfin au but de leur périple.

Le long séjour des elfes sur les Terres Immortelles les conduit à accroître leurs talents, à développer leurs arts et leurs sciences, à l'instar de Rúmil, qui invente le tout premier alphabet, peut-être dans le but de rédiger ses chroniques. Toutefois, la libération de Melkor à l'issue de sa peine d'emprisonnement cause bientôt de nouveaux dommages : celui-ci convainc certains Ñoldor que les Valar les retiennent captifs à Valinor pour éviter qu'ils ne viennent à dominer la Terre du Milieu. Les dissensions se multiplient sous l'impulsion de Fëanor, le fils aîné du roi des Ñoldor, un elfe particulièrement talentueux, mais aussi hautain et orgueilleux. Profitant d'une fête, Melkor détruit les deux Arbres qui illuminaient le pays de Valinor. Il s'empare des Silmarils, trois grands joyaux forgés par Fëanor, tuant au passage le père de ce dernier, puis s'enfuit en Terre du Milieu. Fëanor jure vengeance et la majorité des Ñoldor le suit, malgré l'opposition des Valar à une action irréfléchie. Ne pouvant créer une flotte pour retraverser la Grande Mer, les Ñoldor menés par Fëanor décident de s'emparer de celle de leurs cousins Teleri, ce qui occasionne un massacre. Ce crime suscite la colère des Valar. Les Ñoldor qui s'obstinent dans leur volonté de revanche sont bannis de Valinor, mais la petite fraction qui se repent est pardonnée. Les « Annales d'Aman » se concluent sur la manière dont les Ñoldor en révolte finissent par se diviser en deux factions et parviennent séparément en Terre du Milieu, tandis que les Valar créent le Soleil et la Lune pour compenser la perte des deux Arbres.

Bien que leur matière reste fortement empreinte de mythe, les « Annales d'Aman » s'historicisent davantage et évoquent les chroniques de l'Antiquité ou du Moyen Âge. À leur instar, Tolkien ne se prive pas de faire allusion à d'autres œuvres supposées narrer plus en détail les événements qu'il décrit. Par exemple, le « Noldolantë », censé être un poème tragique de Maglor relatant la chute des Ñoldor, est cité à l'occasion de l'attaque des Ñoldor pour s'emparer des navires des Teleri. Les Valar cessent bientôt d'être les principaux protagonistes et les elfes prennent leur suite.

Les chroniques des Jours Anciens se poursuivent avec les « Annales grises », qui sont une œuvre collective des Sindar et de certains Ñoldor[7]. Elles reprennent l'histoire ancienne des elfes et se poursuivent avec l'installation des Sindar au Beleriand. Ces elfes sont bientôt rejoints par les nains, un peuple créé par Aulë le forgeron, l'un des Valar. D'autres elfes restés en arrière les rejoignent, alors que se multiplient à nouveau les monstres créés par Melkor. Le retour de ce dernier en Terre du Milieu fait définitivement basculer le Beleriand dans la guerre. Les Ñoldor qui le poursuivent fondent à leur tour de nombreux royaumes au Beleriand. Plusieurs batailles sont livrées et Melkor est un temps assiégé dans sa nouvelle forteresse, qui reste inexpugnable. À cette époque, plusieurs tribus d'hommes parviennent au Beleriand, fuyant des troubles fomentés par Melkor ; certains s'allient aux Ñoldor et les appuient dans leur lutte. Malgré la vaillance des elfes, Melkor finit par avoir le dessus. Produisant sans trêve de nouveaux monstres, il s'allie aussi à des hommes renégats et détruit les royaumes elfiques l'un après l'autre. Finalement, les derniers débris des elfes et des hommes sont contraints de se réfugier dans les forêts ou sur une île au large du Beleriand. Heureusement, Eärendil, né d'un homme et d'une elfe, réussit le pari fou de traverser la Grande Mer en déjouant les pièges des Valar. Il parvient enfin auprès d'eux pour plaider la cause des elfes et des hommes. Les Valar, pris de pitié, envoient une armée formidable qui parvient une fois de plus à vaincre Melkor, bien que la conflagration cause la submersion de tout le Beleriand.

La matière des deux séries d'annales est reprise dans la « Quenta Silmarillion », récit continu compilé par Pengolodh, un elfe né en Terre du Milieu. Le récit annalistique est souvent amplifié et précisé, mais pas de façon systématique. Occasionnellement, certains passages des « Annales grises » revendiquent comme source la « Quenta Silmarillion », témoignant d'une certaine complexité de la tradition narrative. Par ailleurs, Pengolodh se voit attribuer de nombreux autres essais sur des sujets variés, comme un traité de linguistique historique ou une explication des coutumes maritales chez les elfes[8]. D'autres récits viennent développer certaines péripéties des guerres du Beleriand. Ainsi le *Lai de Leithian* traite de l'histoire d'un amour improbable entre un homme et une princesse elfique, qui les conduit à affronter tous les dangers pour être réunis. Par ailleurs, le *Narn i Chin Húrin* (ou « Histoire des enfants de Húrin ») raconte la vie tragique d'une famille marquée au sceau du courage et de l'orgueil, dont les exploits nombreux finissent de façon catastrophique. Ce dernier poème a été rédigé par le ménestrel Dírhaval, mort à l'extrême fin des guerres de Beleriand.

L'ensemble des récits précités est supposé avoir été traduit en vieil anglais par le navigateur Ælfwine, lointain descendant d'Eärendil. Celui-ci parvient par miracle aux Terres Immortelles bien après que celles-ci ont été cachées aux yeux du monde matériel. Ælfwine est également supposé y avoir ajouté de nombreuses précisions tirées d'autres œuvres, comme le traité géographique *Dorgannas Iaur* de Torhir Ifant. Il rencontre aussi l'elfe Pengolodh, qui répond à certaines de ses interrogations. Tolkien n'a jamais clarifié ce que devient Ælfwine après son retour dans sa patrie anglaise, mais il est clair qu'il a le temps de mettre par écrit l'ensemble des récits dont il est dépositaire. C'est par son biais qu'une grande partie des récits des Jours Anciens est censée parvenir à Tolkien, qui se pose en simple traducteur. Conscient du danger de relier trop fermement la réalité et la fiction, Tolkien s'abstient néanmoins de donner un récit précis de la façon dont ces textes seraient parvenus jusqu'à lui. Par cet artifice, il s'inspire en fait très librement des vicissitudes de transmission des récits antiques et médiévaux. Le parallèle est aisé avec les nombreuses légendes grecques ou germaniques qui n'existent plus qu'au travers de citations ou de résumés publiés par des compilateurs plus tardifs.

Des elfes aux demi-hommes : l'histoire sauvée par les humbles

Tolkien ne s'est pas cantonné aux légendes mythologiques ou épiques qui forment l'essentiel du *Silmarillion.* L'histoire de la Terre du Milieu se prolonge sur plusieurs âges, qui voient de nouveaux représentants du mal ressurgir et les hommes compléter leur domination du monde au détriment des elfes. Après les guerres de Beleriand, les hommes alliés aux elfes sont récompensés et reçoivent l'île de Númenor pour s'y établir. Ils y développent une civilisation splendide grâce à leur proximité des Terres Immortelles. Ils contribuent notamment à civiliser une partie de la Terre du Milieu retombée dans la barbarie et parviennent à repousser une invasion menée par Sauron, un ancien lieutenant de Melkor. Cependant, leur orgueil grandissant finit par causer leur chute et la plupart de leurs créations sont perdues avec l'engloutissement de Númenor. Seuls quelques fidèles menés par Elendil parviennent à s'échapper. Sans surprise, le parallèle avec l'Atlantide platonicienne est revendiqué par Tolkien. De cette époque, de rares bribes subsistent dans les archives sauvées par Elendil, tel *Indis i•Ciryamo*, un conte sur l'amour tragique entre un prince de Númenor et la fille d'un nobliau de province. Par ailleurs, Elendil est lui-même l'auteur de l'*Akallabêth*, un récit sur la chute de Númenor.

Après s'être sauvé de l'engloutissement, Elendil et ses fils fondent les royaumes d'Arnor et de Gondor dans l'ouest de la Terre du Milieu. Ils vainquent une fois de plus Sauron et ce dernier perd l'Anneau Unique, qui contenait une grande partie de son pouvoir démiurgique. L'Arnor et le Gondor connaissent une phase de grandeur suivie d'un lent déclin, accéléré par des conflits déclenchés en sous-main par Sauron. Quand débute l'intrigue du *Hobbit*, l'Arnor a depuis longtemps disparu et le dernier héritier de son trône est élevé à Fendeval chez le semi-elfe Elrond, fils d'Eärendil. Tout le récit du *Hobbit* est supposé dériver du journal de voyage du hobbit Bilbo Bessac. Celui-ci narre son aventure en compagnie du magicien Gandalf et des nains menés par Thorin Lécudechesne, partis recouvrer leur trésor volé par le dragon Smaug. Désormais, ces petites gens que sont les hobbits en viennent à changer le destin de la Terre du Milieu tout entière : au cours de son voyage, Bilbo a en effet mis la main sur l'Anneau Unique de Sauron. C'est Frodo, le fils adoptif de Bilbo, qui achève la quête involontairement initiée par son parent. Après de nombreuses péripéties, il parvient finalement au volcan d'Orodruin, où l'Anneau est détruit dans le feu qui l'a forgé, ce qui permet la défaite de Sauron. L'un des amis de Frodo, le coureur Aragorn, se révèle être le dernier héritier des rois d'Arnor et restaure le royaume de son ancêtre Elendil.

Signe de cette nouvelle importance, les hobbits deviennent à leur tour garants de la préservation des connaissances. Ainsi Bilbo Bessac profite de son long séjour à Fendeval pour rédiger ses *Traductions de l'Elfique*, recueil sur l'histoire des Jours Anciens. De même, un des compagnons de Frodo, Meriadoc Brandibouc, est le premier compilateur du *Compte des Années*, chronologie générale qui court de la destruction du Beleriand à la restauration des royaumes d'Arnor et de Gondor. Celui-ci rédige également un essai comparatif sur les différents calendriers en vigueur chez les elfes et les hommes, ainsi qu'un *Herbier du Comté*. Frodo lui-même met par écrit l'histoire de la guerre de l'Anneau. Le manuscrit de ce récit reçoit ultérieurement de nombreux ajouts tirés d'ouvrages gondoriens, comme l'*Akallabêth* d'Elendil. Surnommé *Livre rouge de la Marche de l'Ouest*, l'ouvrage est copié à de nombreuses reprises. Certaines de ces copies reçoivent des ajouts supplémentaires, tel le *Livre du Thain*, qui contient *Le Conte d'Aragorn et d'Arwen* et est censé avoir fait partie des sources de Tolkien pour *Le Seigneur des Anneaux*. En bon médiéviste, Tolkien était fin connaisseur de ces manuscrits contenant de nombreux textes sans guère de lien logique entre eux. Ici, le titre du livre de Frodo est une allusion assez claire au *Livre rouge de Hergest*[9], important manuscrit gallois qui contient le récit mythologique des *Mabinogion*[10] et de nombreux poèmes bardiques.

Après la publication du *Seigneur des Anneaux*, Tolkien envisage un temps de rédiger un nouveau roman se déroulant un siècle après la mort du roi Aragorn. Censé relater la résurgence de complots sataniques, il aurait auguré de la chute ultérieure du Gondor. Néanmoins, Tolkien a finalement renoncé à en écrire plus de quelques pages, trouvant cette idée de roman policier « sinistre et déprimante ». Dans les rares notes conservées à ce sujet, rien ne vient indiquer comment Tolkien aurait envisagé que ce récit soit transmis jusqu'à lui.

Et Tolkien alors ? Le paradoxe de l'éternel recommencement

Plus que l'histoire d'un monde, Tolkien invente la façon dont un monde se décrit lui-même et transmet son savoir aux générations ultérieures. Cette double tâche, quasiment insurmontable par sa complexité, explique en partie pourquoi Tolkien n'a pas réussi à publier une bonne partie de son œuvre avant son décès. Toutefois, un facteur aggravant est venu s'y ajouter. Tolkien s'est toujours comporté comme un fignoleur invétéré, éternellement insatisfait de ses récits. Chaque nouvelle version bâtit sur la précédente, rajoute de nouveaux détails et événements. Ces additions nécessitent alors de faire des modifications sur d'autres parties de l'histoire, éventuellement de changer certains aspects fondamentaux de l'œuvre. En fin de compte, les corrections envahissent tout et nécessitent de recommencer une fois de plus. De son propre aveu, Tolkien n'aurait jamais publié *Le Hobbit* si son manuscrit ne s'était retrouvé par hasard sur le bureau de l'éditeur George Allen & Unwin. Il serait encore moins parvenu à achever *Le Seigneur des Anneaux* sans les nombreux encouragements de son ami C. S. Lewis et la persévérance de son éditeur.

L'épopée des elfes narrée dans *Le Silmarillion* est quant à elle restée inachevée. Son origine est bien antérieure au

Hobbit, puisque Tolkien la commence sur un lit d'hôpital où il se remet de la fièvre des tranchées contractée à la fin de la Première Guerre mondiale. Tolkien s'inspire alors des romans de Lord Dunsany (1878-1957), d'Andrew Lang (1844-1912) ou de William Morris (1834-1896) pour inventer un récit féerique qui rejoint l'histoire de la colonisation de la Grande-Bretagne par les Anglo-Saxons. Dans cette version, le navigateur qui rencontre les elfes se nomme Eriol. Celui-ci se retrouve mêlé aux derniers combats des elfes et est témoin de leur disparition finale, comme on peut le lire dans *Le Livre des contes perdus*. Insatisfait par cette première mouture, où les elfes apparaissent comme des créatures trop proches des fées victoriennes, Tolkien retravaille ses récits, donnant au passage une forme de poème narratif à certains d'entre eux. D'autres versions en prose suivent, où il devient clair que l'histoire a été transportée dans une lointaine protohistoire fictive. L'intrusion du *Hobbit* dans cet univers en gestation est source de modifications nombreuses, qui conduisent Tolkien à développer l'histoire postérieure aux guerres de Beleriand.

À deux reprises, Tolkien cherche une solution différente de l'artifice du navigateur solitaire pour expliquer la transmission de ses contes jusqu'au lecteur de son époque. Dans les années 1930, il commence un récit intitulé *La Route perdue* dans lequel un père et son fils se mettent à rêver d'époques antérieures où vivaient leurs ancêtres, jusqu'à parvenir à l'époque de la submersion de Númenor. Pendant la rédaction du *Seigneur des Anneaux*, Tolkien esquisse un roman basé sur les comptes-rendus de réunion d'un club fictif de l'université d'Oxford. L'un de ses membres, Arundel Lowdham, se met à rêver d'un peuple parlant des langues elfiques. Avec un de ses amis, qui se met à avoir des rêves similaires, il se retrouve embarqué dans une aventure où le rêve se mêle étroitement à la réalité contemporaine. La complexité de ces intrigues et le manque d'intérêt de Tolkien à écrire un roman contemporain expliquent leur abandon.

En fin de compte, le cadre de l'intrigue, aspect clé pour Tolkien, se retrouve inachevé, marginalisé par les histoires des elfes et leur incessante évolution. Sans doute Tolkien n'a pas vraiment souhaité terminer une histoire qui l'avait accompagné pendant si longtemps. Assigner un rôle définitif à Ælfwine ou à ses éventuels remplaçants aurait achevé de compléter le grand livre de l'histoire des Jours Anciens. Y découvrir chaque jour de nouveaux chapitres à retranscrire, n'était-ce pas là une tâche infiniment plus plaisante ? Quant aux lecteurs, il semble bien que ces blancs autour des récits aient autant sollicité leur curiosité que celle des anglo-saxonistes face aux légendes auxquelles l'auteur du *Beowulf* fait allusion sans les expliciter. Tolkien pouvait-il espérer laisser plus bel héritage littéraire ?

Linguistique et faërie

Damien Bador, spécialiste de Tolkien

Le philologue et l'écrivain

Tolkien n'aimait guère les romans à tendance autobiographique, même s'il ne contestait pas qu'un écrivain soit forcé d'utiliser sa propre expérience pour ses œuvres de fiction. Assurément, *Le Seigneur des Anneaux* n'est pas une allégorie du XXe siècle et aucun de ses protagonistes n'est une image de l'écrivain Tolkien. Pourtant, s'il est un domaine inextricablement lié à la vie de notre auteur, c'est bien la linguistique, plus exactement la philologie comparative. Pour Tolkien, langue et littérature doivent marcher de pair, seule manière de garantir une bonne compréhension des textes, notamment des textes anciens. Tolkien s'est ainsi illustré par son analyse du *Beowulf* publiée dans *Les Monstres et les Critiques et autres essais*, alliant rigueur philologique et appréciation littéraire, à une époque où les critiques n'y voyaient guère qu'une source de renseignements historiques déformés par la fable.

On décèle cette importance de la langue dans l'obsession qu'a Tolkien de trouver la tournure juste, quitte à retravailler d'innombrables fois certains passages. Tolkien pousse également le souci du détail linguistique à l'intérieur de ses récits, s'intéressant aux langues parlées par les différents personnages. Quiconque a lu *Le Seigneur des Anneaux* ne peut qu'être frappé par les passages en quenya ou en sindarin, les deux principales langues elfiques. En parcourant les appendices du roman, le lecteur se rend compte qu'il s'agit de langues véritables, dotées d'un vocabulaire et d'une grammaire spécifiques, et que Tolkien s'est aussi préoccupé de leur évolution et des rapports qu'elles entretiennent les unes avec les autres. En fait, les paroles du hobbit Meriadoc Brandibouc ou du maître herboriste de Minas Tirith montrent que bien des personnages tolkieniens éprouvent une grande sensibilité linguistique. Les elfes ne sont pas en reste : c'est chez eux qu'on trouve la première confrérie de linguistes, les Lambeñgolmor. De là à qualifier de « fondamentalement linguistique » l'inspiration de Tolkien, il n'y a qu'un pas, que l'intéressé franchit d'ailleurs hardiment dans ses *Lettres*.

L'affaire d'une vie

De son propre aveu, Tolkien est très tôt fasciné par les langues. Sa mère Mabel l'initie au latin, au français et à l'allemand. Plus tard, il étudie le grec ancien, puis le vieil anglais, le norrois, le gotique, le gallois, le finnois… Après la Première Guerre mondiale, le premier emploi de Tolkien consiste à élaborer des définitions pour l'*Oxford English Dictionary*, alors en cours d'édition. Tolkien s'y fait remarquer pour ses recherches étymologiques fouillées. En 1920, il décroche le poste de professeur associé en langue anglaise à l'université de Leeds. Pendant toute sa carrière universitaire, Tolkien enseigne l'anglais et les langues germaniques anciennes. Cependant, une passion pour l'invention de langues imaginaires l'habite aussi depuis l'enfance. Après que ses jeunes cousines Incledon l'ont initié à l'animalique, une langue où les mots les plus communs sont remplacés par des noms d'animaux, Tolkien participe à la création du nevbosh, plus élaboré. Il invente ensuite le naffarin pour son propre plaisir, développant aussi bien son vocabulaire que sa grammaire ou sa phonologie. La découverte du gotique le pousse à élaborer une langue germanique fictive, mais bientôt le finnois monopolise tout son intérêt. Fortement attiré par cette langue et par les légendes du *Kalevala*, il se lance dans sa première tentative romanesque, une adaptation de l'histoire tragique de Kullervo. C'est aussi un premier effort pour rassembler ses deux domaines de prédilection. En effet, Tolkien commence à y élaborer une nomenclature spécifique basée sur le finnois.

En parallèle, il écrit différents poèmes féeriques, qui donnent peu à peu naissance à un univers fictionnel où les elfes ont subi un destin tragique. Sa convalescence forcée dans un lit d'hôpital militaire en 1917 lui donne l'occasion de rédiger plusieurs de ces histoires. C'est le début des *Contes perdus*, premier germe du *Silmarillion* et des récits s'articulant autour de la Terre du Milieu. L'essentiel de l'activité créatrice de Tolkien s'y déverse bientôt. Il invente successivement deux langues supposées être apparentées, le qenya et le gnomique. Dotées d'une grammaire et d'une phonologie propres, elles comportent plusieurs dialectes et Tolkien prend soin d'esquisser certaines évolutions sémantiques ou phonétiques. Cela lui permet d'expliquer comment le mot qenya *apaire* « victoire, conquête, subjugation » correspond au gnomique *abair* et pourquoi le qenya *hēru* « seigneur » est en lien avec le gnomique *hîr* « soin, anxiété ».

Comme pour ses romans, Tolkien révise sans cesse ses inventions linguistiques. Aux langues s'ajoutent bientôt plusieurs alphabets, qui peuvent aussi bien servir à transcrire les langues elfiques en cours d'élaboration que l'anglais… ou le vieux haut-allemand ! Dans les années 1930, le cadre conceptuel initial n'est plus suffisant, d'autant que Tolkien commence à s'intéresser aux langues des Valar, des orques, des nains ou encore des humains. Il entame donc la rédaction des *Étymologies*, un dictionnaire qui recense les racines de l'elfique primitif et liste un grand nombre de dérivés dans différentes langues. Il écrit aussi une histoire des langues intitulée *Lammas*, supposée être l'œuvre de l'elfe Pengolodh. Quoi de plus logique ? Un peuple aussi avancé que les elfes se devait d'avoir ses linguistes. Les romans eux-mêmes influent sur les langues, et Tolkien revoit plusieurs fois sa conception, ce qui le conduit parfois à éliminer entièrement une famille de langues, à modifier leurs relations de parenté ou tout simplement à les renommer. Par ailleurs, Tolkien exploite de plus en plus les opportunités narratives offertes par une diversité de langues. La colère d'un roi force les elfes Ñoldor à abandonner l'usage quotidien de leur langue maternelle, tandis que la méfiance des nains à l'égard des étrangers se traduit par une réticence certaine à enseigner leur langue. À l'inverse, la connaissance des écritures anciennes aide à résoudre l'énigme de la porte secrète d'Erebor.

La publication des appendices du *Seigneur des Anneaux* force Tolkien à figer les grandes lignes de son histoire linguistique. On y trouve en effet de nombreuses indications sur les langues parlées dans l'ouest de la Terre du Milieu à l'époque de la guerre de l'Anneau. Les deux principaux alphabets employés sont décrits en détail. Tolkien aurait d'ailleurs souhaité rajouter aux appendices un index linguistique venant expliquer l'ensemble des mots inventés figurant dans le roman. Toutefois, ce projet n'aboutit pas : trop long et risquant de retarder la publication du dernier volume de l'œuvre, il est abandonné en cours de rédaction. Pour autant, Tolkien garde son habitude de réviser ses conceptions grammaticales. Il continue à faire évoluer différents aspects de ses deux principales langues, désormais intitulées quenya et sindarin et fort différentes de ce qu'elles étaient quelque quarante ans auparavant. Il joue notamment sur les paramètres qui ne dépendent pas des formes publiées dans les poèmes elfiques qui émaillent *Le Seigneur des Anneaux*. La réédition de 1965 sert à modifier quelques passages narratifs, aussi en profite-t-il pour effectuer certaines révisions linguistiques. Ainsi le quenya *omentielmo* « de notre rencontre » devient *omentielvo*, modification mineure en apparence, mais qui cache une révision complète des suffixes possessifs et des désinences verbales.

Panorama linguistique de la guerre de l'Anneau

Paradoxalement, les langues elfiques qui ont tant occupé l'esprit de Tolkien n'occupent qu'une place assez restreinte dans *Le Seigneur des Anneaux*. La population elfique de sa Terre du Milieu est alors en plein déclin, car beaucoup partent définitivement pour les Terres Immortelles. Le quenya, langue des hauts elfes, n'est plus qu'une sorte de « latin elfique », que les elfes n'utilisent guère au quotidien. Rares sont les hommes suffisamment instruits pour le comprendre. Le sindarin, langue des Elfes gris, reste parlé dans les enclaves elfiques de l'Eriador et du Rhovanion. Sa prononciation diffère suffisamment entre ces deux régions pour dérouter un locuteur peu averti, comme le hobbit

Frodo Bessac, mais ne pose aucun souci de compréhension aux elfes. Par suite de leur amitié avec eux, certains Dúnedain apprennent le sindarin dans leur jeunesse, à l'instar d'Aragorn. À Minas Tirith et dans les terres avoisinantes, quelques-uns le parlent encore au quotidien. Parmi les hobbits, son usage est exceptionnel : Frodo est un cas à part, motivé par la remarquable amitié entre son père adoptif Bilbo et les elfes de Fendeval.

L'ancienne influence des royaumes d'Arnor et de Gondor dans l'ouest de la Terre du Milieu a répandu l'usage de la langue númenórienne parmi de nombreux peuples, qui s'en servent comme langue véhiculaire. Enrichie de mots elfiques et locaux, elle est généralement connue sous le nom d'occidentalien ou parler commun[1]. Les hobbits eux-mêmes l'ont adoptée comme langue maternelle, encore que leur dialecte conserve des termes apparentés au rohanais, la langue qu'ils parlaient jadis. Les Rohirrim quant à eux ont conservé l'usage de leur langue ancestrale, d'ailleurs lointaine cousine de l'occidentalien. Toutefois, l'usage du parler commun s'est répandu parmi leurs élites, notamment sous l'influence du roi Thengel, père de Théoden. Les hommes du Rhovanion parlent des langues elles-mêmes apparentées au rohanais, mais utilisent le parler commun avec les étrangers. Tout autres sont les langues des Dunlandais et des Drúedain. Chez ces peuples méfiants, rares sont ceux qui connaissent une langue étrangère. Enfin, les hommes sous la coupe de Sauron parlent d'autres langues encore, sans lien de parenté avec celles parlées dans l'ouest de la Terre du Milieu.

Les autres peuples ont chacun leur propre usage : les nains parlent entre eux le khuzdul, une langue transmise quasi inchangée depuis leur origine dans la nuit des temps. Les ents ont créé une langue si complexe que nul autre n'a jamais été capable de l'apprendre ou de la représenter correctement par écrit. Chaque tribu orque dispose de son propre dialecte, généralement inintelligible pour la tribu voisine. Cela les force à employer le parler commun pour se comprendre mutuellement, ce qui facilite grandement la survie de Frodo et Sam au Mordor. Sauron a jadis essayé de propager sa propre langue parmi ses serviteurs. Toutefois, à l'époque de la guerre de l'Anneau, seuls les Nazgûl et quelques-unes de ses créations, comme les Olog-hai, les trolls de Mordor, utilisent encore le parler noir.

De Fëanor à Meriadoc Brandibouc

De même qu'il faut à Tolkien des historiens fictifs pour retracer l'histoire de ses peuples[2], il lui est nécessaire de disposer de linguistes pour recenser les langues et même émettre des théories linguistiques. Premiers-nés d'Ilúvatar, doués pour les arts et les sciences, les elfes sont aussi les premiers philologues. Tolkien précise que l'attirance pour l'inven tion de nouveaux vocables est innée chez eux. Certains, notamment parmi le peuple des Ñoldor, se montrent particulièrement créatifs et vont jusqu'à proposer des chan gements phonétiques volontaires afin de rendre leur langue plus belle et plus harmonieuse. Pour autant, les règles de la linguistique humaine s'appliquent en partie aux elfes. Bien qu'ils ne meurent pas de vieillesse, les elfes voient aussi leur langue évoluer au travers de changements phonétiques involontaires et imprévisibles. Cela pousse certains des premiers linguistes elfes vivant dans les Terres Immortelles à essayer de reconstituer leur langue originelle. Cependant, leurs efforts sont en grande partie vains, par manque d'opportunités de comparaison avec d'autres peuples elfiques.

Au contact des Valar, les elfes découvrent l'emploi d'une langue entièrement différente de la leur. Peu d'entre eux l'étudient pourtant en détail, hormis l'historien Rúmil, qui est par conséquent le premier linguiste elfe dont on connaisse le nom. Ses remarques philologiques nous sont principalement connues par l'intermédiaire de Pengolodh, qui en fit notamment usage dans son *Lammas*. La contribution la plus remarquable de Rúmil en matière linguistique est l'invention du premier alphabet, les sarati. Cet alphabet tombe toutefois en désuétude avant même le retour des Ñoldor en Terre du Milieu, supplanté par un alphabet inventé par Fëanor, les tengwar. Les sarati comme les tengwar ont été créés comme des alphasyllabaires, c'est-à-dire des systèmes alphabétiques où seules les consonnes sont représentées comme des lettres à part entière, tandis que les voyelles sont notées au moyen de diacritiques[3]. Cependant, les tengwar forment un système plus régulier, car les relations phonologiques entre les différentes lettres sont indiquées par des variations régulières de forme, la dentale [t] étant considérée comme le son de référence. Ainsi, le voisement correspond à un doublement de la boucle de la lettre correspondante, tandis qu'un changement de point d'articulation peut être représenté par l'ajout d'un trait horizontal (consonnes labiales) ou une inversion de la lettre (consonnes vélaires) :

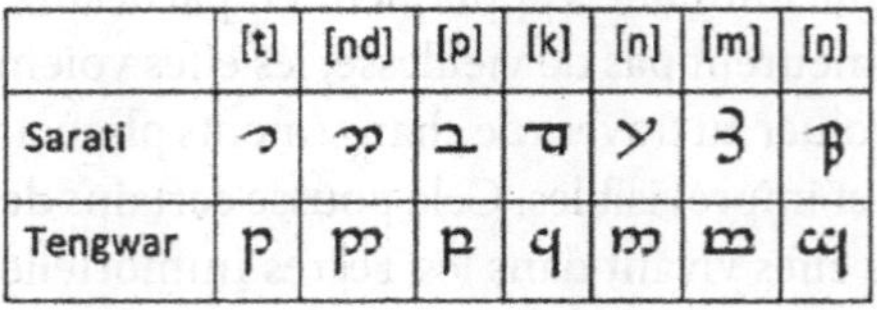

Fëanor est incontestablement le plus célèbre des linguistes elfes, bien que ses principales réalisations aient toutes été accomplies durant sa jeunesse. Outre son alphabet, il crée également l'école des linguistes Lambeñgolmor. Ses analyses pénétrantes permettent de mieux cerner l'évolution du haut-elfique par rapport à l'elfique primitif. Toutefois, il ne communique pas à ses disciples tout le savoir que les Valar lui ont confié. Par la suite, il se désintéresse de la linguistique pour se consacrer pleinement à forger les *silmarilli* et les *palantíri*, ses plus célèbres réalisations. L'un des fils de Fëanor, Curufin, hérite d'une partie des talents de son père. Après son retour en Terre du Milieu, il est un des rares elfes à se lier d'amitié avec les nains, ce qui lui permet d'étudier leur langue. C'est surtout de lui que vient le peu de connaissances qu'on a du khuzdul, la langue naine. Mais le plus grand linguiste elfe de Terre du Milieu reste Pengolodh, qui compile le *Lammas*, une histoire des langues elfiques, et s'intéresse aussi aux langues des nains et des hommes. Doté d'une mémoire prodigieuse, il sauve de l'oubli de nombreux travaux de ses prédécesseurs, en particulier ceux du ménestrel Daeron de Doriath. Celui-ci avait inventé un alphabet runique, en usage parmi les Elfes gris de Beleriand avant le retour des Ñoldor.

Peu à peu, les hommes prennent le relais des elfes en matière linguistique, encore que leurs efforts visent plus à la préservation des connaissances qu'à de nouvelles recherches. Le roi Elendil est crédité pour avoir préservé le texte de Pengolodh, *Eldarinwe Leperi are Notessi*, lors de la submersion de Númenor. Elendil est en effet renommé pour son amour des langues elfiques et de leur histoire. Les textes linguistiques préservés sont pour la plupart conservés au Gondor, à l'instar de l'essai fragmentaire et anonyme *Ondonóre Nómesseron Minaþurie*, qui s'intéresse à l'origine des toponymes du Gondor. Avec le déclin des royaumes númenóriens, la linguistique périclite aussi. On constate toutefois un certain renouveau après la fin de la guerre de l'Anneau. À l'exemple de ses illustres prédécesseurs, le hobbit Meriadoc Brandibouc compose ainsi un court traité sur les mots dialectaux de son pays, intitulé *Mots et noms anciens du Comté*, montrant une fois de plus la connaissance passer dans des mains humbles et discrètes.

Un essai en « esthétique linguistique »

Dans l'une de ses lettres, Tolkien revendique être un « *pur* philologue » dont une des principales joies est de créer des langues phonétiquement adéquates, dont le sens et la forme soient en harmonie. Perfectionniste, il souhaite à la fois une conception épurée et logique pour ses langues elfiques, tout en introduisant un certain nombre d'irrégularités destinées à accroître leur plausibilité. Il lui arrive de plancher sur une page entière pour inventer une traduction adéquate à l'expression anglaise *try harder* « fais plus d'efforts », en s'efforçant à la fois d'être idiomatique et de ne pas calquer l'anglais. Parfois, l'ampleur même de sa création lui échappe et les changements phonétiques supposés ne se marient plus avec la forme et le sens de certains termes. Il se retrouve alors contraint de retracer l'étymologie complète d'un mot, forgeant d'antiques mots composés, supposant des variantes dialectales ou réinventant l'origine du mot. Dans certains cas, comme le nom de la montagne Halifirien, ces spéculations linguistiques peuvent même donner naissance au récit d'un événement marquant de la Terre du Milieu.

Il n'est donc pas surprenant que les inventions philologiques de Tolkien soient à l'ampleur de sa vie et de son œuvre, à tel point sans doute qu'on pourrait parler de

« logofiction ». Plus de quarante ans après sa mort, des passionnés continuent à publier ses manuscrits linguistiques dans les revues *Parma Eldalamberon* et *Vinyar Tengwar*, et la quantité de documents encore inédits semble considérable. Aussi la linguistique tolkienienne est une discipline riche, mais astreinte à la modestie, car les nouvelles publications remettent parfois en cause certaines conceptions établies depuis longtemps. Ce renouvellement régulier n'est pourtant pas un obstacle à la popularité de ses langues inventées. De nombreux dictionnaires et grammaires des langues elfiques ont été publiés dans plusieurs langues, des colloques dédiés aux langues inventées par Tolkien se tiennent à intervalles réguliers et l'on ne saurait compter le nombre d'apprentis poètes qui s'exercent à écrire des quatrains en quenya ou en sindarin. Un passionné s'est même donné la peine de traduire l'intégralité du Nouveau Testament en quenya, sans hésiter à inventer des néologismes là où le vocabulaire manquait. Dans une de ses lettres, Tolkien indique qu'il considère l'espéranto comme une langue morte, au motif que son créateur n'a jamais inventé de légende en espéranto. Sans préjuger de l'avenir des langues auxiliaires internationales, l'actuelle popularité des langues inventées par Tolkien tend à confirmer l'importance des liens entre fiction romanesque et fiction linguistique.

Le Seigneur des Anneaux, une mythologie de la corruption et de la dépendance

THIERRY JANDROK, docteur en psychologie et psychanalyste

> *« Le pouvoir tend à corrompre, le pouvoir absolu corrompt absolument. Les grands hommes sont presque toujours des hommes mauvais. »*
>
> Sir J. E. E. Dalberg, dit Lord Acton.

Sur la Terre du Milieu, les personnages qui apparaissent au fil de l'histoire sont autant de symboles que de métaphores. Ils condensent les caractéristiques de sujets taillés dans le corps d'une légende.

Dès la naissance de cet univers mythologique, la subjectivité des personnages et la dynamique de leur personnalité s'organisent selon des modalités musicales. Les chants s'enchaînent. Ils ordonnent la partition du monde et de ses habitants. Le diabolique y imprime ses rythmes lancinants dans la substance d'un imaginaire totalitaire bercé de jouissance. Cette représentation fonctionne dans tous les récits de Tolkien, du *Silmarillion* au *Seigneur des Anneaux*, en passant par *Le Hobbit* et les *Contes et légendes inachevés*. Bon ou mauvais, chacun des personnages est renvoyé à une mélodie issue des chants d'Illúvatar, le dieu créateur.

Les chants de la corruption

Toutes les figures diaboliques de la Terre du Milieu se caractérisent par leur dépendance psychique à une figure tutélaire. Morgoth et son suivant, Sauron, en sont les principaux représentants. Ce sont des esprits rusés. Comme les dieux des origines, ils sont capables d'envoyer leurs pensées dans le cœur de toutes les espèces inférieures. Leur objectif est toujours le même : séduire ! À travers diverses offrandes, ils tentent de se faire passer pour des instances bienveillantes auprès de ceux qu'ils espèrent aliéner à leur désir. Dans la mythologie de la Terre du Milieu, Morgoth et Sauron sont des représentations de « l'enfant diabolique », celui qui, se sentant ontologiquement lésé, ne cesse de s'en prendre à ses parents et sa fratrie.

L'enfant diabolique se sent humilié dans son désir de puissance, victime d'une injustice de la part des instances tutélaires et de sa fratrie. Il cherche un surplus d'amour, associé à une reconnaissance sans bornes, opposée à celle reçue par tous les représentants de l'altérité dont l'existence même menace sa quête de satisfaction. L'objet de son désir appartient à sa préhistoire, à un temps antérieur aux chants de son père, souvenir impossible d'une fusion dans une unité à la fois matricielle et universelle.

L'enfant diabolique construit son psychisme dans la haine du prochain. Il est l'otage d'un imaginaire totalitaire.

Chez lui, les articulations symboliques lui servent d'adresse dans ses relations conflictuelles avec les autres. L'enfant diabolique ne fait pas corps avec sa parole. Il lui préfère la jouissance et l'accomplissement de ses fantasmes de maitrise et de domination.

La haine en héritage

Sur la Terre du Milieu, les orques, et autres espèces inférieures, telles que les rats, les araignées, les corbeaux et les puissants dragons (*foul worm*, autrement dit, « vers maléfique ») se sont rangés du côté de la promesse silencieuse des forces crépusculaires. Toutes les souffrances et les discriminations dont les difformes sont les objets enflamment leur sentiment d'humiliation. Dans cette logique, l'obscurité est vécue comme lumineuse et la lumière comme une brûlure acide. Pour eux, la vengeance, le meurtre de masse et l'abjection constituent des marques de courage. La recherche de la paix, en revanche, passe pour une indescriptible violence. Plus les serviteurs du démon rencontrent d'échecs, plus leur résolution s'affermit. Dans leurs différences, les soldats du diable se ressemblent. Leur peau est aussi sombre que leur âme. Dans la mythologie de Tolkien, les agents du Mal, Morgoth et Sauron, sont leurs pères nourriciers. Sur la Terre du Milieu, le Mal passe par une remise en cause radicale des règles de la filiation et l'installation d'un ordre totalitaire dont la férocité est sans pardon. Pour les esclaves du Mal, la seule échappatoire est la mort.

La mélodie de l'Anneau unique

All that is gold does not glitter, Not all those who wander are lost"

J. R. R. Tolkien.

L'Anneau de pouvoir est l'objet corrupteur par excellence. Sa forme rappelle que son destin est forgé dans la circularité d'un échange infini. Cet objet possède une volonté propre. Il passe de main en main au gré des élans du désir dont il est forgé. Conçu dans les entrailles du Mont Destin, il ne peut être détruit que dans les flammes de ce volcan millénaire. Sur la Terre du Milieu, le représentant du pouvoir absolu va à tout le monde… comme un gant !

La fonction de l'Anneau est de prendre au piège les esprits corruptibles. Il est une chausse-trape aussi lourde que fascinante. Pourtant, caressé par les flammes d'un brasier, il reste froid comme la mort. L'espace intérieur de l'Anneau est occupé par le désir de son créateur. C'est la surface d'un miroir du désir dont la face invisible est un canal ouvert sur l'œil sans paupière de la Bête.

L'Anneau de pouvoir est l'ombre du désir en chacun, le souvenir de rêves infantiles avortés dans les brumes de l'éducation et de la tragédie œdipienne. Tel est le pouvoir du corrupteur que d'éveiller chez les mortels des fantasmes de toute-puissance ainsi que le fol espoir d'échapper un jour à leur funeste destin. Tous ceux qui entrent en contact avec l'Anneau sont immédiatement corrompus. Il sépare, il désunit, avant de définitivement rompre les liens du sujet avec ses semblables. Il agit dans l'ombre de la conscience en allongeant le nombre des années. Au fil du temps, le porteur de l'Anneau n'a plus d'autre choix que de fuir sa communauté. Il confère aussi le don d'invisibilité. En fait d'invisibilité, il s'agit plutôt d'une réalité alternative. Porter l'Anneau projette le sujet de l'autre côté du miroir, dans une dimension au sein de laquelle la totalité du Maître apparaît[1]. Le sujet est traversé par un œil sans paupière. Il se retrouve projeté dans un jardin des enfers dans les cieux duquel un dieu terrible ne demande pas « Où es-tu ? », comme dans la Genèse, mais affirme : « Je te vois ! ». Le renversement mythologique est d'une rare violence. Sauron est l'opposé dialectique de l'Éternel du peuple juif. Il est sa face obscure, obscène et impudique dans son absence de paupières. Tous les porteurs de l'Anneau ont péché contre la Bête en lui subtilisant son souverain Bien ! Néanmoins, ce ne sont pas des voleurs à proprement parler dans la mesure où l'Anneau ne se laisse pas voler. Il passe de main en main. Nul ne peut prétendre l'arrêter dans sa course afin de recouvrer sa partie manquante.

La partie pour le tout

L'Anneau est ainsi toujours une partie déjà perdue de son créateur. Il est son destin né dans le mont du même nom. L'Anneau est de passage ! Devant la promesse de sa puissance, le seul pas sage possible est de s'en détourner. Gandalf et Galadriel, reine des elfes des bois, ont bien entendu que la nature de cet objet étant élusive, nul ne peut se l'approprier. L'Anneau n'est pas un objet maîtrisable. Il est un objet du désir. De nature aussi évasive que sournoise, il est si puissant que Sauron lui-même n'a aucune prise sur sa présence au monde. Comme tout objet cause du désir, l'Anneau de pouvoir est un révélateur. Il offre au sujet un canal orienté vers une satisfaction totale. Sauron perdit son pseudopode par la lame d'Isildur, roi d'Arnor. Ce dernier tombera dans une embuscade alors qu'il s'était refusé à détruire l'Anneau. C'est un hobbit, Déagol, qui le découvre, enfoui dans la vase du fleuve, à deux pas des Champs des Flambes où Isildur était tombé. Sméagol, ami de Déagol, est immédiatement happé par l'aura diabolique de l'Anneau. Il attaque son compagnon et le tue de sangfroid. Il deviendra médisant, voleur, chapardeur, manipulateur et maître chanteur, profitant allégrement du pouvoir d'invisibilité que lui procure l'Anneau. La communauté de son village en a bientôt assez et Sméagol doit s'exiler. Au cours de ses pérégrinations, son corps change. Il devient bientôt intolérant à la lumière et se réfugie au cœur d'une montagne. Là-bas, dans les entrailles sombres de ce tombeau de pierre, son esprit s'envole (*dementia,* en latin). Au fil des siècles, Sméagol se métamorphose en Gollum[2], son alter ego spéculaire, son ombre et l'incarnation de ses désirs les plus vils[3]. Gollum incarne la folie distillée par la puissance de l'Anneau Unique. D'enfant gâté, Sméagol se change en petit diable, avant de sombrer dans la nuit des mondes inférieurs. Là-bas, il se débarrasse de son vernis socialisé. La montagne deviendra pour lui une nouvelle matrice. Infantilisé par sa dépendance à l'objet cause de son désir, Gollum s'enfermera en lui-même, jusqu'à l'amnésie. Ombre parmi les ombres, il se confondra avec l'obscurité archaïque de son désir. Devenant le jouet de sa fatalité, Gollum égarera à son tour l'Anneau qui, poursuivant son chemin, tombera entre les mains de Bilbo Bessac.

Posséder l'Anneau, c'est devenir l'otage d'un désir dont le sujet ne peut se défaire que dans la mort ou la perte réelle de l'objet. Le Seigneur des Anneaux n'est pas Sauron, mais bien l'Anneau Unique. Comme le dit le texte : « Un pour le

Seigneur Ténébreux sur son sombre trône. » L'Anneau est pour L'Abominable et non l'inverse. « Un Anneau pour les gouverner tous. Un Anneau pour les trouver, un Anneau pour les amener tous et dans les ténèbres les lier au pays de Mordor où s'étendent les Ombres. » Le texte est explicite.

La dépossession par la possession

La guerre de l'Anneau est une tragédie, celle du désir. Au cœur de la légende, le pire destin que puisse subir un sujet est d'être réduit à une invisibilité de l'être. Telle est la malédiction posée par les anneaux de Sauron. Si les hobbits s'en sortent relativement bien, les hommes, en revanche, tombent sous le charme des neuf anneaux qui les transforment en spectres.

Les Nazgûl, aussi dénommés cavaliers noirs, sont des fantômes. Les orques les nomment « hurleurs » parce qu'ils s'expriment par des cris stridents, la parole obscure. Leur intimité avec les anneaux de Sauron les a fait passer de l'autre côté ! Ils se sont sublimés en des sortes de morts-vivants ou de non-morts. Aucune arme portée par un homme ne peut les atteindre. Seules les lames elfiques peuvent les pénétrer et déchirer le voile de leur apparence diaphane. Ils sont si dangereux que le simple fait de rester dans leur proximité empoisonne le souffle des mortels. De plus, les armes qu'ils utilisent sont interdimensionnelles. Leur tranchant empoisonné infecte tous ceux qu'il entaille. La blessure reste ouverte jusqu'à ce que l'ensemble du corps s'évanouisse dans les ombres. La teinte des Nazgûl, comme celle de la corruption de l'Anneau, est indélébile !

Les cavaliers noirs sont fondus dans le désir de leur maître. Ce ne sont pas des prêtres, mais des fonctionnaires.

Les serviteurs de l'Anneau sont l'objet d'une malédiction qu'aucune formule ne peut défaire, à l'exception peut-être d'un mot, *Elbereth*, l'un des noms donnés à Varda, la reine d'Arda. Ce vocable de la libération et de la désintégration nous apparaît comme l'équivalent mythologique d'*Emeth* (« vérité ») qui était inscrit sur le front du Golem de Prague[4]. On peut en effet se représenter mythologiquement les Nazgûl comme des Golems, des esclaves attachés à la toute-puissance d'un maître. Comme les spectres de l'Anneau, le Golem est une créature domestique. Comme lui, les serviteurs de l'Anneau étaient à l'origine des « glébeux », autre nom que la Genèse donne aux humains nés de l'argile des origines. Les Nazgûl sont ainsi identifiés à l'enfer dont ils sont issus.

Face à la tentation de toute-puissance et les malédictions qui accompagnent l'Anneau, il n'existe que l'amour et le respect de ses engagements éthiques. Alors que la haine se satisfait dans la présence d'autrui, l'amour est l'éternelle réponse à son absence. On ne combat pas des images de puissance avec des armes, mais avec des métaphores porteuses de désirs d'accomplissement symboliques. C'est ainsi que vit Aragorn, distant descendant d'Isildur.

La lumière du père

Dans le récit, Aragorn représente l'homme du Bien, celui qui, plutôt que d'accepter l'esclavage de l'Anneau ou le lâche exil sur la terre des elfes, s'engage à la conquête de son héritage. Parti de rien, l'enfant ne devient homme que dans la conquête des métaphores qui le définissent à son insu. La poésie de l'existence consiste ainsi à construire le poème dont le sujet est issu. Il n'est pas de fatalité qui tienne ! Parce que justement, ils sont faibles, fragiles, les humains se doivent de pousser vers la lumière, lutter contre les séductions qui les éloignent d'un mouvement de fraternité. L'homme ne s'accomplit pas dans la possession, mais dans la transmission.

Dans l'histoire du roi de Gondor, si l'épée de son ancêtre est refondue, c'est par la grâce de l'engagement fraternel de son détenteur. C'est ainsi que Narsil (« le soleil lunaire »), l'épée du roi Elendil devient Andúril (« la flamme de l'ouest »). Reforgée afin de répondre au désir qui lui donne sens, Andúril est l'épée d'un monarque, mais ce dernier doit s'en montrer digne. La noblesse ne se situe pas dans ses faits d'armes, mais dans la manière dont le sujet tient parole et oriente son destin. La fonction royale est libératrice alors que celle des démons enchaîne. L'arme du prince est sa promesse, mais elle est aussi la lumière qui brise l'obscurité tissée par les forces diaboliques engagées sur la Terre du Milieu. Aragorn rejoue ainsi le principe énoncé par Goethe dans *Faust :* « Ce qui tu as hérité de ton père, acquiers-le pour le posséder. Ce qui ne sert point est un pesant fardeau, mais ce que l'esprit peut créer en un instant, voilà ce qui est utile ! »

C'est ainsi que *Le Seigneur des Anneaux* rejoint les *Faust* de Marlowe et Goethe. Au-delà de la mise en scène guerrière, c'est essentiellement une leçon de sagesse que propose cette épopée britannique. Tolkien désirait créer un mythe anglais, un récit qui s'imprime dans l'esprit de ses contemporains comme l'*Iliade* et l'*Odyssée.* Produit par sa culture de référence, le mythe ambitionne de traverser l'espace et le temps afin de guider les humains au-delà d'eux-mêmes, de leurs doutes et plus encore de leurs certitudes.

TROISIÈME PARTIE

UN ENVIRONNEMENT COMPLEXE

Les paysages chez Tolkien. Une approche géomorphologique

STEPHEN GINER, géomorphologue

Le Rohan, le Mordor, la Comté… voilà des lieux évocateurs qui résonnent à nos oreilles comme s'ils existaient vraiment ! Description, cartes, topographie, Tolkien soignait tout particulièrement sa géographie fantastique, véritable support de ses histoires. Ainsi, ces lieux imaginaires relèvent à la fois du merveilleux et du réel. Que peut-on en dire à la lumière de nos connaissances actuelles ? Comme il est impossible de tous les traiter, nous avons choisi de décrire certains lieux emblématiques : bon voyage au pays de Tolkien !

Les Terres Immortelles

Commençons par les Terres Immortelles, continent sacré au large de la Grande Mer Belegaer, à l'ouest de la Terre du Milieu. C'est sur cette terre décrite dans *Le Silmarillion* que les Valar s'installèrent au cours du Premier Âge : un immense « continent-île » délimité par une couronne de reliefs, dont les fameuses Pelóri « les plus hautes montagnes du monde » qui bordent le continent à l'est. Dans le monde réel, l'Australie, délimitée par des reliefs marqués (cordillère Australienne à l'est, plateau de Kimberley au nord-ouest et monts Hamersley à l'ouest), évoque les Terres Immortelles, bien que ses montagnes ne forment pas une bande continue.

Les Terres Immortelles présentent aussi une mosaïque de biotopes : les bois d'Oromë par exemple (du nom d'un grand seigneur chasseur et ami des elfes) forment un gigantesque massif forestier situé à l'est du continent, juste derrière une chaîne de montagnes (les Pelóri du sud). Or, il est indiqué dans *Le Silmarillion* que les vents dominants viennent d'est. Derrière une chaîne de montagnes, les vents subissent normalement ce qu'on appelle un forçage orographique : en passant au-dessus des sommets, ils rencontrent des couches d'air plus froides, ce qui a pour effet de condenser la vapeur d'eau et de créer de fortes précipitations sur le versant exposé. Une fois les sommets passés, ces vents redescendent et se réchauffent à nouveau, ils sont alors vidés de leur humidité et assèchent les terres derrière les montagnes. Ce phénomène, nommé « effet de foehn » (d'après un vent sec et chaud connu dans les Alpes), est à l'origine des déserts dits « d'abri », comme l'Atacama, situé entre la fosse océanique d'Atacama et la cordillère des Andes. Avec de tels vents d'est frappant les Terres Immortelles, un grand désert derrière les Pelóri du sud aurait été plus judicieux qu'une vaste région boisée…

Le Beleriand et les terres du nord

D'autres lieux dans l'univers créé par Tolkien sont intéressants : le Beleriand est un véritable monde perdu situé autrefois au nord de la Terre du Milieu. Il fut au cours du Premier Âge le champ de bataille des hommes et des elfes contre Morgoth, avant de sombrer en partie sous les flots. Une carte est visible dans *Le Silmarillion* : cette région, délimitée par des chaînes de montagnes (dont l'Ered Luin ou Montagnes Bleues à l'est), s'ouvre à l'ouest et au sud sur la Grande Mer Belegaer.

Au nord-ouest du Beleriand, la plaine d'Hitlum fut occupée par les Elfes gris (les Sindar) : ouverte aux vents du nord, elle est délimitée au sud, à l'est et à l'ouest par des reliefs : une configuration assez fréquente dans le réel, comme nous le montre la plaine de Zapadno-Sibirskajavnina bordée par les monts Oural, les montagnes kazakhes et le plateau sibérien. La partie sud-est de la plaine d'Hitlum, nommée Mithrim, est parcourue par des cours d'eau se jetant dans le lac central éponyme, comme souvent dans les régions réelles bordées de montagnes. Ce lieu a servi de repère aux Ñoldor, elfes du clan des Tatyar : les montagnes leur servaient alors d'abris et de réserve d'eau. Cette configuration rappelle de nombreux lacs bien réels comme le lac Victoria en Afrique, entouré de montagnes.

En réalité, ce type de lac se forme dans une région instable : une zone de cassure dessine une dépression comblée par les eaux du bassin versant, formant ainsi un lac plus ou moins étendu. Chez Tolkien, ce contexte tectonique est confirmé par la position angulaire des chaînes de montagnes d'Hithlum, traduisant la présence de failles cisaillantes – les géologues parlent de « décrochements ». Cette tectonique locale couplée à l'érosion façonne les paysages. L'érosion chez Tolkien est justement perceptible à l'ouest de l'Hithlum où la rivière Annon-in-Gelyth passe sous la chaîne Ered Lómin (Les Montagnes des Échos) qui doit donc être karstique, c'est-à-dire constituée de roches carbonatées en partie solubles.

La région du Nevrast dans le Beleriand occidental présente un paysage similaire avec un lac central (le Lac des Oiseaux) entouré de montagnes. Cependant, la conformation triangulaire de ces dernières n'est géologiquement pas explicable. L'absence de cours d'eau alimentant ce lac marécageux suggère qu'il remplit une doline, dépression issue de la dissolution de terrains calcaires typiques d'un paysage karstique.

Le nord correspond aux terres gelées de Dor Daidelos : elles sont bordées au sud par les Collines de Fer qui n'ont de collines que le nom : il s'agit en fait d'une imposante chaîne de montagnes exploitée au Premier Âge par les nains pour son minerai de fer. Sur le versant sud trône le Thangorodrim, vaste ensemble de trois volcans composant le cœur du domaine de Morgoth. Les volcans sont très importants dans l'œuvre de Tolkien[1]. Ceux de Thangorodrim, « faits de cendres et de scories [...] », sont comme « des pics sombres et lugubres, d'une hauteur immense, dont les sommets crachaient une fumée noire et malsaine dans le ciel du Nord » (*Le Silmarillion*) : une description typique de volcans explosifs (ou volcans gris) qui sont eux-mêmes des accumulations de cendres et de scories. La fumée noire évoque des cendres volatiles et donc une éruption de type plinienne : la description du Vésuve ayant détruit Pompéi en l'an 79 par Pline Le Jeune a-t-elle inspiré Tolkien ? Notons que ce type de volcan se retrouve plutôt au cœur d'une chaîne de montagnes, dans une zone de collision entre plaques (comme dans la cordillère des Andes) et non aux pieds de massifs montagneux. En revanche, la description de la grande plaine d'Ard-Galen, au pied du Thangorodrim, correspond bien à une plaine dévastée par un (ou plusieurs) volcan(s) gris : Tolkien mentionne d'abondantes chutes de cendres ainsi que « des flammes qui couraient plus vite que les Balrogs [...] » c'est-à-dire des nuées ardentes (coulées rapides de gaz et de matériel volcanique). S'est-il aussi inspiré de l'éruption de la montagne Pelée qui a ravagé la ville de Saint-Pierre en Martinique en 1902 ? Tolkien décrit « de grands fleuves de feu [...] » qui rappellent aussi les coulées de laves fluides des volcans hawaïens : il mélange à son gré différents types de volcans pour renforcer la dramaturgie de son œuvre.

Les Montagnes Bleues sont une chaîne de montagnes qui ferme le Beleriand à l'est. Elles alimentent plusieurs cours d'eau qui s'écoulent parallèlement les uns aux autres et perpendiculairement aux montagnes. Cette configuration est fréquente dans les plaines au pied de reliefs accentués : les sédiments meubles sont alors traversés par des cours d'eau rectilignes dont les forts débits empêchent la formation de méandres, comme en Provence où les Monts de Vaucluse sont drainés par des cours d'eaux perpendiculaires se jetant dans le Calavon.

Au centre du Beleriand, un alignement de collines orienté nord-ouest/sud-est nommé Andram (Long Mur) évoque un relief de plissement – ou relief appalachien – dont il ne resterait qu'une crête. Le Beleriand serait alors une pénéplaine dont l'Amon Ereb, petit massif à l'est de l'Andram, serait la butte-témoin. Cet alignement de collines est traversé par le « puissant fleuve Sirion que les poètes ont si souvent chanté » (*Le Silmarillion*). En aval, le fleuve s'anastomose ; son cours ralentit pour prendre un aspect dit durancien. Ceci n'est pas réaliste, car le Sirion présente ensuite des « chutes majestueuses ». Or l'eau ne peut ni stagner ni s'anastomoser avant de telles cascades... En revanche, le delta marécageux à l'embouchure du Sirion est une topographie que l'on retrouve dans la géographie réelle, comme c'est le cas en Camargue avec le delta du Rhône ou en Louisiane avec celui du Mississippi.

Númenor, l'île mystérieuse de Tolkien

De Jules Verne à H. G. Wells en passant par Hergé, les îles inspirent depuis longtemps les auteurs. À la fin du Premier Âge, Tolkien fait surgir des flots une fantastique île en forme d'étoile à cinq branches, Númenor.

Cette « sortie des eaux » de Númenor rappelle les îles volcaniques bien réelles qui, par accumulation de matière, peuvent émerger très rapidement : l'île de Surtsey par exemple, au large de l'Islande, s'est formée à partir d'une éruption débutée vers le 10 novembre 1963 à 130 mètres de fond, et a émergé le 14 novembre 1963 – son émersion a continué jusqu'en 1967. Notons que la forme à cinq branches de Númenor rappelle ici l'île volcanique de Sulawesi en Indonésie : d'ailleurs sa branche nord nommée Forostar arbore de nombreux reliefs, tout comme celle de Sulawesi qui présente beaucoup de volcans actifs. Númenor peut aussi être comparée à d'anciennes représentations de la presqu'île de Cadix, au large de l'Andalousie, dont Tolkien connaissait l'existence.

Au centre de Númenor trône le plus haut sommet de l'île, le Meneltarma (ou Pilier des Cieux) décrit comme « une haute et abrupte montagne » : il s'agit bien d'un volcan car, quand Sauron tente de prendre l'île, « on entendit comme un tonnerre souterrain [...] De la fumée sortit du sommet du Meneltarma. » D'autre part, son sommet est sacré et interdit, comme c'est le cas dans de nombreuses légendes où les volcans sont la demeure des dieux. Logiquement le

Meneltarma est composé d'accumulations de coulées de lave – les géologues parlent de stratovolcan. Ce volcan composite est entouré de grands plateaux volcaniques (*a priori* basaltiques) ou planèzes. Dans la réalité, ce type de paysages se rencontre par exemple dans le massif du Cantal.

Mais Númenor, comme toute île mythique, connaît une fin tragique : lorsque son vieux roi Ar-Pharazôn tente d'envahir la terre des Valar en quête d'immortalité, l'île est ravagée et engloutie par les flots. Tolkien avoue s'être clairement inspiré du mythe de l'Atlantide.

La Terre du Milieu ; des paysages composites

La Terre du Milieu, lieu d'action de *Bilbo le Hobbit* et du *Seigneur des Anneaux*, demeure la partie la plus connue du monde de Tolkien, mais pas forcément la mieux comprise.

Cette région est composée d'une mosaïque de paysages dont voici quelques clés de lecture.

Au nord de la Comté, le lac d'Evendim est peu commun, car au lieu d'être alimenté par des cours d'eau, il donne naissance à un fleuve nommé Brandevin par les hobbits à cause de ses eaux brunâtres : ceci trahit un lac de résurgence karstique (définie un peu plus haut) comme c'est le cas du lac Ranco, au Chili, qui donne naissance à des fleuves côtiers.

La Brèche du Rohan est une zone d'érosion entre les Montagnes de Brume et les Montagnes Blanches où coulent deux fleuves : l'Isen et l'Anduin. Le fort débit de ce dernier aurait creusé la trouée à la suite de l'affaissement de la partie est du Rohan. Dans notre monde, de telles trouées sont visibles notamment dans l'Atlas algérien dont une entaille érosive relie le chott el Hodna au nord et le chott Melrhir au sud.

Le fleuve Anduin se jette ensuite dans la Baie de Belfalas où il forme un étrange delta concave. En effet les deltas, ces accumulations de sédiments dans les mers, sont généralement convexes, sauf lors de transgressions (avancées d'eau) marines rapides. La Terre du Milieu a-t-elle connu une remontée des eaux au cours de son histoire ?

Le Mordor, lieu de villégiature de Sauron, est entouré de montagnes, l'Ered Lithui et l'Ered Dúath. Cette enclave rappelle le désert du Taklamakan en Asie centrale, surnommé mer de la Mort à cause de ses conditions très hostiles. En plus de terres arides, le Mordor présente des terres cendreuses au nord-ouest (plateau volcanique de Gorgoroth) et des plaines fertiles au sud (région de Nurn). Comme il est précisé dans *Le Seigneur des Anneaux*, que les vents dominants de cette région viennent de l'est, ces terres parcourues de rivières sont réalistes : les rivières en question alimentent la mer intérieure de Núrnen qui rappelle la mer d'Aral des années 1960 (avant sa quasi-disparition).

À l'ouest du Mordor se situe le royaume du Gondor fondé notamment par Isildur qui coupa le doigt de Sauron. Cette région débute au nord par la confluence de deux fleuves, l'Entévière et l'Anduin, dont la jonction apparaît bizarrement sous forme de delta – une anastomose, c'est-à-dire une grande tresse, aurait été plus logique, car un delta se forme plutôt au niveau côtier. Plus en amont, l'Anduin traverse le massif de l'Emyn Muil en creusant de profondes falaises labyrinthiques où se perdent Frodo et Sam avant d'atteindre le Mordor : cette configuration en gorges confirme l'affaissement du Rohan mentionné plus haut – les géographes parlent d'érosion par surimposition. L'Anduin se jette ensuite dans les vertigineuses chutes du Rauros qui débouchent en contrebas sur les Marais Morts. Cette vaste plaine marécageuse jonchée de cadavres – elle est le lieu d'anciennes batailles – semble mal positionnée au niveau hydrodynamique car, après de telles cascades, le cours est normalement si rapide que l'eau ne peut en réalité stagner.

La Forêt de Fangorn, refuge des ents dès le Premier Âge, est en revanche positionnée du bon côté (versant au vent) des Montagnes de Brume : le forçage orographique (défini plus haut) des vents d'est génère suffisamment de pluies pour justifier l'étendue et la densité de ce grand massif forestier.

Finissons notre promenade au nord de la Terre du Milieu avec les Montagnes Grises, occupées par les nains dès le Premier Âge, et qui se divisent en deux chaînes encadrant une plaine désolée, la Lande Desséchée, peuplée de dragons – Tolkien reste fidèle à la tradition des cartographes médiévaux qui peuplaient de dragons les régions lointaines et inexplorées de leur *mappa mundi*. Cette ramification rappelle un peu celle des Andes colombiennes qui se divisent carrément en trois chaînes : la cordillère Orientale, la cordillère Centrale et la cordillère Occidentale… à la différence près que celles-ci ne sont pas survolées par des dragons.

Promenade géologique en Terre du Milieu[1]

Loïc Mangin, journaliste scientifique

Dans *Le Hobbit* (ou *Bilbo le Hobbit*) publié en 1937 au Royaume-Uni et *Le Seigneur des Anneaux* paru entre 1954 et 1955, John Ronald Reuel Tolkien met en scène une foule de personnages qui arpentent en tous sens la Terre du Milieu. Ce territoire a une géologie que l'on devine tourmentée. Ainsi, dans *Le Hobbit*, Bilbo, un hobbit[2], accompagné d'un magicien et de treize nains se dirigent vers la Montagne Solitaire (Erebor), un ancien volcan où un dragon[3] garde un trésor. Dans *Le Seigneur des Anneaux*, un autre volcan est le but ultime de deux autres hobbits, Frodo Bessac et Samsaget Gamgie, accompagnés par Gollum, qui doivent détruire l'Anneau Unique là où il a été forgé, sur le Mont Destin au cœur du Mordor, le pays de Sauron. On compte donc déjà deux volcans !

La précision et la vraisemblance avec lesquelles sont décrits les paysages que traversent les héros des deux épopées sont suffisantes pour que l'on puisse se hasarder à reconstituer l'histoire géologique de la Terre du Milieu. Les peintures de Tolkien – pour la plupart des croquis, difficiles à déchiffrer, que l'auteur a réalisés dans les années 1930 – et les cartes réalisées par Christopher, son fils, sont également d'une grande aide. Elles sont disponibles dans *La Formation de la Terre du Milieu* (*The Shaping of Middle-Earth*, publié en 1986). Embarquons donc pour une promenade géologique en Terre du Milieu !

Et la Terre du Milieu devint ronde

Voyons d'abord ce que recouvre ce terme de « Terre du milieu ». Il s'agit de toutes les terres d'Arda s'étendant à l'est de la Grande Mer (Belegaer). On sait peu de choses sur la géographie d'Arda, excepté qu'elle comportait un grand lac au milieu duquel se dressait une île. Nommée Almaren, elle était la demeure des Valar (les divinités, ou Ainur de premier ordre). Premier bouleversement géologique d'importance, cette île disparaît quand l'un des quinze Valar, Melkor, qui deviendra le premier seigneur sombre, détruit les deux lampes qui illuminaient le monde. La conséquence étonnante de cette modification du paysage est l'apparition de deux mers, la mer d'Helkar au nord et la mer de Ringil au sud.

À cette époque, la Terre du Milieu est coincée entre deux océans, à l'ouest et à l'est, et parcourue de grandes chaînes de montagnes sur un axe nord-sud, chacune désignée par une couleur : les Montagnes Bleues, les Montagnes Rouges, les Montagnes Grises et les Montagnes Jaunes. Après l'éveil des elfes, les Valar s'attaquent à Melkor pour libérer la Terre du Milieu. Le champ de bataille, situé au nord-ouest, deviendra le Beleriand. À la fin du Premier Âge, un second conflit entre les Valar et Melkor, devenu entre-temps Morgoth, entraîne la submersion de Beleriand, à l'exception de sa partie la plus orientale, qui devient le Lindon, et de quelques îles, telles que Tol Fuin et Himling.

À la fin du Second Âge, les Númenóréens, sous la conduite d'Ar-Pharazôn, un usurpateur monté sur le trône, tentent d'envahir le Valinor. Eru, ou Ilúvatar (le dieu créateur qui a engendré les Ainur), ne s'en laisse pas conter et réagit en ouvrant un gouffre au fond de la Mer de l'Ouest. La dépression créée engloutit la flotte ennemie. Les conséquences sont considérables. Le monde, qui était au départ plat, devient soudainement rond ! Les platistes n'existent pas en Terre du Milieu ! Quant aux côtes de la Terre du Milieu, elles ne sont modifiées que de façon nettement plus anecdotique. Le décor est désormais planté ; on peut maintenant s'intéresser plus précisément à la Terre du Milieu.

Un premier essai raté ?

On doit la première tentative de reconstruction géologique de la Terre du Milieu à Margaret Howes, qui a glané toutes les indications nécessaires dans les œuvres de Tolkien. Dans un article intitulé « The Elder Ages and the later glaciation of the Pleistocene Epoch » (« Le Premier Âge et la glaciation du Pléistocène »), paru en 1967, elle retrace l'évolution de la géographie de la Terre du Milieu depuis la chute de Morgoth, à la fin du Premier Âge, jusqu'aux dernières glaciations du Pléistocène, ce qui correspond à une période qui s'étend de 95 000 à 65 000 ans. L'intention était bonne, mais les critiques ne se firent pas attendre, reprochant à Margaret Howes de trop s'éloigner des textes de Tolkien pour coller à l'histoire géologique de la Terre, la nôtre.

Les travaux de Robert C. Reynolds, publiés en 1974 dans un article intitulé « The Geomorphology of Middle-Earth » (« La géomorphologie de la Terre du Milieu »), eurent plus de succès et firent longtemps autorité. Il parvient, à travers ses analyses, à reconstituer la tectonique des plaques de la Terre du Milieu ! Dans son étude, il distingue quatre plaques : l'Eriador à l'ouest, le Rhovanion au nord, le Harad au sud et le Mordor à l'est, coincée entre celles du Rhovanion et du Harad (voir la figure 1). Sur la carte de Robert C. Reynolds, on repère également l'Anduin, le fleuve qui coule dans un rift, c'est-à-dire un fossé d'effondrement, formé entre deux failles que l'auteur supposait transformantes. Ce type de faille correspond à une zone de coulissement entre deux plaques lithosphériques ; la faille de San Andreas, en Californie, en est sur notre Terre l'exemple emblématique. Selon son interprétation, la région au sud de l'Emyn Muil, un labyrinthe rocheux où Frodo Bessac et Samsaget Gamgie seront guidés par Gollum, constituerait avec le nord des Montagnes Blanches un bassin tectonique. Au nord-est de cette formation, le Rohan, royaume des cavaliers Rohirrim, serait quant à lui situé sur un craton, une région durablement stable épargnée par les mouvements tectoniques.

Une bonne carte

Cette description semblait cohérente et solidement établie, mais cela n'a pas empêché sa remise en cause, en 1992, par William Sarjeant (1935-2002). Ce professeur de géologie à l'université du Saskatchewan, au Canada, a proposé une nouvelle histoire géologique de la Terre du Milieu. Pour ce faire, il a prolongé les travaux de Robert C. Reynolds en tirant

Figure 1. Les plaques tectoniques de la Terre du Milieu selon Robert C. Reynolds.

profit de presque vingt ans de progrès dans la connaissance des processus mis en jeu par la tectonique des plaques. À nouvelle interprétation, nouvelle carte (voir la figure 2).

William Sarjeant distingue six plaques dans la Terre du Milieu, soit deux de plus que Robert C. Reynolds. Les plus anciennes sont celles de Forlindon et de l'Eriador dont la collision a entraîné la formation (on parle d'orogenèse) des Montagnes Bleues. La plaque de Forlindon a ensuite subi une subduction, c'est-à-dire un glissement sous une autre plaque qui l'a entraînée vers les profondeurs du manteau « terrestre » : seuls deux morceaux subsistent, les régions de Forlindon et de Harlindon, au nord-ouest. En se déplaçant vers le nord, ces deux plaques ont créé un réseau de failles normales sur lequel se superpose celui des rivières. Une faille normale consiste en un plan incliné entre deux blocs de croûte terrestre le long duquel un glissement se traduit par un écartement des deux blocs.

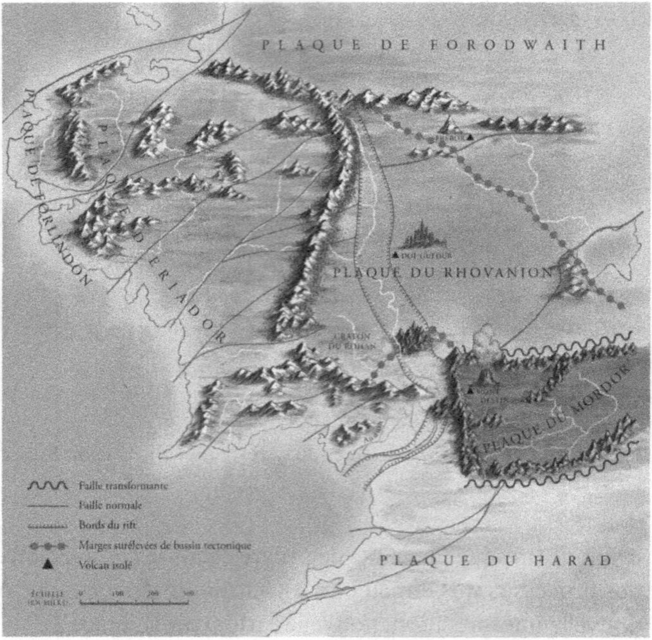

Figure 2. Les plaques tectoniques de la Terre du Milieu selon William Sarjeant.

Au sud, la collision de la plaque de l'Eriador avec celles du Rhovanion et du Harad a entraîné le soulèvement de montagnes, respectivement les Montagnes de Brume et les Montagnes Blanches. Les trois plaques se rejoignent au niveau du craton du Rohan, un point commun aux deux propositions géologiques de Reynolds et Sarjeant. Au nord, une autre jonction de trois plaques (l'Eriador, le Rhovanion et le Forodwaith) a formé un autre massif, les Montagnes Grises.

L'événement géologique le plus « récent » en Terre du Milieu est la collision de la plaque du Mordor avec celle du

Harad, au sud, et celle du Rhovanion, au nord. La plaque est bordée au nord et au sud de failles transformantes. Ces mouvements ont eu une conséquence majeure : la création du rift où coule le fleuve Anduin. Cette formation géologique est, selon l'hypothèse de Sarjeant, bordée de failles normales et non plus transformantes, comme chez Reynolds. Dans ce rift, le jeu complexe des plaques a surélevé trois blocs rocheux, dont deux, l'Emyn Muil et l'Emyn Arnen, marquent les limites nord et sud du marais Nindalf.

L'activité volcanique a sans doute été importante par le passé, mais à l'époque où se déroulent les aventures narrées dans *Le Hobbit* et *Le Seigneur des Anneaux*, elle est limitée à la plaque du Mordor dont le déplacement a créé de nombreuses fissures propices aux épanchements de lave. La vallée d'Udûn, au nord-ouest du Mordor, était vraisemblablement un volcan géant dont il n'est resté qu'une caldera, un vaste cratère résultant d'une éruption très intense du type de celle du Krakatoa en 1883 ou du Tambora en 1815.

Un dentiste dans les mines de la Moria

Le seul volcan en activité dans cette région est le Mont Destin, où se dénoue l'épopée du *Seigneur des Anneaux*. Les trois autres sont le Dol Guldur, l'Orthanc et l'Erebor, la destination de Bilbo le hobbit et de ses compagnons. La grotte où se terre le dragon dans l'Erebor est sans doute un tunnel de lave. Ces cavités résultent d'abord d'un refroidissement en surface d'une coulée de lave, puis de l'arrêt de l'écoulement de la roche en fusion circulant à l'intérieur. On trouve de tels tunnels à Hawaï, à La Réunion, aux Açores, aux Canaries…

La Moria est une région importante, notamment pour ses gisements en minerais. Ces filons sont au croisement des failles Tharbad et Hollin avec les Montagnes de Brume. Cette conjonction a probablement rapproché de la surface des veines d'éléments formés en profondeur sous des températures et des pressions élevées.

Le plus important de ces éléments est le mithril, un métal enfoui au cœur des mines de la Moria. Ce matériau fictif a la particularité d'être très léger et très solide : dans *Le Seigneur des Anneaux*, il compose une cotte de mailles tissée par les elfes ; dans *Le Hobbit*, il est utilisé sous une forme étonnante, l'ithildin, qui n'est visible qu'à la lueur des étoiles et de la Lune. Selon William Sarjeant, le mithril pourrait être un alliage de platine et de palladium. Ces deux matériaux du même groupe chimique sont de fait souvent associés dans les gisements actuels, essentiellement en Russie et en Afrique du Sud (84 % de la production mondiale à eux deux). Qui plus est, de tels alliages sont réellement très durs. Certains photographes les utilisent également pour des clichés avec de meilleurs contrastes et une plus grande stabilité. Votre dentiste se fournit peut-être aussi dans les mines de la Moria pour fabriquer des couronnes dentaires.

Tolkien a apporté un soin particulier à l'univers qu'il a créé. Il a ainsi inventé une dizaine de langues qui participent de la vraisemblance de l'ensemble. La Terre du Milieu est tout aussi cohérente d'un point de vue géologique ! On peut alors s'interroger sur d'éventuelles correspondances avec la géographie terrestre.

Les pieds sur terre ?

Dans le prologue du *Seigneur des Anneaux*, Tolkien situe la Comté des hobbits au « nord-ouest de l'Ancien Monde, à l'est de la Mer ». Doit-on comprendre le nord-ouest de l'Europe, celle-ci étant l'Ancien Monde ? Pas nécessairement, car l'écrivain affirme dans une lettre envoyée à l'historien anglais Hugh Brogan, le 11 septembre 1955 (le destinataire, alors âgé de 19 ans, n'avait que 12 ans lorsqu'il a entamé une correspondance avec l'auteur !) :

« En ce qui concerne la forme du monde au Troisième Âge, j'ai bien peur qu'elle ait été conçue "pour l'histoire" et non suivant la géologie, ou la paléontologie. » Et d'ajouter trois ans plus tard, le 14 octobre 1958, dans une lettre destinée à Rhona Beare, une jeune Britannique devenue par la suite spécialiste de l'œuvre de Tolkien : « s'il s'agissait d'"Histoire", il serait difficile de faire concorder cette géographie et ces événements (ou "cultures") avec les informations, archéologiques et géologiques, que nous possédons au sujet de la région la plus proche ou la plus éloignée de ce qui s'appelle désormais l'Europe, bien que la Comté, par exemple, soit explicitement présentée comme ayant fait partie de cette région. J'aurais pu faire coïncider les choses avec davantage de vraisemblance, si cette histoire ne s'était pas retrouvée beaucoup trop développée avant même que cette question ne me vienne à l'esprit. Je ne suis pas sûr qu'elle y aurait beaucoup gagné. »

En 1967, dans une lettre aux auteurs Charlotte et Denis Plimmer, il précise que : « L'action de cette histoire se déroule dans le nord-ouest de la Terre du Milieu, à une latitude équivalente à celle des côtes de l'Europe et des rivages du Nord de la Méditerranée. [...] Si l'on place Hobbitebourg et Fendeval (comme je le conçois) à peu près à la latitude d'Oxford, alors Minas Tirith, 1 000 kilomètres plus au Sud, se trouve à peu près à celle de Florence ; les bouches de l'Anduin et Pelargir, l'ancienne cité, à celle de l'ancienne Troie environ. »

Notons que l'une des cartes établies par Christopher Tolkien dans *La Formation de la Terre du Milieu* montre des analogies avec des régions terrestres avérées. Ainsi, au sud du Beleriand, un vaste continent évoque l'Afrique. Plus au nord-est, deux péninsules ont une silhouette proche de celles de l'Arabie et de l'Inde. La cartographe Karen Wynn Fonstad, qui s'est fait une spécialité des atlas de mondes fictifs, a exploité ce croquis quand elle a tenté de dresser des cartes générales de la Terre du Milieu, des cartes qui ne s'accordent toutefois pas avec plusieurs textes de Tolkien.

Si Tolkien ne s'est pas inspiré de la géographie terrestre, l'inverse est peut-être vrai. En effet, lors d'une promenade (en sous-marin !) à l'ouest de l'Irlande, dans le fossé de Rockball (un bassin sédimentaire), vous croiserez divers éléments géologiques qui ont été officiellement nommés d'après l'œuvre de Tolkien : les monts sous-marins Eriador, Rohan et Gondor, les bancs Fangorn et Edoras, le monticule Lórien, la crête Isengard…

Les adaptations cinématographiques du *Seigneur des Anneaux* et du *Hobbit* ont été tournées en Nouvelle-Zélande. Les paysages de ce pays seraient-ils conformes à l'imagination de Tolkien et à l'histoire géologique de William Sarjeant ?

Les volcans, sources de magie et de légendes

La place des volcans chez Tolkien

Si le volcanisme n'occupe pas une place centrale dans l'œuvre de Tolkien, il joue un rôle non négligeable – et parfois clé – dans nombre de ses récits. Ainsi, dans *Le Seigneur des Anneaux*, le Mont Destin, en Terre du Milieu, est un volcan crucial où devra être jeté l'Anneau Unique de Sauron. C'est aussi le cas de la vallée de Tumladen qui abrite en son cœur la citée magnifique de Gondolin. La description de cette vallée dans *Le Silmarillion* correspond à celle d'une caldera, c'està-dire un cratère ouvert en forme de chaudron de plusieurs kilomètres de diamètre et résultant de l'effondrement du centre d'un volcan. Toujours sur le thème de la caldera, effondrée en mer cette fois, le volcan endormi Meneltarma au centre de l'île de Númenor se réveillera lors de la submersion de l'île (*Contes et légendes inachevés*). Enfin, une autre évocation volcanique est celle de la Montagne Solitaire, habitée par le dragon Smaug crachant le feu, y gardant jalousement le trésor d'or et de pierres précieuses volé aux nains (*Bilbo le Hobbit*).

Né en Afrique du Sud, spécialiste de langues anciennes, de philologie et de littérature anglo-saxonne, passionné de traditions linguistiques médiévales, Tolkien n'a jamais approché ni vu un volcan de sa vie. Il en possède cependant de solides connaissances livresques, d'abord au travers des légendes et de la mythologie nordiques dont il s'est profondément inspiré pour décrire sa Terre du Milieu – terme d'ailleurs emprunté au *Midgard* (littéralement « terre du milieu »), pays des hommes dans la mythologie nordique. Ses connaissances en littérature et mythologie antiques, ainsi que de celles relatives aux pays volcaniques à travers le monde façonnent aussi son œuvre. Ainsi, ses évocations du monde des volcans se réfèrent principalement aux légendes vikings transmises par les Islandais. Pour ces derniers, les volcans et la glace revêtent traditionnellement des pouvoirs et les divinités connaissent leur fin inévitable : selon la légende du Ragnarök, qui renvoie à la fin des mondes, Thor périra en affrontant le serpent-dragon, les flammes du géant du feu Surt embraseront les mondes et la Terre sera engloutie dans la mer.

Fissures, séismes et volcans : sources de légendes et de mystères

Pour les géologues, un volcan est la manifestation en surface de l'éruption de magma remontant depuis les profondeurs de la croûte terrestre. Pour qu'un volcan se forme, il faut donc que, préalablement, un faisceau de fissures s'ouvre dans les entrailles de la Terre. Cette idée de fissures et de failles est marquante dans *Le Seigneur des Anneaux* qui s'inspire du mythe de l'Anneau de Gygès (allégorie de Platon dans *La République*), rendant son porteur invisible :

ce berger lydien le trouva au doigt d'un cadavre découvert dans une ouverture béante, le sol ayant été fendu lors d'un séisme et d'un violent orage. Ce lien entre anneau d'invisibilité et forces telluriques se retrouve aussi dans le conte oriental d'*Aladdin* (associé tardivement à ceux des *Mille et une Nuits*) qui découvre un tel anneau fiché dans un rocher, alors que la terre s'ouvre au milieu de fumée et de tremblements – l'anneau, lui permettra ensuite d'atteindre la lampe magique. Enfin, et surtout, Tolkien reprend ces thèmes à partir d'anciens textes islandais tels l'*Edda de Snorri* datant du XIIIe siècle (d'où il tire les noms des nains et de Gandalf) ou la *Völsunga Saga*, elle aussi du XIIIe siècle, mettant en scène un dragon et son anneau de pouvoir. Un parallèle est également tentant avec la mythologie romaine : Sauron, incarnation du Mal chez Tolkien, forge les anneaux de pouvoir au cœur d'un volcan, à la manière dont Vulcain, dieu du feu chez les Romains, confectionna les armes et attributs des dieux de l'Olympe dans ses trois forges : les volcans de l'Etna, de Vulcano et du Stromboli. Le cycle de l'Anneau de Sauron se termine lorsqu'il est jeté dans les flammes du Mont Destin qui l'a vu naître.

Le volcan : une montagne hors du commun

Tolkien évite d'utiliser le terme « volcan » auquel il préfère des noms plus évocateurs ou poétiques tels que MontDestin ou Montagne So litaire. Ce faisant, l'auteur adhère à une tradition que l'on retrouve dans la plupart des mythes et légendes des pays volcaniques à travers le monde. Durant l'Antiquité, les volcans apparaissent généralement comme des montagnes ordinaires – on les désigne d'ailleurs par le substantif *oros* en grec ou *mons* en latin.

Afin de préciser leur éventuelle nature volcanique, la plupart des auteurs les associent au feu par une périphrase. Ainsi le Vésuve et l'Etna étaient associés aux terres « qui brûlent » selon Pline et Solin, c'est-à-dire « où le sol paraît brûlé » et sur lesquels on ne peut d'ailleurs rien cultiver. On retrouve également les dénominations de « montagne de feu » en japonais (*ka san*) ou en indonésien (*gunnung api*), de « montagne qui fume » en nahuatl (*popoca-tepelt*) ou en afar (*erta ale*), et de « montagne de Dieu » chez les Masaï (*Ol Doino Lengaï*), au Cameroun (*Mongo-mo-Ndemi* désigne le Mont Cameroun), au Vanuatu (*Yasur*) ou encore chez les Mayas (*Huelhuel*). Tolkien, fin connaisseur des mythologies reproduit cette pratique universelle.

Le volcan, source de croyances et de mythes

Qu'elles soient habitées par des dieux ou des déesses, des génies ou des dragons, qu'elles fument ou qu'elles soient de feu, ces « montagnes » ont une origine et un destin particuliers. La production de feu par leurs bouches béantes aux odeurs méphitiques inspire la crainte et la fascination du fait de son assimilation au séjour des morts. De même, les ravages et destructions qu'elles provoquent sont autant de sources de mythologies, de funestes présages (comme chez les Incas et les Aztèques), d'actions héroïques (comme chez les Mayas et les Incas), ou encore de symboles des religions monothéistes. Ainsi, les enfers de la mythologie grecque puis romaine où coulait le Phlégéton (« le flamboyant ») ont nourri et inspiré le concept des enfers du judaïsme, du christianisme et de l'islam. Au VIe siècle, l'illuminé pape Grégoire Ier disait à propos du Vulcano et du Stromboli que « les bouches de ces volcans s'élargissent chaque jour davantage car, la fin du monde approchant, il faut que ces lieux de tourments puissent accueillir le nombre croissant de ceux qui seront damnés ». Au Moyen Âge, dans le *Livre des Miracles* (1180), le moine Herbert compare le grand volcan islandais Hekla à l'Etna qui demeure « presque un petit fourneau en regard à cette fournaise démesurée ». Il retranscrit probablement l'observation de l'abbé Saint Brendan dans *Le voyage de Saint Brendan* qui, naviguant dans l'Atlantique Nord, aborda une île noire crachant des flammes et de la poix et y vit les « portes béantes de l'Enfer et cent diables de feu ».

Les connaissances volcanologiques à l'époque de Tolkien

Dans les années 1930 à 1950, les connaissances sur le volcanisme sont encore très loin de celles d'aujourd'hui. Essentiellement ancrée sur des descriptions de phénomènes éruptifs, leur compréhension en est à ses prémices : on ne peut encore véritablement parler de volcanologie. Jusqu'au dernier tiers du XXᵉ siècle, le volcan est un objet géologique vivant, fascinant certes, mais plutôt considéré comme une sorte d'acné de la Terre, sans signification géologique majeure. Quant à l'origine des magmas, elle reste du domaine des hypothèses. Les volcans ne sont pas à la mode dans les géosciences jusqu'au dernier tiers du XXᵉ siècle : ceux qui les étudient sont souvent ignorés, parfois décriés. Les sujets d'étude nobles sont alors la stratigraphie, la paléontologie, la géologie historique. Il n'est qu'en Italie du Sud, en Martinique, au Japon, aux Indes néerlandaises, ou à Hawaii que l'on se préoccupe, localement, d'étudier et de surveiller les pulsations de ces monstres ne dormant que d'un œil, du fait de la terrible menace qu'ils représentent. La théorie de la tectonique des plaques n'existe pas encore; elle n'émer gera que quelques décennies après les récits de Tolkien. Ce ne sera qu'à partir des années 1970 que les volcans prendront leur place fondamentale dans la tectonique globale. Enfin, ni télévision ni cinéastes pour apporter des images des terrifiantes convulsions des volcans, souvent perdus au fond de jungles tropicales ou de déserts arides ou glacés, auxquels on n'accède généralement qu'après de longs périples en bateau puis à pied. Les écrivains et le grand public doivent donc se contenter des récits, dessins, croquis, de naturalistes, explorateurs et rares géologues, et s'armer d'un imaginaire fécond!

Les sources de Tolkien sur le volcanisme

La lecture des œuvres de Tolkien révèle qu'il se réfère essentiellement à trois sources: les volcans légendaires d'Islande, la colossale éruption du Krakatoa en Indonésie en 1883, et celle de la montagne Pelée en Martinique en 1902.

Les volcans islandais nourrissent la mythologie nordique… et, par ricochet, les récits de Tolkien! Le cœur de l'intrigue du *Seigneur des Anneaux* tourne autour du principal volcan actif de la Terre du Milieu, le fameux Mont Destin. Ses descriptions, dans *Le Retour du roi*, sont typiquement celles de volcans basaltiques actifs, dont les volcans d'Islande constituent des exemples emblématiques:

> *Des fournaises […] déversaient par les fissures de ses flancs des rivières de roc fondu. Les unes coulaient flamboyantes le long de grands lits […] d'autres descendaient en serpentant […] jusqu'au moment où, refroidies, elles demeuraient comme des formes de dragons tordus vomies de la terre tourmentée.*

Ainsi, la lave de ce volcan sort directement des Failles du Destin. Et la fin dramatique du *Seigneur des Anneaux* mettra en scène le profond abyme du cratère pour y jeter l'Anneau.

La formidable explosion du Krakatoa en 1883, suivie de l'effondrement en caldera de son centre, déclencha un raz de marée. Cette éruption, la plus célèbre de la seconde moitié du XIXe siècle, constituera pour de nombreuses générations le modèle de l'île-volcan qui explose avant de s'effondrer et s'engloutir en mer. Elle a permis de comprendre comment se forment les calderas, et d'interpréter l'effondrement de Santorin, vers 1600 avant notre ère, source biblique du retrait des eaux de la mer Rouge permettant le passage des Hébreux, et source d'inspiration de Platon pour le mythe de l'Atlantide. Largement décrite et commentée dans les gazettes, revues, conférences et manuels scolaires du monde entier, l'éruption du Krakatoa a représenté, pendant un siècle, l'exemple type d'une éruption volcanique explosive. Elle est entrée dans l'imaginaire occidental et revient souvent dans les fictions, aujourd'hui encore. Tolkien ne déroge pas au chapitre, s'inspirant du thème de la caldera effondrée en mer avec la submersion de l'île de Númenor lors du réveil du volcan Meneltarma. Il réitère le modèle du plancher d'une caldera avec la vallée de Tumladen : son périmètre est bien individualisé par la couronne des Montagnes Encerclantes, entourant le piton central d'Amon Gwareth à l'image du cône pentu du Krakatoa. Peu avant la publication du *Seigneur des Anneaux*, en 1954, Hergé s'empara lui aussi de l'exemple du Krakatoa pour son album en bandes dessinées *L'Éruption du Karamako*, en 1953, jouant même sur la consonance des noms des deux volcans.

L'éruption de la montagne Pelée en 1902 stupéfia le monde entier avec l'anéantissement de la ville de

Saint-Pierre, faisant près de 30 000 morts. Le cirque Barnum exhiba sur tous les continents l'un des rescapés et ses brûlures sur le corps. Tolkien s'inspire, dans *Le Seigneur des Anneaux*, de l'image des nuées ardentes de la Pelée : « de grands nuages descendaient en volutes flottantes le long de ses flancs pour s'étendre sur la terre ». Il décrit les paysages de désolation à propos du plateau de Gorgoroth, qui était « encore un désert de boue molle [...] parsemé de grands trous, comme [s'il avait été frappé] d'une pluie de rocs et d'énormes pierres de fronde ». Tolkien y adjoint des phénomènes tout à fait typiques de telles éruptions explosives : « Il y eut une brève flamme rouge qui tremblota sous les nuages avant de disparaître » ; « il y avait des lueurs d'éclairs sous les cieux noirs » ; « l'air était plein de vapeurs, la respiration était pénible et difficile ».

Profondément inspirés de la mythologie nordique, les récits de Tolkien mettent donc en œuvre les volcans et leur feu, à l'image du Ragnarök : les mondes s'embrasent puis sont engloutis par la mer. Les fissures ouvertes, les tubes et les coulées de lave des volcans d'Islande en sont la source principale. L'effondrement de la caldera du Krakatoa et les nuées ardentes de la montagne Pelée viennent la compléter. Et, suivant la tradition des légendes volcaniques des peuples du monde entier, Tolkien n'emploie jamais le mot *volcan*, mais le nomme par une périphrase évocatrice.

Summer is coming. Le climat en Terre du Milieu

DAN LUNT, climatologue, université de Bristol, Grande-Bretagne
Traduction de Jean-Sébastien Steyer

Nous sommes ravis de savoir qu'il fera beau demain. Mais savons-nous que derrière le bulletin météo se cachent de puissants algorithmes qui modélisent des quantités considérables de données sur l'atmosphère, les continents et les océans ? Ces modèles complexes intègrent des notions de physique des fluides, de chimie et de biologie, sous la forme d'équations mathématiques. Ils permettent de prédire le temps qu'il fera dans la semaine, voire le climat dans dix ans ou dans un siècle, avec bien sûr les incertitudes liées aux prévisions lointaines (on parle alors d'indice de confiance). Certains modèles s'avèrent aussi très utiles pour reconstituer le climat durant certaines époques passées, comme au Jurassique.

La Terre du Milieu mise en boîte

Concrètement, pour fonctionner, les modèles climatiques découpent virtuellement la Terre – ou plutôt l'atmosphère et les océans – en petites « boîtes » de dimension variable selon la zone choisie. Chaque boîte est ensuite traitée grâce à des équations de thermodynamique et de mouvements des fluides. Ces équations prennent en compte diverses variables comme la vitesse de rotation de la Terre ou la quantité de chaleur résiduelle émise par notre planète (qui reçoit de l'énergie du soleil). L'un des paramètres essentiels au modèle est la représentation physique de la zone modélisée, c'est-à-dire la carte topographique ou bathymétrique, selon que nous sommes sur terre ou dans les mers.

Amusons-nous à modéliser le climat de la Terre du Milieu ! Pour se faire, nous choisissons le modèle du service national britannique de météorologie nommé « HadCM3L » (abréviation de *Hardley Centre Coupled Model, version 3*). Comme tout modèle, ce modèle dit « de circulation générale » n'est pas parfait : sa résolution (autrement dit le nombre de « boîtes » qu'il prend en compte) est limitée, mais il a l'avantage de faire les calculs assez rapidement. Ce modèle nous semble donc adéquat pour mener à bien notre exercice.

Prenons la carte de la Terre du Milieu publiée par Tolkien (en 1954, puis 1986, voir aussi l'atlas de Fonstad publié en 1991). Celle-ci constitue le point de départ de notre enquête : il s'agit de la carte de l'hémisphère nord durant le Second Âge d'Arda (dans laquelle la Terre du Milieu constitue d'ailleurs une région relativement restreinte). Nous supposons que le climat du Second Âge reste globalement le même au cours du Troisième Âge (période plus connue qui englobe les aventures de *Bilbo le Hobbit* et du *Seigneur des Anneaux*). Il faut ensuite fixer des altitudes pour faire de cette carte de base une carte 3D topographique et bathymétrique modélisable. Pour cela, nous appliquons les altitudes moyennes observées en géomorphologie terrestre[1] : ainsi, nous fixons l'altitude des collines à 2 000 mètres, des montagnes à 4 000 mètres, des rivières à 100 mètres (en dessous, elles se transforment en deltas et au-dessus en torrents) et des plaines à 300 mètres. Nous appliquons ensuite à ces valeurs de petites variations aléatoires pour rendre compte du fait que la nature ne se transcrit pas forcément en chiffres ronds. Quant aux profondeurs des océans, elles sont calculées selon l'éloignement progressif des côtes, avec un maximum de 4000 mètres de fond. Le résultat est visible en figure 1.

Une fois toutes ces altitudes fixées, l'étape suivante consiste à transformer la carte « plan » de ce monde en carte 3D (nécessaire pour notre modélisation) : pour cela,

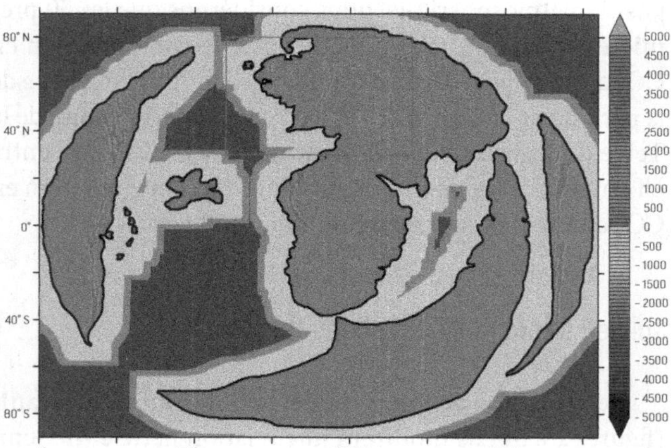

Figure 1. Carte topographique et bathymétrique à haute résolution du monde de Tolkien durant le Second Âge d'Arda (à droite, altitudes en mètres). Cette carte a servi de base à la modélisation climatique. Seuls les résultats relatifs à la Terre du Milieu, partie encadrée, sont discutés ici.

nous appliquons une projection standard selon une grille d'égale longitude et latitude, avec un carroyage de 0,5 degré de côté, et en supposant que le rayon de la Terre du Milieu est le même que celui de notre planète. Les coins manquants de cette Terre du Milieu – à l'origine circulaire – sont implémentés comme des océans. Nous considérons aussi que la rotation de la planète de Tolkien est la même que celle de la Terre, avec un ensoleillement (énergie fournie par l'étoile la plus proche) similaire.

Enfin, nous devons aussi fixer le paramètre « temps » correspondant à la période durant laquelle la simulation est valable – et faisable en fonction du temps de supercalculateur disponible : nous choisissons donc arbitrairement une période de 70 ans. Le climat variant aussi selon la composition atmosphérique, nous considérons que les 50 premières années de cette période ont une concentration en CO_2 de 280 ppm (partie par million) dans l'air, soit celle de la période préindustrielle sur Terre. Ensuite, l'histoire de la Terre du Milieu nous renseigne que le Mont Destin entre en éruption, et nous choisissons donc une concentration en CO_2 quatre fois supérieure, soit de 1 120 ppm.

Tolkien fait la pluie et le beau temps

Les résultats de notre modélisation sont intéressants (figures 2 à 5) : ils montrent une relation nette entre températures et latitudes, avec des régions septentrionales relativement plus froides que les régions méridionales, plus chaudes. Par exemple, la moyenne annuelle passe sous le 0 °C dans la partie nord du royaume de Forodwaith, tandis qu'elle est supérieure à 30 °C dans le Harad (le « sud » en sidarin). En ce sens, le climat en Terre du Milieu est

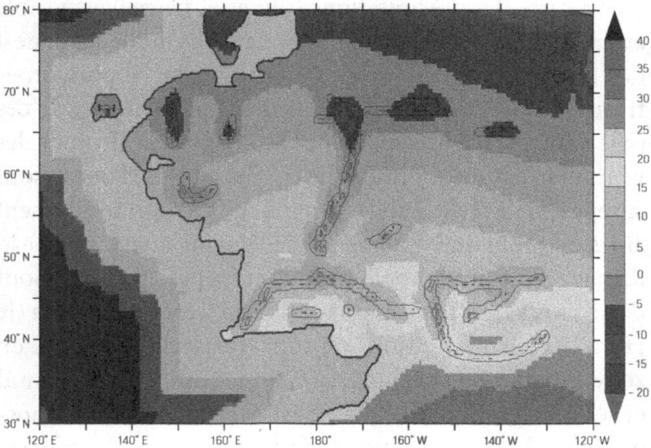

Figure 2. Températures moyennes annuelles en Terre du Milieu (échelle à droite en °C) obtenues d'après la modélisation climatique.

similaire à celui d'Europe occidentale et d'Afrique du nord : cela n'a rien d'étonnant, car nous avons considéré le pays de Tolkien comme une zone non équatoriale (qui prend donc les rayons du soleil avec une certaine incidence) située sur une planète virtuelle légèrement inclinée sur son axe, comme c'est le cas de la Terre. L'influence des saisons se fait donc sentir. D'autre part, les reliefs (comme les Montagnes de Brume) sont plus froids que les régions plus basses, car la température de l'air baisse classiquement avec l'altitude. À l'est des Montagnes de Brume, la saisonnalité du climat est plus marquée, comme en Europe centrale, avec des hivers assez rigoureux et des étés plus chauds. Ces hivers sont cependant plus froids que les étés ne sont chauds, et la température annuelle sur l'année est donc d'autant plus faible que l'on s'éloigne des masses océaniques.

La carte des précipitations (pluies et neiges) est visible en figure 3. Les plus fortes précipitations ont lieu à l'ouest des régions montagneuses. L'effet d'« ombre pluviométrique » (ou « climat d'abri ») protège la partie est de ces reliefs (comme le versant est des Montagnes de Brume) : les vents marins, qui apportent de l'air humide de l'ouest, sont stoppés par les reliefs sous forme de nuages qui condensent alors en pluie ou en neige sur le versant ouest. Côté est, l'air a ensuite perdu son humidité et les précipitations sont donc plus rares. Les régions sud de la Terre du Milieu (le Harad et le sud du Mordor) sont très sèches, comme en zone saharienne chez nous. Le climat du Mordor, chaud et sec sans grande végétation, est particulièrement inhospitalier même sans l'action néfaste de Sauron. Ces régions sud sont caractérisées par des circulations anticycloniques (où l'air circule de haut en bas) qui font partie de grandes cellules dites « de Hadley » (du nom de l'astronome ayant avancé ce modèle) : l'air réchauffé au niveau de l'équateur (qui reçoit les rayonnements solaires avec une incidence minimale) monte en altitude, voyage vers les tropiques et, une fois refroidi, redescend en zone subtropicale sous la forme d'anticyclones.

La carte des vents, visible en figure 4, suggère l'existence de forts vents marins (ouest-est) dans les régions côtières sud, en particulier dans la Baie de Belfalas. Ces courants tranchent avec les vents est-ouest des régions plus au nord de la Terre du Milieu. Ceci explique pourquoi les bateaux des elfes en partance pour les Terres Immortelles (vers l'ouest) sont affrétés aux Havres Gris, une région où les vents « de terre » (est-ouest) sont dominants et donc favorables à la navigation.

Nos hypothèses sur le couvert végétal de la Terre du Milieu[2] sont aussi testées par notre modèle climatique.

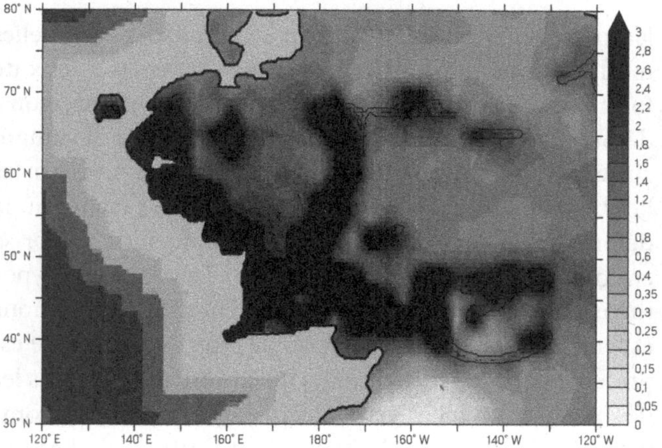

Figure 3. Précipitations moyennes en Terre du Milieu (échelle à droite en mm/jour) obtenues d'après la modélisation climatique.

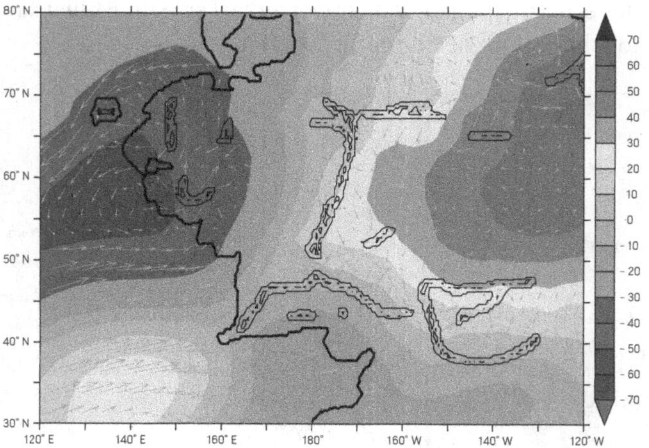

Figure 4. Vents de surface (flèches) et pressions atmosphériques en Terre du Milieu (l'échelle à droite représente la hauteur géopotentielle en mètres calculées à 500 mbar) obtenues d'après la modélisation climatique.

Notons que ce modèle ne tient pas compte des éventuelles modifications substantielles du couvert végétal : feux de forêt causés (intentionnellement ou non) par des dragons, déforestation de l'Isengard par les armées de Saruman, culture plus ou moins extensive de l'herbe à pipe par les hobbits, ou autre. (C'est aussi le cas dans la réalité où la déforestation de l'Amazonie, par exemple, n'est pas prise en compte dans les modèles terrestres). La végétation hypothétisée de la figure 5 dépend fortement des précipitations et températures : une végétation de type buissonnante est présente dans le Mordor, alors qu'elle est absente dans les déserts du sud. Une végétation arbustive recouvre les sommets des Montagnes de Brume, les Collines de Fer (au nord) et les Montagnes Bleues (à l'ouest). Le reste de la Terre du Milieu est plutôt recouvert de forêts d'essences variées. Ceci est conforme aux écrits d'Elrond mentionnant des écureuils capables de traverser la Terre du Milieu sans toucher sol, de la Comté à l'Isengard.

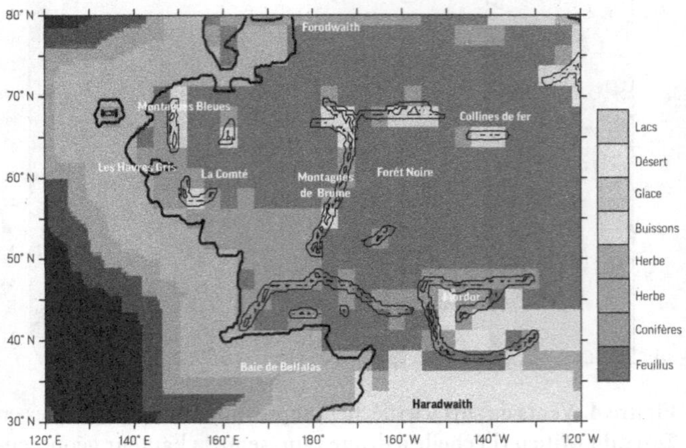

Figure 5. Types de végétation en Terre du Milieu obtenues d'après la modélisation climatique.

Des équivalents sur terre ?

D'après le modèle obtenu, pouvons-nous comparer la Terre du Milieu avec un ou plusieurs endroit(s) bien réel(s) sur Terre ? Tentons de répondre en zoomant d'abord sur la Comté : pour le pays préféré des hobbits, notre modèle nous donne une moyenne de températures annuelles de 7 °C et de 61 centimètres de précipitations par an (à titre comparatif, Londres a des moyennes de 11 °C et 60 centimètres par an, et Paris de 12 °C et 61 centimètres par an). D'après ces moyennes, l'Europe de l'Est, et particulièrement la Biélorussie, présente la plus forte concentration de régions dont le climat est proche de celui de la Comté. En GrandeBretagne, les régions dont le climat se rapproche le plus de celui où vivent les hobbits sont le Lincolnshire et le Leicestershire. En Nouvelle-Zélande, il s'agit du nord de la ville de Dunedin sur l'île du Sud, climatiquement idéal pour d'autres adaptations cinématographiques éventuelles !

Qu'en est-il du Mordor ? Los Angeles et l'ouest du Texas sont les régions des États-Unis qui sont climatiquement les plus proches du royaume de Sauron. En Australie, la plupart de l'État de Nouvelle-Galles du Sud ainsi que la ville d'Alice Springs (située au centre du pays) possèdent des moyennes annuelles très proches de celles du Mordor, c'est-à-dire désertiques.

Un climat plus nuancé

Comme nous l'avons évoqué plus haut, le modèle climatique utilisé ici, bien que son temps de calcul soit relativement rapide, a l'inconvénient de découper la zone étudiée en assez grosses boîtes. Pour obtenir des scénarios climatiques plus précis, il conviendrait :

- de tester différents modèles avec la même carte 3D initiale (projet dit « d'intercomparaison de modèles ») ;
- d'utiliser le même modèle, mais en faisant varier les paramètres de la carte initiale (étude dite « de perturbation des paramètres ») comme les altitudes des montagnes, le taux de CO_2 atmosphérique ou encore le type de végétation.

Ces deux approches donneraient un ensemble de résultats (et non plus un unique résultat) qui permettraient d'obtenir des prédictions plus nuancées. Il faut cependant garder à l'esprit que ces prédictions sont par définition très variables, car l'atmosphère est un phénomène chaotique. Ce qui expliquerait le vieil adage elfique : « Même en l'absence de magie, le battement de l'aile d'un papillon à Fendeval peut engendrer une tornade dans le Mordor. »

QUATRIÈME PARTIE

DES MILIEUX GRANDIOSES

Plantes et paysages en Terre du Milieu

JEAN-YVES DUBUISSON, paléobotaniste,
Sorbonne Université
ÉLODIE BOUCHERON-DUBUISSON, botaniste,
Sorbonne Université

Nous ne décrirons pas les multiples plantes remarquables et souvent magiques de l'œuvre de Tolkien, telle la lignée des arbres blancs créés par les Valar et dont va hériter Aragorn à Minas Tirith ou l'athelas, plante médicinale qui permit de guérir Frodo blessé par un Nazgûl, ni les diverses plantes cultivées et consommées comme l'herbe à pipe (surtout les variétés de la Comté : la Feuille de Longoulet, la Vieux Tobie et l'Étoile du Sud) – tout cela mériterait un ouvrage à part entière ! Il nous semble plus pertinent de reconstituer les différentes végétations susceptibles de se développer en Terre du Milieu (au moins au Troisième Âge) afin d'expliquer la méthode scientifique utilisée par les botanistes. Sur notre Terre actuelle, les grands paysages, hormis les déserts glacés et hyperarides, sont décrits à travers la végétation dominante, ellemême conditionnée par les climats locaux. La Terre du Milieu n'échappe pas à la

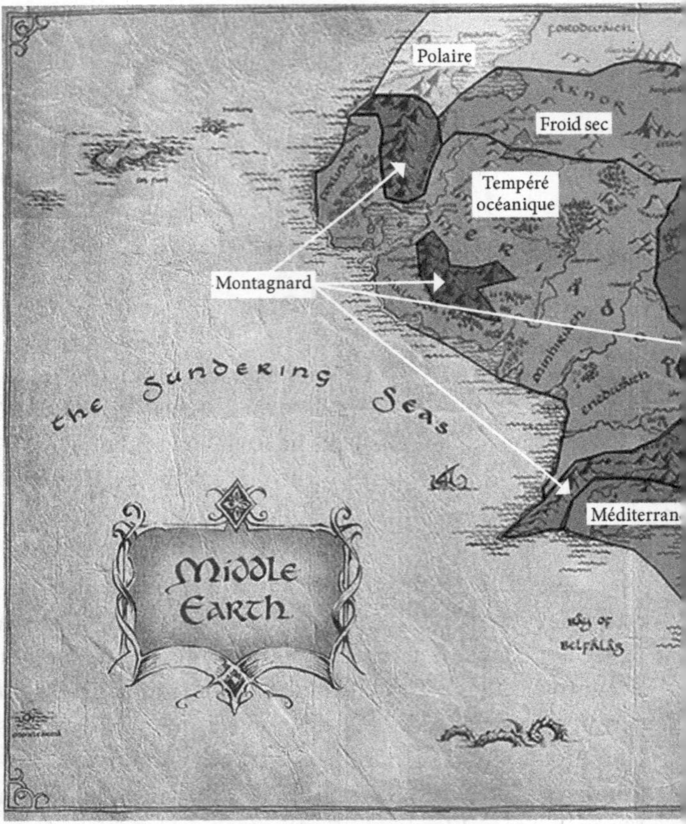

Figure 1. Climats et végétations en Terre du Milieu.

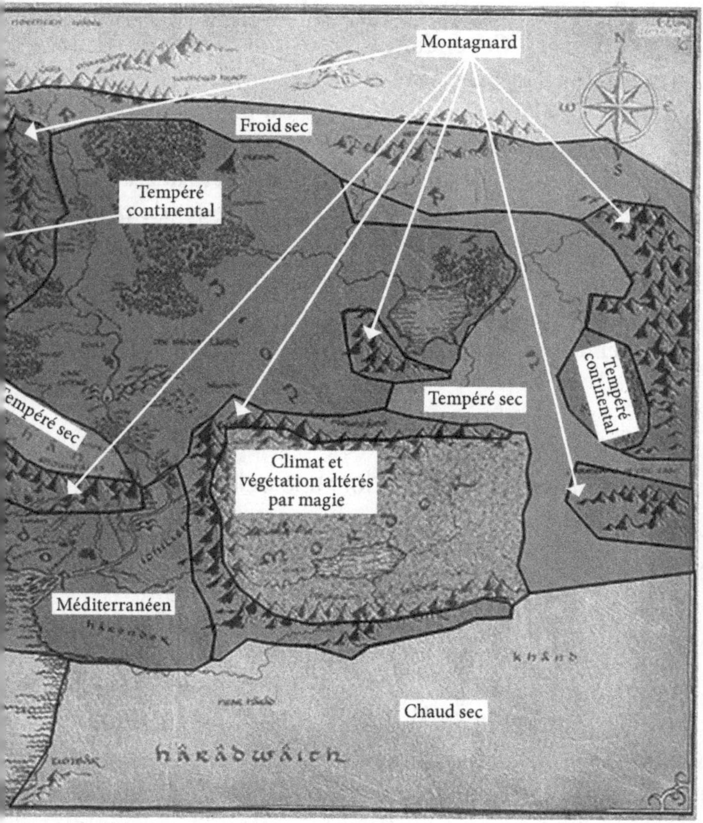
Montagnard
Froid sec
Tempéré continental
Tempéré continental
Tempéré sec
Tempéré sec
Climat et végétation altérés par magie
Méditerranéen
Chaud sec

règle. Tolkien fournit très de peu de détails sur les climats de son univers. Cependant la carte de la Terre du Milieu présente une intéressante zonation latitudinale, avec le grand glacé (Forodwaith) au nord du fleuve Arnor et les vastes étendues désertiques du Harad, au sud du fleuve Poros. Ceci suggère un climat très froid et rude au nord et un climat chaud et sec au sud, avec entre ces deux zones un climat tempéré. Comme la Terre du Milieu est bordée à l'ouest par la Grande Mer (ou Belegaer), ce climat tempéré est vraisemblablement doux et océanique à l'ouest et plus continental vers l'est : il correspond donc à celui de l'Europe actuelle[1].

Le Lindon, la Comté et Eriador : une belle et douce campagne

Les sagas de Bilbo, Frodo et leurs compagnons commencent dans la Comté, une région éminemment bucolique de collines verdoyantes, parcourues de rus, de haies et parsemées de bosquets qui rappellent la douce campagne anglaise. Bordée à l'ouest par la Grande Mer (Belegaer), la région est vraisemblablement tempérée et douce avec une tendance océanique (hiver et été doux, tendance humide), mais également une continentalisation (hiver froid et humide, été très chaud et plus sec) qui s'accentue en allant vers les Montagnes de Brume.

Cette agréable Comté se situe dans une zone géographique plus vaste nommée l'Eriador. En imaginant des vents d'ouest dominants venant de la mer, l'ensemble de l'Eriador est bien arrosé et ne craint ni canicule ni sécheresse marquée. On y trouve des forêts tempérées caducifoliées typiques, c'est-à-dire composées essentiellement de feuillus perdant leurs feuilles l'hiver, avec de rares résineux, et dominés par des chênes, hêtres, ormes, voire des frênes, aulnes et saules dans les vallons humides, et de nombreuses fougères dans le sous-bois, autrement dit rien de très exotique pour un jeune lecteur britannique. En allant vers l'est et en suivant le périple de Bilbo, puis celui de Frodo et ses compagnons, la nature devient sauvage et semble alterner forêts – telle la Vieille Forêt qui borde le Pays-de-Bouc et les Boscailles aux Trolls à l'ouest de Fendeval – et paysages de landes.

Le nord et les montagnes : les résineux dominent

En Europe actuelle, avec l'intensification du gel hivernal, la forêt de feuillus laisse place vers le nord et l'extrême-est à une forêt mixte de feuillus et résineux, puis à une forêt uniquement constituée de résineux appelée taïga, et dominée par des sapins, épicéas et mélèzes. Cette gradation latitudinale s'observe également avec l'altitude, en passant progressivement de l'étage collinéen aux pelouses alpines (étage alpin) qui précèdent l'étage nival où la neige persiste toute l'année, en passant par une forêt mixte (étage montagnard) puis une forêt équivalente à la taïga de plaine (étage subalpin). À Fendeval, situé dans une vallée encaissée au pied des Montagnes de Brume, la végétation est mixte (feuillus et résineux), ce qui correspondrait à l'étage montagnard.

En Europe continentale, la taïga domine les paysages scandinaves et se substitue progressivement à la forêt caducifoliée. Cela ne semble pas le cas dans le nord de l'Eriador, de l'Arnor et dans la partie nord d'Arthedain et à la marge du royaume d'Angmar, où l'on rencontre en majorité des landes sauvages et froides (comme les landes d'Etten, domaine des trolls). On peut suspecter qu'une déforestation massive ou des actions magiques (par le roi-sorcier d'Angmar ?) auraient contrarié la présence d'une taïga. La taïga aurait pourtant bien plu aux trolls, qui, dans les légendes scandinaves, affectionnent les grandes forêts de résineux.

Quand Bilbo, Frodo et leurs compagnons s'engagent dans les Montagnes de Brume, ils traversent les forêts subalpines de résineux (équivalentes de la taïga de plaine) avant d'accéder aux cols enneigés. Après avoir quitté la Lothlórien et en empruntant le chemin du sud vers l'Emyn Muil, la compagnie de l'Anneau traverse quelques paysages où pins et sapins (surtout sur les crêtes) côtoient des essences de feuillus incluant des bouleaux, avec des sous-bois de myrtilles, attestant un climat bien plus continental qu'à l'ouest des Montagnes de Brume, voire une végétation mixte à tendance montagnarde.

Les grandes forêts du Rhovanion : le chêne roi

En Europe occidentale actuelle, les forêts de plaine sont peuplées principalement de chênes, et accessoirement de hêtres. Ces derniers craignant la sécheresse, ils affectionnent les régions à forte nébulosité et se rencontrent aussi dans l'étage montagnard avec les résineux, tandis que les chênes sont plus tolérants aux atmosphères moins humides et plus ensoleillées. Mais localement les châtaigniers peuvent également devenir prépondérants sur les sols sableux et plutôt acides. Aux essences dominantes (chênes et hêtres) s'associent les charmes, et souvent en lisière les ormes, sorbiers, fusains, cornouillers, viornes, troènes, aubépines, prunelliers, églantiers, pruniers sauvages et érables. Le sous-bois et les lisières des forêts tempérées abritent également le houx et quelques lianes tels le lierre, la clématite et le chèvrefeuille. Ces trois lianes sont citées par Tolkien, mais le chèvrefeuille l'est uniquement comme patronyme chez un homme de la localité de Brie, Harry Chèvrefeuille, impliqué dans les troubles qui secouèrent la Comté avant le retour de Frodo, troubles fomentés par Saruman.

Dans les vallons humides et sur les berges des cours d'eau, étangs et lacs, on observera en majorité des frênes, aulnes et bien entendu de nombreuses espèces de saules. Le chêne reste l'essence emblématique, et Thorin Lécudechesne s'est servi d'un bouclier de chêne (d'où son surnom) pour se protéger d'Azog le Profanateur.

Les essences tempérées citées ci-dessus sont celles que l'on rencontre dans les forêts et bois d'Eriador. En Rhovanion, trois grandes forêts abritant des elfes sylvestres (pour deux d'entre elles) et de nombreuses créatures fantastiques font l'objet d'évènements clés dans l'univers de Tolkien. Ce sont la Forêt Noire, la région boisée de la Lothlórien et la forêt de Fangorn. Ces trois grandes étendues boisées, à l'instar des forêts de l'Europe actuelle, sont dominées par les chênes (en plus des mellyrn, arbres mystérieux et fantastiques, proches semble-t-il des hêtres, présents en Lothlórien et intimement liés au royaume des elfes Celeborn et Galadriel) et associent souvent des hêtres, voire des ormes et, localement ou sur les reliefs, des pins, sapins et bouleaux qui illustreraient une tendance continentale, en complément d'essences minoritaires tels les sorbiers très souvent cités.

Fangorn est la très vieille forêt du sud caractérisée par une grande diversité d'essences, correspondant en réalité à la diversité des ents dont Barbebois est le doyen. Elle serait la relique de la grande forêt qui, au Premier Âge, recouvrait les plaines et collines de toute la zone tempérée occidentale, dont l'Eriador. Quand Barbebois emmène Merry et Pippin à l'assemblée des ents, les deux hobbits ne manquent pas de remarquer la ressemblance de chaque créature à des essences bien précises, comme les chênes, les hêtres, les frênes, les tilleuls, les châtaigniers, les sorbiers, les bouleaux et les sapins. Autrement dit, Fangorn réunit la biodiversité en essences des actuelles forêts européennes de plaine et de l'étage montagnard. On notera que Barbebois est décrit comme ressemblant à un vieux chêne ou un vieux hêtre. Tolkien fait aussi couramment référence aux sorbiers, et pas seulement à Fangorn, avec le personnage ent de Primebranche. Les sorbiers (ou *Sorbus*) regroupent plusieurs espèces de petits arbres et arbustes, dont la plus connue – car fréquemment plantée dans les parcs et jardins – est le sorbier des oiseleurs (*Sorbus aucuparia*). Ces essences ne sont toutefois pas plus répandues dans les forêts tempérées caducifoliées que les autres espèces minoritaires. Néanmoins, en Angleterre, les baies des sorbiers sont traditionnellement consommées et entrent dans la composition des gelées (*jellies*) typiques, voire de confitures, quand elles ne sont pas intégrées dans des liqueurs. Ainsi, l'usage britannique des fruits de sorbiers peut expliquer que Tolkien donne une place aussi importante à ces arbres et arbustes.

Au sud du Rhovanion, en Ithilien, le climat s'adoucit. Après une zone de brande de bruyères et genêts apparaissent des plantes inconnues dans la Comté, tels les cyprès et les cèdres que l'on trouve actuellement dans les montagnes bordant la Méditerranée. La végétation décrite jusqu'à l'embouchure de l'Anduin est typiquement méditerranéenne, avec des oliviers, des myrtes, des lauriers et des térébinthes.

De nombreux arbres poussaient là, plantés longtemps auparavant et ayant atteint un grand âge dépourvu de soins parmi un fouillis de descendants insouciants, les bosquets et halliers étaient là de tamaris, de térébinthes épineux, d'oliviers et de lauriers, il y avait aussi des genévriers et des myrtes, le thym y croissait en buissons ou ses tiges ligneuses et rampantes enveloppaient d'épaisses tapisseries les pierres cachées, des sauges de diverses sortes montraient des fleurs bleues, rouges ou vert pâle, on voyait encore de l'origan et du persil nouvellement germé, et de nombreuses herbes dont les formes et les senteurs étaient étrangères aux connaissances potagères de Sam.

Le Seigneur des Anneaux, livre II.

Le genévrier est cité ici, alors qu'il s'observe en zone tempérée plus froide dans l'Europe actuelle, même s'il affectionne les pelouses ensoleillées (c'est d'ailleurs le seul résineux poussant spontanément dans les plaines d'Europe occidentale) où ses baies sont utilisées en particulier en Grande-Bretagne pour obtenir le gin (qui lui doit son nom). L'origan, le thym et le persil sauvage sont abondants et appréciés par Frodo et Sam pour aromatiser le ragoût de lapin, mais pas par Gollum.

« Gollum ! appela-t-il doucement. La troisième fois rachète tout. J'ai besoin d'herbes. » La tête de Gollum sortit des fougères, mais il n'avait l'air ni serviable ni amical.

« Quelques feuilles de laurier, du thym et de la sauge feront l'affaire avant que l'eau ne bouille », dit Sam. « Non ! répondit Gollum. Sméagol n'est pas content. Et Sméagol n'aime pas les feuilles malodorantes. Il ne mange pas d'herbes ou de racines, non mon trésor, pas tant qu'il n'est pas affamé ou très malade, pauvre Sméagol. »

Le Seigneur des Anneaux, livre II.

En région méditerranéenne actuelle, les forêts sempervirentes (qui gardent leurs feuilles toute l'année) de chênes verts, appelées aussi forêts sclérophylles, alternent avec les formations arbustives de garrigues (une formation forestière soit perturbée par les conditions du sol, soit dont la dégradation est entretenue par les activités humaines, en particulier la pastoralisation). Le sud du Rhovanion n'y déroge pas, car les chênes verts et les buis qui sont cités illustrent des formations forestières denses alternant avec des milieux plus ouverts.

Les steppes du Rohan : de l'herbe à perte de vue

Le royaume du Rohan, limité au sud par les Montagnes Blanches, est décrit comme une grande steppe (mais Tolkien le désigne comme une grande prairie) que parcourent les soldats cavaliers du roi Théoden pendant la guerre de l'Anneau.

La présence d'une steppe, donc d'un milieu ouvert, dans une région tempérée où se développent normalement des forêts caducifoliées, est soit liée à des conditions édaphiques asséchantes (sols trop drainants), ou simplement conditionnée par une particularité climatique locale. On peut imaginer que la région enclavée entre les Montagnes Blanches, au sud, qui arrêteraient les vents humides venant de la mer (ces derniers s'assécheraient en passant au nord, c'est l'effet de foehn[2]) et les Montagnes de Brume, au nord, reçoit significativement moins de pluies que la partie septentrionale et centrale du Rhovanion. Cela pourrait contrarier le développement d'une forêt dense et maintiendrait une végétation herbacée pérenne. À l'ouest du Rohan, la région de l'Isengard est également décrite comme dépourvue de forêts mais, dans ce cas, les arbres ont été abattus afin d'alimenter l'industrie militaire de Saruman. Cette déforestation massive et les incursions croissantes des orques dans Fangorn vont provoquer, entre autres, la colère des ents qui vont fondre sur la tour d'Orthanc, fief de Saruman.

Autres végétations

Il est impossible de décrire complètement la végétation du Mordor, où s'achève le voyage de Frodo et Sam, car le pays est profondément souillé par les activités maléfiques de Sauron et de ses créatures. Dans l'imagerie populaire, les vieilles forêts aux sous-bois sombres et encombrés de ronces, abritant de nombreux êtres fantastiques en plus des loups et autres carnivores, font peur et semblent empreintes de malignité, tout autant que les marécages brumeux. Hormis la Forêt Noire sous l'emprise de Dol Guldur et des araignées géantes, Tolkien réhabilite, à travers Fangorn et la Vieille-Forêt de Tom Bombadil, un milieu forestier qui n'est pas moins mystérieux, mais qui appelle davantage le respect que la crainte. Ce n'est pas le cas des marécages et des marais, tels les Marais Morts au nord du Mordor que Frodo et Sam traversent en compagnie de Gollum. Le marais est ici une zone humide d'eaux putrides (et encombrées des fantômes d'une vieille bataille) où ne poussent que quelques ligneux rabougris (des saules ?) et de nombreuses herbacées (graminées, laiches, joncs divers).

En dehors de la Terre du Milieu où se déroulent l'épopée de Bilbo et la guerre de l'Anneau, les régions sont peu ou succinctement décrites. On peut imaginer un paysage de toundra (végétation pauvre et rase) en marge du Forodwaith, grand désert glacé au nord et de la baie de

Forochel. À l'est du Rhovanion, le grand pays de Rhûn abriterait des nomades, et on les imagine tels les Huns qui, venant des steppes d'Asie centrale, envahirent une partie de l'Europe au premier millénaire de notre ère. Sur l'Amon Hen, lors de sa vision, Frodo y voit de grandes plaines (des steppes ?) et des forêts inexplorées. Tout au sud de la Terre du Milieu, l'Harad, où vivent les Haradrim qui s'allieraient avec Sauron lors de la guerre de l'Anneau, est décrit comme une région désertique. L'Harad est l'équivalent du Sahara et des zones semi-désertiques à désertiques du Proche et Moyen-Orient actuel. Les Haradrim montent les terribles mûmakil ou oliphants. Ces derniers sont d'énormes pachydermes qui ne peuvent naturellement venir des déserts, mais des savanes et forêts tropicales que l'on suppose être présentes au sud de l'Harad.

En dehors de ces quelques régions périphériques où l'on doit extrapoler les végétations probables, les formations végétales de la Terre du Milieu sont celles de l'Europe actuelle telles qu'on les rencontre des îles britanniques aux confins de l'Oural et jusqu'au littoral méditerranéen. Ainsi, un jeune lecteur occidental, s'il peut s'évader dans cet univers riche et extraordinaire à travers la mythologie et le fantastique, se promène, tels Bilbo, Frodo et leurs compagnons, dans des paysages naturels qui restent familiers.

Les mondes souterrains dans Tolkien, une histoire *underground*

SYLVIE DELAIRE, spéléologue et vétérinaire

« Il [l'abîme] a pourtant un fond, au-delà de toute lumière et de toute connaissance [...] Je finis par y toucher, aux fondements les plus reculés de la pierre [...] Loin, loin sous les plus profondes caves des nains, le monde est rongé par des choses sans nom. Même Sauron ne les connaît pas. Elles sont plus vieilles que lui. »

Gandalf, Le Seigneur des Anneaux, *livre II.*

Les mondes souterrains dans Tolkien sont grandioses et donnent une réelle profondeur au récit. Qu'ils soient naturels (grottes, cavernes des gobelins) ou construits par les nains (comme les mines de la Moria), examinons ces mondes peuplés de dangers et nimbés de mystère pour mieux les comprendre...

Les cavités naturelles ou « grottes »

Elles sont généralement formées par l'érosion des massifs rocheux sous l'action de l'eau. Celle-ci dissout en effet les roches carbonatées (calcaires et dolomies, par exemple). La fracturation mécanique participe également au processus : la tectonique, l'alternance du gel et du dégel, etc., cassent, brisent et fragilisent la roche. Ces phénomènes naturels confèrent au monde de Tolkien une dimension géologique et tellurique intemporelle, mais bien réelle. Les espaces inédits et sombres qui en résultent constituent de véritables labyrinthes en trois dimensions où se déroule l'action.

Dans *Bilbo le Hobbit*, l'immense caverne des gobelins sous les Montagnes de Brume correspond à un vaste réseau karstique – cavités souterraines résultant de l'érosion d'un massif calcaire. Ses galeries sont le témoin d'un ancien cours d'eau souterrain : l'eau de surface s'infiltre par des diaclases (cassures par écartement) ou des failles (comme celle du Porche d'entrée) et érode la roche encaissante. Dans ce vaste réseau souterrain, les gobelins ont aménagé une véritable citée souterraine, Gobelinville. Ils ont retravaillé d'anciens gouffres et galeries asséchés. Le lit principal de la rivière souterraine se mêle ensuite à un collecteur plus important et alimente en contrebas une nappe phréatique au pied de la montagne, la grotte du lac où séjourne Gollum. Ce lac, aux eaux stagnantes comme le remarque Bilbo, est alimenté par percolation de la voûte. Il se maintient grâce à une strate imperméable composée d'argile, située juste en dessous. Dans ces espaces où l'eau suinte du plafond, de magnifiques concrétions (« spéléothèmes ») peuvent se former : stalactites, stalagmites, colonnes, fistuleuses (fins tubes de calcite) ou encore draperies ornent les réseaux karstiques selon la teneur en calcite de l'eau, la largeur des diaclases, etc : l'eau légèrement acide dissout la roche calcaire et transporte son carbonate de calcium. Lorsqu'elle rencontre un vide, elle subit une chute de pression favorisant son évaporation et un dégazage en dioxyde de carbone : le carbonate de calcium se reconstitue alors sous forme de cristaux de calcite.

Même s'il semble beaucoup plus sophistiqué que Gobelinville, le palais souterrain du roi elfe Thranduil, au creux des monts de la Forêt Noire, se présente aussi comme une succession de grottes naturelles asséchées : l'eau y a aménagé des vides, reconvertis par les Elfes Gris en diverses pièces : salles de réception, salles de repos, mais aussi cachots où sont emprisonnés les nains. En cherchant à libérer ses amis, Bilbo découvre un torrent souterrain dans les caves du palais : celui-ci a creusé une galerie utilisée par les elfes pour le transport de marchandises. Son exsurgence au pied de la montagne se mêle à la Rivière de la Forêt : c'est ainsi que les tonneaux, où se cachent les nains, rejoindront par la suite Bourg-du-Lac (Escargoth).

Toujours dans *Bilbo le Hobbit*, l'Antre des Trolls, à flanc de colline, se limite quant à lui à une unique salle assimilable à un abri-sous-roche. Généralement, ces abris sont façonnés par l'érosion de la roche la plus tendre par les intempéries.

En fait, les souterrains de Tolkien présentent souvent une topographie où l'eau a déserté presque toutes les galeries. L'antre d'Araigne dans *Le Seigneur des Anneaux* ou le palais souterrain Menegroth (« Milles Cavernes ») du roi elfe Thingol dans *Le Silmarillion* n'échappent pas à la règle. Dans le monde réel, ces réseaux asséchés sont appelés « fossiles » (par opposition aux réseaux « actifs »).

Les cours d'eau y ont façonné des reliefs époustouflants, tantôt acérés et coupants, tantôt lustrés et glissants comme les « gours », concrétions carbonatées en forme de barrage où l'eau stagne dans des vasques. En fonction des conditions météorologiques en surface, des crues souterraines peuvent également apparaître modifiant l'hydrologie souterraine. Des cascades chargées d'alluvions, de puissants fleuves souterrains (dont le débit peut atteindre 20 m^3/s) ou encore de dangereux siphons se forment alors transformant de calmes paysages en un déchainement de violence. Mais un autre danger guette aussi les spéléologues, qu'ils soient réels ou imaginaires comme les héros de Tolkien. Il s'agit du dioxyde de carbone qui peut parfois s'accumuler en souterrain. Le manque d'air éprouvé par Bilbo et les nains dans le repère des gobelins correspond vraisemblablement à leur passage dans une zone peu ventilée. Une poche de gaz carbonique s'y serait alors accumulée, provoquant une diminution du taux d'oxygène dans l'air.

Les chauves-souris de Tolkien

On pourrait croire que ces mondes souterrains et inhospitaliers ne sont pas habités, mais Gandalf nous rappelle à la règle dans *Bilbo le Hobbit* : « C'est là, évidemment, le danger des cavernes : on ne sait pas jusqu'où elles vont parfois, où peut mener le fond d'un passage ou ce qui vous attend à l'intérieur ». Chez Tolkien comme dans la réalité, les grottes hébergent en effet des espèces particulières, à commencer par les chauves-souris ou chiroptères[1]. Lors de sa traversée des Montagnes de Brume et de la Montagne Solitaire, Bilbo rencontre en effet de nombreuses chauves-souris :

Il poursuivit ainsi son chemin, descendant toujours ; mais il n'entendait aucun son de quoi que ce fût, hormis de temps à autre le bruissement d'une chauve-souris passant près de ses oreilles, ce qui le fit sursauter au début, mais qui devint trop fréquent par la suite pour qu'il s'en préoccupât.

Bilbo le Hobbit.

Le contact vraiment physique est cependant très rare car les chauves-souris sont munies d'écholocation, système sensoriel permettant de « voir dans le noir » en émettant par la gueule ou les narines des ultrasons. Les chauves-souris de la Terre du Milieu pourraient appartenir au groupe des rhinolophes. En effet, ce groupe est typique des chiroptères cavernicoles d'Europe – lieu de vie de Tolkien –, et relativement sensible au dérangement. Les différents vols de chauves-souris que rencontrent les personnages dans *Le Hobbit* suggèrent d'ailleurs que ces animaux ne sont pas en hibernation (climat doux en surface). Dans la réalité en effet, les chiroptères sont plus actifs l'été que l'hiver, période pendant laquelle elles hibernent : accrochées aux anfractuosités, elles ne sortent alors de leur torpeur que ponctuellement, par exemple pour boire les gouttelettes d'eau condensées sur leur pelage.

La Moria, une mine d'informations géologiques

Outre les cavités naturelles, les mines sont aussi de véritables théâtres d'action chez Tolkien : citons les mines des Collines du Fer, à l'est de la Montagne Solitaire, exploitées par les nains de Durin, celles des Montagnes Grises au nord de la Forêt Noire, ou encore la vaste Moria (appelée Khazad-dûm, « Demeure des Nains » par les nains) sous les Montagnes de Brume. Ces mines sont creusées au cœur de hauts reliefs – la Moria s'étend sous trois sommets dont le Celebdil « découvert » par Tolkien alors qu'il campait en 1911 au pied du Silberhorn (sommet suisse culminant à 3695 mètres d'altitude). Une telle topographie, même imaginaire, semble favorable à un important développement de galeries non ennoyées – des mines sont aussi possibles sous les plaines, à faible altitude, mais elles demandent plus d'infrastructures pour le pompage phréatique, la ventilation et l'extraction du minerai.

Les mines de la Moria (« Gouffre noir » en sindarin) forment un labyrinthe particulièrement sombre et austère : « [...] la crainte les saisit à la seule mention de ce nom. Même pour les hobbits, c'était une légende qui évoquait un vague effroi. [...] C'est un nom de sinistre augure, dit Boromir. » (*Le Seigneur des Anneaux*, livre I). On y trouve des minerais de fer, d'or et de mithril, métal précieux très léger et ultrarésistant. Une fois à l'intérieur, et malgré le faible éclairage de Gandalf, la Communauté de l'Anneau y pénètre très lentement, hésitante et presque suffocante tant l'obscurité y est lourde et dense. Seul le nain Gimli, par sa fréquentation régulière de souterrains, s'y habitue assez rapidement. Les héros – et les lecteurs – y perdent aussi la notion de temps. On pourrait corréler cette profonde obscurité avec la noirceur des galeries de mines creusées dans des strates ferromagnésiennes – le fer et le magnésium étant des minéraux par nature très sombres. Géologiquement parlant, la Moria serait donc composée en partie d'anciens dépôts de fer transformés sous haute pression et température lors de la formation des Montagnes de Brume – les géologues parlent de métamorphisme orogénique. Un tel minerai s'y trouve en effet en couches tandis que les filons de mithril correspondent plutôt à des remplissages de fractures au sein de la roche encaissante – les mêmes géologues parlent de recristallisations secondaires lors du métamorphisme. En exploitant avidement ces filons qui « mènent en direction du nord [...] et descendent dans les ténèbres », les nains réveillèrent le terrible Balrog, surnommé le Fléau de Durin.

Histoire et techniques d'exploitation

Dans le monde de Tolkien, les nains sont passés maîtres dans l'exploitation des mines – un peu comme les kobolds, autres petits êtres du folklore minier nordique. En traversant la Moria, la Communauté de l'Anneau découvre plusieurs types de construction : galeries, passages sinueux, escaliers (celui de la Porte Ouest compte 200 marches), tunnels ou encore grandes salles voutées témoignent bien des différentes époques et techniques minières employées par les nains.

Les galeries serpentiformes aux courbes sinueuses, qui parfois se recoupent, indiquent une technique d'excavation ancienne : les nains utilisaient vraisemblablement des pics, massettes et burins pour creuser la roche et ressortaient le minerai des zones dites « d'abattage » (quartier d'exploitation) dans des vanneries, probablement sur leur dos. Cette ancienne technique a réellement existé en Europe jusqu'au début du XIXe siècle : avant, les mineurs – souvent des esclaves – fracturaient le front de taille (surface à excaver) à l'aide du « dépilage par le feu » : on jetait de l'eau froide sur un brasier au pied du gisement pour fragiliser la roche à collecter. Était-ce aussi une technique employée par les nains ?

Aucun rail ni wagonnet (ou « berline » dans le jargon minier) n'est visible dans la Moria (contrairement à la mine d'Erebor dans l'adaptation cinématographique de *Bilbo le Hobbit* par Peter Jackson). Cependant certaines pièces sont tellement vastes et géométriques qu'elles trahissent une période de mécanisation : c'est le cas de la majestueuse salle cathédrale où la Communauté de l'Anneau rencontre le Balrog. En Europe, à partir du XIXe siècle, la mécanisation des mines par le rail, les berlines, puis les engins motorisés plus tardivement, implique plus de symétrie et de parallélisme dans les galeries qui deviennent alors plus rectilignes, hautes et larges. C'est parfois le cas dans la Moria. Certaines de ces galeries dites « de travers-banc » permettent l'évacuation du minerai du quartier d'exploitation aux bâtiments extérieurs où le minerai sera traité. Il semble donc que les nains traitaient leur minerai directement sur place. À défaut de moteurs (le monde de Tolkien étant médiéval-fantastique) ou d'explosifs (qui semblent réservés à Saruman), on imagine alors des hordes de poneys ou de nains tractant d'énormes quantités de roche afin de creuser de tels volumes. On peut aussi supposer que ces immenses espaces furent creusés de haut en bas à l'aide d'échafaudages et qu'ils étaient soutenus par des voûtes empierrées et autres arches que les héros traversent dès leur entrée dans la mine.

La salle cathédrale du Balrog présente des piliers massifs taillés dans le roc : une partie de la pierre est donc laissée sur place par les nains. Cette technique permet un soutènement naturel des espaces vacants. Le rapport entre le volume de roche prélevée et celui laissé sous forme de piliers est nommé « taux de défruitement » dans le langage technique des mineurs de carrière. Plus la roche est instable, plus ce taux est faible. Dans l'adaptation du *Seigneur des Anneaux* par Peter Jackson, la salle est immense mais ses piliers sont très massifs et rapprochés, ce qui implique un taux de défruitement faible et donc une roche très instable. Dans la réalité, afin de sécuriser le site, les exploitants auraient effectué un foudroyage à l'aide d'explosifs (« dépilage ») ou un remblayage par de la roche stérile... Notons que les nains sont tout de même soucieux de leur sécurité car ils ont construit latéralement, dans les quartiers est, de vastes escaliers leur permettant d'accéder à différents niveaux tout en évitant les plans inclinés, très dangereux en cas de chutes ou d'éboulis. Les nombreux puits (« bures ») visibles à tous les étages permettent aussi d'éclairer partiellement la mine et d'évacuer le minerai ou les gaz toxiques issus de la décomposition de la matière organique ou du dégazage. Enfin, l'immense gouffre que traverse le Pont de Durin – détruit par Gandalf lors de son combat contre le Balrog – permettait aux nains de se protéger contre d'éventuels intrus arrivant par la Porte Est.

La Moria présente également de nombreuses pièces habitables, comme la Chambre de Mazarbul (où fut enterré Balin) ou la salle de la Vieille Moria. Elles témoignent d'une organisation de vie développée. Dans les exploitations souterraines de notre réalité, des lieux de vie sont réservés aux ouvriers, aux mineurs (salles de repos, bureaux, ateliers, vestiaires de chantiers souterrains), ou aménagés pour des soldats, résistants ou réfugiés (catacombes, fortifications sous-roc, carrières réaménagées, souterrains de protection ou « muches », etc.). Tolkien ayant participé à la guerre des tranchées en France de juin à novembre 1916 (en tant qu'officier de transmission du 11e bataillon du corps expéditionnaire britannique), certaines de ses descriptions sont probablement issues de son vécu de soldat.

Enfin, même si les mines se distinguent comme nous l'avons vu des réseaux karstiques naturels, elles sont souvent traversées par des cours d'eau souterrains. Dans la Moria, Gandalf met en garde ses compagnons contre les eaux souillées par l'exploitation de la mine et sans doute la présence d'être maléfiques: « II y a de nombreux ruisseaux et sources dans les mines, mais il n'y faut point toucher. ». En revanche, les eaux souterraines de la mine d'Erebord sont plus saines car elles constituent la source du Celduin (la Rivière Courante) qui alimentait en eau potable Le Val (ancienne citée au pied d'Erebord) et alimentent encore Bourg-du-Lac (ou Esgaroth) : le lit de ce fleuve, recoupé par les travaux souterrains des nains, chemine au creux d'un canal empierré jusqu'à la Grande Porte d'Erebor. Ces aménagements rappellent les canalisations bien réelles en rigoles qui mènent à des albraques, lieux de rassemblement des eaux avant leur pompage: en plus d'être ingénieurs des mines, les nains sont aussi de bons hydrogéologues !

En conclusion, les mondes souterrains de Tolkien sont bien plus que de simples décors: leur description précise reflète les connaissances spéléologiques et minières poussées de l'auteur. Tolkien nous livre des ambiances souterraines hors du commun. En plus du symbolisme des profondeurs – puisé sans doute dans les mythologies qu'il étudiait – Tolkien nous livre un rendu souterrain à la fois réaliste et onirique: si cet auteur britannique, philologue, écrivain et féru de voyages imaginaires est souvent comparé à un hobbit (Bilbo étant lui aussi auteur), nul doute que ses connaissances approfondies des mondes souterrains sont quant à elles dignes des nains.

Les pierres précieuses, joyaux de la Terre du Milieu

ERIK GONTHIER, ethnominéralogiste, Muséum de Paris
CÉCILE MICHAUX, médiatrice culturelle

Diamants, saphirs, rubis et émeraudes ; les pierres précieuses sont des minéraux rares et attrayants (on parle aussi de « gemmes ») formés dans la croûte terrestre. Ces minéralisations souvent monocristallines (constituées d'un seul cristal ou polyèdre) arborent des tailles, des formes et des couleurs variées en fonction des conditions de pression et de température lors de leur formation. Les pierres précieuses, très convoitées par les hommes depuis la nuit des temps, sont extraites directement de mines (où elles sont retirées *in situ*) ou indirectement de gisements alluvionnaires, appelés « placers » (elles se retrouvent alors dans des sédiments transportés par des cours d'eau).

Dans les croyances populaires, les pierres précieuses et autres gemmes, outre leur beauté et leurs reflets chatoyants, appartiennent symboliquement aux mondes souterrains et on les affuble souvent de différents pouvoirs : guérison, clairvoyance, protection, etc. Elles se rapportent parfois aux théories pseudo-scientifiques selon lesquelles la Terre serait creuse et hébergerait en son sein un monde caché et souvent maléfique où se situeraient traditionnellement l'équivalent des enfers de la mythologie grecque et du christianisme, le Svartalfheim de la mythologie nordique ou encore le Sheol du judaïsme. Toujours selon ce point de vue mystique, les pierres précieuses, de par leur caractère magique, formeraient alors un pont entre le monde visible et l'invisible[1].

Palantir, Pierre Arcane, Elessar, Silmaril, pour n'en citer que quelques-unes… Dans sa Terre du Milieu, Tolkien a imaginé et parfois mis en scène des pierres précieuses ou autres gemmes fantastiques : nous allons en analyser quelques-unes à la lumière de nos connaissances actuelles. Auparavant, arrêtons-nous sur le peuple nain à l'origine de l'extraction de ces pierres, et que Tolkien a développé dans son monde à partir de nombreux mythes et légendes nordiques et germaniques.

Maîtres dans l'extraction des gemmes

On le voit grâce aux personnages de Gimli dans *Le Seigneur des Anneaux* ou de Thorin Lécudechesne et ses compagnons dans *Bilbo le Hobbit;* les nains ont une grande importance dans l'œuvre de Tolkien. Dans l'histoire de la Terre du Milieu, après la naissance des elfes au Premier Âge, les nains ont commencé leur activité de mineurs : ils creusent d'impressionnantes cités souterraines comme celle de la Moria dont ils extraient un précieux métal, le mithril. S'ils sont aussi chez Tolkien de robustes guerriers, l'auteur nous dépeint une vision des nains assez fidèle à celle des mythologies nordiques et germaniques : ce sont d'habiles mineurs et des forgerons industrieux aux demeures souterraines ou montagnardes, créateurs d'armes pour les dieux et parfois dotés de pouvoirs magiques. Selon la mythologie scandinave, en raison de leur mode de vie souterrain très éloigné du soleil, les nains ont mauvaise réputation et seraient même liés au culte des morts. Malgré leur caractère parfois sombre ou leur tempérament bien trempé, les nains de Tolkien ne sont cependant ni maléfiques ni magiques : il s'agit d'une civilisation besogneuse et matérialiste résolument tournée vers les richesses du sous-sol. À la fois géologues, mineurs et gemmologues (minéralogistes spécialisés dans l'étude des pierres précieuses et des gemmes), les nains sont irrésistiblement attirés par les minéraux esthétiques comme s'ils y étaient intimement liés. La lignée de Thorin présente d'ailleurs une addiction marquée à un joyau rare : la Pierre Arcane.

La pierre arcane, chimère minéralogique

La Pierre Arcane est une pierre précieuse imaginée par Tolkien. Découverte par le roi nain Thráin Ier, sa beauté fascinante a fait de la maison de Durin une famille dominante dans toute la Terre du Milieu, jusqu'à ce que le dragon Smaug vienne chasser les nains de leur royaume souterrain en 2770 du Troisième Âge. Objet d'une quête principale, cette pierre est donc au cœur même du récit dans *Bilbo le Hobbit*, car elle constitue la pièce maitresse du trésor ancestral des nains que veulent récupérer Thorin et ses compagnons : la Pierre Arcane est à *Bilbo le Hobbit* ce que l'Anneau Unique est au *Seigneur des Anneaux ;* objet de toutes les convoitises capable de réveiller en nous cupidité, jalousie et autres penchants obscurs[2].

Aussi nommée « Cœur de la Montagne », la Pierre Arcane provient des profondeurs d'Erebor, la Montagne Solitaire située au nord-est de la Terre du Milieu. Étymologiquement parlant, le nom de la Pierre Arcane, *Arkenstone* en anglais, provient du vieil anglais *eorcen-stán* ou de l'ancien norrois *jarkna-steinn*, chacun de ces termes signifiant « pierre précieuse ». La rareté et le « secret » de cette gemme unique se révèlent aussi par sa traduction française de « Pierre Arcane ». Comme à toutes ses créations, le philologue Tolkien a donc donné à ce joyau une profondeur sémantique. Mais l'auteur n'est pas non plus avare en description minéralogique :

> *[...] la même lueur blanche avait brillé devant [Bilbo] [...] Lentement, elle se mua en un petit globe de lumière blafarde. Et maintenant, comme il approchait, ce globe se teintait à la surface d'un scintillement multicolore, réfléchi de la lumière vacillante de sa torche. [...] Le grand joyau brillait à ses pieds de sa propre lumière interne et pourtant, taillé et façonné par les nains [...], il saisissait toute lumière qui tombait sur lui et la transformait en des milliers d'étincelles au rayonnement blanc, irisé de tous les reflets de l'arc-en-ciel [...]. Sa petite main ne pouvait se refermer dessus, car c'était une grande et lourde gemme [...]*
>
> Bilbo le Hobbit.

La Pierre Arcane est géologiquement intrigante : ce joyau blanchâtre, rond et brillant d'une lumière intérieure propre, fut façonné par les nains de sorte que sa lueur soit décuplée. Dans la réalité, ce procédé est classique lors du facettage des pierres précieuses. Son pouvoir de fascination n'est pas d'origine magique ni maléfique, mais bien d'origine naturelle et minéralogique : son extrême pureté (absence totale d'inclusions dans le cristal) évoque celle de certains diamants rares. Sa forte densité rappelle celle de la pyrite ou de la galène (respectivement des sulfures de cuivre ou de plomb), mais son irisation en arc-en-ciel rappelle la biréfringence (réfraction des rayons lumineux) de la calcite, par exemple, minéral somme toute assez fréquent.

Enfin, la Montagne Solitaire étant une montagne volcanique, la Pierre Arcane serait d'origine magmatique, comme beaucoup de pierres précieuses : cette gemme formée à très grande profondeur résulterait du refroidissement plus ou moins lent de laves dans des conditions de pressions et températures extrêmes. Avec toutes ces caractéristiques, la Pierre Arcane est donc une surprenante et unique combinaison chimique, autrement dit une chimère minéralogique !

Variations autour d'Elessar

> *Elle retira alors de son sein une grande pierre vert clair, montée dans une broche d'argent en forme d'aigle aux ailes éployées ; et tandis qu'elle la tenait levée, la pierre étincelait comme le soleil à travers le feuillage printanier.*
>
> *Le Seigneur des Anneaux*, livre II.

Il est également fait mention, dans les *Contes et légendes inachevés* et dans *Le Seigneur des Anneaux*, de deux pierres elfiques du nom d'Elessar. Leur extraction, création (en termes de taillerie), ainsi que leur transmission au sein de lignées elfiques demeurent un peu floues. Cependant une pierre de ce type fut donnée par Arwen, fille d'Elrond, à Aragorn, dernier héritier des trônes d'Arnor et du Gondor qui régna alors sous le nom d'Elessar après la Guerre de l'Anneau.

Tentons une analyse : l'œuvre de Tolkien mentionne clairement une grande pierre de couleur vert clair, qui pourrait être une émeraude – le vert foncé étant plutôt caractéristique d'un grenat rare, l'uvarovite (grenat chromifère). Minéralogiquement parlant, l'émeraude appartient au grand groupe des silicates, et sa couleur est due à la présence de traces de chrome dans sa composition chimique. L'Elessar, enchâssée sur une broche d'argent en forme d'aigle, confère un pouvoir régénérateur et protecteur à son porteur. Cependant l'adaptation cinématographique récente du *Seigneur des Anneaux* tranche avec les écrits de Tolkien : Peter Jackson présente en effet une pierre incolore et très brillante, semblable à un diamant vert. Le cinéaste a-t-il voulu insister sur l'aspect éclatant de cette gemme ? Cette absence de couleur, qui semble renforcer la symbolique d'éternité portée par le cristal, est-elle voulue pour rappeler que dans l'œuvre, les elfes sont quasi-immortels ?

Les Silmarils, joyaux mythologiques

> *Ils avaient l'apparence de trois énormes joyaux. Mais nul ne saura [...] quelle est leur substance. Ils avaient l'apparence du cristal mais étaient plus durs que le diamant, et nulle force [...] ne pouvait les briser ni même les ternir. Ce cristal était [...] l'enveloppe d'une flamme intérieure [...]. Les Silmarils brillent comme les étoiles de Varda, et [...] comme les êtres vivants qu'ils étaient vraiment, ils se plaisaient à la lumière, à la recevoir et à la rendre avec des couleurs encore plus merveilleuses. [...] ni la chair d'un mortel, ni une main impure, ni rien de malfaisant ne pourraient les toucher sans se flétrir et se consumer. [...] le destin d'Arda, des terres, des mers et des airs était contenu dans les joyaux [...].*
>
> Le Silmarillion.

Les Silmarils (« éclats de pure lumière » en quenya ou haut-elfique) sont les pierres les plus précieuses du monde de Tolkien. Ces joyaux « vivants », qui apparaissent dans

Le Seigneur des Anneaux et *Le Silmarillion*, sont les éléments essentiels de la genèse et de l'évolution du monde de Tolkien : *Le Silmarillion* nous explique que l'elfe Fëanor de la maison des Ñoldor les a créés au Premier Âge à partir de la lumière des Deux Arbres de Valinor : les Silmarils se présentaient alors sous la forme de globes incolores que Varda, reine des Valier, a ensuite enchantés. Cette création presque cosmique renforce la dimension mythologique et symbolique des Silmarils qui présentent des pouvoirs phénoménaux. En cela, ils rappellent un peu les Gemmes de l'Infini de l'univers Marvel, pierres cosmiques de la science-fiction qui procurent d'importants pouvoirs à leurs porteurs capables de les maitriser.

Tolkien, préférant suggérer que décrire, se garde bien de donner la composition minéralogique précise des Silmarils. Il décrit d'ailleurs plus les ressentiments d'un observateur hypothétique face à l'objet plutôt que la pierre elle-même. Cependant l'auteur mentionne une dureté supérieure à celle du diamant ? En géologie, la dureté est une propriété importante des roches et de leurs minéraux constitutifs. Une échelle graduée de 1 à 10, encore utilisée aujourd'hui, a été inventée par le minéralogiste allemand Friedrich Mohs (1773-1839). Sur cette échelle relative qui porte son nom, le talc a une dureté à la rayure de 1 (la plus faible) et le diamant de 10 (la plus forte). Il existe quelques matériaux plus durs que le diamant comme le Q-carbone (ou carbone trempé), mais ils sont synthétiques, c'est-à-dire créés en laboratoire. Le fait qu'aucun minéral connu ne soit plus dur que le diamant renforce donc le côté surnaturel des Silmarils. Cependant, dans la description de Tolkien, la mention d'une « flamme intérieure » évoque des teintes plutôt chaudes et des reflets changeants. Ces dernières caractéristiques se retrouvent dans des minéraux siliceux (de formule de base

SiO_2) comme le quartz rouge (dont la couleur est due à des inclusions d'hématite, un oxyde de fer) ou l'agate de feu (pierre fine dont les reflets irisés évoquent des flammes).

Les trois anneaux elfiques

Nous connaissons tous l'Anneau Unique que Frodo est censé détruire dans *Le Seigneur des Anneaux*. Moins connus, il existe dans le monde de Tolkien trois anneaux elfiques très importants, montés chacun d'une pierre précieuse. Ces anneaux, qui apparaissent dans les *Contes et légendes inachevés*, ont été créés par l'elfe Celebrimbor (« Main d'argent » en sindarin), grand forgeron-joaillier. Avant de connaître une fin tragique – Celebrimbor fut capturé, torturé et tué par le Seigneur des Ténèbres –, il avait légué ses anneaux à trois personnalités elfiques : Narya, l'anneau de feu, fut remis à Círdan (« Charpentier des Navires ») ; Vilya, l'anneau de l'air, au Haut Roi des Ñoldor Gil-Galad ; Nenya, l'anneau de l'eau, à Galadriel.

Le premier est en or et serti d'un rubis. Il revint à Gandalf qui en hérita de Círdan vers 1500 du Troisième Âge. L'anneau Vilya, aussi en or, arbore un saphir. Il aboutit entre les mains d'Elrond. Enfin l'anneau Nenya, fait de mithril et serti d'un diamant, resta en possession de Galadriel. Le fait que chaque anneau porte un nom propre leur confère une dimension les reléguant au rang de personnages à part entière. Dans l'histoire, ces anneaux présentent des pouvoirs attribués aux gemmes qu'ils arborent : ainsi Narya et son rubis procurent résistance à l'oppression et au désespoir. Le rubis, oxyde d'aluminium et de chrome, et de couleur rouge, peut en effet évoquer le feu. L'anneau Nenya et son diamant protègent du mal (et donc de l'influence de Sauron). Les duretés respectives du rubis (9 sur l'échelle de Mohs) et du diamant (10 sur l'échelle de Mohs, ce qui en fait un des minéraux les plus résistants au monde) ont sans doute inspiré leurs pouvoirs protecteurs. Notons aussi que le diamant, minéral uniquement composé de carbone et dont le système cristallin (forme géométrique de base) est cubique (à la différence du graphite composé lui aussi de carbone, mais dont le système est hexagonal), peut aussi évoquer la pureté et l'intégrité qui émanent de la personnalité de Galadriel. Enfin, le pouvoir de l'anneau Vilya et de son saphir n'est pas clairement évoqué. Il est possible qu'il permette de manipuler l'eau, comme le fit Elrond en invoquant un torrent dévastant des Nazgûl. Le saphir (famille des corindons avec le rubis) est un oxyde d'aluminium de dureté 9 et de couleur bleutée qui évoque en effet le milieu aqueux. Qu'il s'agisse de protection ou de manipulation des éléments, Tolkien reprend ici de nombreuses croyances populaires qui attribuent des pouvoirs magiques aux pierres, et pour lesquelles les gemmes représentent des manifestations de la perfection du monde. Ces anneaux sertis de pierres précieuses tranchent en effet avec les « simples » anneaux de métal[3] qui, dans *Le Seigneur des Anneaux*, par exemple, sont liés aux forces du Mal et rendent leurs porteurs dépendants, voire cupides.

L'anneau de Barahir

La bague avait la forme de deux serpents jumeaux dont les yeux étaient des émeraudes et dont les têtes s'unissaient sous une couronne de fleurs dorées qu'un des serpents portait tandis que l'autre la dévorait.

Le Silmarillion.

Scientifiquement parlant, certaines gemmes imaginées par Tolkien ne sont finalement pas identifiables – et nous ne saurions lui reprocher : c'est le cas de l'« Étoile du Nord » (ou « Joyau d'Elendil »), cristal blanc énigmatique mais très puissant qui orne l'Elendilmir (couronne de mithril et d'or des rois d'Arnor – voir *Contes et légendes inachevés, Le Seigneur des Anneaux*), ou encore, nous l'avons vu, des Silmarils dont les descriptions données par Tolkien tiennent plus du ressentiment au contact des cristaux que de la diagnose minéralogique.

Certaines pierres sont cependant clairement nommées : c'est le cas des émeraudes de l'anneau de Barahir qui, s'il n'a pas de pouvoir magique, possède une histoire complexe au même titre que celle de l'Anneau Unique. Forgé à Valinor par les elfes Ñoldor, il fut donné par le roi elfe Finrod Felagund à Barahir, seigneur du peuple de Bëor, pour l'avoir sauvé lors d'une terrible bataille. Après la mort de Barahir, cet anneau eut de nombreux porteurs dont Isildur, Elrond puis Aragorn, qui l'offrit finalement à sa femme Arwen lors de leur mariage à la fin du Troisième Âge.

L'émeraude, nous l'avons vu, est un minéral très rare du groupe des silicates. Son système cristallin est hexagonal. Le philologue Tolkien connaissait sans doute l'étymologie du terme « émeraude », du latin *smaragdus* qui provient du perse *zamarat* (« cœur de pierre »), image cependant reprise pour sa Pierre Arcane (« Cœur de la Montagne »). D'autres émeraudes apparaissent dans l'œuvre de Tolkien : dans *Bilbo le Hobbit*, après la bataille des Cinq Armées, Bard alias « L'Archer », qui terrasse le dragon Smaug, remet au roi elfe le collier de son ancêtre Girion constitué de cinq cents émeraudes, « joyaux qu'il aimait entre tous ». Notons que, au sein des silicates, l'émeraude est un cyclosilicate, c'est-à-dire un béryl constitué de tétraèdres dont les sommets sont formés par quatre atomes d'oxygène et, agencés en anneaux : une configuration « en anneau » somme toute en harmonie avec l'univers de Tolkien !

Une métallurgie médiévale-fantastique

Jean-Marc Joubert et Jean-Claude Crivello,
chimistes, CNRS

Du bouclier d'Achille chez Homère à l'adamantium de Wolverine, de nombreux auteurs ont imaginé des métaux ou des alliages fantastiques. Qu'ils aient le pouvoir de tuer ou de protéger, ces éléments renferment aussi des vertus extraordinaires, pour ne pas dire magiques. Chez Tolkien, des armes fabuleuses comme l'épée Andúril viennent à bout des pires ennemis, le mithril est un minerai précieux, ultrarésistant, léger et beau à la fois. Enfin, les anneaux de pouvoir, qui renferment de puissants dons comme l'immortalité ou l'invisibilité, forment même la base de l'œuvre de Tolkien. Cette abondance d'objets de métal ainsi que leur importance dans le récit nous amènent à considérer l'œuvre du point de vue de la métallurgie. Tolkien s'intéressait indéniablement d'une manière scientifique aux objets métalliques et à leurs techniques d'élaboration et de traitement – en plus de la symbolique de la forge souvent rencontrée dans les différents mythes et légendes qu'il analysait. Les termes « métallurgiste » et « métallurgie » sont d'ailleurs employés dans *Le Silmarillion*. Quelle place cette discipline a-t-elle dans son œuvre ? Les connaissances de Tolkien vont-elles au-delà de la simple utilisation du vocabulaire et des concepts d'une métallurgie, qui serait à la fois médiévale et fantastique ?

Une vieille histoire de forges

Dès le Premier Âge, la forge est primordiale dans le processus de création du monde de Tolkien : ainsi la métallurgie apparaît rapidement pour forger armes et armures afin de préparer la première guerre contre Morgoth : Aülé, divinité Valar comparable à Héphaïstos (dieu du feu et de la forge chez les Grecs) donne naissance aux pères des nains à qui il confie son savoir, notamment celui de la métallurgie. Sa création la plus connue est Angainor (de *anga*, « fer » en quenya), chaîne forgée qui permit la première captivité de Morgoth. Aülé aide aussi les elfes, notamment le grand forgeron Mahtan qui transmet son savoir à Fëanor – ce dernier façonne secrètement les Silmarils, joyaux à l'origine de nombreux conflits.

L'ÉPÉE QUI FUT BRISÉE

Narsil est le nom de l'épée forgée par le nain Telchar à Nogrod au Premier Âge. Donnée aux elfes puis transmise aux rois de Númenor au Deuxième Âge, elle symbolise la puissance des rois d'Arnor et de Gondor, et Elendil en fut l'héritier. L'épée se brisa en deux lorsque Elendil tomba face à Sauron. Isildur, son fils, s'empara alors de l'un des fragments pour couper le doigt de Sauron portant l'Unique. Les tronçons de l'épée furent ramenés par Ohtar, écuyer d'Isildur, à Imladris après la chute de son maître aux Champs de Flambes, marquant la fin du Deuxième Âge. Elrond prédit alors que l'épée serait reforgée, idée reprise par Gandalf (« Renouvelée sera l'épée qui fut brisée, Le sans couronne sera de nouveau roi », *Le Seigneur des Anneaux*, livre I) qui cite sans le nommer Aragorn. L'épée sera en effet reforgée par les elfes de Fendeval avec un fil « dur et tranchant ». Aragorn lui donne pour nom Andúril, « la Flamme de l'Ouest » en référence à Númenor. Galadriel lui confectionne un fourreau « recouvert d'un entrelacs de fleurs et de feuilles en argent et en or » en prédisant que « la lame tirée de ce fourreau ne sera ni souillée ni brisée, même dans la défaite ». Cette épée est dotée de pouvoirs spectaculaires : la mort s'abat sur quiconque la tire hormis l'héritier d'Elendil, qui seul peut la manier, et sa vue seule épouvante les orques. Par beaucoup d'aspects (notamment par la reconnaissance de son porteur comme roi), cette épée peut être comparée à Excalibur.

Même s'ils partagent une parenté assez directe avec Aülé, les nains demeurent des personnages terriens (contrairement aux elfes) et préfèrent « façonner le fer et le cuivre plutôt que l'or et l'argent » (*Le Silmarillion*). Ils fondent la cité de Nogrod sur le site d'une mine des Montagnes Bleues où de grands forgerons apparaissent alors, dont Telchar qui créa Narsil, l'épée d'Elendil (voir encadré ci-dessus) mais aussi Angrist, poignard de fer trempé avec lequel fut coupé un Silmaril de la couronne de Morgoth – arme si tranchante qu'on était obligé de la porter sans fourreau. Ils inventent aussi la côte de maille.

Les elfes, dont les Ñoldor vivant secrètement à Gondolin, forgent aussi de nombreuses armes : citons Dard, dague découverte par Bilbo dans le repaire des trolls au Troisième Âge (qu'il transmet à Frodo), Glamdring, épée longue de Gandalf possédant la même faculté de bleuir à l'approche d'orques ou de gobelins, et son « épée-sœur » Orcrist aussi nommée « Pourfendeuse de Gobelins » ou « Mordeuse », qui finira sur le giron de Thorin. Notons que ces armes possèdent des noms, une histoire ainsi qu'une filiation, ce qui montre bien l'importance des produits de la forge pour Tolkien.

Le forgeron Eöl, aussi appelé l'Elfe Noir, qui obtint son savoir des forges naines de Nogrod, crée un étrange métal noir qu'il nomme Galvorn (« noir brillant » en sindarin) à partir « d'un acier tombé du ciel comme une étoile enflammée » *(Le Silmarillion)*. On retrouve ici l'attrait de Tolkien pour les météorites en tant qu'objets sacrés dans de nombreux mythes et croyances antiques. Mais la description donnée du métal « si malléable en même temps qu'il pouvait le rendre aussi mince et souple que la soie tout en restant impénétrable aux flèches comme aux épées » *(Le Silmarillion)* pose question. Malgré beaucoup d'imagination, on perçoit mal qu'un métal puisse être dur et malléable à la fois. Quoi qu'il en soit, de cet énigmatique métal, Eöl forge deux épées jumelles, Anguirel et Anglachel, lames maudites car habitées par son esprit funeste. Abimée, Anglachel est « reforgée [...] et resta noire mais le fil en brillait d'un feu pâle, et [Túrin] la rebaptisa Gurthang, l'Acier de Mort » (*Le Silmarillion*) – Túrin se suicidera avec. Mais avant d'accomplir son funeste geste, il dialogue avec son épée dans *Le Silmarillion* : « – Salut, Gurthang ! Tu ne connais ni maître ni loyauté, sauf la main qui te tient. Aucun sang ne te fait peur [...] Veux-tu me tuer sans attendre ? Et une voix froide lui répondit, venue de l'épée : Oui, je boirai ton sang avec joie [...] Je te tuerai promptement. » Pour

Tolkien, les objets magiques, surtout métalliques, sont des personnages à part entière.

LE MITHRIL

> « [...] Maintenant il n'a plus de prix, car il en reste bien peu à la surface de la terre [...]. Il pouvait se marteler comme le cuivre, et se polir comme le verre, et les nains savaient en faire un métal léger et pourtant plus dur que l'acier trempé. Sa beauté était celle de l'argent commun. »
>
> Gandalf, *Le Seigneur des Anneaux*, livre I.

« Éclat gris » en Sindarin, le mithril, aussi nommé « vrai argent » ou « acier d'argent », est un minerai fantastique. Les elfes et les nains y vouent une passion sans limite (mithril est d'ailleurs un terme elfique, tandis que les nains lui donnent un nom secret nul part mentionné). Il est d'autant plus recherché – et couteux – que son extraction s'est arrêtée avec la destruction de la Moria au Troisième Âge. Ainsi, le corselet de maille de Bilbo offert par Thorin et transmis à Frodo vaudrait plus que « la Comté toute entière avec tout ce qu'elle contient », comme l'explique Gandalf dans le livre I. Comparé avec d'autres métaux du tableau périodique, le mithril présente la ductilité du cuivre, la conductivité thermique de l'argent, la dureté des meilleurs aciers, la légèreté du titane ou de l'aluminium, la beauté du platine et le prix de l'osmium ou du lutétium... Bref, le mithril est un condensé de tous ces éléments réunis, sans équivalent réel, même si l'American Chemical Society a nommé mithril un alliage yttrium-argent. En Terre du Milieu, le mithril fut exploité par les nains dans la mine de la Moria. Après la découverte de la veine principale, leur cupidité les incita à creuser trop profondément, réveillant un Balrog qui causa leur ruine. Mais on en trouverait aussi sur les rives occidentales d'Aman à Valinor ainsi qu'à Númenor. Les elfes d'Eregion utilisaient le mithril pour en faire de l'ithildin, un alliage dont sont faites les inscriptions de la porte ouest de la Moria, visibles uniquement à la lumière de la lune ou des étoiles (le mot signifie étoile-lune en Sindarin). Les autres objets de mithril les plus connus sont Nenya, anneau de pouvoir elfe serti d'un diamant, ainsi que les heaumes des gardes du Gondor.

L'ANNEAU UNIQUE

Le Silmarillion conte la fabrication des anneaux de pouvoir dont l'Unique : « Les elfes forgèrent de nombreux anneaux, et Sauron secrètement en fit un, l'Unique, qui gouvernait tous les autres. [...] Sauron mit dans cet Anneau beaucoup de sa force et de sa volonté, car les anneaux des elfes avaient de grands pouvoirs et ce qui les surpassait devait être encore plus fort [...] ». L'Unique est en or mais ne peut être fondu. Il ne s'échauffe pas au feu, seules les flammes des entrailles du Mont Destin, où il a été forgé, peuvent le détruire. La chaleur fait apparaître sur sa surface une inscription en langue noire du Mordor : « Un Anneau pour les gouverner tous. Un Anneau pour les trouver, un Anneau pour les amener tous et dans les ténèbres les lier. » Il possède des pouvoirs multiples : il rend invisible, permet de comprendre n'importe quelle langue, rallonge la vie de son porteur mais corrompt son esprit. Cet anneau « vit », il est un personnage réel qui cherche toujours à retourner à son maître Sauron : il tombe ainsi du doigt d'Isildur, est découvert par Déagol que son ami Sméagol tuera avant de devenir Gollum, et se met spontanément au doigt de Frodo dans l'Auberge du Poney Fringant.

Au Deuxième Âge, après le cataclysme de Beleriand qui détruira la cité de Nogrod, les nains découvrent le mithril (voir encadré p. 179) dans les mines de la Moria sous les Montagnes de Brume. Cette découverte engendre un rapprochement avec les elfes de la Maison de Fëanor qui s'installent dans la plaine d'Eregion près de la porte ouest de la Moria pour en faire du commerce. Sauron, qui se fait passer pour un envoyé des Valar et conseiller en métallurgie et magie, est présent lors de la création des anneaux de pouvoir : il s'inspire alors des techniques de forge pour créer en secret l'Unique (voir encadré ci-dessus). Mais Celebrimbor, maître de la Guilde des Forgerons de Joyaux à Eregion (*Gwaith-i-Mírdain* en sindarin), le démasque et forge alors les trois anneaux de pouvoir elfiques, préservés de la malice du perfide.

Après les importants processus de création des Premier et Deuxième Âges, une régression de l'activité métallurgique se fait sentir chez les différentes espèces ou races peuplant la Terre du Milieu : « [...] dans le travail des métaux, nous ne pouvons rivaliser avec nos pères, dont bien des secrets se sont perdus. Nous faisons de bonnes armures et des épées acérées, mais nous ne pouvons fabriquer de cottes de mailles ou de lames valant celles qui furent faites avant la venue du dragon » explique le nain Gloïn à Frodo (*Le Seigneur des Anneaux*, livre I). Tolkien donne en tout cas moins de détails concernant cette science dans ses récits du Troisième Âge : on y apprend seulement que les elfes reforgent l'épée Narsil à Fendeval et que les nains quittent les mines des Collines de Fer pour aider leurs frères dans la bataille des Cinq Armées relatée dans *Bilbo le Hobbit*. Quant aux humains, seuls les hommes de l'Ouistrenesse sont cités pour leurs compétences métallurgiques par Tom Bombadil qui offre des dagues à ses visiteurs : « Les anciens poignards sont assez longs pour servir d'épée aux hobbits. Les lames affilées sont bonnes à avoir » (*Le Seigneur des Anneaux*, livre I). Enfin, concernant les hobbits, aucune forge ni arme locale n'est mentionnée dans la Comté, région apparemment épargnée de toute activité industrielle, et industrieuse. Seul le métal d'une grille résonne lugubrement à la frontière avec le Pays-de-Bouc : « [le tunnel] était fermé par une grille de solides barreaux de fer. [...] Elle se ferma avec un bruit métallique, et la serrure cliqueta. Le son était sinistre [...] » (*Le Seigneur des Anneaux*, livre I).

La métallurgie et les forces du Mal

Chez Tolkien, comme dans beaucoup d'œuvres de fiction, les forces du Mal sont souvent associées à la métallurgie : le métal est symbole de dureté, de puissance froide et maléfique : « [...] incommensurablement puissante, montagne de fer, porte d'acier [...] il la vit : Barad-dûr, Forteresse de Sauron. » (*Le Seigneur des Anneaux*, livre I). Et la forge, où la chaleur, le feu et le métal en fusion se combinent, est une sorte d'enfer. Les forges de l'Insengard sont en effet terrifiantes : « Là, Saruman avait [...] des armureries, des forges et de grands fourneaux. Des roues d'acier y tournaient [...] et les marteaux y résonnaient [...], des panaches de vapeur s'échappaient des trous d'aération, éclairés par en dessous de lueurs rouges, bleues ou d'un vert vénéneux » (*Le Seigneur des Anneaux*, livre II). L'adaptation de Peter Jackson joue également avec cette symbolique des enfers « industriels ». *Le Seigneur des Anneaux* serait alors un roman écologique avant l'heure, dans lequel Tolkien opposerait la société industrielle des sorciers, avec son impact environnemental négatif – destruction de la forêt de Fangorn pour alimenter ses forges, pollution par des fumées noires, etc. – à la nature bucolique et idyllique de la Comté.

Ainsi le feu crée la forge qui engendre l'arme et la mécanisation, qui engendrent le mal. La formule fonctionne d'autant mieux lorsqu'on y ajoute l'aveuglement face au progrès (« leur soif de savoir grâce à laquelle Sauron les enjôla », écrit Tolkien dans le livre II à propos des forgerons-elfes d'Eregion), l'orgueil et l'arrogance de ceux qui savent (Fëanor), la jalousie (« Melkor en était jaloux, car l'esprit et les pouvoirs d'Aulë ressemblaient trop aux siens, et il y eut entre eux une longue inimitié », peut-on lire dans *Le Silmarillion*), la cupidité ou encore la soif de richesses (comme Maeglin ou les nains dans la Moria).

Sciences et techniques métallurgiques

Dans le monde de Tolkien, on distingue comme dans le monde réel les métaux classiques (fer, cuivre, argent et or, employés dans notre monde depuis des milliers d'années), les alliages à la résistance accrue (les portes d'Angband ou de Minas Morgul en bronze, les murs d'acier enfermant les Silmarils), mais aussi les métaux fabuleux (comme le mithril ou le Galvorn, dont on a déjà parlé) et les alliages fantastiques comme l'ithildin (dérivé du mithril) ou le tilkal, dont le nom est formé, à la manière dont on désigne les alliages modernes, des initiales des métaux qui le composent (*tambë*, *ilsa*, *latúken*, *kanu*, *anga*, *laurë*, respectivement cuivre, argent, étain, plomb, fer, or en sidarin). Si les six métaux le composant sont en parties égales, le tilkal serait ce que les chimistes nomment aujourd'hui un « alliage à haute entropie », c'est-à-dire un mélange équiatomique en vue d'obtenir les meilleures propriétés de chaque métal le constituant. Ce type d'alliage diffère des alliages classiques composés d'un élément dominant dont on cherche à améliorer les propriétés par des éléments d'addition (par exemple, une base fer pour l'acier, une base aluminium pour le dural, une base de zirconium pour le zircaloy). En ce sens, le tilkal est la création la plus originale de Tolkien dans le domaine de la métallurgie.

Un autre clin d'œil métallurgique chez Tolkien consiste à associer plusieurs métaux ou matériaux afin de renforcer la symbolique qu'ils sont censés délivrer. Ainsi les métaux nobles, souvent réservés aux forces du Bien, cristallisent la richesse et la puissance : la couronne d'Aragorn est de mithril et d'or, et durant son règne les portes de Minas Tirith sont de mithril et d'acier. Les métaux usuels quant à eux sont plutôt réservés aux forces du Mal : Morgoth se forge une grande couronne de fer, et Barad-dûr, la Tour Sombre de Sauron, est elle aussi en fer. Cependant, les métaux précieux sont convoités par tous, y compris par Sauron dont la passion pour le mithril est grande. La pureté et la beauté de l'or peuvent ainsi se combiner avec des maléfices comme dans l'Anneau Unique.

Tolkien fait rarement mention des techniques d'extraction ou de réduction des minerais. Concernant la mise en forme, il fait souvent mention de la forge qui apparait alors comme un moyen presque magique d'obtenir des armes et des bijoux (Silmarils, anneaux de pouvoir). L'auteur évoque aussi une coulée (« Aulë [...] coulait du métal en fusion dans un moule », *Le Silmarillion*), la trempe pour améliorer la dureté des aciers ainsi que le damasquinage, technique décorative consistant à incruster une lame de fils d'or ou de cuivre (comme les épées offertes par Tom Bombadil aux hobbits dans *Le Seigneur des Anneaux*). Tolkien fait donc preuve d'une certaine érudition concernant ces techniques – malgré ce qu'il stipule dans une correspondance où il exprime le souhait d'écrire un volume additionnel d'informations, notamment sur la métallurgie.

Une métallurgie médiévale-fantastique

La métallurgie de Tolkien est donc médiévale (par ses techniques réalistes) et fantastique (par la présence de matériaux inconnus aux propriétés extraordinaires). De par l'utilisation très fréquente d'objets en métal (anneaux, couronnes, épées), leur importance capitale dans le récit et la référence récurrente au thème de la forge, la métallurgie était une discipline importante pour Tolkien.

Enfin, le thème de la transmission – capital pour l'ancien professeur qu'était Tolkien – est aussi très présent via cette métallurgie : elle entraine des liens psychologiques forts entre divinités et personnages et s'ancre dans l'histoire du *legendarium* de l'auteur : Aulë apprend à Mahtan qui apprend à Fëanor, tandis que les nains enseignent à Eöl qui enseigne à Maeglin, qui enseigne à ses disciples. Grâce à Tolkien, la métallurgie, discipline scientifique qui ne peut s'apprendre seule, est aussi art où le disciple reçoit du maître l'enseignement de la technicité et de la magie.

Tout cela démontre une affection particulière et, pourquoi pas, une réelle fascination de Tolkien, pour les métaux et leur élaboration. Il est d'ailleurs significatif que sa dernière œuvre, le conte de fée *Smith de Grand Wootton*, narre les aventures d'un sympathique forgeron, Smith Smithson (« Forgeron Fils-de-Forgeron » en français), qui peut se promener librement au pays des fées en portant une étoile d'argent incrustée dans son front. À la fin du conte, il abandonnera l'étoile pour la transmettre à un jeune enfant. Il retournera à sa forge, « au marteau et à la tenaille », et continuera l'éducation de son fils, renforçant, à ces deux titres, l'idée de l'importance de la transmission des objets et des savoirs entre les générations.

Invisible aux yeux de Sauron ?

Jean-Sébastien Steyer, paléontologue,
CNRS et Muséum de Paris
Roland Lehoucq, astrophysicien, CEA

Dans l'œuvre de Tolkien, deux mondes cohabitent : le « Visible », réel et matériel, et l'« Invisible », monde caché qui s'ouvre sur des dimensions parallèles et où les morts côtoient les esprits et d'autres entités surnaturelles, obscures ou bienveillantes. Certains, tels les elfes, ont accès à ce monde, comme l'explique Gandalf à Frodo : « […] ici, à Fondcombe, vivent encore certains […] Sages Elfes, seigneurs de l'Eldar […]. Ils ne craignent pas les Esprits Servants de l'Anneau, car [ils] vivent en même temps dans les deux mondes, et ils ont grand pouvoir tant sur le Visible que sur l'Invisible. » (*Le Seigneur des Anneaux*, livre I)

Dans de nombreux récits, ce monde invisible permet de justifier l'emploi de la magie. C'est le cas de la saga *Harry Potter*, de J. K. Rowling, publiée entre 1997 et 2007, et de son univers étendu où la magie trouve sa source dans un monde parallèle à celui des humains. Chez Tolkien cependant, l'Invisible est plus complexe et ne se limite pas à une simple dimension magique et parallèle à la réalité. En Terre du Milieu, les choses et les êtres invisibles sont multiples, comme s'il existait plusieurs niveaux d'invisibilité. Explorons-les à la lumière des connaissances actuelles du monde visible.

Discret comme un hobbit

> *Tu as de bonnes manières pour un voleur [...], dit le dragon. [...] Qui es-tu et d'où viens-tu [...] ?*
>
> *– [...] Je viens de sous la colline et mon chemin menait sous la colline et par-dessus les collines. [...]. Je suis celui qui marche invisible. »*
>
> Bilbo le Hobbit.

Les hobbits sont de petits humanoïdes aux grands pieds poilus capables de se déplacer sans faire de bruit. Même si la plupart n'en ont pas vraiment conscience – et n'en voient pas l'utilité – cette invisibilité acoustique est très réputée en Terre du Milieu. Si réputée que Gandalf choisit Bilbo comme « cambrioleur officiel » afin d'aider Thorin, roi des nains, à récupérer son trésor des griffes du dragon Smaug. Cette capacité des hobbits serait due à leurs pieds plats (leur voûte plantaire réduite, voire absente) et très allongés, ou plus précisément à leurs métatarses (os du coup de pied) très développé[1]. L'aplatissement et l'allongement de leurs pieds permettent d'augmenter sensiblement la surface de contact au sol et ainsi de répartir le poids du hobbit sur l'ensemble du pied plutôt qu'en quelques points seulement (talon, avant-pied et doigts de pied, comme chez nous). Cela permet de réduire la pression – quotient du poids et de la surface de contact – exercée par le pied sur le sol et donc le risque de faire « craquer » ce sur quoi le pied se pose. Avec son poids assez modeste, malgré son goût pour la bonne chère, et ses grands pieds, le hobbit est une créature idéalement équipée pour la discrétion. Les pieds de « celui qui marche invisible » évitent ainsi les craquements des branches dans les bois ou le cliquetis des pièces d'or sous le nez de Smaug.

Des runes sympathiques

Certaines runes et inscriptions anciennes des Terres du Milieu ne sont visibles que sous certaines conditions. C'est le cas des gravures des portes de la Moria réalisées par le grand elfe forgeron Celebrimbor et composées d'ithildïn, un matériau « qui ne reflète que la lumière des étoiles et de la Lune et qui dort jusqu'au moment où il est touché par quelqu'un du Milieu » (*Le Seigneur des Anneaux*, livre I).

Ce phénomène n'est pas sans rappeler les miroirs « magiques » chinois et japonais. Ces artefacts de bronze, dont les plus anciens datent de la dynastie Han (206 avant notre ère – 220 après notre ère), se présentent à première vue comme des miroirs ordinaires. Mais la réflexion d'un intense faisceau lumineux projeté sur un mur portait la trace de la forme gravée sur le dos du miroir. On ne comprit que beaucoup plus tard que la technique de fabrication et de polissage du miroir, longue et complexe, engendrait de minuscules modifications de la surface du miroir, invisibles à l'œil nu, qui reproduisaient parfaitement la forme du dos. Ces modifications étaient facilement révélées par projection grâce à un éclairage adéquat. On peut donc imaginer que les forgerons nains aient développé une technique similaire pour réaliser l'ithildïn.

Chez Tolkien, les runes ne sont pas uniquement insérées dans la pierre, elles ornent aussi certains parchemins.

C'est le cas de la carte dévoilant l'entrée secrète d'Erebor, la Montagne Solitaire autrefois habitée par les nains. Cette carte, confiée par Gandalf au roi Thorin afin d'entreprendre la quête de son trésor, a été dessinée par Thror, le grandpère du roi. Le seigneur elfe Elrond y décèle des runes : « Les lettres lunaires sont des lettres runiques, mais invisibles lorsqu'on les regarde de face. On ne peut les voir que quand la Lune brille par-derrière et avec ceci d'ingénieux que ce doit être une Lune de la même forme et de la même saison que le jour où les lettres furent tracées. Elles ont été inventées par les nains, qui les écrivaient avec des pointes d'argent [...]. » (*Bilbo le Hobbit*). Contrairement aux runes décrites plus haut qui sont plutôt génériques, celles-ci deviennent visibles sous certaines conditions seulement : la lumière ne suffit plus, il faut que la Lune soit exactement dans la même phase que lorsque ces inscriptions ont été tracées. Que des inscriptions ne soient visibles que pour une intensité lumineuse particulière est un mystère pour la science. En revanche, elles pourraient n'être visibles que pour une longueur d'onde bien choisie. C'est ce qui se passe avec la fluorescence, propriété que possèdent certaines molécules d'absorber de l'énergie lumineuse et de la restituer rapidement sous forme d'une émission de lumière. Elles permettent par exemple de faire des encres visibles uniquement si elles sont éclairées par une source de lumière ultraviolette. L'usage de molécule fluorescente est aussi très courant pour marquer certaines molécules dans la recherche biomédicale. Ces runes rappellent aussi les encres « sympathiques » révélées par chauffage et utilisées dans la préhistoire des services secrets. Le procédé est chimique plutôt qu'optique : l'encre s'oxyde en chauffant et n'a plus la même teinte que le support. C'est le cas bien connu du jus de citron qui devient brunâtre sous la flamme. Dans notre monde, il est possible de rendre des objets invisibles : en octobre 2006, des chercheurs de l'université Duke, en Caroline du Nord, ont réussi à rendre un objet invisible aux micro-ondes, ce qui est moins parlant mais déjà impressionnant. D'habitude, les engins furtifs se contentent d'absorber l'énergie électromagnétique incidente ou de la renvoyer dans des directions bien choisies grâce à la forme particulière de leur fuselage. Ces chercheurs ont construit un dispositif capable de forcer les rayons lumineux à contourner un objet, un peu comme l'eau s'écoule autour d'un galet. Les rayons ne sont ni absorbés ni renvoyés par l'objet qui devient donc invisible. Pour réaliser cet exploit, il a fallu utiliser des matériaux artificiels possédant des propriétés optiques très différentes des matériaux usuels. Par exemple, contrairement à la matière ordinaire, ils doivent réfracter la lumière selon un angle négatif, c'est-à-dire avoir un indice de réfraction négatif. Les premiers de ces « métamatériaux » étaient composés de plusieurs couches d'une matrice en fibre de verre entre lesquelles étaient insérés des anneaux métalliques. Soumis à une onde électromagnétique, le métamatériau réagit en induisant un champ électromagnétique interne qui modifie la trajectoire de l'onde incidente et la force à le contourner. Pour que cela fonctionne, il faut que la taille des structures soit plus petite que la longueur d'onde du rayonnement incident. Les contraintes de fabrication imposèrent à l'équipe américaine une taille de l'ordre du millimètre les obligeant à utiliser des micro-ondes. Mais en principe, ce qu'ils ont réalisé pour les micro-ondes pourrait l'être pour la lumière visible, car les phénomènes en jeu sont de même nature. L'obstacle n'est que technologique, les éléments à utiliser devant être bien plus petits, de l'ordre de quelques centaines de nanomètres (milliardièmes de mètres), et plus complexes. D'ailleurs, en janvier 2007, une équipe de l'université de Karlsruhe a réalisé une résille constituée de trous de 100 nanomètres de diamètre forés dans des couches de fluorure d'argent et de magnésium sur un substrat de verre. Ce matériau fonctionne à la limite rouge du spectre visible, à une longueur d'onde de 780 nanomètres. Les recherches s'orientent à présent vers l'obtention de matériaux invisibles dans la partie visible du spectre lumineux…

Le corps invisible

Tolkien ne traite pas seulement d'invisibilité sonore ou d'écritures invisibles. Ses personnages peuvent aussi (notamment Bilbo ou son neveu Frodo selon les romans) disparaître complètement. Tout le monde rêve d'être invisible pour entrer au cinéma gratuitement, aller enquiquiner les fâcheux ou vider un coffre de banque. Une fois invisible, il semble difficile en effet de conserver son honnêteté et son intégrité, car les contraintes morales disparaissent également. C'est la question traitée par Platon dans l'allégorie de l'Anneau de Gygès : qu'est-ce qui oblige un homme rendu invisible à avoir un comportement moral ? C'est aussi ce que raconte H. G. Wells dans son roman *L'Homme invisible* (1897) où le chimiste Griffin découvre et teste sur lui un sérum d'invisibilité. Commettant vols et crimes, le personnage s'enferme dans une spirale infernale qui le mènera à la mort… N'existant plus ni socialement ni moralement, l'individu invisible peut aussi se laisser aller à ses pulsions et fantasmes. C'est ce que montre Milo Manara dans sa bande dessinée érotique *Le Parfum de l'invisible* (1986). Les méthodes invoquées pour devenir invisible varient selon les genres. La *fantasy* favorise nettement la magie tandis que la science-fiction fait plutôt intervenir des procédés physico-chimiques. Ainsi, Jane Storm, membre des *Quatre Fantastiques* (Marvel Comics, 1961), peut se rendre invisible à volonté après avoir été irradiée accidentellement par des rayons cosmiques durant une expédition spatiale. Dans la série télévisée américaine *L'Homme invisible* (1975), le savant Daniel Westin met au point une machine « à rayons » capable de rendre les objets invisibles et qu'il applique à lui-même. Chez Tolkien, les personnages ont recours à des moyens différents pour devenir invisibles : ils revêtent une cape elfique ou mettent au doigt l'Anneau Unique.

La cape elfique

Lorsque les compagnons de l'Anneau quittent la Lórien, ils se voient offrir par la reine elfe Galadriel plusieurs cadeaux dont des capes d'invisibilité :

> *Pour chacun, ils [les elfes] avaient prévu un capuchon et un manteau, fait à sa taille d'une étoffe soyeuse, légère mais chaude [...]. La couleur en était difficile à définir : ils semblaient gris, avec un reflet du crépuscule sous les arbres, mais bougés ou placés dans une autre lumière, ils devenaient du vert des feuilles dans l'ombre, du brun des champs en friche la nuit ou de l'argent sombre de l'eau sous les étoiles.*
>
> *Le Seigneur des Anneaux*, livre I.

Cette cape relève plutôt du camouflage ou du mimétisme, une forme d'invisibilité par contraste courante chez de nombreux animaux réels tels les céphalopodes, les arthropodes ou les caméléons. Ces stratégies de furtivité, retenues par la sélection naturelle pour passer inaperçu aux yeux des prédateurs ou des proies, sont rendues possibles grâce à des cellules pigmentaires de la peau (les chromatophores et les iridophores) qui réfléchissent différemment la lumière selon leur état. Mais la cape elfique n'est pas « vivante », il ne s'agit pas d'un organisme mimétique qui recouvre les héros en cas de besoin. Elle est bel et bien constituée de textile, comme l'explique un chef elfe :

> *Ce sont de beaux vêtements, et le tissu en est bon, car il a été fabriqué dans ce pays. [...] Feuille et branche, eau et pierre : ils ont la couleur et la beauté de toutes ces choses dans le crépuscule de la Lórien que nous aimons, car nous mettons la pensée de ce que nous aimons dans tout ce que nous fabriquons. Ce sont toutefois des vêtements, non des armures, et ils ne détourneront ni flèche ni lame. Mais ils devraient vous être de grand service : ils sont légers à porter et assez chauds ou frais selon les besoins. Et vous les trouverez très utiles pour vous cacher à la vue d'yeux hostiles, que vous marchiez parmi les pierres ou parmi les arbres.*
>
> *Le Seigneur des Anneaux*, livre I.

Dans cette veine, des équipes de recherche, souvent financées par la défense, déve loppent des revêtements de haute technologie dont les motifs copient l'environnement et s'adaptent à ses changements de couleur. Par exemple, un groupe américano-chinois a dévoilé en 2014 les détails techniques d'une « peau » qui est à la fois un capteur, « copiant » le décor à l'arrière, et un afficheur de ce même décor à l'avant. Cinq couches de matériaux différents sont nécessaires, aux fonctions analogues à celles qui ont été identifiées chez les chromatophores des céphalopodes. Pour l'instant, seuls des motifs en noir et blanc apparaissent sur le matériau, mais celui-ci est souple et répond rapidement aux modifications extérieures. La même année, un groupe de la Direction générale de l'armement (DGA) a présenté son projet « Caméléon », qui couvre, lui, un spectre de longueurs d'onde plus grand, du visible à l'infrarouge, ce qui est intéressant pour rester indétectable la nuit. Si l'on peut douter que les capes elfiques fonctionnent grâce à cette technologie, elles restent aussi secrètes que leurs cousines militaires…

L'Anneau Unique

Pour se rendre invisible, le moyen le plus efficace reste l'Anneau Unique, objet de grande convoitise. Mais le passer à son doigt n'est pas sans conséquence, car il altère aussi le physique et l'esprit. Sméagol en sait quelque chose[2]. Les pouvoirs d'un tel anneau sont-ils vraisemblables ? En histologie (étude des tissus organiques), il est possible de rendre transparentes certaines parties du corps pour mieux en observer d'autres : la technique consiste à tremper le sujet dans différents bains (à base d'enzymes, d'alcool et de colorants notamment) afin par exemple de rendre les chairs invisibles et de colorer le cartilage et les os que l'on souhaite observer. Ceci permet d'éviter les dissections. Des scientifiques de Stanford ont réussi à rendre transparent le cerveau d'une souris sacrifiée en le plongeant dans un bain d'hydrogel, substance similaire à celle dont sont constituées les lentilles jetables. Les molécules de ce gel ont pénétré les tissus pour former une armature souple et transparente avant d'ôter les lipides cellulaires opaques à la lumière. Cette technique a permis d'obtenir des clichés très précis de l'architecture moléculaire du cerveau. L'Anneau de Sauron, tel un gadget de James Bond, contiendrait-il de tels produits qui rendent invisible la personne qui le passe à son doigt ? Non car, s'il rend invisible son porteur aux yeux de ceux qui l'entourent, il le rend visible aux yeux de Sauron et de ses sbires, les Nazgûl ou « Spectres de l'Anneau ». Ceux-ci ressentent et détectent d'autant mieux la présence de l'Anneau qu'ils y sont intimement liés, comme l'explique Gandalf à Frodo : « Vous étiez le plus menacé pendant que vous portiez l'Anneau, car alors vous étiez vous-même à demi dans le monde des spectres, et ils auraient pu vous saisir. Vous pouviez les voir, et ils pouvaient vous voir de même. » (*Le Seigneur des Anneaux*, livre I). Gandalf a raison car en physique, on parle de principe du retour inverse de la lumière. Ce même principe voudrait qu'un homme vraiment invisible, s'il ne peut être vu, soit aussi aveugle ! Difficile de réécrire le *Seigneur des Anneaux* dans de telles conditions…

Une histoire chimique de l'Anneau Unique

Stéphane Sarrade, chimiste, CEA

Tout a-t-il été écrit sur l'Anneau Unique sorti de l'imagination de Tolkien ? Non… Un mystère persiste sur sa nature chimique. Cet anneau est réputé être en or, métal noble et rare classique des objets merveilleux. Mais est-ce tout ? Menons l'enquête sur les possibles relations entre d'autres matériaux et les propriétés réelles ou magiques de cet objet maléfique. Sa nature chimique va nous conduire à une analyse métallogénique et géologique des gisements métallifères du Mordor, à l'origine de possibles mines d'or. Pourrons-nous alors tisser des liens entre cette nature chimique et les étranges pouvoirs de l'Anneau Unique ?

Un Anneau pour les gouverner tous

Tout d'abord, que savons-nous de cet Anneau Unique ? Dans *Bilbo le Hobbit*, il s'agit d'un simple objet magique créé par Sauron, Seigneur des Ténèbres, qui donne un pouvoir d'invisibilité partiel (l'ombre du porteur reste visible en plein soleil). Dans *Le Seigneur des Anneaux*, l'auteur nous explique que, dans son désir d'asservir et de corrompre les êtres vivants, Sauron forge l'Unique pour dominer tous les autres anneaux et ainsi sauvegarder son immense pouvoir. L'Unique nait en secret dans les profondeurs d'Orodruin, Mont Destin, vers 1600 du Deuxième Âge. Volé par Isildur au début du Troisième Âge, l'anneau est perdu dans le fleuve Anduin. Le hobbit Déagol le repêche par hasard, mais il est assassiné par Sméagol. Caché dans les Montagnes de Brume, Sméagol, qui deviendra Gollum, se verra subtiliser l'anneau par Bilbo. Plus tard dans la Comté, Bilbo le cédera à son neveu Frodo avec pour mission de l'empêcher de retourner à son créateur et donc de le détruire à l'endroit même où il a été créé, dans les Failles du Destin d'Orodruin. Cette quête racontée dans *Le Seigneur des Anneaux* s'achève avec la destruction de l'Unique à la fin du Troisième Âge et le couronnement d'Aragorn. La Terre du Milieu est sauvée de la puissance destructrice de Sauron et une paix durable est rétablie en 3021.

L'Anneau est un objet maléfique qui traduit l'intention de son créateur : créer un bijou qui concentrera les tentations des elfes, des nains et des hommes, prêts à tout pour le posséder et tomber à sa merci.

Les pouvoirs de l'Anneau : vers un homme augmenté et corrompu ?

En plus du don d'invisibilité, l'Anneau Unique permet de pénétrer le monde des esprits, invisible au commun des mortels et où se croisent les spectres de l'Anneau. Mais ces pouvoirs ont une contrepartie puisque ses porteurs sont soumis à une addiction funeste : leurs mauvais penchants s'épanouissent (Sméagol devient assassin), et plus ils s'approchent des mondes invisibles, plus ils perdent pied dans la réalité, au point de perdre leur humanité (comme Sméagol se transformant en Gollum). Le risque ultime est de rejoindre définitivement le monde des ombres, à l'image des Nazgûl.

Les porteurs ont ainsi pour vocation de devenir de nouveaux Sauron. Pour consolider la volonté de domination, le pouvoir de l'anneau confère aussi une longévité surnaturelle et une acuité sensorielle accrue. Ce n'est pas sans rappeler les effets de certaines drogues ou poisons dont la science-fiction et l'*heroic fantasy* sont friandes. Seuls quelques êtres d'exception, dépourvus d'une totale aspiration au pouvoir ou à l'appropriation, sont insensibles aux effets de l'Anneau et résistent à l'emprise de Sauron, comme Tom Bombadil ou Gandalf.

Au-delà des propriétés physiques de cet objet purement métallique et tangible, l'Unique semble aussi se comporter comme un être organique, notamment un parasite : extrêmement attractif pour susciter l'intérêt de ses hôtes, il semble doué d'une volonté propre afin de déployer les stratégies nécessaires pour retrouver son maître. Il peut changer d'hôte autant que de besoin, et plus les traits de caractère négatifs de l'hôte sont affirmés, plus son action et sa corruption seront efficaces. Si nécessaire, il peut aussi conférer à son porteur la capacité de comprendre d'autres langues, comme quand Bilbo comprend le langage des araignées (*Bilbo le Hobbit*). Pour arriver à ses fins, l'anneau prend donc le contrôle de l'esprit de son hôte selon une stratégie cohérente.

Que savons-nous des propriétés physicochimiques de l'Unique ?

Il est rond, lisse et brillant (puisque réputé être en or), parfois brûlant ou parfois froid. À température ambiante, il peut sembler lourd et, à d'autres moments, plus léger tout en gardant le même volume. Cela peut se traduire par une masse volumique ou une densité variable. Quand il est chauffé, des inscrip tions apparaissent en langue du Mordor, résumant l'intention de Sauron :

Un Anneau pour les gouverner tous
Un Anneau pour les trouver
Un Anneau pour les amener tous,
Et dans les ténèbres les lier
Au pays de Mordor où s'étendent les ombres.

Ainsi l'anneau a reçu un traitement de surface sophistiqué pour conférer à sa couche supérieure des propriétés optiques particulières. Ceci implique que, dans cette couche supérieure *a priori* en or, des atomes d'un autre matériau aient été déposés, voire intégrés, dans le réseau métallique aurifère. Si ce nouveau matériau est judicieusement choisi, il va présenter à température ambiante des propriétés proches de celle de l'or (élément pas trop éloigné de l'or dans le tableau de Mendeleïev) et sa présence sera donc invisible à l'œil nu. En augmentant la température, la dilatation différentielle entre les deux matériaux induit une hétérogénéité du réseau métallique. Si ces défauts microscopiques correspondent à une écriture cohérente, ils peuvent former macroscopiquement des lettres et des phrases. Cela signifierait que Sauron disposait, dans le Mont Destin, d'un procédé équivalent à celui de la gravure laser femtoseconde, utilisée dans la réalité pour faire de la fabrication additive – comme c'est le cas ici. Cela semble en théorie possible, mais en pratique la mise en œuvre reste compliquée. Cependant, si l'anneau n'est pas en or pur mais issu d'un mélange avec d'autres métaux, cela simplifie le procédé : un simple traitement électrochimique pour générer une telle hétérogénéité métallique en surface peut suffire !

N'oublions pas que l'Unique, comme tout Anneau de Pouvoir, est quasi indestructible. Gandalf indique que le plus puissant four des nains ne pourrait le fondre, ni même les terribles flammes d'un dragon : seul son feu créateur des Failles du Destin peut le détruire. Un simple anneau en or ne peut répondre à cette fonction inaltérable : l'hypothèse d'un alliage sophistiqué se confirme donc, et conduit à nous intéresser aux compétences métallurgiques de Sauron.

Sauron, ingénieur de génie ?

Sauron est à l'origine un Maia, être divin de second rang au service d'une caste plus élevée, les Valar. Il est d'abord au service d'Aulë, un Vala ayant la particularité d'être forgeron, puis devient premier lieutenant du terrible Morgoth. Très tôt, Sauron maîtrise donc la magie (par sa nature divine) et la métallurgie (dont il apprend les techniques en trompant les elfes forgerons et créateurs des autres anneaux). En tant que Maia, il est immortel, maître en manipulation intellectuelle et capable de changer d'apparence à volonté, devenant même parfois extrêmement séduisant : voilà les propriétés magiques que nous retrouverons dans l'Anneau Unique, qui n'est finalement que le prolongement de Sauron !

Le mélange entre métallurgie et magie se nomme alchimie. Au Moyen Âge, les alchimistes avaient pour ambition maîtriser la matière au point de pouvoir la transmuter, avec l'idée ultime de changer le plomb en or à l'aide de la pierre philosophale, catalyseur imaginaire et promoteur de la vie éternelle. On sait aujourd'hui que les éléments chimiques sont constitués de protons et de neutrons assemblés en noyau autour duquel gravitent des électrons. Dans le tableau de Mendeleïev, les éléments chimiques sont classés en fonction de leur nombre de protons, numéro atomique (Z). Pour un même élément, le nombre de neutrons peut varier alors que Z reste invariant. En fonction du nombre de neutrons, un élément chimique présente donc des variantes, les isotopes. Certains sont radioactifs, donc instables : au cours du temps ils se débarrassent de particules pour revenir à l'isotope stable, le plus abondant. Dans le tableau de Mendeleïev, l'or (Au) a un Z de 79. Ses voisins de droite ont 80 (mercure), 81 (thallium) et 82 (plomb) protons, tandis que ceux de gauche en ont 78 (platine) et 77 (iridium). En bombardant de neutrons du platine ou du mercure, il est donc possible d'obtenir de l'or (ce phénomène se nomme « fission nucléaire »). Cette transmutation a été réalisée en 1941 dans un réacteur nucléaire, qui n'est autre qu'une source de neutrons rapides : l'or obtenu est alors radioactif. Rappelons enfin que l'isotope stable de l'or est 197Au (79 protons et 118 neutrons) et qu'il existe également les isotopes 195Au, 196Au, 198Au et 199Au. Les deux derniers sont radioactifs et ont une demi-vie de deux à trois jours ; ils se transmutent spontanément en mercure 198 Hg et 199 Hg.

D'après ces informations, le Mordor pourrait donc être une zone d'activité nucléaire significative, ce qui est compatible avec le niveau de désolation décrit par Tolkien. Le sous-sol du Mont Destin quant à lui serait riche en filons d'or ou en roches ultrabasiques contenant des inclusions d'or. Comme Sauron ne semble pas posséder d'accélérateur de particules pour effectuer ses transmutations, il semble que sa source radioactive soit naturelle, donc géologique. Cela existe dans la région d'Oklo au Gabon où un réacteur nucléaire naturel a été découvert en 1972, et où le minerai d'uranium enchâssé dans du grès et soutenu par du granite devient naturellement radioactif en présence d'eau (modérateur de neutrons rapides). Un tel réacteur nucléaire naturel dans le Mordor permettrait d'expliquer à la fois la spécificité du sous-sol du Mont Destin et le fait que l'Unique ne peut être fabriqué ou détruit qu'à cet endroit précis à cause de la présence d'une énergie gigantesque et continue (la puissance du site d'Oklo est de 500 à 1 000 MW). Sauron serait donc forcément un alchimiste doté de connaissances en ingénierie atomique et équipé d'une robuste tenue de radioprotection – sa lourde armure serait donc en plomb ! Chimiquement parlant, cette énergie permettrait la transmutation de mercure ou platine (contenu naturellement dans les roches aurifères du Mont Destin) en or mais aussi en iridium et en platine qui constitueraient aussi l'anneau. La présence de ces éléments réputés pour leur dureté expliquerait sa résistance mécanique accrue.

L'Anneau Unique serait donc formé à partir d'un matériau obtenu par bombardement neutronique de filons aurifères ou de roches mères, formant un alliage improbable constitué des isotopes radioactifs de l'or, du mercure, du platine et de l'iridium. Cet alliage hautement instable expliquerait la montée subite en température de l'anneau au contact de certaines sources, ainsi que son changement de densité. Les puissants rayonnements radioactifs des produits de fission expliqueraient quant à eux la mutation du pauvre Sméagol en terrible Gollum – rappelons que les autres porteurs Sauron et Bilbo étaient protégés d'une armure respectivement de plomb et de mithril. Enfin, la radioactivité de l'anneau pourrait aussi expliquer son pouvoir d'invisibilité : pour le démontrer, il convient de rappeler ce qu'est l'effet Vavilov-Tcherenkov, bien connu des physiciens : il décrit le flash lumineux se produisant lorsqu'une particule chargée se déplace dans un milieu diélectrique (ou isolant) avec une vitesse supérieure à celle de la lumière – cet effet se propage comme une onde de choc et provoque la luminosité bleue de l'eau entourant le cœur d'un réacteur nucléaire. Imaginons qu'un effet similaire se crée lorsque le porteur glisse l'anneau à son doigt : du fait du contact avec les cellules de l'épiderme, l'anneau trouverait une source d'énergie pour émettre des particules de haute vitesse. Cet effet pourrait modifier les propriétés de réflexion ou de diffraction de la lumière : une modification ordonnée et astucieuse de la lumière pourrait alors atténuer voire oblitérer l'image du porteur de l'anneau ! Mais c'est forcément le porteur qui fournirait une partie importante de l'énergie nécessaire à ce phénomène, ce qui explique aussi l'extrême fatigue de Frodo, voire la déchéance physique de ses autres porteurs...

Sauron, expert en biotechnologie ?

Les nématomorphes sont des vers parasites qui colonisent les insectes orthoptères (grillons et sauterelles). Quand les vers passent du stade larvaire au stade adulte, ils deviennent plus gros que leurs hôtes et doivent rejoindre le milieu aquatique pour se reproduire. Ces parasites sont dits « manipulateurs » car, afin de maintenir leur cycle de reproduction, ils obligent leur hôte à se « suicider » en se jetant à l'eau. Pour cela, ils produisent des molécules neuroactives mimétiques, structurellement comparables à celles produites par les insectes eux-mêmes, et les sécrètent directement dans le système nerveux central de leurs hôtes : en fait, ils prennent indirectement le contrôle de l'organisme parasité ! Quel rapport avec l'Anneau de Sauron ?

Le fait de porter l'anneau implique un contact réel entre le bijou et la peau. Imaginons des nanoparticules de l'anneau capables de passer à travers l'épiderme du porteur, puis par le sang pour atteindre son système nerveux central : ces nanoparticules radioactives (puisque provenant de l'anneau) agiraient comme des drogues en altérant ou stimulant les niveaux de conscience de l'hôte – elles seraient aussi capables de prolonger sa vie, mais au prix d'une altération de ses cellules, comme lors d'une radiothérapie. Ces nanoparticules ressembleraient alors aux molécules neuroactives sécrétées par les parasites manipulateurs : elles auraient été créées par Sauron qui serait également un expert en biotechnologie !

En conclusion, l'anneau de Sauron ne serait pas en or pur. Il serait constitué d'un alliage instable composé d'isotopes radioactifs obtenus grâce à un réacteur nucléaire naturel situé sous le Mont Destin – ce lieu de haute énergie permettrait à la fois de concevoir et de détruire l'anneau par ultime transmutation ou transformation atomique. Au contact d'un porteur, l'anneau puiserait de l'énergie pour émettre des particules de haute vitesse conduisant à un effet d'invisibilité. Mais le porteur serait aussi infecté par de dangereux nanomatériaux neuroactifs, modifiant à jamais son comportement et son métabolisme. Maître de la guerre, grand forgeron et alchimiste expérimenté, Sauron serait aussi expert en radioactivité et en biotechnologie : un supervilain décidément pluridisciplinaire !

CINQUIÈME PARTIE

DES PERSONNAGES ÉTONNANTS

Récits d'un jeune médecin… en Terre du Milieu

LUC PERINO, médecin clinicien et essayiste

Les médecins, infirmiers, obstétriciens, psychologues et autres praticiens n'ont jamais eu de succès en Terre du Milieu. Comme si les soignants devaient à jamais être exclus de la *fantasy*, au prétexte que s'occuper du corps des héros est rabat joie et rabaisse leur statut. Les héros ont certes de grandes fragilités – c'est là tout leur charme –, mais elles relèvent rarement du registre biomédical : elles sont plutôt d'ordre affectif, émotionnel ou spirituel. Deux autres raisons expliquent cette vacance médicale en Terre du Milieu : la première tient à l'auteur, la seconde à ses personnages.

La main du roi et celle de l'auteur

Tolkien devait avoir une belle et enviable santé pour produire, pendant huit décennies, le torrent de neuromédiateurs et le niveau de pression artérielle nécessaires au fonctionnement d'un cerveau aussi tumultueux.

Par ailleurs, il s'inspire manifestement de l'époque médiévale, riche d'exploits chevaleresques mais dépourvue d'exploits sanitaires, saturée de mysticisme mais dépourvue de sens clinique. Si l'auteur avait inclus quelques praticiens dans ses récits, c'eût été certainement pour se moquer de leur incompétence ou de leur couardise devant la peste et autres épidémies bien plus meurtrières que les orques.

Le médiévisme médical est partout. Le Souffle Noir (infligé par les Nazgûl) est explicitement une évocation de la peste pulmonaire. Nul ne peut aujourd'hui comprendre ce qu'était une épidémie qui a tué 35 % de la population européenne en trois ans, quand – même si les comparaisons ont leurs limites – le sida a tué 0,5 % de la population mondiale en 30 ans. Voilà pourquoi les Nazgûl provoquaient une terreur capable de paralyser avant même qu'ils n'aient frappé. Et les médecins du Moyen Âge, aussi ignorants devant la maladie physique que devant le traumatisme psychique, n'ont vraiment aucune raison de figurer dans cette histoire de héros.

Les seules thérapeutiques mentionnées à l'époque médiévale évoquent l'herboristerie. Or, au Gondor, les Maisons de Guérison de Minas Tirith hébergent un Maître des herbes. L'action des racines et feuilles médiévales sur de petits maux était doublée d'un fort pouvoir placebo et mystique, car elles provenaient des « jardins de simples » (ou jardins médicinaux) des monastères du IXe siècle. Pour se convaincre du parallèle, il suffit de relire les passages où Aragorn utilise l'athelas (ou « feuille de roi ») pour soigner Frodo, Éowyn, Faramir ou Merry. Les talents de ce héros polyvalent relèvent plus de l'incantation, du chamanisme ou de l'exorcisme que de l'apothicairerie. La feuille d'athelas est moins importante que la main d'Aragorn. L'inspiration médiévale est confirmée par le passage où la vieille Ioreth parle du pouvoir de guérisseur des mains du roi, « pouvoir qui permet de reconnaître le roi légitime ». Ceci évoque le rituel du « toucher des écrouelles » où le roi effleurait les scrofules des tuberculeux, plus précisément ceux atteints d'adénopathie cervicale tuberculeuse chronique, pour les guérir.

De tels passages, ainsi que ceux évoquant la Maison de Guérison où Éowyn fut doublement soignée de ses blessures de guerre et de son mal d'amour, ont été occultés dans le film. Dommage, cela nous aurait reposés des scènes de combat. Décidément même le chamanisme et la psychiatrie sont exclus de la *fantasy !*

Seule la chirurgie de guerre, évidemment très vivace au Moyen Âge, apparaît çà et là, mais elle se résume à la classique extraction de lames et de flèches par Elrond ou Gandalf.

Une santé variable selon les personnages

Que seraient venus faire des médecins au sein de populations où personne ne les aurait ni sollicités ni écoutés ? Les hobbits n'imaginaient même pas que l'on put avoir besoin de médecin, ni d'infirmier, ni de quelque soignant ; ils devaient avoir le sentiment d'être protégés par leur communautarisme. Certes, ils éprouvaient la douleur et n'ignoraient pas la maladie, mais la demande d'aide et d'assistance était réservée aux situations catastrophiques où les magiciens devenaient alors le seul recours. Bien qu'il y eût aussi des magiciens maléfiques, les hobbits comptaient sur leurs facultés intuitives pour en trouver un bon, et ceux qui, par manque de perspicacité, en avaient choisi un mauvais avaient la médecine qu'ils méritaient. Bref, la médecine n'avait aucune place entre abstention et magie, et le risque d'être définitivement marginalisé décourageait les jeunes hobbits à s'engager dans des études médicales.

Chez les nains, s'il y avait eu un ou deux médecins, cela n'aurait pu qu'être une légende inventée après boire, pour se moquer de ceux qui auraient osé les consulter. Les hommes, implicitement plus fragiles, ne comptaient pas beaucoup de patients modèles dans leur rang. La statistique est difficile, je les répartirai volontiers en trois groupes quant à leur conduite face à la maladie : 80 % pour le mépris, 15 % pour la magie et 5 % pour le soin.

Les orques ne peuvent pas être des malades puisqu'ils sont eux-mêmes des maladies. Leur population est une sémiologie des pustules, cancers, sécrétions, escarres, prurits, suppurations, hémorragies et malformations. Ils sont fragiles et meurent au moindre coup d'épée. D'ailleurs, on ne doit pas traiter des objets-maladie, on ne doit traiter que des sujets !

Quant aux elfes, insensibles à la maladie et à la sénescence, ils méritent une réflexion clinique sur l'immortalité… que nous développerons.

Un clinicien égaré en Terre du Milieu ne peut s'adonner qu'à une moitié de l'art médical, celui du diagnostic, puisque le soin est doublement absent, faute de fidèles et faute de thérapeutiques. Présentons quelques cas cliniques des personnages de Tolkien, sans se préoccuper de leur soin.

L'épineuse immortalité des elfes

Chez les elfes, la sénescence (l'ensemble des processus physiologiques par lequel un sujet évolue) n'existe pas. Il en est presque de même pour la médecine où la sénescence n'est pas reconnue comme telle, ce qui confère à la gestion de la mort par les médecins des aspects parfois ubuesques. Dans l'acception médicale, on ne meurt pas parce que la longévité spécifique d'*Homo sapiens* a une borne supérieure, mais on meurt des suites d'une maladie. Les incontestables succès de la médecine sur les morts prématurées ont été suivis d'une demande et d'une offre de soins supposées retarder aussi les morts tardives. Ce paradoxe, ingérable et inavoué, est cependant tacitement compris par les deux parties : médecins et patients. Cela conduit à un passionnant jeu de cache-cache dialectique et clinique comparable à celui qu'aurait pratiqué un médecin elfe. Nous savons que les elfes étaient immortels, mais qu'ils avaient le choix de devenir mortels. Ils étaient en grande souffrance face à ce choix, comme le serait chacun d'entre nous. Le choix de l'immortalité supprime immédiatement tous les autres choix de vie et provoque un ennui infini plus douloureux que la dépression unipolaire. La tâche d'un médecin d'elfe aurait été de pousser ses patients au choix de la mortalité. Et cela d'autant plus qu'ils apprécient la compagnie des hommes et des nains, deux espèces mortelles, donc supposées disparaître un jour à jamais. Imaginez la mélancolie collective infinie d'un peuple immortel ayant perdu une de ses raisons de vivre !

C'est assurément au pourcentage d'elfes qu'il aurait convaincus de mourir un jour qu'aurait été jugée l'expertise d'un médecin de chez eux. À l'opposé des transhumanistes d'aujourd'hui et de notre monde qui monnayent de fausses survies dont le seul apport est une souffrance obsessionnelle de la survie, le clinicien d'elfes est un expert qui suscite l'automédication gratuite et confortable de la mortalité. Tolkien en était un, en encourageant Arwen à choisir la mortalité par amour pour Aragorn.

La thérapie suspecte de Fendeval

Ceci nous conduit aux excellentes relations entre les elfes et les hommes, tout particulièrement à Fendeval, ce havre de paix également nommé Imladris où tout séjour est un enchantement. Le semi-elfe Elrond est le maître des lieux. Il est à la fois guérisseur et chirurgien ; c'est lui qui extrait la lame de l'épaule de Frodo. L'observation clinique suggère que ses talents ne viennent pas que de la magie, mais aussi d'une drogue bien concrète qui sert à la fois d'anesthésique et de psychotrope.

Par deux ou trois fois dans le récit, Gandalf propose à ses comparses blessés ou épuisés une gorgée d'un précieux breuvage qu'il conserve dans une gourde en cuir et dont il précise bien qu'elle lui a été remise par Elrond. Cette liqueur est le miruvor auquel Gandalf donne le nom évocateur de « cordial d'Imladris », breuvage qui évoque encore le Moyen Âge avec sa thériaque, électuaire dont la composition n'avait rien à envier à la fantaisie de Tolkien, puisqu'elle comprenait entre autres : chair de vipère, scille, racine d'aristoloche, bitume de Judée, sécrétion odorante de glandes sexuelles du castor, et jusqu'à plus de cent substances différentes. Mais elle contenait essentiellement de l'opium et c'était assurément à ce dernier qu'elle devait sa réputation de soigner tous les maux !

Le grand bonheur des séjours à Imladris, les multiples plaisirs que l'on y goûtait et la grande convivialité qui y régnait n'étaient pas seulement dus à l'hospitalité d'Elrond, mais aussi aux vertus de l'opium ou autres drogues psychédéliques pudiquement suggérées par l'auteur.

Une caricature psychosomatique

Frodo, personnage central de l'histoire, est une caricature clinique. Ce jeune hobbit, soumis à Bilbo et fasciné par Gandalf, est habité par tous les doutes. Il se conduit alternativement en héros et en lâche, en ami fidèle et en traître, et se laisse facilement influencer. Il est amusant de constater que Tolkien a donné à Aragorn l'insolite talent, pour un super-héros, de guérir par suggestion, et qu'il a fait de Frodo un anti-héros que la suggestibilité rend constamment malade.

Frodo a des évanouissements, il manque plusieurs fois se noyer, il se laisse hypnotiser, il souffre longtemps de toutes ses blessures. La plupart de ses symptômes et maladies relèvent du registre psychosomatique.

Pesons bien les mots pour ne pas fâcher les inconditionnels. Il s'agit d'un hobbit; il n'est donc pas hypocondriaque, c'est-à-dire qu'il ne croit pas avoir une maladie qu'aucun médecin ne saura diagnostiquer ou soigner. En tant que hobbit, il ne peut pas être nosophobe, c'est-à-dire avoir peur de toutes les maladies. Il ne peut pas non plus être normopathe, terme qui désigne les patients acceptant avec une surprenante soumission toutes les pathologies réelles ou supposées que leur assignent les médecins. Il n'a rien d'un hystérique qui majore ses symptômes ou d'un histrion qui en joue. Non, il présente simplement des troubles psychosomatiques isolés, dus à la lourdeur de sa mission, à ses doutes, à son manque de confiance, à son manque d'introspection corporelle, et lorsqu'on lui donne l'explication adéquate, son symptôme disparaît, ce qui caractérise exclusivement ce type de trouble.

C'est pourquoi Tolkien l'a fait accompagner par Sam, antithèse psychosomatique, personnage au pragmatisme fondamentalement biologique, qu'une vitalité fruste et débordante rend imperméable à toute pathologie mentale ou physique.

Gollum le schizophrène

Il paraît trop simple de voir en Gollum une simple figure de l'opposition entre le bien et le mal, car ce trait est porté par tous les personnages qui ont possédé ou approché l'Anneau Unique. Le clinicien y voit beaucoup plus que cela, car il faut bien introduire un peu plus de médecine dans cette saga qui en est fort dépourvue !

Lorsque Gollum était encore Sméagol, a-t-il assassiné son ami en possession de l'Anneau simplement par convoitise ou jalousie ? Cela me paraît étonnant pour un hobbit. N'a-t-il pas plutôt commis cet acte criminel sous l'emprise de voix qui lui donnaient l'injonction de le faire, voix auxquelles il ne pouvait se soustraire ?

Les voix impératives, l'impression d'être constamment surveillé, d'avoir l'esprit manipulé par quelqu'un d'autre, sont les facettes d'un symptôme constant et central de la schizophrénie, maladie aux expressions variées qui comporte beaucoup d'autres symptômes moins invalidants.

Sméagol n'a jamais guéri de ces voix après être devenu Gollum. Elles ont continué à lui parler, à lui faire commettre plusieurs tentatives d'assassinat qui ont échoué à cause de sa faiblesse et de sa gracilité. Gollum aujourd'hui prendrait des neuroleptiques qui le rendraient obèse et résigné. Un schizophrène ne se résigne jamais à admettre que ces voix ne sont que des voix. Les périodes d'extrême gentillesse et de soumission de Gollum ne sont pas l'action des forces du Bien, ce sont simplement des périodes dites *intercritiques*.

Pendant ces périodes, Frodo et Sam ne se méfient pas de lui, bien que Sam ait toujours eu un meilleur diagnostic intuitif. Comme tous les schizophrènes, même pendant ses périodes intercritiques, Gollum conserve des troubles visibles de la personnalité – contrairement aux malades bipolaires dont nous allons maintenant aborder quelques cas cliniques.

Manipulation mentale et bipolarité

On dit volontiers que l'homme est un singe bipolaire. Façon amusante de signifier que l'apparition de la conscience a généré son cortège d'angoisses et troubles de l'humeur dont aucun *Homo sapiens* n'est totalement indemne. La maladie bipolaire, autrefois nommée psychose maniaco-dépressive, est la forme pathologique de ce trait humain.

Comme toujours pour ce genre de maladie, il existe une polémique entre ceux qui limitent le diagnostic aux formes graves, composées d'épisodes maniaques et dépressifs de type psychotiques, et ceux qui, sous l'emprise des industriels de la phar macie, ont tendance à étendre ce diagnostic à tous les êtres humains. Tolkien était bien loin de cette polémique, mais plusieurs bipolaires peuplent son œuvre, parce qu'il est tout simplement impossible qu'il en soit autrement.

Comme beaucoup de puissants de ce monde, Sauron est certainement un bipolaire à manie prédominante, voire exclusive. Abandonner la quête de l'Anneau Unique est pour lui la seule situation capable de déclencher une phase dépressive majeure et suicidaire.

Les bipolaires sont d'habiles manipulateurs mentaux, Sauron était un expert puisqu'il manipula beaucoup de rois, directement comme Denethor, ou indirectement comme Théoden par l'intermédiaire de Grima (« Langue de Serpent »). Cette manipulation mentale est clairement évoquée par le poison de la langue qui pénètre les oreilles : « Pensez-vous que Langue de Serpent n'avait de poison que pour les seules oreilles de Théoden ? ». Cette manipulation atteint plus fréquemment d'autres bipolaires plus fragiles. Théoden après l'épisode caractéristique de catatonie dont il est tiré par Gandalf, se révèlera être bipolaire avec ses épisodes d'héroïsme et de dépression. Denethor finira par sombrer dans une folie suicidaire dans laquelle il faillit entraîner son fils Faramir.

Tolkien, jeune contemporain de Freud, ne pouvait pas encore connaître l'avenir de la psychanalyse et de ses supercheries, dont la machiavélique introduction de faux souvenirs par manipulation. Je ne dirais donc pas que Langue de Serpent était un psychanalyste, car cela pourrait laisser penser que l'exercice auquel je viens de me livrer n'était que pure fantaisie !

Pourquoi les hobbits ont-ils de gros pieds poilus ?

JEAN-SÉBASTIEN STEYER, paléontologue,
CNRS et Muséum de Paris

« Mais qu'est-ce que les hobbits ? […] Ce sont (ou c'étaient) des personnages de taille menue, à peu près la moitié de la nôtre. […] Les hobbits sont imberbes. […] Ils ont une légère tendance à bedonner ; ils s'habillent de couleurs vives (surtout de vert et de jaune) ; ils ne portent pas de souliers, leurs pieds ayant la plante faite d'un cuir naturel et étant couverts du même poil brun, épais et chaud, que celui qui garnit leur tête et qui est frisé ; ils ont de longs doigts bruns et agiles et de bons visages, et ils rient d'un rire ample et profond […]. »

Bilbo le Hobbit.

S'ils sont petits par la taille, les hobbits sont grands par le rôle qu'ils jouent dans l'œuvre de Tolkien. Ils sont discrètement mentionnés dans *Le Silmarillion* et *Contes et légendes inachevés*, mais ils sont au cœur des intrigues des deux grandes œuvres : Bilbo « le Cambrioleur » (*Bilbo le Hobbit*) est entraîné dans une chasse au trésor intrépide et aidera le peuple nain à retrouver son trésor, tandis que son neveu Frodo « le Porteur de l'Anneau » sauve la Terre du Milieu en détruisant l'Anneau de Sauron dans les flammes du Mont Destin (*Le Seigneur des Anneaux*).

Nommés aussi « Petites Gens » par les humains de Brie ou « Demi-hommes », ou encore « Periannath » par les elfes, les hobbits sont de curieux personnages : de petite taille (entre 60 et 120 centimètres avec une moyenne de 107, d'après le prologue du *Seigneur des Anneaux*), mais dotés d'un grand courage, ils sont tantôt bourgeois craintifs, tantôt aventuriers vaillants. Ces bons vivants attachés à leurs terres peuvent aussi devenir d'infatigables et courageux explorateurs. Espiègles et flegmatiques, ils sont aussi amis fidèles et attachants. Bref, les hobbits sont des paradoxes vivants ! Même leur allure et leur morphologie semblent défier le bon sens : leur style vestimentaire est plutôt citadin alors qu'ils ont un mode de vie paysan, et ils possèdent des traits d'adulte sur un petit corps d'enfant. Mais ce qui distingue les hobbits des autres « races » (il faudrait parler d'espèces) de la Terre du Milieu – elfes, nains, gobelins et humains par exemple –, ce sont leurs grands pieds poilus qu'ils entretiennent avec soin.

Pourquoi Tolkien a-t-il affublé ces personnages de traits plutôt bestiaux, voire monstrueux ? Quels avantages adaptatifs confèrent ces gros appendices poilus ? Nos connaissances en matière de biologie, d'anatomie comparée et de biomécanique (analyse des mouvements possibles du corps et du squelette) apportent quelques éclaircissements.

Des métatarses démesurés

Revenons d'abord sur la taille de ces pieds, dont l'énormité est accentuée par le port de la culotte courte, très tendance dans la Comté. Pas de souliers chez les hobbits : les pieds nus font même la fierté de l'espèce, comme en témoigne le patronyme de certaines familles très anciennes telles les Piévelus.

En tant qu'humanoïdes bipèdes (autrement dit de forme humaine et marchant debout), les hobbits forment une espèce biologique assez proche de celle des humains : « Il semble en effet (même s'ils se sont beaucoup éloignés par la suite) que les hobbits nous sont apparentés : ils sont bien plus proches de nous que les elfes, ou même les nains » (*Le Seigneur des Anneaux*). Cette proximité *a priori* phylogénétique[1] (également mentionnée dans les correspondances de Tolkien) permet quelques comparaisons intéressantes : par rapport aux pieds d'*Homo sapiens*, ceux des hobbits sont proportionnellement plus larges et surtout plus allongés. En outre, la position du talon dans le pied, c'est-à-dire la position du calcanéum par rapport aux autres os, est assez semblable quelle que soit l'espèce. Ce calcanéum, ainsi que les phalanges, possède aussi des proportions similaires. La différence marquante entre les pieds des hobbits et ceux des humains réside donc dans l'élargissement et surtout l'allongement des métatarses (les os de la plante des pieds), comme nous le voyons sur la figure 1.

Parmi les mammifères dotés de très longs métatarses (proportionnellement à la longueur de leur pied), on compte notamment des onguligrades, c'est-à-dire des herbivores (et quelques omnivores) se déplaçant au sol à l'aide de sabots : vaches, chevaux, chèvres, sangliers, tapirs, etc., soit près de 200 espèces actuelles. Notons que ce terme d'onguligrade englobe artificiellement des espèces qui ne sont pas proches, phylogénétiquement parlant, mais qui partagent le même mode de locomotion – on parle de « grade » pour désigner un tel regroupement. Les hobbits sont-ils onguligrades, comme c'est le cas d'autres espèces fictives telles les centaures (créatures mythologiques mi-homme mi-cheval) ou les satyres (personnages avec les oreilles, les membres postérieurs et la queue d'un bouc) ? La réponse est clairement négative : les hobbits ne se déplacent pas sur des sabots mais sur la plante de leurs pieds : ils sont plantigrades.

Les mammifères plantigrades présentant des métatarses très allongés sont les écureuils et les lapins (ou lagomorphes) qui rassemblent près de 300 espèces ! La comparaison avec ces derniers est assez récurrente dans les écrits de Tolkien, pour lequel les hobbits sont de petits êtres de nature assez craintive et habitant des maisons souterraines. Hobbits et lapins semblent donc partager le même type d'habitat :

« Dans un trou vivait un hobbit » est d'ailleurs la première phrase du roman *Bilbo le Hobbit*. Le terme *hobbit* lui-même rime avec *rabbit* (lapin en anglais). Enfin, la comparaison est également flagrante lorsque Bilbo et ses compagnons, alors en route pour la forêt de Mirkwood (ou Forêt de Grand'Peur), se font capturer par trois trolls des montagnes : « "Peut-être qu'y en a d'autres comme lui dans les environs et qu'on pourrait faire un pâté", suggéra Bert [l'un des trois trolls, NdA]. "Dites donc, y en a-t-il d'autres de votre espèce en train de fureter dans les bois, sale petit lapin ?" ajouta-t-il, les yeux fixés sur les pieds poilus du hobbit. » *(Bilbo le Hobbit)*

Pourquoi des pieds aussi grands, avec des métatarses aussi allongés ? Serait-ce pour permettre aux hobbits de creuser de si belles (et cossues) maisons souterraines qui rappellent certaines habitations passives très en vogue aujourd'hui ? Apparemment non, car les espèces fouisseuses réelles arborent, en plus de leurs grands pieds, de longues griffes. Or ce n'est pas le cas des hobbits qui possèdent des ongles plats (une caractéristique de la plupart des primates).

Ces longs métatarses ne seraient-ils pas utiles pour une meilleure prise au sol ? *A priori* non plus, car la Comté n'est pas, géomorphologiquement parlant[2], un couloir très venté, mais une grande plaine calme parsemée de collines, de prairies et de forêts. D'autre part, les hobbits, par leur petite taille, ont déjà un centre de gravité assez bas… Leurs grands pieds leur permettraient-ils alors de mieux se déplacer sur un substrat meuble, augmentant ainsi la portance ? On peut en effet imaginer que les pieds plats des hobbits font office de raquettes et évitent à ceux qui en sont affublés de s'enfoncer dans le sable (comme chez les dromadaires) ou dans la neige (comme pour les randonneurs). Laissons de côté le sable car la Comté, avec ses vertes vallées et ses prairies bucoliques, n'a rien d'un désert. En ce qui concerne la neige, les grands pieds des hobbits suggèrent-ils des ancêtres venus du froid, apparus lors d'une quelconque glaciation ancienne ou descendant des reliefs enneigés comme les Montagnes de Brume ou les Montagnes Grises ? Non, car les hobbits ne sont historiquement pas issus de ces hautes terres, mais des vallées du fleuve Anduin.

En revanche, cette impressionnante plante de pieds, en contact direct avec le sol, ne forme pas de voûte plantaire : elle permet donc de mieux répartir la pression au sol, conférant aux hobbits un mode de déplacement silencieux voire furtif qui, ajouté à leur taille discrète, entretient bien leur réputation de « cambrioleurs ».

Autre idée : ces grands pieds en forme de palmes seraient-ils hérités d'un ancêtre aquatique ? C'est peu probable pour au moins deux raisons : la première, c'est que les hobbits ne possèdent pas de palmures interdigitales qui demeurent caractéristiques des organismes adaptés au milieu aquatique. La deuxième raison est que, traditionnellement, les hobbits n'aiment pas l'eau et la plupart ne savent pas nager : n'oublions pas que Sam Gamgie est sauvé de la noyade par Frodo à la fin du livre I, et que les parents de ce dernier sont morts noyés lorsqu'il était enfant.

On pourrait chercher d'autres fonctions possibles à ces énormes pieds et émettre un certain nombre d'hypothèses. Mais au bout du compte, pourquoi vouloir toujours associer une fonction à un organe ? Les appendices surdimensionnés des hobbits sont-ils avant tout réalistes ? La question se pose d'autant plus que les premières représentations de Bilbo par Tolkien lui-même représentent un hobbit avec des pieds certes poilus, mais de taille relativement modeste, contrairement aux représentations ultérieures d'Alan Lee et aux diverses adaptations cinématographiques (que ce soit dans le film d'animation de Ralph Bakshi en 1978 ou plus récemment dans les films de Peter Jackson). Il semblerait donc que la taille relative des pieds des hobbits ait augmenté au cours du temps… peut-être afin de les rendre plus particuliers et plus différents ?

Autre problème : les mains des hobbits sont, elles, de taille « normale ». Or, au niveau génétique, les mêmes groupes de gènes architectes (ou homéogènes) interviennent dans la morphogenèse des membres antérieurs et postérieurs : des hobbits morphogénétiquement réalistes devraient donc posséder également de grandes mains, avec de grands métacarpes (les os de la paume de la main). Certes, mais des hobbits avec des mains de loups-garous ne seraient pas aussi attachants (rappelons que *Bilbo le Hobbit* est, à l'origine, un conte destiné aux enfants). Pudeur oblige, nous ne parlerons pas de la taille du sexe qui semble contrôlée par le même groupe de gènes architectes… En parlant de sexe, ces gros pieds velus ne seraient-ils pas, tout simplement, un caractère sexuel ou intraspécifique ? C'est une piste sérieuse, car la taille des pieds varie selon les familles de hobbits : ainsi les Fierspieds sont connus dans toute la Comté pour exhiber leurs grands panards de pères en fils. À ce propos, les messieurs ont-ils en général des appendices plus grands que les dames ? En tout cas, ces pieds semblent croître plus vite que d'autres parties du corps : les spécialistes parlent d'« allométrie positive ». Mais la courbe de croissance des pieds des hobbits s'envole-t-elle avant, pendant ou après la puberté ? Les pieds peuvent-ils grandir indéfiniment ? La réponse est non, bien sûr : de grands pieds peuvent vite devenir lourds et encombrants. À partir d'un certain seuil, ils nécessitent une dépense énergétique très importante à chaque pas et impliquent des mouvements très amples, et donc des muscles très développés pour ne pas se prendre les pieds dans le tapis. Des hobbits biomécaniquement vraisemblables devraient donc avoir des mollets et des cuisses beaucoup plus musclés…

« Puisse le poil de ses pieds ne jamais tomber ! »

Et les poils aux pieds ? Cette pilosité sur le dessus, les phalanges, les chevilles et le pourtour du pied a peut-être un rôle de protection (rappelons que les hobbits vont nu-pieds, quel que soit le terrain emprunté lors de leurs périlleuses aventures) ainsi qu'un rôle de thermorégulation : si la toison est dense, le poil isole le derme du froid et limite ainsi les rhumes, l'hiver venu. En revanche, si le poil est épars, il évacue mieux la chaleur corporelle, comme c'est le cas chez les éléphants. Au gré des saisons, les poils des pieds des hobbits joueraient donc tantôt le rôle de climatiseur tantôt celui de radiateur. Ainsi, et contrairement à certains *Homo sapiens*, les hobbits ne sentiraient jamais des pieds. Cette pilosité parfaitement assumée est-elle stimulée par la testostérone, hormone mâle qui, rappelons-le, est aussi secrétée chez les dames via les glandes surrénales ? Pour répondre à cette question, il faudrait voir si cette touffe podale est tout aussi fournie chez la gent féminine… Quoi qu'il en soit, cette pilosité appendiculaire, renforcée par le fait que les hobbits soient imberbes (contrairement aux nains), fait apparemment la fierté de l'espèce : « Et voici comment Thorin entama son discours : "Gandalf, nains et Monsieur Saquet ! Nous voici réunis dans la maison de notre ami et compagnon-conspirateur, ce très excellent et audacieux hobbit – puisse le poil de ses pieds ne jamais tomber !" » *(Bilbo le Hobbit)* Enfin, et pour finir avec un poil de paléontologie, *Homo floresiensis* est un surprenant homme fossile découvert en 2003 sur l'île de Florès en Indonésie[3]. Cette espèce curieuse vivait il y a environ 12 000 à 13 000 ans, en même temps que la nôtre. Avec sa taille réduite et ses pieds proportionnellement plats et allongés, il a été surnommé… le Hobbit : si la science inspire souvent la fiction, la réciproque est aussi vraie !

Quand un hobbit chamboule les paléo-anthropologues

François Marchal, paléoanthropologue, CNRS

Dans un trou vivait un hobbit. Ce n'était pas un trou déplaisant, sale et humide, rempli de bouts de vers et d'une atmosphère suintante, non plus qu'un trou sec, sablonneux, sans rien pour s'asseoir ni sur quoi manger. C'était une vaste cavité sise à l'embranchement de deux petits cours d'eau assurant l'approvisionnement en eau fraîche et en matière première pour tailler de solides outils en pierre. Située à environ 500 mètres d'altitude et ouverte vers le nord, elle assurait en outre à ses occupants une fraîcheur bienvenue. Sommes-nous dans la Comté, la terre des hobbits au climat tempéré ? Non, bienvenue sur l'île de Florès, dans l'archipel indonésien, marquée par un climat tropical beaucoup plus chaud. Quid des hobbits ? Il en sera bien question ici, mais pas de ceux sortis de l'imagination de Tolkien. Plutôt du « Hobbit » des paléoanthropologues, un humain qui vécut dans la grotte de Liang Bua il y a environ 50 000 à 100 000 ans. Ce hobbit n'est pas moins extraordinaire que celui de Tolkien !

Le hobbit des paléo-anthropologues ?

En septembre 2003, une équipe dirigée par Mike Morwood, un archéologue néo-zélandais de l'université de Nouvelle-Angleterre en Australie, fouille depuis deux ans les sédiments de la grotte de Liang Bua en Indonésie. Elle exhume alors le squelette partiel d'un humain fossile, ainsi que des os isolés de plusieurs autres individus, qui ne ressemblaient à rien de ce que l'on connaissait. Un peu plus d'un an plus tard, le 28 octobre 2004, le squelette est présenté dans un article de la revue *Nature* sous son nom officiel : LB1, *LB* pour Liang Bua, *1* étant le numéro d'inventaire. Ce n'était pas suffisant. À l'instar de tout fossile extraordinaire, il lui fallait un surnom. De fait, on connaît beaucoup mieux A.L. 288-1 sous le nom de Lucy. Au moment de la publication, la Tolkienmania bat son plein, relancée par l'adaptation cinématographique de la trilogie du *Seigneur des Anneaux* par Peter Jackson, dont les épisodes se sont succédés sur nos écrans en 2001, 2002 et 2003. Mike Morwood, compatriote de Peter Jackson, n'a pas réfléchi longtemps pour trouver un sobriquet à ce squelette humain qui, entre autres caractéristiques remarquables, possède une stature d'environ un mètre seulement. Le squelette LB1, rebaptisé Hobbit, gagna en célébrité et fit la une des médias du monde entier. Le retentissement absolument considérable de cette découverte fut à la hauteur de la controverse scientifique qui s'ensuivit immédiatement. Quinze ans après les faits, elle n'est pas éteinte, signe de l'ampleur des remises en cause scientifiques impliquées par ce fossile.

Comment expliquer un tel chambardement ? L'article décrit d'abord les caractéristiques anatomiques du squelette LB1. Sa petite taille, à l'origine de son surnom, est une particularité remarquable de ce fossile. Pourtant, l'individu était pleinement adulte (il possède ses dents de sagesse). Le crâne, très bien conservé, montre que sa capacité crânienne était d'environ 380 cm3, équivalente à celle d'un chimpanzé. Pour trouver de telles capacités crâniennes dans notre lignée, il faut remonter aux australopithèques, soit il y a au moins 2,5 millions d'années (voir la figure « Panorama de l'évolution humaine »). Or, selon les datations, l'individu LB1 a vécu il y a environ 50 000 à 100 000 ans !

Outre sa stature et sa capacité crânienne, l'aspect déstabilisant du fossile provient de la combinaison unique de caractères humains et d'autres, plus primitifs ; nous y reviendrons. Devant l'accumulation des caractéristiques originales, les découvreurs décident de créer une nouvelle espèce : *Homo floresiensis*. Leur hypothèse initiale concernant l'origine évolutive de cette petite espèce humaine est que l'homme de Florès est un descendant des *Homo erectus* présents antérieurement à Java et qui auraient évolué après leur arrivée sur l'île de Florès par nanisme insulaire. Ce phénomène évolutif répandu concerne des espèces de relativement grande taille qui se retrouvent isolées sur des îles : leur taille corporelle diminue rapidement (à l'échelle biologique) en réponse notamment à un accès limité aux ressources disponibles (d'autant moins abondantes que l'île est petite) et aux changements de pression de prédation si les prédateurs sont absents de l'île, ce qui est souvent le cas. Ce phénomène fut notamment observé dans les îles méditerranéennes où l'on peut trouver des cerfs ou des éléphants nains, ainsi que… dans la grotte de Liang Bua où, outre le Hobbit, les archéologues ont également exhumé des restes de Stégodon, un éléphant nain, qui fut très probablement chassé par les hommes de Florès.

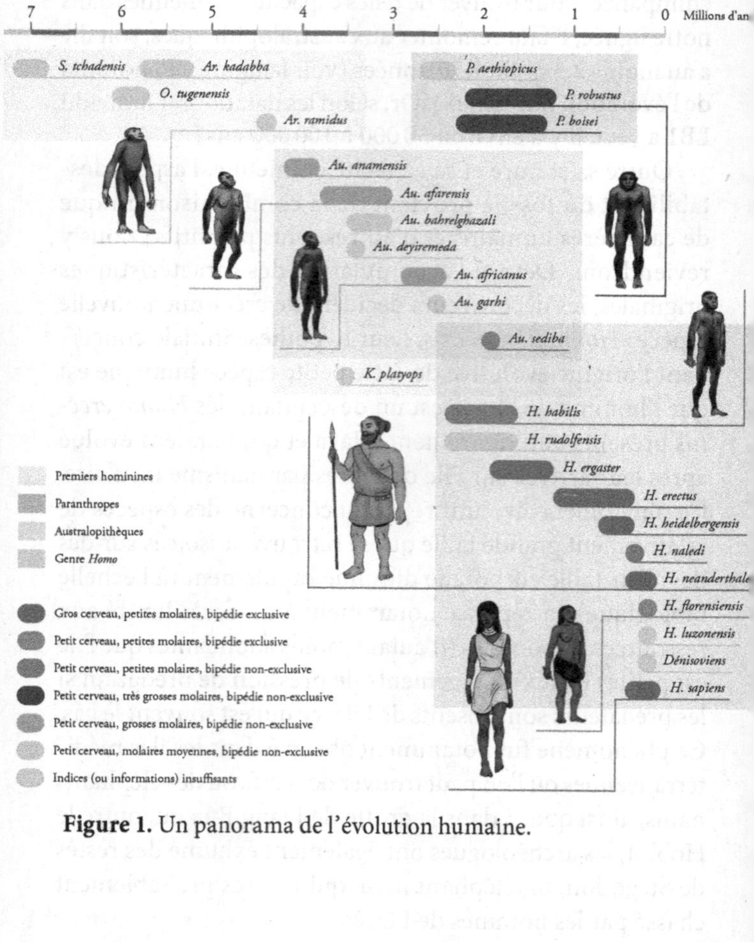

Figure 1. Un panorama de l'évolution humaine.

Le hobbit, un humain moderne pathologique ?

Un débat très vif s'est rapidement déclenché, suscité principalement par la petite capacité crânienne. En 2003, un représentant du genre *Homo* daté d'environ 50 000 à 100 000 ans et avec une capacité crânienne d'à peine 400 cm3 ne cadrait pas du tout avec l'image que l'on se faisait alors de l'évolution humaine. En effet, la définition du genre *Homo* a évolué au cours de l'histoire de la paléoanthropologie, mais jamais il n'a été question qu'un être humain, au moins au sens zoologique, puisse avoir la capacité crânienne d'un chimpanzé. D'ailleurs, la définition alors en cours du genre *Homo* impliquait une capacité crânienne minimale de 600 cm3.

Des chercheurs ont alors rapidement avancé une hypothèse alternative à celle des découvreurs. Le squelette du Hobbit serait celui d'un *Homo sapiens* atteint d'une malformation, en l'occurrence une microcéphalie. Un intense débat opposa, sous la forme d'un échange fourni d'articles scientifiques, les partisans de l'hypothèse « pathologique » et ceux de l'hypothèse « nanisme insulaire ». Les premiers ont présenté différentes pathologies (crétinisme, syndrome de Laron, syndrome de Down...) pouvant entraîner une microcéphalie, les seconds démontant systématiquement les arguments de leurs adversaires.

Au début du XXIe siècle, l'analyse de l'ADN du Hobbit n'était-elle pas à même de trancher ? Après tout, cela a bien été fait pour l'homme de Néandertal, dont la découverte est pourtant plus ancienne que celle de l'homme de Florès. Malheureusement, l'environnement de l'île de Florès, chaud et humide, est défavorable à la préservation de l'ADN. Malgré les progrès remarquables de ces dernières années, l'ADN de l'homme de Florès restera vraisemblablement hors de portée. Quoi qu'il en soit, aujourd'hui, la majorité des spécialistes considère que le Hobbit est bien le représentant d'une espèce éteinte de petite taille, et non un individu malformé. Si tel est le cas, les implications sont multiples et profondes en ce qui concerne nos connaissances sur l'évolution humaine.

Un hobbit parmi nos cousins proches, ça change (presque) tout

D'abord, la définition du genre *Homo* serait à revoir et devrait être débarrassée du critère « cérébral ». Le registre fossile montre que la taille moyenne du cerveau augmente dans notre lignée avec le temps, tout particulièrement à partir de l'émergence du genre *Homo*. Ses plus anciens représentants, les *Homo habilis*, ont des capacités crâniennes supérieures à 600 cm^3, donc à la moyenne de celle des grands singes africains actuels. L'honneur était sauf ! Ce ne serait plus le cas avec un hobbit définitivement accepté comme représentant de notre genre. La taille du cerveau ne définirait plus le genre humain et ne constituerait plus une différence objective séparant l'humanité du monde animal.

D'autres critères devront être modifiés. Ainsi, les représentants du genre *Homo* partagent tous la même architecture corporelle générale : ils sont assez grands, avec de longs membres inférieurs. Or, le Hobbit est non seulement petit, mais ses proportions corporelles sont en outre distinctes des nôtres. Il a notamment des membres inférieurs proportionnellement très courts par rapport aux autres éléments du corps. Il a aussi de grands pieds par rapport à ses cuisses et à ses jambes, ce qui n'est pas sans rappeler les hobbits de

Tolkien[1]. Ce type de proportions corporelles est une caractéristique que l'on trouve aussi bien chez les hominines anciens (avant le genre *Homo*) que chez les grands singes actuels. Comme pour la capacité crânienne, les proportions corporelles ne seraient plus un critère discriminant entre les humains au sens zoologique et le reste de la lignée humaine.

Un second point important concernant l'évolution humaine qui est remis en cause avec la découverte de l'homme de Florès est le lien entre le volume du cerveau et les capacités cognitives. Certes, nous savons que l'intelligence n'est pas uniquement une affaire de taille de cerveau. En effet, cette dernière caractéristique varie notablement au sein d'une espèce. Par exemple, dans notre propre espèce, elle peut varier du simple au double (de 1 000 à près de 2 000 cm3), et les individus avec de petits cerveaux ne sont pas nécessairement moins intelligents que ceux aux grosses têtes. Pour autant, on peut néanmoins dire que les humains sont les primates les plus intelligents et que leur cerveau est, en moyenne, nettement plus gros que celui de tous les autres primates, que ce soit en valeur absolue ou en valeur relative. Le registre fossile montre que la taille du cerveau augmente depuis au moins deux millions d'années et que, dans le même temps, la complexité croissante des outils en pierre taillée traduit une augmentation des capacités cognitives de nos ancêtres. Une logique semblait donc à l'œuvre… jusqu'à l'homme de Florès. Celui-ci suggère qu'il est possible avec un cerveau de la taille de celui d'un chimpanzé d'avoir une industrie en pierre taillée relativement élaborée ou de chasser le Stégodon. Ces comportements complexes témoignent de capacités cognitives très supérieures à celles de n'importe quel primate non humain.

Les ancêtres du hobbit

Un troisième point important soulevé par notre Hobbit est lié à l'incompatibilité de l'anatomie particulière du fossile et de sa datation. Aucune hypothèse évolutive véritablement satisfaisante ne permet de les réconcilier. S'il avait été trouvé en Afrique et daté de deux ou trois millions d'années, ce fossile, tout aussi remarquable, ne poserait pas de problème, ou du moins ne chamboulerait-il pas tout. Avec son mélange de caractères modernes (au sens de partagés avec notre espèce ou au moins les autres représentants du genre *Homo*) et de caractères archaïques (au sens de partagés avec les formes anté-*Homo* de notre lignée), il représenterait un fossile dit *de transition*, comme l'est par exemple *Australopithecus sediba*, découvert en Afrique du Sud il y a quelques années. Mais comment placer le fossile du Hobbit dans un cadre évolutif cohérent, ou – ce qui revient au même – comment modifier le cadre évolutif dont nous disposons pour que ce fossile y trouve sa place ?

La première hypothèse, proposée notamment par les découvreurs du fossile, est que le Hobbit est un descendant d'*Homo erectus* asiatique qui a évolué par nanisme insulaire. Dans ce cas, le nanisme fut très important. Mais surtout, comment expliquer la réapparition de tout un cortège de caractéristiques primitives qui n'étaient plus présentes depuis longtemps chez les *Homo erectus* asiatiques (les proportions corporelles, un bassin plus proche de celui des australopithèques que des représentants du genre *Homo*...) ? Elle est peu probable, au point que les découvreurs eux-mêmes ont rejeté depuis cette hypothèse en préférant pour le Hobbit une origine plus ancienne. Il serait alors directement issu de formes telles que les *Homo habilis*, voire des australopithèques. Dans ce cas, les caractéristiques primitives seraient héritées de ces ancêtres et, la taille de ces derniers étant moindre, le phénomène de nanisme insulaire envisagé serait moins extrême.

Reste alors à élucider l'apparition des caractères évolués (la réduction de la taille des dents, l'épaisseur réduite des os de la boite crânienne, la face très reculée et verticale...) de façon indépendante à ce qui s'est passé dans la lignée conduisant à notre espèce. Si la réémergence de nombreux caractères archaïques semble peu probable, la mise en place en parallèle de nombreux caractères « évolués » dans la lignée des hobbits en même temps que dans la nôtre paraît tout aussi improbable. Au bout du compte, aucune de ces hypothèses n'est pleinement satisfaisante au regard de la parcimonie, c'est-à-dire impliquant le moins d'évènements évolutifs possible. On comprend pourquoi certains paléoanthropologues privilégient une hypothèse de type « pathologie ».

Le quatrième aspect se trouvant déstabilisé par le Hobbit de Florès concerne les premières migrations humaines hors d'Afrique. Que les hobbits soient les descendants directs des *Homo erectus* asiatiques implique un peuplement de Florès par voie maritime il y a environ un million d'années, ce qui est déjà très difficile à envisager (les indices fossiles de navigation côtière remontent à seulement 100 000 ans). Cependant, au moins, ce scénario ne remettrait pas en cause le fait que les premiers peuplements hors d'Afrique sont postérieurs à l'émergence du genre *Homo,* caractérisé par un cerveau un peu plus volumineux, une stature élevée et une architecture corporelle globalement semblable à la nôtre. En revanche, dans l'hypothèse d'une origine plus ancienne, on a encore plus de difficulté à concevoir un peuplement insulaire encore beaucoup plus ancien que le million d'années précédent. Pire, il faudrait peut-être envisager des premiers peuplements hors d'Afrique soit par les tout premiers représentants du genre *Homo* ayant conservé certaines caractéristiques de type australopithèque, soit carrément par des australopithèques eux-mêmes. Or, si les fossiles d'australopithèques sont abondants en Afrique, aucun n'a jamais été trouvé en Asie alors que les recherches sur ce continent ont précédé d'environ cinquante ans celles menées en Afrique.

En fin de compte, deux grandes familles d'hypothèses rivalisent pour expliquer la présence du Hobbit sur l'île de Florès. Celles qui en font un *Homo sapiens* pathologique ont le gros avantage de ne pas mettre un coup de pied dans le bel édifice construit patiemment par les paléoanthropologues depuis environ un siècle et demi. Néanmoins, elles peinent à expliquer le cortège de caractéristiques observées sur les restes fossiles de ces créatures comme conséquence de telle ou telle pathologie. Les hypothèses voyant les hobbits comme une nouvelle espèce dans l'arbre de l'évolution humaine, si elles peuvent paraître plus convaincantes, débouchent cependant sur d'énormes remises en cause de nos connaissances concernant l'évolution de l'homme. Dans l'œuvre de Tolkien, les hobbits sont probablement les seules créatures que l'auteur a entièrement imaginées, sans s'appuyer sur une mythologie existante, mais ce sont sans doute les plus banals. En faisant d'eux des créatures tranquilles, casanières, peu remarquables, il les rendait très proches de nous, malgré leurs quelques caractéristiques anatomiques un peu particulières. Par le truchement de l'identification qu'entraînait cette banalité, les hobbits étaient de parfaits vecteurs pour que le lecteur pénètre l'univers merveilleux créé par Tolkien. Bien que partageant avec eux certaines caractéristiques anatomiques auxquelles ils doivent leur surnom, les hobbits des paléoanthropologues sont au contraire des créatures extraordinaires au sens le plus strict du terme, et ce quelle que soit l'hypothèse envisagée.

À cause d'eux, ou plutôt grâce à eux, nous allons devoir réécrire une partie de notre histoire évolutive. Après encore des années d'études et d'analyses, nous finirons par mieux comprendre qui ils étaient et comment ils s'intègrent dans notre passé, qui n'en sera que mieux compris demain. L'histoire de l'évolution de l'Homme est une saga aussi merveilleuse que celle inventée par Tolkien, riche d'autant de créatures. Et parmi toutes ces créatures, dans cette grande histoire comme dans celle inventée, il se pourrait bien que là aussi, les hobbits aient un rôle important à jouer.

Gollum, la métamorphose du hobbit

JEAN-SÉBASTIEN STEYER, paléontologue,
CNRS et Muséum de Paris

Au fond de la galerie s'étendait un lac glacé, loin de toute lumière, et sur une île constituée par un rocher au milieu de l'eau vivait Gollum. C'était une créature répugnante : il dirigeait une petite barque en pagayant avec ses grands pieds plats, scrutant l'obscurité de ses yeux d'une pâle luminescence et attrapant avec ses longs doigts des poissons aveugles qu'il consommait crus.

Le Seigneur des Anneaux, livre I.

C'est l'histoire d'un hobbit qui a mal tourné. Sméagol, tel était son nom, un nom que son porteur prit soin d'enfouir au plus profond de son être… Né de bonne famille, le jeune Sméagol était le plus curieux des Fortauds, une lignée réputée de hobbits dont la plupart des membres vivaient près de l'Anduin. Il était rusé et vif. Naturaliste amateur, explorateur curieux de tout, il aimait fouiller, fouiner dans la nature : « Il s'intéressait aux racines et aux origines […], il fouissait sous les arbres et les plantes en croissance, il creusait dans les monticules verts. » (*Le Seigneur des Anneaux*, livre I). Hélas, Sméagol sombre du côté obscur ce jour maudit de l'an 2463 du Troisième Âge où, lors d'une partie de pêche sur le fleuve Anduin, son cousin Déagol découvre par hasard l'Anneau Unique… Sméagol le veut, il le réclame pour son anniversaire, mais son cousin, qui lui a déjà fait un cadeau, refuse. Alors pris d'une folie meurtrière, rongé par la haine et le désir de possession, Sméagol étrangle Déagol, et la partie de pêche se transforme en crime.

S'ensuit alors une longue descente aux enfers : le voleur et meurtrier est banni de son peuple, il erre pendant des lunes, fuyant le soleil et se réfugiant au cœur des Montagnes de Brume, dans une grotte sordide dont il fait son fief. Le hobbit se transforme en monstre et Sméagol en Gollum…

De tous les personnages inventés par Tolkien, Gollum est sans doute un des plus complexes et des plus importants : il ne laisse personne indifférent. Personnage d'abord secondaire dans *Bilbo le Hobbit* (1937), Gollum devient, dix-sept ans plus tard, l'un des principaux protagonistes du *Seigneur des Anneaux* (1954-1955). Gollum est d'abord un simple prétexte à un jeu d'énigmes où l'auteur met à l'épreuve son héros favori, perdu dans les montagnes des gobelins. Puis son statut évolue, et il passe de créature de l'ombre pistant la Fraternité de l'Anneau, à celui de guide et de serviteur, pour terminer en personnage clé dans l'aboutissement de la quête : à la fin du *Seigneur des Anneaux*, Tolkien élève le *monstre* au rang de *sauveur* de la Terre du Milieu, puisque c'est Gollum qui finira par détruire l'Anneau, et lui avec…

Ombre parmi les ombres, Gollum oscille, tout au long du récit, entre le bien et le mal. Tantôt corrompu et perfide, tantôt loyal et fidèle, la psychologie de ce personnage torturé nous interroge sur la relation entre nos pensées et nos actes, et sur notre rapport avec le pouvoir symbolisé par l'Anneau[1]. Si la psychologie de Gollum est assez bien comprise, peu de biologistes se sont penchés sur son anatomie et sa morphologie… Pourtant, du gentil hobbit qu'il était à cette vile créature visqueuse qu'il devient, Gollum est, du point de vue naturaliste, un cas tout à fait unique !

Mutant malgré lui

La transformation de Sméagol en Gollum peut être considérée comme une mutation polymorphique accélérée. Ce changement de forme drastique et rapide rappelle la fameuse métamorphose des insectes ou des amphibiens. L'agilité de Gollum est d'ailleurs souvent comparée à celle de ces animaux : « Gollum bondit dans les ténèbres d'un seul saut, comme une sauterelle ou une grenouille ». Ces espèces se métamorphosent naturellement au cours de leur développement : elles passent du stade larvaire (têtard, ver ou chenille) au stade adulte (grenouille, insecte à ailes). Ces métamorphoses bien réelles ont sans doute inspiré celles imaginaires : grenouille transformée en prince charmant, homme en loup-garou, etc. Ces changements radicaux de forme et de psychologie renforcent le merveilleux des œuvres de fiction. Gollum n'est d'ailleurs pas le seul personnage métamorphe de Tolkien : Beorn est par exemple un puissant ours-garou, dernier représentant de son espèce, qui aide Thorin et ses compagnons à retrouver leur trésor dans *Bilbo le Hobbit*. Si Tolkien s'est inspiré du personnage de Grendel[2] pour créer Gollum, sa transformation quant à elle rappelle celle du Dr Jekyll – imaginée en 1886 par Robert Louis Stevenson dans sa nouvelle *L'Étrange Cas du*

Docteur Jekyll et de M. Hyde – qui affecte aussi bien la psychologie que la morphologie du pauvre personnage.

Toutefois, la métamorphose de Gollum n'est liée ni à sa croissance ni à son développement personnel : cette transformation n'est pas naturelle, elle est provoquée par l'Anneau Unique, incarnation du Mal dans l'œuvre de Tolkien. Et, comme pour toute représentation du Mal, l'auteur a pris soin de la rendre complexe : en plus de ronger l'esprit et d'altérer la morphologie, l'anneau procure aussi quelques « bienfaits » : invisibilité, force décuplée, longévité…

À propos de longévité, notons que Gollum, déjà bien rongé par l'Anneau, meurt certes prématurément, mais à l'âge de 579 ans. Bilbo, quant à lui, est plus jeune (né en 2890 du Troisième Âge) et n'a guère changé d'aspect… L'anneau affecte-t-il donc plus Sméagol parce que celui-ci le porte plus souvent ? Hélas, Tolkien reste discret sur la durée pendant laquelle l'Unique est passé au doigt de chacun de ses porteurs. Cependant, il note :

> *Gollum le portait au début, jusqu'au moment où il en ressentit de la fatigue ; alors, il le conserva dans un petit sac contre sa peau, jusqu'au moment où l'objet l'écorcha ; à présent, il le dissimulait généralement dans un trou du rocher sur son île […]. Il lui arrivait encore de le mettre […] quand il ne pouvait supporter d'en être plus longtemps séparé.*
>
> Bilbo le Hobbit.

Au contraire, Bilbo et Frodo ne le passent au doigt que très rarement… Il semble donc que l'effet de l'anneau dépende de la proximité voire du contact avec son porteur, comme s'il s'agissait d'un agent mutagène. Cette métamorphose, irréversible qui plus est, et touchant aussi bien la physiologie que la psychologie, serait donc une mutation.

Cette notion de mutation ou de transmutation de Sméagol en Gollum suggère que Tolkien était évolutionniste – idée renforcée par quelques remarques transformistes que l'auteur glisse dans son œuvre : « Il est d'étranges êtres qui vivent dans les mares et les lacs au cœur des montagnes : des poissons dont les ancêtres pénétrèrent à la nage [...] et ne ressortirent jamais, tandis que leurs yeux devenaient de plus en plus grands à force de scruter les ténèbres » (*Bilbo le Hobbit*). Si l'on se réfère au caractère plutôt gradualiste ou adaptationniste de ces remarques (elles correspondent du reste au contexte de l'époque), Sméagol n'évolue pas en Gollum, mais *régresse* plutôt, comme le suggère son mode de locomotion d'abord bipède (comme tout hobbit qui se respecte) puis quadrupède, voire rampant : « Gollum avançait [...] la tête et le cou en avant, utilisant souvent ses mains autant que ses pieds. ». Gollum est donc un hobbit dégénéré, mi-vieillard mi-fœtus, et réadapté au milieu aqueux. Ses « grands pieds plats », caractéristiques des hobbits, font alors office de palettes natatoires, chose plutôt rare chez les Petites-Gens qui ne savent pourtant pas nager. Le pauvre Gollum symboliserait donc à lui seul près de 380 millions d'années de régression évolutive – l'âge des tout premiers tétrapodes, vertébrés aquatiques qui rampaient à l'époque...

Monstre protéiforme

Tentons de comparer Gollum à des espèces existantes ou ayant existé. Outre cette terrible métamorphose qui n'est autre qu'une régression évolutive, Gollum est souvent comparé à un amphibien : « une forme semblable à une grenouille sortit de l'eau et grimpa sur la rive avec une remarquable agilité ». Dans les films d'animation de

Rankin/Bass Productions (1977 et 1980), Gollum apparaît d'ailleurs comme une grenouille humanoïde. Il n'est cependant pas aisé de rattacher la bête à un seul groupe animal préexistant, d'autant que Tolkien distille ses comparaisons et ses descriptions anatomiques au fil de son œuvre : Aragorn le décrit comme un être « plus rusé qu'un renard et aussi glissant qu'un poisson ». Faramir le compare à un martin-pêcheur et à un écureuil sombre et sans queue, ce qui est plutôt conforme à la remarque de Legolas : « il avait appris le truc de s'agripper aux branches par les pieds aussi bien que par les mains ». Sam Gamgie, qui hait Gollum, le compare quant à lui à « une sale araignée rampant sur un mur ». Enfin Tolkien lui-même parle d'un « grand insecte rôdeur ».

Pas évident *a priori* de coller une étiquette au monstre à partir de ces éléments ! Pourtant, ses caractères anatomiques parlent pour lui : ses « membres minces », ses « grands yeux pâles et ronds », son régime alimentaire plutôt piscivore, sa grande tête, ses yeux « semblables à des télescopes » et ses mains plates munies de longs doigts donnent à cet excellent nageur un côté indéniablement batracien. Ce penchant amphibien de Gollum est accentué par son aspect mou et visqueux souvent dépeint par Tolkien, et qui suggère une peau perméable et hydratée en permanence. Comme les grenouilles, Gollum est-il pour autant capable de respirer par la peau ? eutêtre, mais lorsqu'il le capture Aragorn note qu'« il puait [...] et était couvert de vase verdâtre », ce qui limite au moins temporairement les échanges gazeux entre la peau et le milieu extérieur. Gollum possède-t-il alors des glandes muqueuses sur l'épiderme ? Bien que sa peau ne semble pas parsemée de cloques ni de verrues (fréquentes pourtant chez les crapauds), la présence de telles glandes renforce tout de même l'idée d'anomalies génétiques au niveau dermique et accentue le pouvoir mutagène

de l'Anneau, qui agirait directement sur le génome de son porteur… Notons que le cinéaste Peter Jackson, qui a adapté une partie de l'œuvre à l'écran, confère à Gollum des doigts très élargis aux extrémités : ceci dénote également des phalanges terminales (ou « phalangettes ») très arrondies et aplaties, un peu comme les doigts à ventouses de certaines grenouilles ! Gollum ne serait-il donc qu'un vulgaire hobbit ayant subi une sorte de mutation amphibienne comme le méchant mutant dit le Crapaud dans les X-Men ? Ou serait-il victime, à cause de son « Précieux », d'hippocratisme digital, maladie rare causant une hypertrophie des dernières phalanges accompagnée d'une déformation des ongles et parfois même d'une cyanose (une coloration bleue de la peau) ? On le voit bien, le cas de Gollum est plutôt pathologique.

En ce qui concerne sa couleur, Tolkien décrit souvent une forme « noire » ou « ténébreuse », mais il ne précise pas vraiment s'il s'agit de ses habits, de sa peau ou de son tempérament. Notons que les animaux cavernicoles peuvent développer des teintes parfois très claires dues à l'absence de pigments colorés en surface : c'est le cas du Protée (*Proteus anguinus*), la « salamandre des grottes », ou encore du petit crustacé *Niphargus* peuplant les réseaux souterrains d'Europe et ne supportant pas la lumière (20 000 lux peuvent le tuer en quelques jours, un soleil bien dégagé pouvant émettre jusqu'à 100 000 lux). Est-ce pour cela que Gollum préfère se déplacer de nuit ? Ses grands yeux exorbités sont-ils sensibles à la lumière ? Quoi qu'il en soit, après des siècles passés dans les ténèbres des Montagnes de Brume, le monstre a développé d'autres acuités : l'ouïe et l'odorat. Cette hypersensibilité mêlée au pouvoir maléfique de l'Anneau (« Il acquit une vue perçante et une ouïe fine pour tout ce qui était nuisible ») et à ses dents aiguës font finalement de Gollum un dangereux prédateur…

Super-héros de la *fantasy*

L'ancien hobbit n'est décidément plus fréquentable. En plus d'une identité multiple (tant au niveau psychologique que phylogénétique), il présente ce que les spécialistes nomment une « mosaïque de caractères » : outre ses traits protéiformes que l'on peut qualifier de néoténiques (ils conservent des caractéristiques juvéniles), il possède aussi des caractères hyperadultes comme une « face maigre et famélique », une colonne vertébrale saillante et voutée, un « long cou maigre », des « dents jaunes » et réduites au nombre de six (alors que les hobbits possèdent trente dents et non trente-deux comme les humains[3]) et une « rare chevelure plate ». Cette dernière pose d'ailleurs d'intéressantes questions sur les effets secondaires de l'Anneau au niveau du taux de sécrétion des hormones mâles responsables de la calvitie. Tous ces caractères font de Gollum un vieillard avant l'heure, voire un mort-vivant ultrarésistant : infatigable, incassable et élastique, il est capable de parcourir des kilomètres sans manger, de résister à la torture en Mordor, de vivre dans le froid ou de nager dans une eau souterraine glacée sans risquer l'hypothermie.

En plus de sa physiologie « augmentée », son Précieux lui confère également une force décuplée : « Sa poigne est molle, mais horriblement puissante » avoue Sam qui se bat contre lui. En cela, Gollum rappelle le Nyctalope, premier super-héros de la littérature, qui apparaît pour la première fois en 1911 (bien avant les canons américains de Marvel

Comics par exemple) dans le roman de Jean de la Hire intitulé *Le Mystère des XV*. Gollum, super-héros de la *fantasy ?* N'oublions pas que le personnage rend certes justice malgré lui puisqu'il détruit l'Anneau, alors que Frodo, pourtant au bout de sa quête, ne résiste pas à la tentation… Aussi affreux et hybride soit-il, Gollum restera pour toujours le justicier du monde de Tolkien. Gandalf avait raison « Mon cœur me dit qu'il a encore un rôle à jouer. » *Requiem* pour Gollum !

La vision des elfes

Roland Lehoucq, astrophysicien, CEA
Jean-Sébastien Steyer, paléontologue,
CNRS et Muséum de Paris

« *Gandalf marchait devant en compagnie d'Aragorn, qui connaissait la région même dans le noir. Les autres suivaient en file indienne, et Legolas, qui avait les yeux perçants, formait l'arrière-garde.* »

Le Seigneur des Anneaux, livre I.

Parmi nos cinq sens, lequel est le plus utile, notamment dans des contrées inhospitalières emplies d'êtres pas nécessairement bien intentionnés comme celles que traversent les héros de Tolkien ? La vision assurément, car elle renseigne le plus immédiatement sur l'environnement. La vue peut compter sur l'œil, un organe qui s'adapte rapidement à des situations très différentes : il peut accommoder, c'est-à-dire faire le point, sur un objet distant de quelques dizaines de centimètres puis s'ajuster en un instant sur un autre situé à très grande distance. Il s'adapte à d'importantes variations d'intensité lumineuse et reconnaît une gamme de longueurs d'onde, dites visibles, allant du violet au rouge comprises entre 400 et 800 nanomètres (milliardièmes de mètre). Avant de discuter de la vision des elfes, récapitulons les fondamentaux de la vision.

Comment fonctionne la vision ?

L'œil humain adopte une forme à peu près sphérique d'environ 25 millimètres de diamètre, délimitée par une membrane dure, fibreuse et blanche, la sclérotique. À l'avant de l'œil, la sclérotique est transparente et forme la cornée. La lumière qui pénètre dans l'œil traverse la cornée, puis l'humeur aqueuse, un liquide dans lequel est immergé un muscle circulaire, l'iris, percé d'un trou, la pupille. L'iris joue le rôle d'un diaphragme : il règle le diamètre de la pupille pour contrôler la quantité de lumière qui pénètre dans l'œil. En pleine lumière, le diamètre de la pupille est minimum et vaut deux millimètres alors que dans l'obscurité, il peut atteindre huit millimètres. Derrière l'iris, le cristallin se comporte comme une lentille convergente. Pour un œil normal, et lorsque le cristallin est au repos, les images des objets situés à l'infini se forment sur la rétine : on dit alors que l'œil n'accommode pas. En revanche, lorsque l'œil regarde un objet proche, son cristallin se contracte, ce qui diminue sa distance focale et permet aux images de se former sur la rétine (qui ne peut pas changer de place !) : cette fois, l'œil accommode. En se contractant le cristallin couvre une gamme de longueur focale allant de 15 à 24 millimètres.

La rétine est formée de cellules photoréceptrices, les cônes et les bâtonnets, qui ont des fonctions complémentaires. Les bâtonnets sont très sensibles à la lumière, mais ne distinguent pas les couleurs. En revanche, les cônes ne réagissent qu'aux éclairements suffisamment forts et sont capables de discriminer les couleurs. Ils se déclinent en trois sortes, chacune sensible à une gamme de longueur d'onde particulière, rouge, verte ou bleue. Les cônes sont inactifs lorsque la luminosité est faible, et passent le relais aux bâtonnets, au prix d'une perte de la vision en couleur : la nuit tous les chats sont vraiment gris.

Une petite partie de la rétine, la fovéa, située dans l'axe de la pupille, ne contient que des cônes et joue un rôle important dans la vision : c'est la zone de la rétine où la résolution et la perception des couleurs sont les plus élevées. La fonction essentielle de la rétine dans sa globalité est de permettre au cerveau de localiser les zones potentiellement intéressantes afin ensuite d'orienter la fovéa dans leurs directions pour un traitement optimal. C'est la raison pour laquelle les yeux exécutent en permanence des mouvements rapides qui recentrent continuellement l'image de la zone importante sur la fovéa : c'est ce qui se passe quand vous lisez ces lignes !

Pour finir avec l'anatomie de l'œil, une membrane absorbante nommée choroïde tapisse le globe oculaire derrière la rétine afin d'empêcher la lumière de passer à l'extérieur. Cette apparente complexité de l'œil humain le fait apparaître comme un organe « parfait » et a d'ailleurs longtemps servi d'argument aux adversaires de l'évolution des espèces qui clamaient : comment imaginer que les étapes intermédiaires, et donc imparfaites, conduisant à l'œil actuel aient pu procurer un avantage quelconque ? Pourtant la sélection naturelle a bien joué son rôle, notre œil n'est pas parfait, et de surcroît, d'autres types d'yeux sont apparus au cours de l'évolution.

Vision à haute résolution

Si la vision et les yeux des elfes fonctionnent sur les mêmes principes que ceux des humains, plusieurs passages du *Seigneur des Anneaux* montrent que leurs capacités sont bien supérieures. On peut par exemple lire dans *Le Seigneur des Anneaux*, alors que Legolas, Gimli et Aragorn sont dans le Rohan, en train de pister les orques qui ont capturé Merry et Pippin :

> *« Des cavaliers ! s'écria Aragorn […]. Des cavaliers nombreux montés sur des coursiers rapides viennent vers nous ! »*
>
> *« Oui, dit Legolas, il y en a cent cinq. Ils ont les cheveux blonds, et brillantes sont leurs lances. Leur chef est très grand. »*
>
> *Aragorn sourit. « Perçants sont les yeux des Elfes », dit-il.*
>
> *« Non ! Les cavaliers sont à moins de cinq lieues », dit Legolas.*

Cinq lieues ? Rappelons que la lieue terrestre a comme origine la distance que peut parcourir un homme à pieds en une heure. Cela dépend évidemment du terrain, mais on peut l'estimer à environ quatre kilomètres. Les cavaliers sont donc à quelque vingt kilomètres. Est-ce possible ?

Remarquons d'abord que le regard ne peut porter au-delà de l'horizon de l'observateur. Dans une zone dégagée, en mer par exemple, la distance de l'horizon d'un adulte vaut un peu moins de cinq kilomètres. Pour limiter cette conséquence de la rotondité de la Terre, il suffit de s'élever : c'est ce que font les vigies en grimpant au sommet du mât d'un bateau ; le rayon de leur horizon peut alors dépasser vingt kilomètres. Pour voir le groupe de cavaliers à cinq lieues, Legolas doit être au moins trente mètres au-dessus du niveau moyen de la plaine. Comme le groupe vient de passer la nuit au sommet d'une colline sans doute plus élevée que ça, le regard de l'elfe peut porter à une bonne soixantaine de kilomètres.

Ensuite, les rayons lumineux émis par la source doivent se propager dans l'atmosphère qui en absorbe une partie. Elle est aussi sujette à toutes sortes de turbulences et de perturbations, dues par exemple aux différences de température ou aux mouvements atmosphériques. La source apparaîtra donc affaiblie et déformée, parfois à tel point qu'elle en deviendra imperceptible. Ce phénomène est plus sensible sous l'eau où, au-delà de quelques mètres, plus rien n'est visible, les contours sont flous et la luminosité est faible. Le phénomène est similaire pour l'atmosphère, à la différence près que, l'air étant mille fois moins dense que l'eau, l'épaisseur de brouillage se compte plutôt en kilomètres. Pour espérer voir loin, il faut aussi que l'atmosphère soit parfaitement claire.

Enfin, il faut que l'œil soit capable de distinguer un détail vu sous un très petit angle apparent qui dépend du rapport entre la taille réelle et la distance de l'objet. Si l'œil n'a pas une bonne résolution angulaire, il lui sera impossible de distinguer les détails les plus fins. L'usage d'une lunette ou de jumelles permet d'augmenter l'angle sous lequel est vue la source. La qualité de la résolution angulaire est limitée par deux facteurs : la diffraction de la lumière et la taille des cellules de la rétine (voir figure ci-dessus). La diffraction est un « étalement » angulaire de la lumière dû à la rencontre avec un obstacle dont la taille est comparable à celle de la longueur d'onde[1]. En pénétrant dans l'œil à travers la pupille (3 millimètres de diamètre en moyenne) la lumière subit une diffraction sur un angle d'environ 13 millièmes de degré. L'image d'une source lumineuse parfaitement ponctuelle apparaîtra sur la rétine, située à 1,6 centimètre de l'iris, comme une tache de quelques micromètres de diamètre, qu'on appelle la « tache d'Airy ». Sur la fovéa, les cellules sont séparées d'une distance d'environ 2 micromètres, plus petite que la taille de la tache-image. Pour que deux sources lumineuses ponctuelles et angulairement proches soient vues séparées, il faut que les centres de leurs taches d'Airy soient séparés d'une distance supérieure à la distance entre deux cellules voisines. Sinon leurs taches-images se superposeront et l'œil percevra une source unique, comme le montre le schéma ci-dessus.

Pour que l'œil de Legolas puisse capter de fins détails, il faut à la fois que sa pupille soit plus grande que celle des humains (pour limiter la diffraction) et que la taille de ses cellules rétiniennes soit plus faible (pour séparer deux taches d'Airy). L'inconvénient d'une pupille de grand diamètre est de provoquer un éblouissement peu favorable à la vision diurne. Cela implique que l'œil de l'elfe dispose d'un moyen d'éviter cet inconvénient. Ce pourrait être par exemple une arcade sourcilière ou des sourcils plus prononcés qui, comme pour les oiseaux nocturnes, jouent le rôle de visière.

Pour estimer la densité des cellules rétiniennes des elfes, inspirons-nous des oiseaux. Pour ces derniers, l'œil est un organe encore plus important que pour les humains. De fait, les yeux des oiseaux sont, proportionnellement, beaucoup plus gros que les yeux humains. Par exemple, les yeux de l'étourneau représentent près de 15 % de la masse de sa tête alors que chez les humains cette fraction n'atteint même pas 2 %. De plus, la fovéa de la rétine des oiseaux contient sensiblement plus de cônes que celle de l'œil humain. Par exemple, celle du moineau en compte 400 000 par millimètre carré, deux fois plus que celle de nos yeux !

Quant au faucon, qui cherche ses proies depuis le ciel, la densité de cônes de sa fovéa est cinq fois supérieure à celle de nos yeux. Plus généralement, les rapaces ont la vision la plus acérée parmi les oiseaux. Ils peuvent distinguer des détails à des distances de deux à trois fois plus lointaines que celles qui nous sont accessibles : un faucon crécerelle, chassant à basse altitude et se nourrissant majoritairement d'insectes, peut discerner un objet de 2 millimètres à une hauteur de 18 mètres ; l'aigle chassant de petits mammifères à haute altitude, peut discerner un objet de 15 centimètres à 1 500 mètres de hauteur. Les yeux des rapaces ont une résolution angulaire de trois à cinq fois meilleure que la nôtre et une exceptionnelle capacité à estimer les distances.

Une remarque de Gandalf, accompagnant l'armée du roi Théoden entre Edoras et la Gorge de Helm, semble indiquer que les capacités de Legolas sont encore supérieures à celles des rapaces : « Vous avez les yeux perçants de votre belle race, Legolas, dit-il, et ils sont capables de distinguer un moineau d'un pinson à une lieue. Pouvezvous voir quelque chose là-bas vers l'Isengard, dites-moi ? » Pour que Legolas ait une résolution angulaire qui semble au mieux cent fois meilleure que celle d'un humain (si vous êtes capables de distinguer un moineau d'un pinson à quarante mètres !), il faut que ses yeux soient *vraiment* différents de ceux des humains, tant par la taille de leurs pupilles – cent fois plus grandes – que par la densité de cellules rétiniennes sur la fovéa, dix mille fois supérieure ! Cela semble incompatible avec les descriptions de l'elfe faites par ailleurs ; un grand humanoïde assez fin, mais sans tête ni yeux hypertrophiés ! Il a sans doute des capacités visuelles extraordinaires, mais pas autant que certains le prétendent...

Dernier point : chez les humains, les aires du cerveau consacrées au traitement des informations visuelles privilégient largement celles produites par la fovéa. Doter le système visuel de récepteurs à très haute résolution serait trop coûteux en ressources nerveuses nécessaires pour traiter l'information. Dans le cas de Legolas, on peut imaginer que son cerveau est presque essentiellement dévolu à la gestion de l'infor mation visuelle! Laissant peu de place pour le reste…

Vision de nuit

En plus de leur exceptionnel pouvoir de résolution, les yeux des elfes sont parfaitement adaptés à la vision nocturne. C'est ce qu'exprime Uglúk, le chef des orques qui ont capturé Merry et Pippin, à ses troupes : « Ces larves ne sont capables que d'une chose : ils ont les yeux perçants comme des vrilles dans les ténèbres. Mais ces Peauxblanches ont de meilleurs yeux de nuit que la plupart des Hommes, d'après tout ce que j'ai entendu dire […] ».

Pour voir des objets faiblement lumineux, il faut en capter autant de lumière que possible. La solution qui tombe sous le sens est d'augmenter la surface de collecte de la lumière, c'est-à-dire d'avoir une pupille de grand diamètre. Ainsi, nos yeux s'adaptent à la vision en faible luminosité, dite « vision scotopique », en dilatant les pupilles. L'autre solution est d'augmenter la sensibilité du détecteur, autrement dit le rendre capable de réagir à un plus petit nombre de photons incidents. Les bâtonnets de nos rétines sont si sensibles qu'ils réagissent à l'arrivée d'un unique photon, difficile de faire mieux… Leur densité est maximale en périphérie de la rétine et décroît en direction de la fovéa où elle est nulle. C'est la raison pour laquelle pour voir une étoile faible, la nuit, il vaut mieux utiliser la vision sur le côté, de sorte que la lumière stellaire soit perçue par les régions périphériques de l'œil riches en bâtonnets.

Augmenter la sensibilité scotopique globale de l'œil revient donc à augmenter le nombre de bâtonnets. Considérant que la taille de l'œil est fixée, cela ne peut se faire qu'au détriment des cônes et donc de la vision des couleurs. Autrement dit, un œil très sensible voit moins bien les couleurs. Pour bien voir la nuit, il faut donc avoir des yeux dotés de grandes pupilles et de rétines remplies de bâtonnets, comme ceux des chouettes. Les animaux nocturnes partagent une faculté très intéressante pour notre propos. Ils possèdent une membrane spéciale appelée *tapetum lucidum*, ou tapis choroïdien. Il s'agit d'une couche de cellules réfléchissantes disposées derrière la rétine, et qui agissent comme des miroirs en renvoyant sur les cellules rétiniennes jusqu'à 90 % de la lumière qui les touche. Cet efficace recyclage de la lumière augmente considérablement la sensibilité en faible luminosité et, dans la quasi-obscurité, le *tapetum lucidum* donne au regard de ces animaux le même éclat « phosphorescent » que celui du chat. Un elfe nyctalope, déjà doté d'une large pupille pour avoir une bonne résolution angulaire, doit donc aussi être doté d'une grande quantité de bâtonnets voire d'un *tapetum lucidum* pour recycler la lumière incidente. Si ses yeux sont éclairés la nuit, le reflet de son *tapetum lucidum* devrait être manifestement visible. C'est ce que l'on constate aussi chez Gollum[2], être cavernicole, dont il est dit qu'il « scrute l'obscurité de ses yeux d'une pâle luminescence ».

Personnages essentiels chez Tolkien, les elfes forment donc d'intéressants protagonistes qui, en sus de leurs capacités visuelles, jouissent d'une forte sensibilité acoustique, comme nous l'explique l'auteur lorsque la Communauté de l'Anneau cherche les portes de la Moria (livre I) :

« Legolas était collé contre la paroi, comme s'il écoutait quelque chose ». Si cette sensibilité peut être expliquée par de grandes oreilles pointues, aucun indice morphologique ne révèle leur don d'ultravision. Quoi qu'il en soit, c'est important de voir loin, surtout quand on est immortel[3]…

Les nains sont-ils des hyènes ?

SIDNEY DELGADO, biologiste, Sorbonne Université
VIRGINIE DELGADO-BRÉÜS, docteur en linguistique française

Parmi toutes les créatures sorties de l'imaginaire de Tolkien, lesquelles se distinguent par leur caractère bien trempé fait de courage et de bravoure, nuancé par un certain attrait pour l'or et une promptitude à la colère ? Les nains ! Ces êtres au même physique que celui des hommes sont fiers, volontaires, rigides et obstinés, rétifs à toute forme de domination, ils sont prompts à l'amitié comme à l'hostilité.

À travers toute l'œuvre de Tolkien, on peut dégager une description assez précise de la « race » des nains. Il s'agira ensuite d'analyser du point de vue de la biologie de l'évolution ce peuple vivant dissimulé sous la terre, car si Tolkien a su construire une mythologie très complexe pour expliquer l'origine de son monde et de ses habitants, rappelons-nous que ce monde est aussi le nôtre, dans un passé fictif, la fin du Troisième Âge se situant environ 6 000 ans avant notre ère. Les habitants de la Terre du Milieu sont donc soumis aux mêmes lois de l'évolution que celles à l'origine de la biodiversité actuelle.

Les nains sont décrits comme des humanoïdes de petite taille qui habitent dans des grottes. Ils travaillent dans des mines et des cités souterraines, et sont accoutumés aux tunnels et à l'obscurité pendant de longues périodes. Ils mesurent entre 1,20 et 1,50 mètre. Robustes, les nains sont trapus, endurants et extrêmement forts pour leur taille. Ils peuvent porter des charges très lourdes, sont durs à la tâche, résistants à la douleur, au voyage et même à la faim, ce qui ne les empêche pas pour autant d'avoir un fort grand appétit.

Les nains ont une espérance de vie de 250 ans en moyenne, mais certains atteignent 400 ans. L'éducation des nains s'étend jusqu'à l'âge de 30 ans, et dix ans sont encore nécessaires pour s'endurcir. Les nains ne se marient pas avant 90 ans et ont leur premier enfant vers 100 ans.

Des femmes à barbe ?

Voilà sans doute la particularité la plus étrange des nains : leurs femmes ont rarement été vues, au point de devenir un mythe pour les autres habitants de la Terre du Milieu. Elles sont très peu évoquées dans les œuvres, ce qui laisse planer le doute sur leur existence. En revanche, on en trouve une description très précise dans les annexes du *Seigneur des Anneaux* (*Le Retour du roi*) :

> *Elles s'éloignent rarement des villages sinon par grande nécessité. Et lorsqu'elles se déplacent, elles apparaissent par la voix, la figure et la vêture, si pareilles aux hommes de leur peuple, que les oreilles et les yeux des autres gens ne les peuvent distinguer. D'où cette opinion absurde, répandue parmi les Hommes, qu'il n'y a pas de femmes "naines" et que les "Nains sont engendrés par les pierres".*

On en déduit donc que les naines sont… des femmes à barbe ! Il ne s'agit d'ailleurs pas d'une supposition hasardeuse, car cette pilosité est confirmée dans *L'Histoire de la Terre du Milieu* :

> *Les Naugrim hommes et femmes portent la barbe dès leur naissance, leurs femmes ne pouvaient donc pas non plus être discernées par ceux des autres races, que ce soit au niveau de leurs traits, de leur démarche, de leur voix ni par aucun moyen hormis celui-ci : elles ne partaient pas en guerre, et hormis pour la plus extrême nécessité, ne quittaient pas leurs salles et appartements profonds.*

Les nains sont donc une espèce hors normes, dont Tolkien raconte la création dans *Le Silmarillion* :

> *Aulë désirait si fort la venue des Enfants pour avoir des apprentis auxquels il pourrait enseigner son savoir et ses talents qu'il ne voulut pas attendre l'accomplissement des plans d'Ilúvatar. Et il créa les nains tels qu'ils sont encore aujourd'hui, car l'apparence des Enfants à venir n'était pas claire à son esprit et la Terre était encore au pouvoir de Melkor : il souhaitait donc qu'ils fussent robustes et résistants. De crainte que les autres Valar ne blâmassent son œuvre, il travailla en secret et c'est dans une caverne sous les montagnes des Terres du Milieu qu'il donna vie aux Sept Pères des Nains.*

Nous ne saurions nous contenter d'une telle explication, et une analyse scientifique peut apporter les clés du mystère des nains.

Quand le nain paraît…

Rappelons qu'une nouvelle espèce naît après qu'une population s'est retrouvée isolée de sa population ancestrale.

Après cet isolement, les espèces originellement capables de se reproduire continuent d'évoluer et de s'adapter localement, et si les milieux sont vraiment différents, leurs morphologies divergent. On suppose que les nains avaient comme ancêtres les hommes et qu'au cours de leur histoire ils se sont retrouvés isolés et se sont adaptés à un nouvel environ nement au point qu'une barrière reproductrice se soit dressée entre les deux espèces.

Selon le biologiste américain Rudolf Raff, « On ne peut pas comprendre l'évolution sans comprendre l'évolution du développement embryonnaire ». Parmi les traits les plus caractéristiques du nain, on trouve la taille. Si l'on part de l'hypothèse que l'ancêtre des nains avait une taille proche de celle des hommes, on doit chercher des mécanismes évolutifs à l'origine de cette diminution. On les trouve dans les travaux du paléontologue américain Stephen J. Gould. Dans *Ontogeny and Phylogeny*, l'un de ses ouvrages ayant eu selon lui le plus d'impact, il développe l'idée que l'évolution (la phylogenèse) doit être envisagée comme un processus de modification des développements embryonnaires (l'ontogenèse) plutôt que comme une simple accumulation de différences entre adultes. Un chapitre est consacré à un mécanisme particulier de changement embryologique : les hétérochronies de développement, c'est-à-dire des modifications de la durée et de la vitesse du développement embryonnaire de l'organisme au cours de l'évolution. Ces décalages ontogénétiques peuvent expliquer les différences entre un ancêtre et son descendant, et parmi les changements causés par les hétérochronies de développement on trouve justement les changements de taille.

Une grotte est une île

L'hétérochronie qui nous intéresse ici est le nanisme… Ce phénomène est assez fréquent dans l'évolution du vivant en particulier dans les milieux insulaires, c'est le cas par exemple des éléphants nains, mesurant 90 centimètres au garrot, qui peuplaient les îles de Méditerranée au Pléistocène[1] ! C'est probablement la découverte de leur crâne qui donnera naissance à la légende des cyclopes dans la Grèce antique, à cause de la présence de la cavité nasale bien visible au centre du crâne. Étonnamment, si les grands animaux voient leur taille se réduire en milieu insulaire, à l'inverse les animaux plus petits comme les rongeurs voient leur taille augmenter par l'absence des contraintes liées aux prédateurs.

Les écosystèmes insulaires, aux ressources limitées, sont une des clés du développement du nanisme. Mais on doit considérer leur définition au sens large, car d'autres milieux peuvent présenter des contraintes semblables. Par exemple, les grottes et les tunnels où travaillent les nains sont des milieux aux ressources nutritives faibles dans lesquels les individus plus petits peuvent se déplacer plus facilement. Au début de leur évolution, les nains ont probablement dû abandonner un autre mode de vie pour chercher des trésors sous la terre. Dans un premier temps, la nourriture devait se faire rare et, avant de devenir riches grâce à l'exploitation minière, ils ont sans doute vécu une période difficile au cours de laquelle s'est opérée une sélection des individus capables de jeûner assez longtemps. Les nains les plus résistants, les plus petits, les plus forts ont donc survécu à ces temps de disette et ont transmis leurs caractères à leur descendance. De cette période, les nains ont aussi hérité leur appétit important, une façon de faire des réserves de graisse en prévision de temps plus durs.

Le ver et le nain

Nous l'avons vu, les nains peuvent vivre jusqu'à 400 ans, un record chez les vertébrés où une telle longévité ne se rencontre jamais (la plus longue connue est celle des tortues des Seychelles : jusqu'à 250 ans). La question de la durée de la vie est un problème important en biologie. Depuis les années 1990, on étudie le vieillissement chez un petit ver transparent, *Cænorhabditis elegans*, le modèle phare de la biologie moderne depuis les années 1970. On a identifié des mutants de ce ver ayant une durée de vie allongée, ce qui a confirmé une ancienne intuition : des gènes *bâtisseurs* indispensables à notre construction et notre fonctionnement deviennent avec l'âge des gènes *destructeurs* entraînant la mort, l'effet de ces derniers étant retardé par des gènes *protecteurs*, comme le détaille le biologiste Jean Claude Amesein dans son ouvrage *Dans la lumière et les ombres*. Tous ces gènes sont liés à des processus vitaux, tels le stockage et l'utilisation de l'énergie, la réparation de l'ADN, le développement embryonnaire et la fécondité.

L'opposition entre durée de vie et fécondité avait déjà été démontrée par une expérience. Un ver *Cænorhabditis elegans* amputé de ses cellules germinales (à l'origine des spermatozoïdes et des ovocytes) voit alors sa durée de vie multipliée par deux, voire par six pour certains individus ! Chose intéressante, parmi ces mutants à longue vie, certains ont une fécondité diminuée, ce qui est aussi le cas des nains décrits par Tolkien, bien que celui-ci mette cela sur le compte du faible nombre de femmes. D'autres vers mutants avec une durée de vie allongée sont plus résistants aux agressions de l'environnement, leurs corps sont plus robustes, ce qui est aussi le cas des nains. Les nains de la Terre du Milieu seraient-ils donc le fruit de mutations qui les ont rendus plus robustes, ont allongé leur durée de vie et diminué leur fécondité ?

La femme est une hyène pour le nain

En dehors de la taille, l'une des caractéristiques des nains est une pilosité faciale très développée. La barbe fait partie intégrante de leur culture et ils en prennent grand soin. Comment expliquer cette pilosité importante, même chez les naines ? Existe-t-il des exemples équivalents dans le monde animal réel ?

Il y a plus de 2000 ans, dans son *Histoire des animaux*, Aristote s'interroge sur l'anatomie de la hyène tachetée *Crocuta crocuta*, un animal que l'on suppose hermaphrodite. Il découvre que cette espèce se répartit bien entre mâles et femelles, mais les organes génitaux des femelles ressemblent étonnamment à ceux des mâles ce qui explique la confusion. Depuis, de nombreux biologistes ont tenté d'expliquer ce mimétisme entre les deux sexes, unique chez les mammifères. La solution est venue de l'étude de leur société.

Chez la hyène tachetée, les femelles dominent, un cas unique. Elles sont plus lourdes et plus agressives que les mâles et se servent en premier lorsqu'une carcasse est disponible. Par ailleurs, elles respectent une hiérarchie complexe aux rangs bien établis qui peuvent se transmettre à la descendance. La sélection naturelle a favorisé les femelles les plus agressives, capables de défendre leur rang, leurs petits et leur nourriture.

L'agressivité des femelles a probablement été accentuée par une autre particularité de leur mode de vie. Pour protéger sa portée, une femelle s'isole et cache ses bébés dans un terrier. Au moment de l'allaitement, la mère se place à l'entrée étroite du terrier et les petits se battent parfois jusqu'à la mort pour accéder aux tétines. Dans ces conditions, les petits (mâles ou femelles) les plus combattifs ont le plus de chance de survivre, comme l'ont révélé les chercheurs W. Goymann, M. L. East et H. Hofer.

D'autres études menées par l'équipe de Stephanie M. Dloniak ont montré que durant leur développement embryonnaire, les petits baignent dans un liquide amniotique riche en hormones androgènes, c'est-à-dire masculines. Mieux, plus les taux d'hormones androgènes sont élevés et plus les hyènes sont agressives, cette agressivité étant proportionnelle à leur rang hiérarchique.

On a longtemps pensé que le pseudo-pénis (le clitoris) des femelles était la conséquence directe de cette masculinisation embryonnaire. En fait, ce caractère ne serait que la conséquence secondaire d'une pression de sélection ayant favorisé les individus agressifs. L'histoire est même plus complexe : la formation du pseudo-pénis des femelles n'est plus aujourd'hui sous le contrôle des hormones mâles même si elle a pu l'être à un moment, si l'on en croit les conclusions du Dr Gerald R. Cunha.

Comment expliquer l'existence de cet organe qui représente un coût énorme pour les hyènes ? En effet, à la naissance, les petits doivent sortir par ce tube assez mince et certains d'entre eux se retrouvent souvent en manque d'oxygène. De fait, 60 % des petits meurent au cours de la naissance et 8 % des femelles meurent au moment de leur premier accouchement ! L'une des explications tient au fait que les bébés femelles sont victimes d'agressions violentes jusqu'à l'âge de 3 mois, notamment de la part d'autres femelles qui veulent asseoir leur domination. La difficulté à distinguer une femelle d'un mâle réduirait le risque de telles agressions, comme l'ont montré les primatologues Richard Wrangham et Martin N. Muller. Et c'est bien le cas, au moins pour un observateur humain qui ne peut discerner le sexe d'un bébé hyène avant l'âge de 3 mois.

Une autre hypothèse propose que l'augmentation des taux d'hormones masculines soit à l'origine de malformations des organes génitaux aussi bien chez les femelles que chez les mâles, ces derniers ayant vu leur pénis s'allonger. Ces changements ont alors déclenché une course évolutive, une coévolution, afin que les organes génitaux des mâles et des femelles restent compatibles !

Revenons aux nains. Nous n'allons pas spéculer sur la forme de leurs organes génitaux, d'autant que Tolkien reste muet sur le sujet… En revanche, en imaginant qu'ils ont subi des pressions de sélection identiques à celles des hyènes, on peut expliquer beaucoup de leurs caractères. La nécessité de survivre dans un milieu hostile, dépourvu de nourriture, a-t-elle favorisé les nains les plus agressifs, les plus robustes ? Si les bébés nains soumis à des taux d'hormones androgènes plus importants que les autres ont plus de chance de s'en sortir, on comprend que la sélection naturelle ait conduit à l'apparition de femmes naines barbues. Chez les humains, des taux de testostérone trop importants chez les femmes peuvent aussi favoriser le développement de la pilosité faciale, l'hirsutisme, qui a fait de nombreuses femmes des phénomènes de foires jusqu'au XXe siècle.

Nous avons vu que les parallèles entre les hyènes et les nains sont nombreux. On peut alors se demander si la femme naine ne serait pas dominante tout comme la femelle hyène. Ne serait-ce pas finalement l'ultime secret des nains ? Le pouvoir appartiendrait-il aux femmes ?

Les femmes, une rareté…

Penchons-nous enfin sur la dernière bizarrerie des nains : le sex-ratio (le nombre de mâles par rapport à celui des femelles) biaisé en faveur des hommes. Ce déséquilibre peut être causé par l'environnement, parfois plus défavorable pour un sexe que pour l'autre (comme la guerre qui tue majoritairement les hommes), ou par un problème génétique. Dans la nature, on rencontre majoritairement un rapport d'un pour un. Cependant, contrairement à ce que l'on peut penser, ce n'est pas le rapport optimal, celui qui permet à une population de croître le plus rapidement. Les agriculteurs savent depuis des siècles qu'un seul taureau peut féconder de nombreuses vaches ! Ce rapport d'un pour un est en fait majoritaire, car c'est la stratégie la plus stable : lorsqu'un sexe devient rare, il est automatiquement avantagé, car il a plus de chance d'avoir des descendants et il tend alors rétablir l'équilibre, ce qui annule son avantage. C'est ce qu'on appelle le « principe de Fisher », expliqué par le biologiste William Donald Hamilton.

Cependant, lorsque les descendants mâles et femelles n'ont pas les mêmes avantages en termes de valeur sélective pour les parents, la sélection naturelle favorise un investissement plus important dans le sexe le plus avantageux. Cette compétition sexuelle entraîne alors des sex-ratios biaisés en faveur d'un des deux sexes. Par exemple, chez beaucoup de vertébrés polygames, les mâles grands et en bonne santé s'accouplent plus que la moyenne, alors que des mâles petits et plus faibles ne s'accouplent parfois pas du tout. En revanche, pratiquement toutes les femelles s'accouplent, indépendamment de leur état. Les femelles qui ont la meilleure condition physique produisent des enfants en meilleure santé, et ces enfants tendent à devenir les adultes les plus grands. Par conséquent, les femelles en bonne forme devraient produire une plus grande proportion de mâles, ce qui a été plusieurs fois vérifié, notamment chez l'opossum.

Le même mécanisme semble agir chez l'être humain. Les femmes dominantes auraient tendance à produire statistiquement plus de garçons que les autres et cela peut nous fournir une première explication à la surabondance de mâles chez les nains de l'univers de Tolkien.

On observe également un sex-ratio fortement biaisé en faveur des mâles chez… la hyène tachetée, en particulier chez les femelles ayant un rang hiérarchique important. On peut aussi supposer que dans un environnement particulièrement difficile comme celui des nains, les plus résistants vont être les mâles et il deviendra alors avantageux pour une femelle de produire des mâles qui auront plus de chance d'atteindre l'âge de la reproduction.

Les nains sont un peuple réputé pour avoir accumulé d'énormes richesses, attirant les envieux comme Smaug le dragon. Pourtant, la biologie montre qu'avant d'être ce peuple vivant dans l'opulence, ils ont connu un passé tourmenté, des temps difficiles qui ont forgé à la fois leur morphologie et leur comportement. Comme dans le reste du monde animal, on trouve chez les nains des caractères qui sont le reflet d'une évolution passée, de conditions environnementales anciennes. N'oublions pas cependant que la sélection naturelle n'est pas omnipotente, et que nombre de caractères biologiques peuvent résulter non pas d'adaptations à l'environnement, mais plutôt de contraintes mécaniques ou embryonnaires, ou tout simplement du hasard.

Stephen J. Gould défendait les explications non adaptatives face au « paradigme panglossien », c'est-à-dire l'attitude des biologistes qui, à l'instar du docteur Pangloss du *Candide* de Voltaire, pensent que tout est pour le mieux dans le meilleur des mondes possibles. Qu'en pensent les femmes à barbe des nains ?

La possibilité d'un ent

Bruno Corbara, écologue,
université Clermont Auvergne

« Je m'approche de l'arbre, je l'embrasse ; et commence à l'escalader ; mais quelle fut ma surprise quand je l'entendis former des accents doux [...] » On pourrait imaginer ces mots sortir de la bouche d'un Merry ou d'un Pippin racontant à une assemblée d'enfants hobbits émerveillés leur première rencontre avec l'ent Barbebois telle qu'elle a lieu dans *Le Seigneur des Anneaux*. Il n'en est rien. Ces mots sont extraits d'un ouvrage du danois Ludvig Holberg paru en 1741 : *Voyage de Nicolas Klimius dans le monde souterrain, contenant une nouvelle théorie de la terre.* Ils se rapportent au passage où le héros, qui vient d'atterrir sur une planète évoluant dans le vide intérieur de notre Terre creuse, découvre avec stupeur ses étranges habitants : des arbres doués de raison.

La vie d'un dendranthrope

La littérature fantastique n'a pas attendu Tolkien pour produire des humains-arbres ou des arbres-humains.

Cependant, les ents de la Terre du Milieu restent, parmi les dendranthropes (du grec *dendros* « arbre » et *anthropos* « être humain »), ceux qui, sans doute, ont le plus frappé les imaginations, d'autant que dans l'adaptation cinématographique du *Seigneur des Anneaux* par Peter Jackson, le personnage de Barbebois est – qu'on me permette cet avis personnel – tout particulièrement réussi.

Qu'une créature puisse être une plante *et* un être parlant et pensant a de quoi surprendre. Mais le plus dérangeant peut-être pour un biologiste est l'idée qu'elle puisse être à la fois une plante et un animal. Après tout, nous en sommes les témoins vivants, nous savons que le passage de l'animal à l'être de raison – c'est ce qui est advenu avec le processus d'hominisation – est de l'ordre du possible. Mais quid de l'appartenance conjointe à l'animal et au végétal ? Comment de telles *entités* sontelles possibles ?

L'Histoire de la Terre du Milieu raconte que les ents ont toujours eu pour rôle de protéger les forêts. Les ents-hommes poursuivirent seuls cette tâche quand les ents-femmes quittèrent les forêts pour gagner les vergers et les jardins. On ignore ce qu'elles sont devenues après que Saruman a détruit leurs splendides jardins. Les ents cessèrent alors de se reproduire et il n'y eut plus de petits ents (ou « entiges »). Dès lors, à la fin du Troisième Âge, la période au cours de laquelle se déroule l'épopée du *Seigneur des Anneaux*, ne subsistent plus que quelques ents vivant aux confins du Rohan dans la forêt de Fangorn. Dans le roman, c'est essentiellement au cours de l'épisode où les deux jeunes hobbits y rencontrent Barbebois qu'on en apprend un peu plus sur l'apparence des ents et leur comportement.

Les ents ont un aspect variable selon l'espèce à laquelle ils s'identifient : chêne, sorbier… Si l'on s'en tient à la description du livre, ils sont grands (plus de quatre mètres pour Barbebois), de forme humanoïde et donc pourvus d'une tête, d'un cou si épais qu'il est inexistant, d'un tronc (c'est le cas de le dire), de bras et de jambes. Ils ont la peau qui ressemble à de l'écorce, une barbe et des cheveux comme des rameaux broussailleux. Dans le film de Peter Jackson, Barbebois est représenté plus grand que dans le roman, et sa ressemblance avec un arbre, notamment par ses branches abondantes et son foisonnant feuillage, est particulièrement soignée.

Lors de leur rencontre avec le vieil ent, Merry et Pippin sont impressionnés par ses yeux profonds et pénétrants tout autant que par sa voix. En effet, les ents voient, parlent (et donc entendent) et ont leur propre langage : l'entique. Habituellement lents dans leurs gestes et de caractère très calme, ils peuvent devenir redoutables d'efficacité dans le combat. C'est ainsi qu'après une délibération de trois jours – un record de célérité pour des ents ! – ils se lancent à quelques dizaines à l'assaut d'Isengard et y détruisent les forces de Saruman.

L'ent possède donc à la fois des attributs d'animal – il bouge, il marche, il communique, bref, il se « comporte » – et des attributs de plante qui font qu'un ent immobile passe parfaitement pour un arbre. D'ailleurs, à de nombreuses reprises dans *Le Seigneur des Anneaux*, Tolkien mentionne qu'un ent peut devenir un arbre. C'est semble-t-il le sort normal des sujets très âgés. Le livre nous dit également qu'après la disparition des ents-femmes, de nombreux ents, solitaires, se mirent à devenir de simples arbres. Inversement, Barbebois nous apprend qu'un arbre peut se transformer en ent : « la plupart des arbres sont simplement des arbres, bien sûr, mais bon nombre sont à demi éveillés. Certains le sont, et d'autres sont, euh… eh bien, ils deviennent entesques. Cela se produit continuellement ! »

Tolkien mentionne également des êtres au statut intermédiaire, les huorns. Considérés comme des ents retournés à l'état sauvage (faut-il comprendre proches de l'état d'arbres ?) qui peuvent se réveiller, les huorns participent avec succès à la bataille décisive contre Sauron.

En fin de compte, les ents sont-ils des animaux, des végétaux, l'un et l'autre alternativement, ou les deux à la fois ? Dans le contexte du monde de Tolkien, on peut se satisfaire de ces entre-deux, mais que peut dire le biologiste de telles créatures ?

D'abord, les ents, en tant qu'êtres vivants, sont nécessairement le résultat d'un processus évolutif, long et progressif. Certes, cela ne transparait pas dans le monde de Tolkien où les ents, comme dit le poème, « *nés* de la terre, vieux comme les montagnes », semblent issus d'une création plutôt que d'une évolution biologique. Pour autant nous resterons fidèles ici à la perspective évolutionniste.

Dans ce cadre, comment concevoir qu'un être puisse tenir à la fois de la plante et de l'animal ? Et d'ailleurs qu'entend-on par *plante* et par *animal ?*

Plantes *versus* animaux, plantes-animaux et animaux-plantes

Les plantes, que l'on assimilera ici aux Trachéophytes, c'està-dire aux végétaux vasculaires, sont des êtres pluricellulaires dotés de deux caractéristiques notables : elles sont autotrophes et elles sont sessiles. « Autotrophes » parce qu'elles sont autonomes pour se nourrir : grâce à la photosynthèse et donc à l'énergie lumineuse du soleil, les plantes sont capables de produire les bases des molécules du vivant, en particulier les sucres, en utilisant l'eau du sol et le dioxyde de carbone de l'air. Les cellules végétales sont équipées d'organites, les chloroplastes, qui sont le siège de ces réactions chimiques. Par « sessile », il faut entendre que les plantes vivent fixées sur un substrat, elles n'en bougent pas et trouvent toutes leurs ressources sur place. Si certaines plantes vues « en accéléré » semblent se déplacer, ce mouvement qui résulte en fait de leur croissance n'est en aucun cas un comportement.

Les animaux, ou Métazoaires, sont également des êtres pluricellulaires, mais une très grande majorité d'entre eux (il existe des exceptions, surtout chez les espèces marines, nous y reviendrons) ont les deux caractéristiques opposées à celles des plantes : ils sont hétérotrophes (ils se nourrissent de matière organique préexistante) et mobiles. Pour se nourrir, les animaux dépendent des plantes, soit directement dans le cas des herbivores, soit indirectement pour les carnivores. Leur mobilité leur permet d'accéder à ces ressources alimentaires végétales ou animales.

Les caractéristiques des plantes et des animaux – autotrophie *versus* hétérotrophie et fixation *versus* mobilité – ont des conséquences sur tous les aspects de leurs vies respectives. Pour ne prendre qu'un exemple, en présence de prédateurs, les animaux peuvent fuir. Ils en sont capables grâce aux organes des sens (pour détecter la menace), aux muscles (pour se déplacer), à un système nerveux (pour traiter l'information et actionner les muscles)… Dans la même situation, les plantes qui ne peuvent fuir ont inventé de nombreux modes de défense « sur place », notamment les épines et les substances toxiques qu'elles produisent. Le mode de défense le plus élémentaire d'une plante consiste en ce qu'elle peut être mangée en partie, sans véritable risque pour sa survie. C'est impossible pour la plupart des animaux, parce qu'ils ont des organes très spécialisés dont ils ne peuvent se passer.

Plantes et animaux ont donc pris deux voies évolutives distinctes. La divergence des deux lignées date de plusieurs centaines de millions d'années, à l'époque de leurs ancêtres unicellulaires. Sur le plan de la classification des êtres vivants, on peut certes clairement différencier les plantes et les animaux. Mais certains organismes présentent, à l'instar des ents, des caractéristiques des deux lignées. Il s'agit soit de plantes qui, par certains aspects, vivent comme des animaux (nous les qualifierons de « plantes-animaux ») soit d'animaux qui, par certains aspects, vivent comme des plantes (les « animaux-plantes »).

Si les plantes ne sont pas mobiles au sens où l'entend un éthologue, certaines sont capables de motilité (faculté de se mouvoir). C'est le cas par exemple des plantes carnivores dont les feuilles modifiées peuvent se refermer rapidement pour capturer des insectes et ensuite les digérer. Chez ces « plantes-animaux », les mouvements vont de pair avec une certaine forme d'hétérotrophie qui cette fois ne concerne pas le carbone (elles ont toujours des feuilles chlorophylliennes), mais l'azote. Les plantes carnivores, qui croissent en général sur des sols pauvres en azote, ont au cours de leur évolution, inventé ce moyen original de s'en procurer. Ces végétaux prédateurs et capables de mouvements ont, sans surprise, inspiré nombre d'auteurs de fiction dont certains ont peuplé leurs jungles imaginaires d'« arbres anthropophages ».

Quant aux « animaux-plantes », les plus dignes exemples sont sans doute les coraux. Mobiles à une étape de leur cycle de vie (le stade « méduse »), ils passent l'essentiel de leur vie fixés. Chaque polype (l'unité vivante du corail) secrète un squelette, le polypier, composé d'éléments calcaires, un récif se constituant par empilement de ces squelettes sur des milliers de générations. Le succès écologique des coraux tropicaux tient beaucoup à un mutualisme entre les polypes et des zooxanthelles, des algues unicellulaires hébergées dans certaines de leurs cellules. Grâce à leur activité photosynthétique, ces algues fabriquent des sucres qu'elles redistribuent en partie aux polypes. Animaux fixés à l'instar des plantes, les coraux bénéficient donc, comme ces dernières mais indirectement, de l'énergie du soleil. En retour, les polypes fournissent aux zooxanthelles de l'azote provenant des proies capturées.

Les animaux-plantes mobiles sont rares, mais existent néanmoins. Le cas le plus extraordinaire est celui de la limace de mer *Elysia chlorotica*. Au milieu des algues filamenteuses dont il se nourrit, ce mollusque passerait presque inaperçu s'il n'était trahi par ses déplacements. Étonnamment, l'élysie émeraude peut survivre plusieurs mois sans se nourrir, car elle… fabrique des sucres par photosynthèse ! En effet, ses cellules hébergent des chloroplastes obtenus par un mécanisme dit de kleptoplasie. Les chloroplastes proviennent des cellules des algues dont elle s'est nourrie ; ils ont été « capturés » au niveau du tube digestif de la limace de mer et se sont installés dans d'autres cellules de son corps.

Les ents : plantes (-animaux) ou animaux (-plantes) ?

Pour résumer, une plante est une plante et un animal est un animal. Impossible d'être les deux à la fois, même si des plantes se *comportent* comme des animaux et des animaux *restent plantés* comme des végétaux. Au vu de ce qui précède, les ents seraient-ils plutôt des plantes-animaux ou des animaux-plantes ?

Imaginons que les ents sont des plantes. Ils sont donc autotrophes et le problème de leur alimentation est en grande partie résolu : ils fabriquent des glucides au niveau de leurs feuilles par photosynthèse. Attendu que leurs « jambes » végétales sont difficilement compatibles avec la fonction d'absorption qui caractérise des racines normales (celles-ci nécessitant tout un réseau de fines radicelles très fragiles), ils pourraient se procurer des nutriments *via* les feuilles comme le font nombre de plantes épiphytes (qui croissent sur d'autres plantes), par exemple les broméliacées à réservoir. Dès lors, que leur manque-t-il pour être des plantes-animaux capables de bouger, marcher, percevoir leur environnement, communiquer oralement (oublions ici l'idée de penser) ? Nous l'avons vu : ils ont notamment besoin de muscles, d'organes des sens et d'un système nerveux, autant de structures très complexes dont on doute qu'elles puissent facilement être constituées par des cellules végétales.

Imaginons maintenant que les ents sont des animaux. Ils sont pourvus de tout ce qui permet de se *comporter* : muscles, organes des sens, système nerveux. Par ailleurs, ils sont hétérotrophes. Or, on sait qu'ils ont une bouche puisqu'ils parlent… et on sait aussi que beaucoup d'animaux (la plupart des vertébrés terrestres) émettent des sons à partir de l'entrée de leur système digestif. Dès lors, il est fort probable que les ents se nourrissent par la bouche. Quant à la nature de leur régime alimentaire, compte tenu de leur environnement, on peut aisément concevoir qu'il soit folivore, frugivore, granivore…

Des deux scénarios, le second semble indubitablement le moins improbable. Dans cette perspective, les ents seraient des animaux dont l'aspect extérieur est celui d'une plante. Les milieux naturels terrestres, en particulier tropicaux, abondent en animaux – qu'on pense aux phasmes mimant des brindilles et aux phyllies mimant des feuilles – qui, grâce à leur ressemblance avec une plante, ou au moins une de ses parties, échappent à l'attention des prédateurs. De la même façon, les ents, qui ont pour rôle de garder les forêts, sont sans doute avec leur peau à l'aspect d'écorce et leurs appendices imitant branches et feuillage des êtres mimétiques des arbres.

Reste la question de la transformation des ents en arbres, et vice-versa. Comment une telle métamorphose est-elle possible si les ents sont des animaux ? Sans doute parce que les êtres issus de la transformation des ents ne sont pas de véritables arbres, mais des animaux mimétiques des arbres qui vivent fixés à la façon des coraux. Dans leur immobilité totale, comment font ces ents « endormis » pour se nourrir ? Sans doute, comme tous les êtres vivants sessiles : en étant autotrophes. Le modèle de la limace de mer *Elysia chlorotica* offre alors une solution élégante. Trouve-t-on des chloroplastes (obtenus par kleptoplasie) dans les cellules animales du pseudo-feuillage des ents ? Dans l'affirmative, les ents seraient finalement comme des chimères animaux-plantes peuplant la Terre du Milieu, tantôt phasmes géants photosynthétiques, tantôt coraux branchus terrestres. Tolkien avait-il de telles images en tête lorsqu'il a créé les ents ? Il est permis d'en douter. Quoiqu'il en soit de toutes les créatures issues de l'imagination du maître de la *fantasy*, elles demeurent sans aucun doute parmi les plus ent… intéressantes.

Les OGM (orques génétiquement modifiés) de Saruman

Sidney Delgado, biologiste, Sorbonne Université
Virginie Delgado-Bréüs, docteur en linguistique française

Au départ, Saruman ne fut introduit par Tolkien que pour expliquer l'absence de Gandalf au rendez-vous qu'il avait fixé à Frodo en automne, pour son départ de la Comté. Il deviendra par la suite un personnage central du *Seigneur des Anneaux*, le symbole de la corruption par la soif du pouvoir.

Le chef rusé des Istari…

Saruman est, d'après *Le Silmarillion*, le chef des cinq magiciens envoyés sur terre par les Valar pour aider les hommes et les elfes à combattre Sauron. Par une ironie du destin, il finira par s'allier à celui qu'il devait aider à détruire. En effet, ce mage puissant est attiré par les anneaux de pouvoir qu'il étudie depuis longtemps, et en particulier par le plus puissant de tous, l'Unique. Devant la montée en puissance des forces de Sauron, Saruman décide de se soumettre pour s'emparer de son Anneau le moment venu. Il l'explique à Gandalf avant de le faire prisonnier :

> *Il ne reste plus aucun espoir à mettre en les Elfes ou en le mourant Númenor. Nous, nous voici donc placés devant un choix. Nous pouvons rejoindre ce Pouvoir. Ce serait sage, Gandalf. Il y a un espoir de ce côté. Sa victoire est proche, et il y aura une riche récompense pour qui l'aura aidé. [...] Et pourquoi pas, Gandalf? murmura-t-il. Pourquoi pas ? L'Anneau Souverain ? Si nous pouvions en disposer, le Pouvoir nous passerait, à nous.*
>
> *Le Seigneur des Anneaux*, livre I.

Associé au Mordor, Saruman entreprend de constituer une armée d'orques et de wargs dans son fief de l'Isengard à l'ombre de sa tour de l'Orthanc, dans le but d'envahir le Rohan voisin, invasion qui permettrait à Sauron de conquérir la Terre du Milieu. Mais l'armée de Saruman doit aussi lui permettre d'écumer le pays pour trouver l'Anneau Unique, avec l'idée de le garder pour lui plutôt que de le remettre à Sauron. Ainsi dans *Les Deux Tours*, les orques de Saruman, avec ceux de Sauron, capturent les deux hobbits Merry et Pippin. Mais un conflit éclate entre les deux factions d'orques lorsque ceux de Saruman veulent emmener les prisonniers en Isengard pour les fouiller, ce qui permettra à Merry et Pippin de s'échapper.

L'alliance de Saruman aux forces du Mordor n'est donc pas une réelle soumission, mais un choix stratégique témoignant d'une grande ruse. Le nom de Saruman est d'ailleurs dérivé de *searu*, du vieil anglais (langue étudiée par le philologue Tolkien) signifiant « rusé ». Dans *Le Silmarillion*, le mage est aussi appelé Curunír en quenya, ce qui se traduit également par « homme habile, rusé ».

Mettant sa magie au service de son sinistre projet, Saruman entreprend de transformer des Uruk-hai, une race d'orques déjà puissante, afin de les rendre encore plus forts et surtout résistants au soleil. La lecture du *Seigneur des Anneaux* montre également que Saruman a conçu des orques qui doivent lui servir d'espions, mais ces derniers sont spéciaux, car ils ont une physionomie plus proche de celle des humains que les autres orques. En revanche, les romans n'offrent pas de description précise de ses « manipulations » et Tolkien préfère laisser ses personnages émettre l'hypothèse, sans la confirmer, de croisements entre humains et orques. Ainsi, dans le livre III du *Seigneur des Anneaux*, l'ent Barbebois s'interroge : « Je me demande ce qu'il a fait. Sont-ce des Hommes qu'il a dégradés ou a-t-il métissé la race des Orques avec celle des Hommes ? Ce serait là un noir méfait ! »

Tout laisse supposer que ces manipulations sont le résultat d'une quelconque magie. Néanmoins, à l'aune des connaissances scientifiques actuelles, on peut imaginer comment Saruman a pu concevoir ces créatures en faisant appel à des techniques de génétique. Et l'association de Saruman à des technologies modernes n'est pas aussi absurde qu'il n'y paraît...

L'esprit de rouages de Saruman

Assez paradoxalement, bien que Saruman soit l'archétype du magicien, personnage normalement éloigné de la technologie moderne, il est décrit comme le symbole des

effets négatifs de l'industrialisation. Tolkien était très attaché à la nature. *Le Seigneur des Anneaux* célèbre, à bien des égards, une nature préservée, la végétation, sa beauté, sa contemplation. Les elfes, créatures quasi parfaites, vivent en harmonie totale avec la nature. Les biographes de Tolkien sont unanimes : il détestait les conséquences de l'industrialisation sur les paysages ruraux de l'Angleterre. On raconte qu'il fut bouleversé de ne presque rien reconnaître des lieux de son enfance, à côté de Birmingham, lorsqu'il y passe dans les années 1930 (il est alors quadragénaire). Dans son œuvre, le mal est associé à la destruction de la nature et Saruman est justement celui qui la saccage, fait abattre les arbres et édifier des usines à la place. Barbebois dit de Saruman qu'il a

« un esprit de métal et de rouages, et il ne se soucie pas des choses qui poussent, sauf dans la mesure où elles lui servent sur le moment ». Et un peu plus loin : « [...] la vallée paraît extrêmement loin en contrebas. La contemplant, je vis qu'alors qu'autrefois elle était verte et belle, elle était à présent remplie de puits et de forges. »

La Comté des hobbits est décrite au début du *Seigneur des Anneaux* comme un paysage rural idyllique, loin de l'agitation du monde, mais à la fin de l'œuvre, quand Frodo et ses amis rentrent chez eux, sans savoir que Saruman s'y est réfugié, ils découvrent un paysage de désolation : « Il y avait autrefois une avenue d'arbres. Ils avaient tous disparu. Et, regardant avec consternation le long de la route en direction de Cul-de-Sac, ils virent au loin une haute cheminée de briques. Elle déversait une fumée noire dans l'air du soir » (*Les Deux Tours*).

Un savant fou avant l'heure ?

Saruman est donc très proche de l'archétype du savant fou qui manipule la science dans un but personnel, sans se préoccuper des conséquences négatives de ses actes. Dans la littérature ou au cinéma, ces personnages sont souvent caractérisés par leur arrogance, leur volonté de jouer à être Dieu, la poursuite de leurs expériences sans aucun souci éthique, leur manque de respect pour la nature, leur existence solitaire en dehors, parfois, de la présence d'un assistant. C'est bien le portrait de Saruman.

Au cinéma, c'est Fritz Lang qui crée, en 1927 dans son film *Metropolis*, le prototype du savant fou avec le personnage de Rotwang. Dans le film, une mégapole est divisée en une ville haute, où vivent les privilégiés, et une ville basse, où les ouvriers travaillent dans des conditions très dures. Cet ordre des choses est menacé par une idylle, aussi sollicite-t-on Rotwang pour qu'il y remédie. Pour ce faire, il construit un robot imitant la jeune ouvrière (dont George Lucas s'inspirera pour C-3PO dans *Star Wars*) qui sème le chaos et menace de détruire la ville. On retrouve des caractéristiques de Rotwang chez Saruman : un esprit maléfique, une obsession pour les buts qu'ils se sont fixés sans considération pour la vie des autres et un attrait pour les machines.

Les savants fous se rencontrent aussi chez les généticiens. Ils manipulent les gènes en bafouant les lois de la nature, comme par exemple dans *Le Meilleur des mondes*, roman d'anticipation d'Aldous Huxley paru en 1932. Dans ce classique de la littérature de science-fiction, le directeur du Centre d'incubation et de conditionnement de Londres ne peut manquer d'évoquer Saruman : grand, mince, arrogant, avec un ton légèrement menaçant dans la voix, parlant sans émotion des traitements rudes que subissent les embryons et évoquant avec enthousiasme les grandes quantités de clones produits.

Les manipulations génétiques de Saruman…

Comment Saruman a-t-il produit ses orques modifiés ? D'abord, comme le supposent les membres de la Communauté de l'Anneau à l'aide de croisements génétiques entre orques et humains. Lorsque l'on croise des animaux appartenant à des espèces différentes, des mécanismes biologiques rendent la fécondation ou le développement embryonnaire inopérant. Toutefois, avec des espèces suffisamment proches génétiquement, on obtient des hybrides interspécifiques. Ces hybrides présentent des caractères intermédiaires entre les deux espèces. De plus, selon que l'on croise le mâle d'une espèce avec la femelle d'une autre, ou l'inverse, le résultat ne sera pas le même. Ainsi, le croisement d'un cheval avec une ânesse donnera un bardot tandis qu'un croisement entre un âne et une jument donnera un mulet. De même, chez les félins, le croisement entre un lion et une tigresse donnera un ligre tandis que le croisement entre une lionne et un tigre donnera un tigron. De nombreuses hybridations sont donc possibles dans le monde animal à condition que les animaux restent au sein d'un même genre (*Panthera*, *Equus*, *Ursus*…), ce qui assure une proximité génétique suffisante. Les hybrides sont le plus souvent stériles, bien qu'une petite proportion d'entre eux puisse se reproduire. Le tigron femelle, par exemple, est fertile à 100 %, mais ne peut se reproduire qu'avec un tigre.

Dans *Le Seigneur des Anneaux*, les croisements entre orques et humains seraient donc possibles en supposant une proximité génétique que leur aspect humanoïde laisse accepter. De plus, le sens du croisement ainsi que la race d'orque utilisée (nous avons vu que les Uruk-hai se distinguent des orques de base) conduiront à une diversité d'êtres que pourra exploiter Saruman. Ainsi, les guerriers Uruk-hai possèdent la force des orques et la résistance au soleil des humains, alors que les espions de Saruman sont plus proches de la physionomie humaine, ce qui leur permet de passer plus inaperçu. Reste une difficulté pour Saruman : produire suffisamment de semi-orques pour réussir une armée rassemblant des milliers d'individus, même si une partie de son armée est aussi constituée d'humains à la peau brune de la Dunlande. L'hybridation interspécifique passe obligatoirement par la reproduction sexuée, même si le mage pourrait gagner du temps en effectuant des fécondations *in vitro* puis en implantant les embryons hybrides dans des femelles orques ou humaines. Cela lui permettrait de produire tout au plus quelques soldats et espions comme ceux qui constituent la troupe ayant enlevé Merry et Pippin. Pour produire une armée comme celle qui attaque la Gorge de Helm, il faudrait donc une production d'embryons à l'échelle industrielle. On pense immanquablement à la production des clones en grande quantité dans *Le Meilleur des mondes*. La tour de l'Isengard serait donc un laboratoire de génétique dans lequel des embryons d'orques sont générés à la chaîne en fonction des besoins du magicien. Tolkien garde un silence prudent sur les méthodes de Saruman, même si la magie rend bien des services dans ce genre de situation. Peter Jackson, dans l'adaptation cinématographique de l'œuvre, donne sa propre vision de la naissance des Uruk-hai. Le chef des orques de Saruman sort de terre à partir d'une matrice de boue visqueuse, ce qui laisse supposer une origine surnaturelle à ses soldats.

Pour ses manipulations, Saruman peut aussi faire appel à d'autres techniques issues du génie génétique : par exemple, il peut injecter des cellules souches humaines à l'intérieur d'un embryon d'orque, ce qui donnera à ce dernier des caractéristiques humaines. Il s'agit alors d'organismes chimériques. Ces techniques sont utilisées depuis longtemps, dès 1969, la création d'embryons chimériques caille-poulet a permis des avancées cruciales dans les connaissances en biologie cellulaire.

Des orques OGM

Pour donner à ses orques les caractéristiques qui l'intéressent (force, résistance, aspect humain…), Saruman a aussi la possibilité de créer des organismes génétiquement modifiés (OGM). Il suffit pour cela d'injecter un fragment d'ADN contenant le gène (ou les gènes) d'intérêt à l'intérieur d'un embryon. Pour assurer l'intégration de cette séquence d'ADN, celle-ci est couplée avec de l'ADN de virus qui a la particularité de pouvoir s'insérer au sein du génome d'un hôte. C'est ainsi que le premier animal génétiquement modifié (une souris) a été créé en 1982. Depuis, les procédés se sont améliorés grâce à la technique des *ciseaux génétiques* (CRISPR-Cas 9). On a réussi à créer des vaches produisant du lait à teneur réduite en lactose ou riche en caséine. Récemment, des chèvres transgéniques ont été conçues pour produire, dans leur lait, la protéine constituant les fils de soie des araignées afin de fabriquer des sutures chirurgicales, du fil à pêche et même des vêtements ! Des porcs ont été rendus résistants à la peste porcine grâce à une manipulation génétique et des saumons ont été génétiquement modifiés pour grossir plus vite. Plus étrange encore, des animaux (poissons, souris, lapins et même moutons) ont été rendus fluorescents.

Les lois de bioéthique interdisent la commercialisation de tels animaux transgéniques. On ne verra pas de sitôt un poulet devenir fluorescent quand qu'il est cuit ! Saruman en revanche, n'est pas limité et peut potentiellement produire tous les orques génétiquement modifiés qu'il peut imaginer.

Parmi les gènes susceptibles d'intéresser le magicien, citons celui de la myostatine dont des mutations peuvent se traduire par une masse musculaire accrue. On connaît ainsi des races de bovins (le blanc bleu belge) et de chiens (le lévrier *whippet*) dotés d'importantes masses musculaires à cause de mutations dans ce gène. Les lévriers *whippet* mutés sont appréciés pour les courses, car ils sont les plus rapides. D'autres hormones pourraient servir au dopage génétique des orques, comme celles de l'érythropoïétine (l'EPO des cyclistes), du facteur de croissance de l'endothélium vasculaire (une protéine déclenchant formation de vaisseaux sanguins) ou encore de l'IGF-1 (qui agit sur la masse musculaire). Ces gènes sont aujourd'hui surveillés par l'Agence mondiale antidopage qui cherche un moyen pour détecter la présence d'ADN supplémentaire dans le corps des athlètes.

L'extrême sensibilité à la lumière qui touche la race des orques rappelle les symptômes du *Xeroderma pigmentosum*, une maladie génétique causée par des mutations sur les gènes d'enzymes de réparation de l'ADN. On appelle les enfants touchés par cette maladie les « enfants de la Lune », car ils ne peuvent être exposés aux rayons UV de la lumière du jour. Saruman a peut-être tenté d'introduire des versions fonctionnelles des gènes impliqués pour concevoir ses guerriers Uruk-hai qui peuvent supporter le soleil. Ce qui est valable avec les orques l'est aussi avec les wargs, sortes de loups géants que chevauchent les orques. Peter Jackson, dans ses films, les fait ressembler à un mélange de hyènes et de loups avec une taille bien supérieure. Ici encore, on peut imaginer que Saruman n'a pas hésité à modifier le patrimoine génétique de créatures plus modestes (probablement des canidés) pour en faire de redoutables machines de guerre. Et il partage un dernier point commun avec nombre de savants fous : il est tué par son esclave, Gríma « Langue-de-Serpent ».

L'évolution des peuples de la Terre du Milieu, une approche phylogénétique des humanoïdes chez Tolkien

JEAN-PHILIPPE COLIN, professeur agrégé de sciences de la vie et de la Terre

Lorsque l'on ouvre *Le Seigneur des Anneaux* pour la première fois, l'aventure ne commence pas immédiatement. Les premières pages correspondent à une carte détaillée suivie d'un texte quasi encyclopédique intitulé « Des Hobbits », dans lequel l'auteur présente le lieu de l'action et ses habitants. Tolkien, en bon universitaire qui se respecte, nous fait donc entrer dans son univers de façon très sérieuse et méthodique, comme si l'on ouvrait un vieux grimoire au coin d'un feu, une tasse de thé à la main, dans un trou de hobbit. Toute la magie de l'œuvre est là, dans le sérieux et le réalisme insufflés par Tolkien à son univers complexe : l'auteur fait appel à notre curiosité pour mieux asseoir les bases de son divertissement. Son texte sur les hobbits pose d'intéressantes questions sur les relations de parenté entre les « races » ou les espèces qui peuplent sa fiction :

Il est clair qu'en dépit d'un éloignement ultérieur, les Hobbits nous sont apparentés : ils sont beaucoup plus proches de nous que les Elfes ou même que les Nains. [...]. Mais il est impossible de découvrir aujourd'hui notre relation exacte.

Tolkien compare notamment les hobbits, personnages clés de son œuvre, aux humains. Ces relations de parenté non encore résolues (voir la dernière phrase de la citation ci-dessus) témoigneraient des limites de nos connaissances sur le sujet, comme si une « préscience » semblait déjà expliquer son œuvre. Tolkien brouille donc délibérément les pistes entre fiction et réalité. Prenons-le au mot et tentons de résoudre, d'une manière scientifique, les relations de parenté des espèces de la Terre du Milieu !

À l'impossible nul n'est tenu...

Il existe une méthode scientifique (c'est-à-dire testable) permettant de tisser des relations de parentés entre des entités (nommées « taxons » par les spécialistes) ; il s'agit de la phylogénie. Pour répondre à l'incertitude de Tolkien (sa dernière phrase ci-dessus étant notre énoncé de base), il convient de considérer l'ensemble des espèces de la Terre du Milieu ; les hobbits, personnages clés de sa fiction, mais aussi les hommes, les elfes, les nains, les orques et toutes les espèces s'en rapprochant.

La phylogénie est une méthode intéressante car elle prend en compte des taxons aussi bien actuels que fossiles, sans considérer *a priori* un fossile comme l'ancêtre d'une forme récente. Elle a été développée à partir de 1950 par Willi Hennig dans son ouvrage *Fondements d'une théorie de la systématique phylogénétique*. Cet entomologiste allemand, spécialiste des diptères (groupe d'insectes incluant les mouches et les moustiques), a proposé une méthode dite « cladistique », plutôt simple et transparente dans son fonctionnement. Relativement discret au départ, l'ouvrage publié en allemand est traduit en anglais en 1966 et contribue alors à changer les principes de la classification au niveau mondial. Mais le bouleversement des classifications traditionnelles héritées de Linné au siècle des lumières n'est pas chose aisée et reste un chantier permanent encore d'actualité. Par la suite, l'émergence des techniques de séquençage de l'ADN contribua également à cette modification en apportant de nouveaux caractères dans les comparaisons. Enfin, grâce à la puissance de calcul de l'informatique, des algorithmes toujours plus sophistiqués furent proposés pour traiter des données de plus en plus en importantes.

Le résultat de l'analyse phylogénétique est un arbre, c'est-à-dire un réseau graphique qui relie les taxons selon leurs caractères dérivés communs (ou synapomorphies). Les nœuds de l'arbre (c'est-à-dire les intersections des branches) corres pondent à ce que les spécialistes nomment les « morphotypes ancestraux » car, à la différence d'un arbre généalogique, un arbre phylogénétique ne met pas en relation directe des ancêtres et des descendants (figure 1). Ainsi, la figure 1 présente deux exemples d'arbres phylogénétiques, montrant des hypothèses de parentés différentes. La plus intuitive (à gauche) regroupe dans un même clade les nains et les hobbits. La taille réduite est alors un état de caractère acquis une seule fois chez l'ancêtre commun à ces deux taxons, et propre à ce clade. L'hypothèse proposée par Tolkien (à droite) rassemble les humains et les hobbits dans un même clade. La petite taille est alors une convergence évolutive apparue plusieurs fois au cours de l'histoire évolutive.

Dans un premier temps, il faut donc définir des caractères dans le groupe à étudier. Ces caractères peuvent être morpho-anatomiques (par exemple basés sur le squelette des taxons) ou moléculaires (par exemple basés sur des séquences d'ADN). Pour étudier la phylogénie des peuples de la Terre du Milieu, l'idéal aurait été d'examiner sous toutes les coutures des représentants de chaque taxon, de les mesurer, éventuellement de les disséquer et de les séquencer, tout ceci afin de recenser un maximum de caractères avec leurs états. Faute de mieux, je me suis contenté de définir des caractères à partir d'extrapolations autour des descriptions de Tolkien, des illustrations d'Alan Lee, de John Howe et d'autres illustrateurs, ainsi que des adaptations cinématographiques de Peter Jackson.

Les taxons de la Terre du Milieu

Dix taxons ont été analysés :

Les humains. Les humains du monde de Tolkien représentent probablement la majeure partie de la population en Terre du Milieu, et ce malgré leur apparition récente dans la chronologie. Des ethnies variées sont décrites dans l'œuvre de Tolkien, citons par exemple les Haradrim sur leurs oliphants, ou encore les Hommes du Nord à l'origine des cavaliers du Rohan ou Rohirrim. Aussi diversifiés qu'ils soient, les hommes et femmes de l'univers de Tolkien semblent d'un point de vue biologique tout à fait comparable aux humains bien réels que nous sommes, nous ne développerons donc pas plus leur description.

Les nains. Les nains sont une espèce regroupant de farouches guerriers qui vivent reclus au cœur de certains massifs montagneux de la Terre du Milieu dont ils tirent une richesse colossale. Outre leur taille réduite, les nains se distinguent par un caractère particulièrement surprenant :

l'absence de dimorphisme sexuel, c'est-à-dire que les femelles ressemblent aux mâles, y compris par leur barbe ! Elles sont par ailleurs particulièrement discrètes, car elles ne composent qu'un tiers de la population et ne sortent quasiment jamais des villes souterraines. D'un point de vue biologique, le nanisme peut avoir plusieurs origines : l'hypothèse à privilégier ici est sans doute celle d'un dysfonctionnement hormonal étant donné qu'il est associé à une perte de dimorphisme sexuel.

Les hobbits. Représentés notamment par Frodo et Bilbo, les hobbits sont les héros de Tolkien[1]. Parfois désignés comme « semi-hommes », leurs caractéristiques physiques ne sont pourtant pas celles des héros habituels : pieds larges et velus et petite taille étant sans doute les aspects les plus caractéristiques des hobbits.

Les elfes. Ils sont très anciens, leur histoire s'étend sur plusieurs millénaires. Mais sur les périodes plus récentes, leur implication décroit car beaucoup quittent la Terre du Milieu, rejoignant leur terre ancestrale de Valinor. La principale caractéristique biologique des elfes est leur durée de vie indéterminée, ils ne sont affectés ni par les maladies ni par la vieillesse. Ils possèdent également des sens très développés, des oreilles pointues, la peau claire et sont imberbes à de rares exceptions près.

Les ents. Les ents sont des géants de la forêt dont le corps semble être composé de tissus végétaux : écorce en guise de peau, branches et feuillage en guise de poils. Toutefois leur démarche bipède, leur langage articulé – l'entique – et l'existence des ents-femmes, aujourd'hui égarées, en font un peuple à part entière. Comme les elfes, ils peuvent atteindre des âges très importants, ce qui implique d'intéressantes innovations évolutives par exemple un système immunitaire très performant, permettant de lutter contre les infections, ou encore des mécanismes de lutte contre le vieillissement. Parmi ces derniers, un système antioxydant performant serait décisif pour lutter contre les agressions des radicaux libres. Ces petites molécules instables et très réactives sont formées en permanence lors de l'utilisation du dioxygène dans le métabolisme, ou lorsque le système immunitaire est actif. Leur réactivité engendre des dégâts à l'échelle moléculaire qui sont suspectés d'être une cause importante du vieillissement. Autre caractéristique, la présence *a priori* de l'enzyme « télomérase » active dans l'ensemble des cellules d'ents. Chez les humains, cette enzyme n'est active que dans les cellules reproductrices et certaines cellules cancéreuses. Pour comprendre le rôle important de cette enzyme, il faut savoir qu'à chaque division, nos cellules doivent répliquer l'intégralité de leur ADN organisé en chromosome. Or, une petite partie terminale de l'ADN n'est jamais répliquée, et à chaque cycle les extrémités de nos chromosomes appelées télomères se trouvent raccourcies. Tels des sabliers génétiques, l'épuisement des télomères aboutit à la sénescence des cellules et, à l'échelle de l'organisme, aux maladies du vieillissement. La télomérase permet donc d'éviter le problème en répliquant le morceau terminal manquant à chaque réplication.

Les orques, gobelins et Uruk-hai. Les orques constituent le gros des troupes des forces du Mal. Sensibles à la lumière, ils sont principalement établis en Mordor où le volcanique Mont Destin génère une pénombre permanente limitant l'exposition à la lumière. Peter Jackson propose par ailleurs une caractéristique intéressante d'un point de vue biologique : un sang de couleur noire, probablement lié à une hémoglobine spécifique. Chez la plupart des vertébrés, le sang est rouge vif en raison de la présence d'un atome de fer au cœur de l'hémoglobine, protéine contenue dans les globules rouges et transportant le dioxygène. Il est envisageable que le fer soit remplacé chez les orques par un autre élément susceptible de lier le dioxygène. Certains mollusques et arthropodes présentent par exemple du cuivre au cœur d'une protéine : l'hémocyanine qui confère à leur sang une couleur bleutée. Ces éléments descriptifs des orques[2] en général ne doivent pas faire perdre de vue leur grande diversité, plusieurs populations « sauvages » étant recensées dans les Montagnes de Brume par exemple. Voici d'ailleurs ce qu'affirme Gandalf à ce propos dans le chapitre 7 du *Hobbit :* « Contourner Grand'Peur par le nord vous mènerait en plein sur les contreforts des Montagnes Grises, qui regorgent de gobelins, de hobgobelins et d'orques de la pire espèce. ». Pour illustrer cette diversité, nous inclurons donc dans l'analyse les gobelins parfois désignés comme « Snaga », c'est-à-dire des esclaves de plus petite taille. Enfin, certains orques de grande taille, sélectionnés par Saruman, ont perdu toute sensibilité à la lumière et combattent de nuit comme de jour, ils seront désignés ici sous le terme d'Uruk-hai.

Les trolls et Olog-hai. Comme les orques, les trolls sont sensibles à la lumière au point d'être changés en pierre s'ils sont exposés aux rayons du soleil. Cette tendance à la minéralisation est sans doute à rapprocher de leur grande robustesse et l'on peut supposer que les couches profondes de leur peau sont largement ossifiées. Chez de nombreux vertébrés, des plaques osseuses dermiques peuvent constituer une véritable armure, comme c'est le cas chez les Placodermes, poissons cuirassés du Paléozoïque (ils ont vécu entre 440 et 358 millions d'années environ). Cette robustesse naturelle, associée à une force colossale et à une certaine servilité, constitue un atout militaire exploité par les orques qui « domestiquent » les trolls. Là encore, de nombreuses races coexistent : trolls des cavernes, troll des collines, sans oublier les remarquables Olog-hai qui ne craignent pas la lumière : ils forcent les portes de la capitale du Gondor, Minas Tirith dans l'adaptation cinématographique du *Retour du roi* par Peter Jackson.

Les caractères et leur polarisation

Une fois les caractères définis, ils sont ensuite comparés entre « taxons » afin d'identifier différents états : les états de caractère. Pour déterminer si un état de caractère est archaïque (plésiomorphe) ou dérivé (apomorphe), une méthode consiste à utiliser un groupe de référence (groupe externe ou extra-groupe) que l'on considère présenter les états archaïques des caractères : le caractère « pilosité des pieds », par exemple, présente, dans l'échantillon, deux états : l'état « velu », observé chez les hobbits, et l'état « nu », visible chez les humains, les elfes et autres. Si j'utilise le chimpanzé (*Pan troglodytes*) comme groupe externe, alors le fait de posséder des pieds velus est un caractère archaïque et des pieds nus un caractère dérivé. Le choix du groupe externe est donc délicat, car il constitue un postulat basé sur des connaissances établies au préalable. Ici l'extra-groupe est « hypothétique » faute d'un bon candidat, primate non humain dans l'univers de Tolkien.

Lorsque l'échantillon présente de nombreux taxons et (états de) caractères, l'analyse phylogénétique est informatisée. Différents logiciels existent (PAUP, Hennig, etc.), la plupart permettant de calculer l'arbre (ou les arbres) le(s) plus parcimonieux, c'est-à-dire présentant un nombre minimum de transformations d'états (de caractères). Ces logiciels, dits « de parcimonie », sont un peu comme les logiciels d'échecs qui calculent tous les coups possibles pour connaître le meilleur : ici, le logiciel utilisé est le logiciel R version 3.3.2[3]. La parenté entre humains et hobbits proposée par Tolkien a été tissée à la main (figure 1).

Un arbre pour les classer tous, et dans l'évolution les lier !

L'arbre obtenu est intéressant à plus d'un titre (figure 2). En son centre, les créatures servant les forces du Mal (gobelins, orques, trolls et leurs dérivés) sont regroupées en un ensemble naturel ou clade, nommé « Maléfilucifuges » et

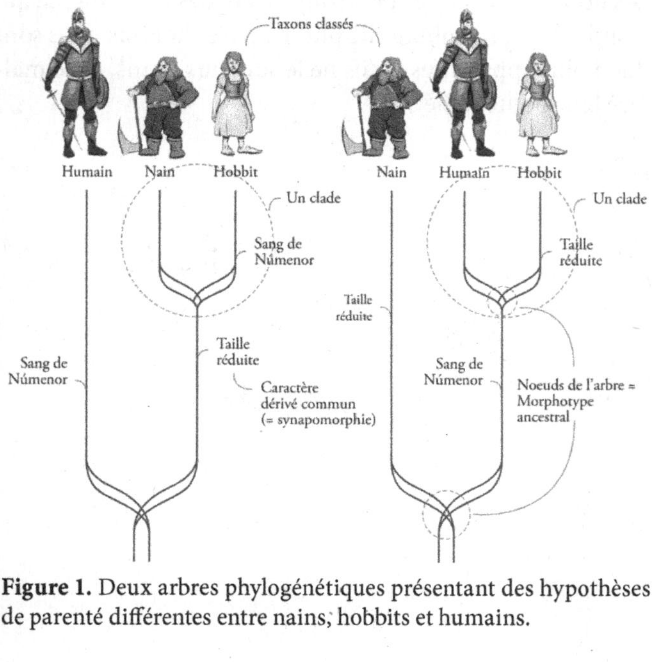

Figure 1. Deux arbres phylogénétiques présentant des hypothèses de parenté différentes entre nains, hobbits et humains.

caractérisé notamment par leur sensibilité à la lumière. Le préfixe maléréférant à la nature maléfique, tandis que lucifuge fait référence aux organismes fuyant la lumière. Cette sensibilité, contraignante d'un point de vue du mode de vie, est sujette à des régressions évolutives : chez les Uruk-hai et Olog-hai, elle permet d'envahir plus facilement la Terre du Milieu. Autre résultat remarquable, les elfes sont apparentés aux ents en particulier du fait de leur durée de vie considérable. Cet ensemble est nommé « Pérénosylvains », eu égard à la pérennité de ces peuples habitant les forêts (« sylvains »). Fait surprenant, ce groupe est lui-même associé au clade des Maléfilucifuges en raison de deux caractères partagés à l'état dérivé : les oreilles pointues et le visage imberbe ! Enfin, de l'autre côté de l'arbre, les hobbits constituent le groupe frère des humains, ce qui confirme le préambule cité plus haut : les hobbits nous sont bien plus apparentés qu'ils ne le sont aux nains, et ce malgré leur petite taille…

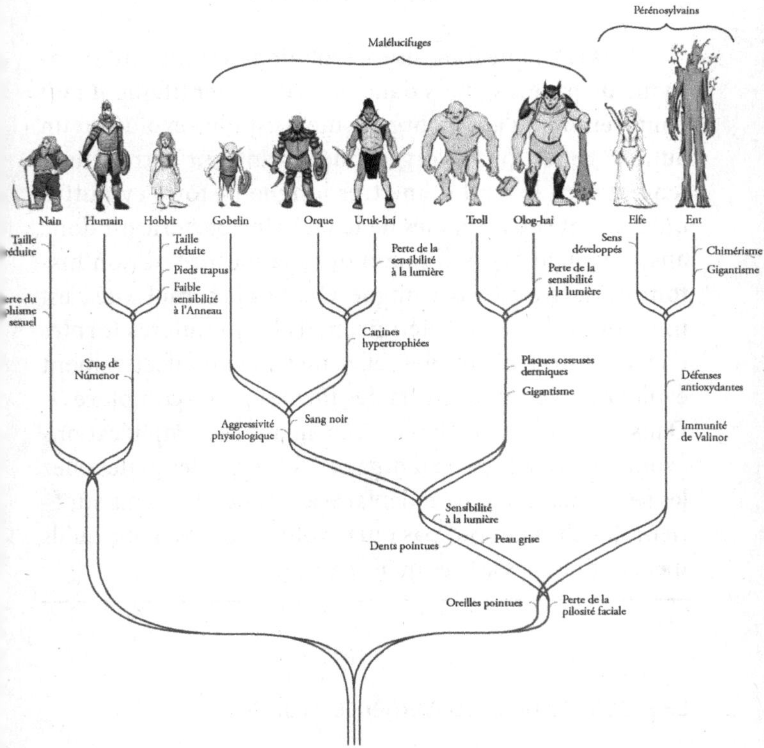

Figure 2. Arbre phylogénétique illustrant les relations de parenté entre les différents peuples de la Terre du Milieu.

UNE ESPÈCE PEUT-ELLE ÊTRE PLUS ÉVOLUÉE QU'UNE AUTRE ? AMIS DES NAINS, DITES « NON » À L'ELFOCENTRISME !

Dans la langue française, « évolution » est souvent synonyme de progrès, mais dans un cadre scientifique il faut comprendre qu'aucun organisme n'est plus évolué qu'un autre. En effet, tous les organismes vivants sur Terre actuellement sont le fruit d'une très longue histoire évolutive qui remonte aux origines de la vie ! Une bactérie est donc aussi évoluée qu'un humain dans la mesure où son histoire évolutive est aussi longue. Quant à la complexité,c'est une notion difficile à définir, mais les premières formes de vies étant très simples, elles ne peuvent effectivement évoluer au départ que vers des formes plus « complexes ». Dans certains cas, on observe cependant des simplifications évolutives avec la perte d'organes, telles que les pattes chez les serpents. Ainsi, n'en déplaise à Elrond et son air supérieur, les elfes ne sont pas plus évolués que les nains qu'ils méprisent ou les arbres qu'ils habitent…

Le problème de la convergence évolutive

Il arrive que deux taxons éloignés d'un point de vue de l'évolution partagent malgré tout un même état de caractère. On parle alors de convergence évolutive. On cite fréquemment l'exemple de l'aile de la chauve-souris dont la structure est analogue à l'aile des oiseaux, ou encore le profil hydrodynamique du dauphin (un Mammifère), ou de l'ichthyosaure (un reptile fossile) très semblable à celui du requin. Ces ressemblances ne sont pas héritées d'un ancêtre commun qui aurait possédé des ailes ou un profil hydrodynamique. Elles sont en fait apparues plusieurs fois de façon indépendante au cours de l'histoire évolutive, en réponse à des pressions de sélection identiques. Si le dauphin présente le même profil que le requin, c'est parce que ce profil est une solution efficace au problème de la prédation en milieu aquatique. Ces convergences évolutives sont de véritables pièges pour le classificateur, car elles nous poussent à rapprocher des taxons en réalités très éloignés. Parmi les convergences que l'on observe ici, nous pouvons citer la taille réduite des nains et des hobbits, apparue deux fois indépendamment chez ces peuples. Cette diminution de la taille étant, d'un point de vue évolutif, un avantage pour la vie troglodyte… La tentation est alors forte de rapprocher dans un même clade ces deux taxons (figure 1). Toutefois, Tolkien précise bien que les hobbits sont beaucoup plus proches de nous que des nains.

Comment justifier la parenté humains-hobbit ?

A priori aucun caractère externe (ou morpho-anatomique) ne permet de justifier le rapprochement humains-hobbits si cher à Tolkien. Mais on peut imaginer des caractères moléculaires communs, c'està-dire des séquences d'ADN ou des marqueurs génétiques communs aux deux taxons. Aujourd'hui, plusieurs entreprises proposent de séquencer votre ADN très facilement moyennant quelques dizaines d'euros, un échantillon de salive et un délai d'une quinzaine de jours, avec à la clé la découverte de vos origines géographiques et familiales. Imaginons un instant que nous possédions un échantillon de salive de Frodo (un hobbit), d'Aragorn (un humain) et de Gimli (un nain), que découvrirait-on alors ? Le résultat le plus probable, si l'on se réfère aux écrits de Tolkien, serait une importante similarité entre humains et hobbits. Cette similarité est représentée dans l'arbre (figure 2) par le caractère « Sang de Númenor ». En effet, d'après le *Silmarillion*, avant de s'installer sur les Terres de l'Est, grand continent où se déroule l'action du *Seigneur des Anneaux*, les humains vivaient sur une grande île appelée Númenor durant une partie du Deuxième Âge – ils jouissaient d'ailleurs d'une longévité plus importante comme en témoigne Aragorn, représentant de cette lignée âgé de 87 ans au moment de la quête de l'Anneau et dont le règne dure 120 ans avant sa mort à l'âge de 210 ans ! À cette époque, les hobbits n'existent pas encore, au contraire des nains qui vivaient déjà sur le continent. Ainsi, si les hobbits sont bien apparentés aux humains, ils descendent eux aussi d'ancêtres ayant vécu sur Númenor dont ils ont hérité certaines caractéristiques génétiques, avant d'avoir divergé à leur tour. Elrond envisage d'ailleurs cette divergence comme un déclin lors du passage du Conseil portant son nom dans le livre II du *Seigneur des Anneaux* : « Et depuis ce jour, la race de Númenor a décliné et l'étendue des années de ceux qui restent a diminué. »

Notons que l'homogénéité génétique est renforcée au sein d'un groupe lorsqu'il est réduit à un petit effectif et ne se reproduit qu'avec un nombre restreint d'individus en « vase clos ». Cette endogamie, qu'elle ait des raisons géographiques (île de Númenor) ou sociales (lignée royale d'Aragorn), limite le brassage génétique associé à la reproduction sexuée, ce qui est souvent délétère, mais pratique lorsqu'il s'agit d'établir une généalogie ou à plus grande échelle une phylogénie. Cet exemple illustre le fait que la classification phylogénétique ne se contente pas de classer les taxons, elle permet aussi de retracer leur histoire géographique.

Création ou évolution ? Le paradoxe du Silmarillion

Tolkien explique les origines de son monde et de ses peuples dans *Le Silmarillion*, récit presque mythologique qui établit une chronologie détaillée de l'émergence de chaque groupe : ainsi, durant « Les Années des Arbres », les elfes sont d'abord créés par Eru Ilúvatar, puissante divinité ayant également engendré les Ainur, dont Sauron est un avatar. Puis, apparaissent les nains et enfin les humains – dont la naissance marque le début du Premier Âge. Ce contexte peut sembler *a priori* créationniste, mais il faut noter que Tolkien préfère les termes d'éveil et de naissance à celui de création. D'autre part, Tolkien présentait de bonnes connaissances évolutionnistes[4]. Il faut donc considérer *Le Silmarillion* comme un ouvrage de genèse, un livre très ancien qui serait stocké dans les bibliothèques de la Terre du Milieu et lu depuis des générations… Dans son désir d'explication du monde, Tolkien propose une sorte de cosmogonie, avec ses mythes associés. Ainsi malgré certaines origines discutables, perdues au fond des âges, chaque peuple présente une histoire complexe associée notamment à de grandes migrations susceptibles de justifier la diversité rencontrée au sein des différents clades.

Pour conclure

Bien que similaire au nôtre, le monde de Tolkien est enrichi par la grande diversité des peuples qui l'habitent – comme c'est souvent le cas dans les autres mondes du genre *heroic fantasy*.

La question des origines de ces espèces et de leurs liens de parenté avec les humains est cependant rarement traitée de façon réaliste ou scientifique, comme nous venons de le faire. Est-ce là une sorte de tabou visant à préserver l'imaginaire du lecteur ? Elfes, nains et orques sont des marqueurs du genre qui trouvent leurs racines dans le folklore germanique ou scandinave, et dont les caractéristiques diffèrent pour chaque auteur. Cette diversité des « humanoïdes » parfois décriée comme trop manichéenne, avec des elfes nobles, et des orques vils, reste un formidable outil pour la construction de personnages toujours riches. Mais certains univers, comme celui de *Wollodrïn* (de David Chauvel et Jérôme Lereculey) pour la bande dessinée ou de *World of Warcraft* (Blizzard Entertainment) pour le jeu vidéo, n'hésitent pas à représenter des orques « gentils » tout en respectant les codes insufflés par Tolkien. Enfin, la cohabitation rarement pacifique entre ces espèces constitue une mise en perspective intéressante de ce qu'a pu être la diversité du genre *Homo* lorsque, pendant plusieurs centaines de milliers d'années, plusieurs espèces coexistaient jusqu'à la domination d'*Homo sapiens*…

SIXIÈME PARTIE

UN BESTIAIRE FANTASTIQUE

Mythotypie des origines

LUC VIVÈS et CHRISTINE ARGOT,
chercheurs et enseignants, Muséum de Paris

L'œuvre de Tolkien conjugue l'histoire naturelle d'êtres fabuleux avec une histoire surnaturelle des hommes dans une région qui deviendra par la suite l'Angleterre. De cette double dualité naît la singularité absolue d'une pensée adepte de la cohabitation et de l'évolution de faunes et de flores mi-naturelles, mi-légendaires. Dans ces pages, les formes premières de la généalogie humaine côtoient les silhouettes mutantes de spécimens imaginaires ayant ou non survécu jusqu'à nous, en vertu du hasard lié à la transmission orale ou écrite colportant leur destin particulier. Ainsi, nombre de créatures se sont multipliées, se sont diffractées en émanations à leur tour déclinées (littérairement, artistiquement) en de nouvelles images qui leur ressemblent ou bien les brouillent. L'ensemble de ces figures fonde la prose tolkienienne comme discours d'histoires à la fois naturelle et surnaturelle. On assiste à l'émergence d'une réflexion interrogeant la dimension biologique d'êtres mythiques, réflexion simultanément curieuse d'approcher la part fabuleuse des êtres naturels. Tolkien fait œuvre originale au point que ses écrits forment la première interface entre, d'un côté les cycles, les sagas, les épopées, et de l'autre les nomenclatures, les dictionnaires, les encyclopédies. Il réunit intellectuellement ce qui était par tradition séparé, articulant l'improbable et le vérifiable, au plus près d'une nature conçue comme mythologique et d'une mythologie perçue comme naturelle.

Dans l'enchantement des hérédités scintillent donc des êtres originels, qui constituent les types mythologiques (ou mythotypes) aux sources des contes et légendes que nous connaissons encore. Des créatures aujourd'hui familières comme les farfadets, les lutins, les gnomes peuvent alors être considérées comme des organismes *mythologiquement* modifiés, au regard des figures initiales dont elles procèdent. Ainsi, ces successions de formes composent-elles le corps miroitant d'un parangon primitif vivant à travers ses doubles iconiques ou discursifs. C'est pour nous une façon de tester l'impalpable volatilité des personnages fictionnels, en traquant leur incarnation et leur devenir, non seulement à la surface extérieure des signes mais également dans l'épaisseur mythogénétique de ce qui est narré, là où se déterminent pour un personnage imaginaire la possibilité même d'exister et pour un personnage réel celle d'accéder au rang de mythe.

Hantée de « monstres prometteurs » – les wargs ne renvoient-ils pas aux loups-garous, les Nazgûl à l'Ankou ou à toute autre représentation de la Mort riant sous cape ? –, l'œuvre de Tolkien est le creuset où se développent l'écheveau des parentés, le maillage des filiations, le réseau des caractères acquis ou partagés. Elle est le creuset cosmogonique qui emprunte à la Genèse deux arbres singuliers, et aux trois grands monothéismes un dieu unique (Ilúvatar) qui créera en premier lieu la cohorte des Bénis (les divinités Ainur), parmi lesquels les Valar (les esprits supérieurs) qui seront les gardiens du monde terrestre. Légendes celtiques et folklore gallois (notamment *Les Quatre Branches du Mabinogi*, quatre récits médiévaux de la mythologie celtique) s'y mêlent, contes de fées nordiques et Eddas scandinaves (des compilations poétiques du XIIIe siècle) y tiennent langage. Le parfum de la *Völsunga Saga* islandaise (une saga légendaire datant du XIIIe siècle mêlant aventures, amour et tragédie) y croise celui du *Kalevala* finnois (une épopée composée au XIXe siècle).

Un mélange des langues

L'œuvre de Tolkien est aussi ce creuset linguistique où comparaissent le norrois de l'Europe du Nord, l'écriture gothique, les poèmes en vieil anglais, traversé de réminiscences littéraires antiques. La *Théogonie* d'Hésiode (les elfes abandonnant la Terre du Milieu aux hommes évoquent *Les Travaux et les Jours* du même auteur narrant comment la race des héros a été supplantée par la race de fer) jouxte *Les Métamorphoses* d'Ovide : en écho à Orphée, l'elfe Lúthien part dans le royaume de Mandos afin de plaider pour l'octroi d'un supplément de vie à son amant Beren, blessé à mort par le loup gardien de Morgoth, en échange de son immortalité à elle. L'*Énéide* de Virgile ou *L'Odyssée* d'Homère se devinent derrière d'autres récits de descente aux enfers, lors des épisodes liés au chemin des morts de Dimholt et au gouffre de la Moria. Cette collection de thèmes traditionnels (dont celui de la quête, associée à la destruction de l'anneau de puissance, se nourrit des récits de la Toison d'Or, du Graal, des Nibelungen) fournit à Tolkien les éléments constitutifs d'une mythologie anglaise inédite qui, sur fond d'irrationalité, libère un regard neuf.

L'ensemble de sa création nous convie à une incontestable mythogenèse, laquelle regroupe les naissances, les devenirs et les métamorphoses de personnages surnaturels dont il nous appartient de reconstituer les lignées et les lois présidant à leur organisation littéraire. Ainsi, les balrogs dont Gothmog, plusieurs fois évoqué dans *Le Silmarillion*, rappellent certaines figures démoniaques rattachées au feu dans de nombreuses mythologies, notamment scandinave. Les aigles chez Tolkien font autant allusion aux rapaces géants répertoriés par l'ornithologie classique qu'au Minka des aborigènes australiens, à l'oiseau-tonnerre des légendes amérindiennes, ou encore à l'oiseau Roc des contes arabes apparenté au Simurgh de la tradition perse[1]. Au cours de la bataille qui achève le Premier Âge, confrontant Eärendil au dragon noir Ancagalon, et menant à des bouleversements tectoniques d'importance et, pour finir, à l'expulsion de Morgoth hors du monde, le texte résonne d'échos bibliques, entre autres *L'Apocalypse* selon saint Jean.

Les espèces de l'origine

Tolkien dispose d'un héritage ancien et vaste lui permettant de traiter non pas de l'origine des espèces, mais des espèces de l'origine. Ses créatures sont les ancêtres mythologiques communs aux familles des démons, aux groupes des monstres, aux divisions des merveilles, tous issus d'une dérive caractéristique des écosystèmes imaginaires. Ainsi, les oliphants pourraient incarner la forme mythique des mammouths méridionaux, tout comme les trolls des neiges s'apparenteraient aux Yéti, Almasty et autres Sasquatch. La créature aquatique tentaculaire surgissant à l'entrée de la

Moria renverrait, elle, à un céphalopode monstrueux, calmar géant ou pieuvre, tel le Kraken.

Quant aux créatures ailées chevauchées par les Nazgûl, jamais nommées, elles semblent liées à des espèces reptiliennes fossiles, par exemple des ptérosaures, dont elles apparaissent comme une sorte de combinaison tératologique. Nous proposons qu'il s'agirait de sous-avatars de dragons, Sauron n'ayant pas eu assez de force ou de temps pour créer convenablement de véritables dragons à la fin du Troisième Âge, alors que les événements se précipitent. Car, Tolkien en témoigne dans *Le Silmarillion*, il faut du temps pour qu'un dragon comme Glaurung atteigne l'apogée de sa puissance. Sauron aurait-il voulu imiter son maître Morgoth dans sa démesure créatrice, ne parvenant qu'à produire la pâle copie affaiblie d'un véritable dragon ?

Considérés à tort comme l'équivalent des cryptides (êtres dont on suppose l'existence mais dont on ne possède aucune preuve scientifique attestant de la réalité zoologique), les mythomorphes se déploient dans les folklores et les textes fabuleux qui sont autant de supports poétiques confirmant l'authenticité de leur essence.

Tolkien se veut le témoin de ces temps « mythozoïques » qui ont précédé les grandes répartitions chronologiques et leur étagement géologique traditionnel : si la période de floraison des Arbres, qui dura près de 20 000 ans, peut se comparer à notre mythique âge d'or, le Troisième Âge serait plutôt pour les nains l'âge du mithril, un mystérieux métal argenté cause de leur richesse et de leur perte, et qui sauvera la vie de Frodo. L'auteur traite d'un monde dont ne nous sont parvenus par le biais de la science ou celui de la littérature que des échos déformés. Mais, quel que soit le domaine de savoir assurant de la véracité de tel ou tel fait, il est évident que les écrits de Tolkien transcendent le problème de la vérité, l'œuvre s'apparentant au recensement encyclopédique de tout ce que nous connaissons.

Une question de temps

Le mythe est ainsi associé à un devenir, à une temporalité linéaire qui en oriente la progression. Il acquiert une durée : par exemple le temps passé par les elfes Teleri sur l'île de Tol Eressëa est suffisamment long pour autoriser la création d'une langue singulière. Cette durée est issue d'une origine absolue, identique en cela au processus naturel fondant ce qu'il y a d'historique et de biologique dans l'évolution des êtres et des espèces. Par ailleurs, le spécialiste Édouard Kloczko suggère que les animaux doués de parole sont des Maiar (des esprits de second rang au service des Valar) ayant pris forme bestiale. Ce serait le cas du chien Huan et de l'aigle Thorondor ; ce serait aussi le cas de Sauron, apte à revêtir la forme d'un loup-garou puis d'une chauve-souris au cours de la quête de Lúthien et Beren. Ce serait aussi le cas des wargs capables d'user d'une langue particulière, à l'instar des araignées de Mirkwood et du dragon Smaug. Le don de parole est alors lié à l'essence divine de l'être qui en est pourvu.

Il n'y a plus, d'un côté, l'espace abstrait du mythe et, de l'autre, le champ concret des réalités animales, végétales ou minérales. Il existe au contraire une identité matricielle entre les formes organiques et les créatures légendaires. En résumé, avec Tolkien, l'être du mythe se spécifie quand l'être de l'espèce se mythifie. Ainsi le lecteur effleure-t-il ce que la vie a de surnaturel, ce que le réel a de fantasmatique, là où précisément se logent l'essence mythologique du vivant et la substance biologique du fabuleux.

Pour protéiformes qu'elles soient, mutations et variations restent classiques (nanisme, gigantisme) et s'effectuent autour d'un plan unique d'organisation, celui des êtres à quatre membres : il est suggéré que les elfes captifs d'Angband au Premier Âge et torturés par Morgoth deviennent des orques (en tout cas, ceux-ci seraient une création de Morgoth singeant la création des elfes, les Premiers-Nés d'Ilúvatar). Les orques ont beau inclure une race à part, puissante, les Uruk-hai, ces derniers ne s'éloignent pas de la facture mammalienne humanoïde. Par ailleurs, aux dires de la forêt de Fangorn, les trolls seraient des contrefaçons des ents (d'ailleurs, *troll* en vieil anglais s'écrit *etten*, ce qui est proche de *ent*). Esprits emprisonnés dans la roche par Morgoth, on distingue les trolls de pierre craignant la lumière, les trolls des cavernes et des collines, et enfin, les trolls des neiges… Les trolls manifestent cet impossible état d'un corps né du néant dont le devenir réifié, mi-organique, mi-minéral, comme traversé de pulsations inertes, de respirations immobiles, incarne l'insoutenable pesanteur du non-être. Mais aucun ne s'écarte de la station bipède.

Quant à l'Anneau, il apparaît comme un facteur actif d'évolution provoquant, outre un accroissement de la longévité de son porteur, un changement d'abord moral puis physique : Sméagol devient Gollum ; Saruman, Sharkey ; des trolls, les Olog-hai ; des hommes corrompus, les Nazgûl.

L'appauvrissement humain

Face à l'arborescence des généalogies monstrueuses, la phylogénie humaine s'appauvrit au cours du temps, jusqu'à ce que l'Homme demeure seul. Mais plusieurs espèces d'hominidés semblent coexister au Premier Âge, outre les nains, de mystérieux hommes bistrés, courts et trapus, aux longs bras puissants, au visage et au torse hirsute, noirs de poils et d'yeux, entrent en Beleriand. Peuple oriental parlant de nombreuses langues, ils ne doivent pas être confondus avec les Drûgs accompagnant le peuple de Haleth. Les Drûgs sont aussi nommés Woses, « hommes sauvages des bois », ou Róg par les Rohirrim, qui chassèrent impitoyablement leurs derniers représentants au Troisième Âge. Vivant en petites tribus forestières, ils apparaissent comme un peuple furtif, méfiant envers les autres races d'hommes, occupant des abris rudimentaires. Ils avaient la vie brève et se reproduisaient peu. Ils étaient habiles à traquer les créatures vivantes, grâce à leur odorat et à leur vue perçante, et leur connaissance de tout ce qui poussait dans le sol était presque aussi étendue que celle des elfes. À l'occasion, ils se révélaient d'implacables ennemis d'orques. Ils ignoraient l'écriture et utilisaient silex, grattoirs et couteaux venus d'un lointain passé.

Dans les *Contes et légendes inachevés*, les Drûgs sont présentés comme trapus et larges d'épaules, dotés d'une voix profonde et gutturale, d'un rire communicatif. Avec une face épanouie et glabre, le nez épaté et les yeux profondément enfoncés dans les orbites sous un front bas et proéminent, comment ne pas reconnaître l'homme de Néandertal ou du moins l'image que l'on s'en faisait à l'époque de Tolkien ? Après tout, certains ont bien reconnu dans l'homme de Florès la preuve de l'existence des hobbits[2], *Homo floresiensis* de Grande-Bretagne… Les Drûgs étaient plus grands, plus trapus, et moins plaisants de visage que les hobbits. Ils avaient une nature surtout plus sombre et énigmatique, et on leur attribuait des pouvoirs quasi surnaturels d'une tout autre nature que ceux attribués aux nains. Ainsi, au contact des autres peuples, ils se mirent à graver le bois et la pierre. Ils se sculptaient eux-mêmes, accroupis sur un orque mort, et plaçaient ces images, dites pierres-de-garde, à l'orée des pistes. On dit qu'ils pouvaient placer une partie de leur puissance dans ces pierres qui s'animaient temporairement en cas de besoin, ce qui n'est pas sans évoquer, selon Tolkien lui-même, le transfert de pouvoir maléfique de Sauron vers l'Anneau.

Composant un formidable réservoir de signes et d'images, Tolkien nous emporte par degrés aux racines du temps, faisant de la résurrection de ces mondes perdus le véritable *contretemps* de l'histoire du vivant tel que nous le comprenons. Cette expérience novatrice (matérialiser l'immatérialité chronologique des temps profonds), fondatrice d'une conception inédite de la matière dont sont faits les songes, assigne la continuité comme valeur explicative à l'histoire (sur)naturelle. L'œuvre de Tolkien porte témoignage de cette historicité d'un continuum irriguant l'imaginaire : par la succession de chacun de ses volumes et de ses cycles, il creuse le temps, évide l'épaisseur du monde, de sorte que finit par poindre la possibilité d'une histoire de l'histoire, soit l'immense plage originaire du temps profond, des aubes premières, des formes augurales.

Tolkien, cet ornithologue

Antoine Louchart, paléontologue,
CNRS et École normale supérieure de Lyon

Tolkien, l'amoureux des arbres, a peuplé ses œuvres d'oiseaux. Épions-les, écoutons leurs chants, guettons leurs cris au gré des chemins, au coin d'une page, et observons-les comme Legolas qui, en ornithologue affûté, identifie les rapaces tournoyant à des hauteurs vertigineuses bien avant les autres membres de la Communauté de l'Anneau[1] ! Nous verrons alors qu'à Arda, le monde de Tolkien, les oiseaux sont comme les autres animaux et les plantes : tantôt tout à fait semblables à nos oiseaux terrestres (et avec le même nom), tantôt créés avec une part d'imaginaire et de merveilleux. Mais Tolkien offre une place particulière aux oiseaux, puisqu'il les distingue constamment des autres animaux. Promenons-nous dans *Le Silmarillion*, *Bilbo le Hobbit*, et *Le Seigneur des Anneaux*, à la recherche de la gent ailée.

Promenade en forme de ballade

Chez Tolkien, les sons ont une importance démesurée, rendant vivant tout son univers, sans parler de l'attention portée aux différentes langues. Ainsi, la musique, le lai, la complainte, le chant, les chansons des hobbits, mais aussi les ambiances sonores de la nature, y compris les cris et chants d'oiseaux, s'égrènent au long des pages. Ces derniers sont souvent évoqués d'une façon inattendue, par leur absence, lorsqu'un silence pesant ou inquiétant s'installe. C'est le cas dans des lieux proches de l'ennemi, de la mort, du danger imminent ou encore à des instants critiques précédant un évènement majeur, un affrontement contre les puissances ténébreuses. Implicitement, les oiseaux sont pour Tolkien un arrière-plan nécessaire de la vie.

Tandis que l'énigmatique Tom Bombadil, au début du *Seigneur des Anneaux*, siffle « comme cent oiseaux », qu'à Fendeval et en Ithilien les oiseaux chantent, l'absence d'oiseaux et de leurs cris se fait sentir dans *Bilbo le Hobbit*, sur l'escarpement de la montagne de Smaug, puis avec son neveu Frodo quand le fameux hobbit se déplace en pays de Houssaye, ou encore avant l'entrée du tunnel de la Moria, et après avoir quitté la Lórien le long du fleuve. Dans certains marécages, les rares cris d'oiseaux deviennent des « vagissements ». Sur l'Amon Hen, c'est seulement après le passage de l'ombre qui a failli repérer Frodo que les oiseaux se remettent à chanter et que le ciel redevient pur et bleu. La situation s'aggrave à mesure que l'on approche de l'affrontement et du Mordor (où l'absence d'oiseaux est totale) : aux pieds de l'Emyn Muil, dans les Marais Morts, en quittant l'Ithilien. À Minas Tirith, juste avant la chute de Sauron, le Maia corrompu et déchu, le temps s'immobilise et il n'y a plus « ni vent, ni voix, ni appels d'oiseaux… » Au plus noir du désespoir, alors que Frodo tenu pour mort est séquestré dans les Tours des Dents, il est fait mention de joyeux pinsons chantant dans la chanson qui va permettre à Sam de localiser son ami, et l'espoir renaît. Le chant d'oiseau est synonyme de la joie persistante au fond du cœur des hobbits dans les circonstances les plus sombres.

Revenons aux origines et avançons prudemment pour ne pas effrayer les premiers oiseaux, liés à Manwë, le plus grand des Valar, maître des airs et des vents, dans *Le Silmarillion.*

Une genèse des oiseaux sur Arda

Les oiseaux furent créés par la déesse Vala Yavanna dans les premiers temps d'Arda. Pour les elfes – ce sont les Nandor qui les connaissent le mieux, les oiseaux sont des êtres doués de parole, sous-entendu capables de converser avec les Premiers-Nés notamment, mais aussi entre eux *via* de la musique, un langage que certains elfes peuvent apprendre. En Lórien, ces derniers peuvent communiquer par légers sifflements d'oiseaux.

Nous reconnaissons d'abord les rossignols, qui accompagnent Melian la Maia. Cet oiseau évoque le printemps éternel du Premier Âge, analogue au renouveau printanier dans la poésie courtoise des troubadours. Il est dit que lorsque Melian leur enseignait leur chant, au moment où les deux Arbres mêlaient leurs rayons, tout se figeait, les sources « oubliaient de couler », et les oiseaux de Valinor, le pays originel, se taisaient. Ce silence de paix et de recueillement s'oppose à l'absence de chants d'oiseaux dans le Troisième Âge, évoquée plus haut. Plus tard, l'elfe Lúthien, qui renonce à l'immortalité par amour pour Beren, doit le nom donné par son époux, Tinúviel, au rossignol. Cet oiseau accompagnera son chant juste avant la bataille entre Huan et Sauron. Le chant crépusculaire et nocturne du rossignol symbolise la lutte contre les forces des ténèbres et du déclin. Très présent dans *Le Silmarillion*, l'oiseau n'est évoqué qu'une fois dans *Le Seigneur des Anneaux*, à travers une chanson, illustration peut-être du paradis perdu du Premier Âge.

Les oiseaux sont parfois des combattants. Très vite nous faisons connaissance avec les aigles et les faucons, emblématiques eux aussi du bestiaire médiéval et symboles de l'aristocratie chasseresse et guerrière. Ces deux rapaces sont les yeux de Manwë. Certains faucons bien terriens ont de fait une vue prodigieuse : ils peuvent discerner un objet jusqu'à huit fois plus loin que ne peut le faire un humain. Les aigles, solaires, rois des oiseaux dans bien des symboliques, ont également pour mission commandée par Manwë de relayer les voix de ceux qui invoqueront les Valar.

Place aux cygnes

Dans *Le Silmarillion*, nous découvrons aussi les cygnes blancs, associés aux elfes et à leurs navires souvent à l'image de ces oiseaux. Le cygne symbolise la pureté, la noblesse, et aussi la puissance, par son port altier, sa blancheur et sa taille (certains cygnes tuberculés sont aujourd'hui les plus lourds oiseaux capables de voler). C'est un oiseau des Valar comme l'aigle, le faucon et le rossignol. Une « armée de cygnes » apportée par le Vala Oromë conduit les navires des elfes Teleri – qui ont les cygnes pour emblème – sur les mers vers le pays d'Aman. Eärwen, elfe Teleri fille du roi Olwë, est appelée la « Demoiselle au cygne ». Le navire d'Eärendil avait une proue en forme de cygne ; ce cygne d'argent deviendra plus tard l'emblème et la bannière de Dol Amroth, allié de Gondor au Troisième Âge. Des cygnes hantent d'autres lieux, notamment les roseaux des marais de la rivière des cygnes, mais les plus frappants sont ceux dépeints nageant en plein océan. Or, c'est une pratique plutôt rare chez nos cygnes qui, même s'ils survolent les mers, restent dulçaquicoles ou côtiers.

Le vol migrateur de ces grands oiseaux éclaire de manière significative un épisode particulier du *Silmarillion :* les sept cygnes volant vers le sud préfigurent la chute de Nargothrond. C'est de l'ornithomancie, ou « auspice » qui désignait dans l'Antiquité un prêtre tirant des présages de l'observation des oiseaux. Les mouvements des oiseaux sont souvent tributaires des conditions climatiques et météorologiques, qui sont finement rapportées par l'auteur. Ensemble, ces phénomènes concourent souvent chez Tolkien à des effets annonciateurs.

Les rassemblements d'oiseaux venus du sud après la mort du dragon Smaug sont justement perçus comme une anomalie par rapport aux mouvements migratoires normaux en cette saison hivernale. Ces signes annonciateurs, coups du destin ou de la providence, participent aussi, à une autre échelle, du mouvement cyclique qui associe les guerres et malheurs à la venue de l'hiver. Le sombre rôle de certains oiseaux participe-t-il à instiller de la noirceur, de la mélancolie, lorsque les volatiles sont évoqués dans l'œuvre de Tolkien ?

De la mélancolie au grotesque

Les mouettes, goélands et autres oiseaux de mer sont étroitement liés à la mer, aux elfes et à la nostalgie des elfes pour Valinor, leur pays d'origine au-delà de l'océan. Cette nostalgie finit par étreindre les elfes de la Terre du Milieu ainsi que les porteurs de l'Anneau, et se manifeste par les cris « plaintifs » de ces oiseaux grégaires. Cet appel devient une obsession croissante pour Legolas jusqu'au départ final des navires des Havres Gris. Frodo parvient même à entendre les cris d'une espèce disparue très au loin dans l'estuaire du fleuve. Plus tard, l'Anneau au doigt, il en voit au loin également depuis le siège de l'Amon Hen. Au Premier Âge, le Vala Ulmo donne à Elwing l'apparence d'un oiseau marin aux ailes blanches et gris argent, tel un goéland ; cette dernière apprendra le langage des oiseaux à cette occasion. Certains attributs aviaires se perpétuent chez les hommes, comme les heaumes à ailes blanches d'oiseaux de mer des gardes de la citadelle de Minas Tirith, ou la couronne des rois de l'île de Númenor à ailes de perle et d'argent.

L'alouette, autre oiseau des troubadours et du renouveau printanier, est évoquée dans *Le Silmarillion* en des termes qui trahissent la grande sensibilité de Tolkien à certains chants d'oiseaux : « Lúthien [...] se mit soudain à chanter d'une voix haute et claire, un chant qui vous perçait le cœur comme celui de l'alouette quand il s'élève des portes de la nuit pour lancer sa mélodie vers les étoiles mourantes. » Le dernier son de la Lórien entendu par les membres de la Communauté de l'Anneau est le chant grêle et lointain des alouettes.

Alouette, rossignol et autres oiseaux chanteurs sont fortement associés à la féminité. Là où passe Lúthien, les oiseaux chantent « même en hiver sous les collines enneigées ». Signe de leur importance, les elfes apporteront en offrande à Númenor non seulement des fleurs, des herbes et une pousse de l'Arbre Celeborn, mais aussi des oiseaux chanteurs. Legolas promet des offrandes semblables pour Minas Tirith après la guerre : des oiseaux qui chantent et des arbres qui ne meurent pas...

Quel contraste avec l'attitude de Gollum ! Pour lui les oiseaux ne sont que des proies à manger. Quant aux orques, ils font des plaisanteries et chantent une comptine cruelle à Bilbo, aux nains et au magicien Gandalf, piégés, « quinze oiseaux dans cinq sapins », où les pauvres personnages sont les « oiseaux sans ailes ». Les hobbits sont assimilés à des garnements qui piègent les oiseaux, les tirent à la fronde, les dénichent, les attirent en gazouillant comme eux : des pratiques buissonnières des enfants de jadis, dans les campagnes chères à Tolkien.

Les oiseaux du bien et du mal

Insensiblement, le mal vient s'inscrire chez certains oiseaux, là où originellement il n'y avait que le bien. Dans *Le Simarillion*, tous les oiseaux évoqués sont du côté du bien. Le rossignol qui y figure est quasi absent des récits des âges ultérieurs que sont *Le Hobbit* et *Le Seigneur des Anneaux*. Dans ces romans, plusieurs oiseaux apparaissent en revanche pour la première fois. C'est le cas de différents corvidés (corbeau, corneille, crebain) et d'autres charognards tels les vautours. Ces oiseaux, peu nobles et presque toujours du côté de l'ennemi et de la mort (les corbeaux de *Bilbo* font exception), trahissent l'évolution vers un monde moins beau, moins noble, moins éternel. Le récit fait par l'ent Bregalad de la corruption des oiseaux comme un basculement historique en est une image : « Mais les oiseaux sont devenus hostiles, avides ; ils se sont mis à déchirer les arbres et à jeter les fruits par terre sans les manger. » On assiste à une dissociation entre les arbres, tous chéris par Tolkien, et leurs oiseaux devenus plus équivoques. De tels oiseaux sont passés à l'ennemi à différentes époques, mais aucun n'était mauvais à l'origine.

Le corbeau, de façon générique l'ensemble des corvidés, était plutôt du côté de la symbolique positive, loué pour sa sagesse dans l'Antiquité, dans les traditions celtiques et germaniques et dans les légendes nordiques. L'influence chrétienne l'a fait basculer du côté des forces obscures et de la mort, sans doute en partie à cause de sa couleur noire. Bilbo, quant à lui, apprend que si les corneilles sont des espions à la solde de l'ennemi, les corbeaux, eux (au sens strict), sont du côté du bien. Ils ont été les amis et messagers des gens de Thrór, qui les « récompensaient en objets brillants », et sont doués de mémoire et de sagesse. Bilbo et le nain Balin se mettent à discuter avec un corbeau nommé Roäc, âgé de 153 ans. À l'instar des aigles, les corbeaux sont capables de converser avec les différents personnages. Ainsi, Tolkien leur reconnaît de grandes capacités intellectuelles. Les études récentes sur les facultés cognitives de plusieurs corvidés vont dans le même sens. À l'opposé du cygne blanc, le cygne noir, symbole fort de puissance occulte, apparaît une seule fois lorsque le trajet devient plus inquiétant. Quand la Communauté de l'Anneau, ayant quitté la Lórien, descend le fleuve vers le sud, des sons plaintifs, décrits comme émanant des ailes de cygnes battant l'air, se font entendre. Ce sont des cygnes noirs. De tels oiseaux, *Cygnus atratus*, découverts en Australie, existent bel et bien. Notons qu'une espèce apparentée vivait en Nouvelle-Zélande, patrie de Peter Jackson, jusqu'à la colonisation polynésienne ; la branche australienne y a été réintroduite plus récemment.

Une avifaune familière

La plupart des oiseaux d'Arda sont à peu près identifiables à des oiseaux communs d'Europe (pinsons, étourneaux). Ils dessinent, par les milieux qu'ils habitent, un paysage semblable à la campagne ou aux côtes anglaises. De nombreux oiseaux de marais vivent aux bords marécageux du lac de Linaewen en Nevrast, ou dans les marais de l'Eau-aux-Cousins traversés par la Communauté de l'Anneau. Les cygnes de divers milieux humides, les corvidés, les oiseaux de mer côtiers, divers oiseaux chanteurs relativement communs, complètent ces paysages. Dans *Les Aventures de Tom Bombadil*, un oiseau symbolise à lui seul la campagne anglaise et ses rivières, étangs, marais : c'est le martin-pêcheur dont Bombadil récupère une plume bleue pour son chapeau. Le climat propice à ces oiseaux est tempéré, et l'atmosphère est souvent « hivernale ». Nous sommes en présence d'oiseaux sédentaires ou migrateurs partiels, c'est-à-dire dont certaines populations (nordiques) migrent dans les limites (tempérées) et dont l'espèce est de ce fait présente au long de l'année chez nous. Ainsi, de même que les paléontologues utilisent les milieux actuels des espèces rencontrées à l'état fossile pour reconstituer les environnements passés, on peut faire du « terrianisme » en tolkienologie ! Le terrianisme consisterait à utiliser les caractéristiques connues dans notre monde de certains éléments présents aussi dans les œuvres de Tolkien, pour en déduire des caractéristiques du monde tolkienien. Ces éléments peuvent être des oiseaux communs aux deux mondes, mais aussi d'autres choses (êtres vivants, structures, etc.).

En marge de ces oiseaux « communs » apparaissent des oiseaux énigmatiques, plus difficiles à identifier, objets d'attentions particulières de la part des ornithologues.

Oiseaux mystères !

Citons la grive dans *Le Hobbit*, qui joue un rôle majeur dans le récit, cachant son jeu et révélant à l'instant ultime à Barde le point faible du dragon Smaug. Dressée et de grande taille, elle montre un comportement typique de grive musicienne, cassant les coquilles d'escargot à l'aide de pierres ou sur un rocher, afin de les manger. Elle lance des trilles comme beaucoup de turdidés. Mais son plumage, lui, ne ressemble à celui d'aucune grive connue, si ce n'est peut-être celui de *Zoothera monticola*, la grive montagnarde d'Asie du sud. Cependant Tolkien n'a probablement pas cherché à placer une espèce réelle exotique, et parmi les oiseaux de son Angleterre, ce serait un hybride de gros merle noir mâle (plumage d'un noir « presque de jais ») et de grive draine (« poitrine jaune pâle tachetée de points sombres »). Point intéressant, cette grive est d'une lignée que les hommes avaient apprivoisée. Si elle ne communique pas avec les personnages, elle les comprend et agit discrètement pour les aider. Le magicien Radagast est un « apprivoiseur d'oiseaux » comme le dit avec dédain son inquiétant confrère Saruman, ce qui en miroir semble indiquer que Tolkien, lui, estime cette pratique répandue dans son pays.

Parmi les corvidés, venus de la Dunlande et de Fangorn, des crebains apparaissent en pays de Houssaye et sont espions autant qu'annonciateurs d'évènements funestes ; ce sont des oiseaux de « mauvais augure » ! Les crebains sont des « sortes de corbeaux de grande taille » comme certaines sous-espèces de corbeaux actuels, qui vivaient au cours de certaines périodes glaciaires en Europe et sont connues par leurs fossiles. De même, des cygnes particuliers, blancs et de grande taille, sont mentionnés dans d'anciennes légendes númenoréennes (cygnes de Gorbelgod). Les cygnes des premiers âges étaient-ils les ancêtres des actuels ? La lignée a-t-elle connu une réduction de taille corporelle au cours de milliers d'années, comme chez les aigles[2], phénomène qui pourrait être interprété, une fois encore, comme une évolution du monde vers moins de majesté, moins de noblesse.

Un autre exemple, cette fois dans *Contes et légendes inachevés*, est le kirinki. Cet oiseau plus petit qu'un troglodyte mignon (ou « roitelet des haies »), au plumage écarlate, et au sifflement si aigu qu'il n'était pas audible par les hommes, était endémique de l'île de Númenor. Là encore, de nombreux oiseaux à travers le monde réel correspondraient, si ce n'est les ultrasons (émis par le guacharo, gros oiseau cryptique cavernicole !). Certains colibris sont écarlates, minuscules, et aux cris très aigus, mais ils ne sont pas les seuls. Ne poussons pas trop loin l'analyse et le décorticage, car comme Gandalf l'objectait à Saruman, à propos de la décomposition de la lumière, « qui brise quelque chose pour découvrir ce que c'est a quitté la voie de la sagesse » !

Les oiseaux apparaissent souvent comme simples évocations, images ou métaphores, sans être rencontrés en tant que tels dans le récit. Les feux d'artifice de Gandalf prennent la forme d'oiseaux, d'aigles, de cygnes. Bombadil siffle comme un sansonnet. Saruman et d'autres traitres, ou encore des hommes sous leur influence, qualifient Gandalf de corbeau de tempête ou oiseau des tempêtes.

Parmi les oiseaux précisément cités, les deux guetteurs gardant l'entrée des Tours des Dents de Mordor sont formés chacun de trois effigies de vautour à moitié vivantes adossées les unes aux autres. Ils sont sans doute les plus négatifs de tous les oiseaux évoqués chez Tolkien. Dans un autre registre, on retrouve cette note d'étrangeté et d'incongruité, quand les ents arrivent d'un pas rapide en renfort à la fin de la bataille de la Gorge de Helm « avec la démarche, mais non l'allure de hérons échassiers… ». On imagine les ents faire des enjambées à la fois amples et rapides, mais quelle curieuse comparaison !

Tolkien a emprunté aux légendes et aux symboliques antiques ou médiévales, nordiques ou orientales, mais souvent en les revisitant de façon originale et inattendue.

Mémoire(s) d'oliphants

Arnaud Varennes-Schmitt,
docteur en paléontologie

« Gris comme un chaton, Grands comme une maison… Nez tel un boa », les mûmakil, que les hobbits nomment *oliphants*, sont d'immenses créatures éléphantines originaires de la région du Harad, au sud du Gondor et du Mordor. Ils sont principalement utilisés par les Hommes du Sud comme montures de guerre. Ils apparaissent brièvement dans *Les Deux Tours* et plus longuement dans *Le Retour du roi* lors de la bataille des Champs du Pelennor. Jusqu'où les créatures sont-elles réalistes ? La comparaison de leur anatomie à celle des éléphants existants, mais aussi à celle de leurs cousins disparus de la lignée répondra. Nous pourrons alors nous intéresser à leur utilisation comme montures de guerre en faisant le parallèle avec les éléphants de combat bien réels qui ont été utilisés au cours de l'histoire.

Portrait de famille

Les trois espèces d'éléphants qui parcourent encore notre planète aujourd'hui (l'éléphant d'Asie *Elephas maximus*, l'éléphant de savane d'Afrique *Loxodonta africana* et l'éléphant de forêt d'Afrique *Loxodonta cyclotis*) font partie du groupe zoologique beaucoup plus vaste des Proboscidiens (du grec *proboskis* qui signifie « trompe »), qui contient les éléphants et leurs proches parents. Les Proboscidiens sont apparus il y a environ 60 millions d'années et on en connaît plus de 170 espèces dont la quasi-totalité se sont éteintes. Puisque les oliphants ne sont pas strictement des éléphants, Tolkien s'est-il inspiré des espèces fossiles de Proboscidiens ? Jetons un œil parmi les principaux représentants de ce groupe zoologique.

Le plus ancien fossile de Proboscidien connu a été trouvé au Maroc et date d'environ 60 millions d'années. Il s'agit d'*Eritherium azzouzorum*, un petit mammifère à peine plus grand qu'un chat et très différent des éléphants actuels. Pas de trompe, certainement pas de grandes oreilles et pas de défenses, un non-spécialiste aurait beaucoup de mal à le rapprocher des éléphants. Et pourtant, sur la base de comparaisons anatomiques (notamment sur des caractères crâniens), *Eritherium* est sans aucun doute le premier représentant connu des Proboscidiens. Les exemples de Proboscidiens fossiles très anciens et très différents des éléphants actuels ne manquent pas. On peut citer *Phosphatherium*, trouvé également au Maroc ou encore *Moeritherium*, un animal supposé fortement inféodé au milieu aquatique. Cependant, ces organismes n'ont pas pu influencer Tolkien pour créer ses oliphants, leur anatomie étant très différente d'un éléphant et surtout leur taille étant bien inférieure à celle de ces derniers. De plus, *Eritherium* et *Phosphatherium* n'ont été découverts que bien après la mort de Tolkien.

Parmi les Proboscidiens fossiles, un groupe à l'anatomie bien particulière se distingue : les dinothères[1], qui ont vécu de 27 à 2 millions d'années avant le présent. Leur apparence évoque les éléphants : une trompe, des membres en colonne, une très grande taille (jusqu'à 5 mètres de haut pour *Deinotherium giganteum*). Leur caractéristique principale est de porter les défenses sur la mâchoire inférieure et non sur la supérieure. Ainsi, leurs défenses étaient orientées vers le sol et vers l'arrière du corps. Leur taille en fait des candidats sérieux, mais la particularité de leurs défenses ne correspond pas à la description faite par Tolkien. Il les décrit « retroussées comme des cornes », ce qui ne ressemble guère aux défenses inférieures et incurvées vers le bas des dinothères.

Un autre exemple spectaculaire de Proboscidiens est celui des gomphothères[2]. En effet ceux-ci n'ont pas une, mais deux paires de défenses : une inférieure et une supérieure. L'hypothèse privilégiée est que la paire de défenses inférieures servait à creuser le sol pour y déterrer des racines dans le but de les consommer. Là encore, les deux paires de défenses écartent les gomphothères de la liste des possibles influences de Tolkien. Il aurait certainement mentionné ces attributs.

Reste le groupe le plus connu, celui des éléphantinés[3]. Ces derniers sont représentés, notamment, par les trois espèces d'éléphants actuels, mais aussi par les mammouths. Les éléphantinés, à l'exception de *Primelephas* ont une seule paire de défenses (ce sont des incisives transformées), située sur la mâchoire supérieure. Ils coïncident le mieux avec la description des oliphants faite par Tolkien à un détail près, nous l'avons vu, la taille : un mûmak est nettement plus grand que n'importe quel éléphantiné (actuel ou disparu). Cependant, nous sommes obligés de conclure que les oliphants sont vraisemblablement des éléphantinés à la taille exagérément grande.

L'oliphant dans tout ça ?

La description des oliphants dans *Les Deux Tours* est peu précise. L'accent est surtout porté sur leur taille : « grands comme une maison », « une colline ambulante », « un animal de dimensions exceptionnelles ». Les pattes de l'animal sont des arbres, ce qui correspond plutôt bien aux membres en colonne des éléphants. Les oreilles sont « énormes, déployées comme des voiles », la trompe est un serpent et les yeux sont petits « rouges, furibonds ». Enfin, les défenses sont « retroussées comme des cornes ». Tolkien est avare de détails et il est difficile de dresser un portrait-robot plus détaillé de l'oliphant. Cependant, en partant du postulat qu'il s'agit bien d'éléphantinés, on peut compléter la description anatomique de Tolkien.

La description qui suit est fondée sur les éléphants actuels. Leur squelette possède le plan d'organisation commun à la plupart des mammifères, avec quelques particularités. D'abord, leur mode de locomotion est unique. Il consiste à mettre en contact à la fois les plantes et les phalanges du membre avec le sol lors de la marche. Alors que les phalanges sont en contact direct, les os du carpe et du tarse reposent sur un coussinet adipeux situé à l'arrière de la main et du pied. De plus, les membres ont une orientation particulière dite en colonne, car pratiquement verticaux sous le corps, ce sont bien des arbres ! Cette caractéristique leur permet de rester immobiles sans trop dépenser d'énergie. Le crâne est massif, très solide et néanmoins allégé grâce à un système de cellules osseuses remplies d'air parcourant tout le crâne. Au centre du crâne, une grande dépression délimite la zone d'insertion de la trompe. Cet organe est doté de très nombreux muscles et permet à l'animal de boire (l'eau est aspirée par la trompe puis vidée dans la bouche), mais aussi de saisir des objets pour se nourrir par exemple.

Les éléphants possèdent également des oreilles d'assez grande taille qui permettent, outre une bonne ouïe, de réguler la température corporelle de l'animal. En effet, un animal de cette taille a tendance à accumuler beaucoup de chaleur. Les oreilles, avec leurs réseaux de vaisseaux sanguins étalés sur une grande surface permettent d'augmenter la surface de dissipation de la chaleur. D'ailleurs les éléphants d'Afrique, vivant dans des régions plus chaudes, ont des oreilles plus imposantes que celles des éléphants d'Asie. Tolkien pare les oliphants d'oreilles énormes et étendues comme des voiles, ce qui est pertinent avec leur origine géographique, la région du Harad où le climat est très chaud. L'incroyable épaisseur de la peau des oliphants est aussi particulièrement explicitée dans *Le Seigneur des Anneaux* (« le triple cuir de ses flancs »). Cette description est cohérente avec l'observation de la peau des éléphants, très épaisse, dont la particularité a donné son ancien nom (et actuel surnom) aux Proboscidiens : les pachydermes (littéralement « peau épaisse »).

Concernant la dentition, les oliphants partagent sans doute une particularité des éléphantinés : le remplacement dentaire horizontal des prémolaires et molaires. En effet, contrairement à la plupart des autres mammifères (comme nous) qui remplacent leurs dents de façon verticale, les éléphantinés voient se succéder plusieurs générations de dents qui sont remplacées horizontalement. Ainsi, toutes les prémolaires et molaires ne se retrouveront pas simultanément dans la mâchoire de l'éléphant. Les premières dents vont commencer à s'user et seront poussées antérieurement par l'apparition des nouvelles jusqu'à tomber après usure complète. En tout, sur une rangée dentaire, six dents (trois prémolaires et trois molaires) vont se succéder au cours du développement de l'individu. Lorsque la sixième dent est totalement usée et perdue, l'éléphant cesse de s'alimenter et meurt.

Trop de défenses pour les oliphants ?

Écartons-nous des livres de Tolkien en faisant un petit aparté sur les choix effectués dans la trilogie cinématographique de Peter Jackson. En effet, dans ces films, les oliphants sont gigantesques, portant plus d'une dizaine de soldats dans les tours sanglées sur leurs dos. Cependant, ils ont été représentés avec non pas une, ni deux, mais trois paires de défenses ! On observe ainsi une paire de défenses supérieures, de grande taille et en forme de cornes retroussées qui correspondent aux défenses décrites par Tolkien. Une paire de défenses inférieures, plus petite, a été ajoutée, rappelant celle des gomphothères. Enfin, une troisième paire de défenses, cette fois très petites et situées latéralement par rapport aux grandes défenses supérieures, complète l'ensemble. On ne connaît aucun Proboscidien ni actuel ni fossile, affublé de trois paires de défenses. On peut donc s'interroger : quelles paires sont homologues des paires de défenses connues chez les Proboscidiens de notre monde et quelle paire est une innovation évolutive développée uniquement chez les oliphants de Peter Jackson ?

Pour répondre, comparons la denture supérieure de trois espèces réelles – l'éléphant d'Asie *Elephas maximus*, le sanglier *Sus scrofa* et le gomphothère *Gomphotherium augustidens* (espèce fossile) – et de deux espèces fictives qu'on nommera *Mumakitherium tolkieni* (oliphant de J. R. R. Tolkien) et *Mumakitherium jacksoni* (oliphant de

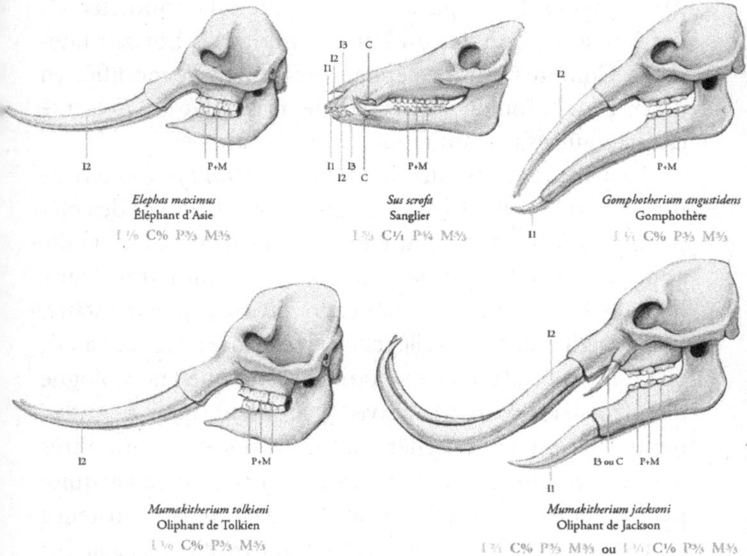

Figure 1. Dentures comparées de trois espèces réelles (en haut) et deux espèces fictives (en bas).

P. Jackson). La denture d'*Elephas maximus* est composée d'une seule incisive modifiée en défense et de plusieurs molaires soumises au remplacement dentaire horizontal. On remarque qu'il n'y a pas de canine chez les éléphants actuels. Le sanglier mâle quant à lui possède trois incisives, une canine très développée nommée grès qui sert à aiguiser la canine inférieure modifiée en défense, quatre prémolaires et trois molaires. Le sanglier n'est pas un Proboscidien, mais sa denture particulière est utile dans la comparaison anatomique des dentures des deux espèces d'oliphants.

Venons-en à *Mumakitherium tolkieni*. Nous avons vu que l'oliphant décrit par l'auteur est certainement un éléphantiné de grande taille. Les dentures sont donc très probablement comparables : une incisive modifiée en défense ainsi que des molaires remplacées horizontalement. Comme pour les éléphantinés, l'incisive modifiée en défense est homologue de la deuxième incisive (I_2) présente chez les autres mammifères comme le sanglier.

La denture supérieure de *Mumakitherium jacksoni* reste la même que celle de *Mumakitherium tolkieni* et des éléphantinés, à la différence qu'une seconde défense plus petite apparaît entre la première défense et les molaires. Deux hypothèses peuvent expliquer cette défense supplémentaire. Soit il s'agit d'une nouvelle incisive modifiée ; dans ce cas-là, au vu de sa position elle ne pourrait être que l'homologue de la troisième paire d'incisives (I_3) présente chez les autres mammifères tel le sanglier. Soit il s'agit d'une canine très développée similaire au grès des sangliers qui serait acquise par convergence évolutive. Dans les deux cas, leur existence est très improbable, car les éléphantinés ont perdu à la fois leurs canines et les incisives I_1 et I_3. Même si les formes très anciennes de Proboscidiens, notamment *Phosphatherium*, possédaient encore trois incisives et une canine, leur perte chez les Proboscidiens plus récents rend peu crédible le parti pris cinématographique. Il en va autrement de leur efficacité sur le champ de bataille.

Des armes de destruction massive

Dans *Le Seigneur des Anneaux*, les oliphants sont essentiellement des machines de guerre. Ils sont montés par les Haradrim (hommes du Sud) se battant pour le camp de Sauron pendant la bataille des Champs du Pelennor. Tolkien s'est probablement inspiré de faits réels, les quelques détails qu'il fournit faisant écho à des éléments retrouvés dans les textes historiques. De fait, le célèbre Hannibal voulant conquérir Rome avec ses éléphants après avoir traversé les Alpes occulte un peu le fait que ces animaux ont été utilisés pour faire la guerre depuis plus de trois millénaires, de l'Asie orientale à l'Afrique du Nord en passant par le Moyen-Orient et l'Europe.

L'objectif des cornacs[4] et de leurs oliphants pendant la bataille des Champs du Pelennor est de s'approcher de la porte de la cité de Minas Tirith pour s'en emparer. Les données historiques montrent que les Proboscidiens pouvaient jouer plusieurs rôles. D'abord, comme dans *Le Seigneur des Anneaux*, ils désordonnaient les rangs adverses et affaiblissaient l'ennemi. Les chevaux sont réputés très sensibles à l'odeur et à la vue des éléphants ; ils sont généralement terrifiés par les bêtes et ne répondent plus à leur cavalier. Ce détail est repris dans *Le Retour du roi*, lorsque les chevaux des Rohirrim – guerriers originaires du Rohan – refusent d'avancer vers les oliphants et se dérobent, apeurés, à la vue (et à l'odeur ?) de ces monstres inconnus.

Au milieu des troupes ennemies, les éléphants infligent des ravages colossaux, pouvant piétiner l'ennemi et, avec leur trompe, empoigner et terrasser les adversaires. Les éléphants ont aussi été utilisés comme armes de siège au cours de l'histoire, principalement en Inde. Ils étaient entraînés dans ce but et les fortifications finirent par être recouvertes de pointes pour tenir les puissants animaux à distance. Les éléphants permettaient également de préparer l'affrontement en portant du matériel lourd ou encore de jouer le rôle de « brise-lames » pour faciliter la traversée d'une rivière. C'est ce que fit Perdiccas, un général (ou diadoque) d'Alexandre le Grand. À la mort de ce dernier en – 323, le royaume de Macédoine et l'empire conquis se sont retrouvés sans chef. Une guerre entre les prétendants au trône, dont Perdiccas, a éclaté. Bien décidé à récupérer la dépouille d'Alexandre, emportée en Égypte par Ptolémée, un autre diadoque, afin d'asseoir sa supériorité, il se heurta au Nil. Pour le traverser, il fit s'aligner ses éléphants dans le fleuve pour réduire la force du courant. Mal lui en prit cependant, car plusieurs milliers de soldats perdirent la vie lors de cet épisode.

Les mûmakil du *Seigneur des Anneaux* arborent des caparaçons[5] écarlates et dorés, leurs défenses étant décorées de cercles de mêmes couleurs. De plus, Tolkien les affuble de tours de guerre harnachées sur leurs dos, où s'abritaient le cornac et d'autres haradrims. Il fait sans doute référence aux howdahs, une sorte de plateforme attachée sur le dos de l'éléphant qui pouvait contenir jusqu'à quatre soldats. Dans le cas des oliphants, plus grands que les éléphants réels, les howdahs deviennent des « immeubles » pouvant contenir plusieurs dizaines de soldats. Tolkien ne donne pas d'informations sur les équipements de défense de ces créatures. Pourtant, les éléphants de guerre portaient souvent des armures en cuir, associant parfois du métal pour protéger le front et la trompe, des parties très vulnérables.

Les défenses pouvaient être protégées, mais aussi transformées en armes mortelles. Ainsi, celles des éléphants du roi Bimbisâra du Magadha (qui vécut de – 558 à – 491) étaient hérissées de pointes métalliques. On retrouve des structures similaires chez les éléphants que le grand roi perse Darius III opposa aux armées d'Alexandre le Grand, en – 331. À l'aube du second millénaire avant notre ère, Mahmoud de Ghaznî équipa les défenses de ses éléphants de sorte d'épées pour repousser Ilak Khan, roi de Kashgar.

Les oliphants, avec leur grande taille et leur peau épaisse, n'ont-ils aucun point faible ? Tolkien ne détaille pas la façon dont les oliphants sont vaincus aux Champs du Pelennor, mais aucun ne survit à l'affrontement. Comment est-ce possible ? On suppose que les yeux sont leur principal talon d'Achille. En effet, on apprend après la bataille que Duilin du Morthond et son frère sont morts en menant un assaut contre les mûmakil pour essayer de leur décocher des flèches dans les yeux. Les vrais éléphants de guerre avaient quant à eux de nombreux points faibles, à commencer par leur trompe. L'organe est très sensible et, s'il est sectionné, leur fait perdre d'immenses quantités de sang. On comprend l'intérêt de protéger cette faille.

Les éléphants sont aussi très vulnérables sous leurs pattes où la peau y est moins épaisse. Lors du siège de Megalopolis par Polyperchon, Damis en tira avantage grâce à un ingénieux procédé. Il dispersa des planches hérissées de clous dans les rues de la ville. Lorsque les éléphants marchèrent dessus, la douleur était telle qu'ils ne purent ni avancer ni battre en retraite.

Les éléphants sont aussi facilement effrayés par des bruits forts… Un stratagème consistait à recouvrir des cochons de matière inflammable et de les immoler à proximité des Proboscidiens. Les cris d'agonie des porcs effrayaient les éléphants qui prenaient le plus souvent la fuite en causant une pagaille. Une autre utilisation du feu consistait à lancer des pots emplis de naptha qui s'enflammait sur les Proboscidiens. Les oliphants de Tolkien sont d'immenses créatures très proches des éléphants de notre monde et ont été utilisés de la même façon que lors des guerres de notre passé. On peut néanmoins se poser la question de leur réelle utilité dans une guerre. Leur potentiel de destruction est certes séduisant, mais ils créent souvent autant de dégâts dans leur camp que dans celui de l'ennemi. Cela n'empêche pas d'autres auteurs de littérature fantastique de les enrôler, tel George R. R. Martin dans sa saga du *Trône de Fer*.

Un dernier point commun entre créatures imaginées et réelles. À force d'être capturé pour devenir une machine de guerre, l'oliphant est devenu une espèce en voie d'extinction. Ce qu'il reste des Proboscidiens de la Terre du Milieu n'est rien comparé à ceux qui vivaient autrefois. Cette situation est hélas semblable à celle des éléphants sur notre planète…

Les wargs, des chiens de guerre d'origine scandinave ?

Vincent Dupret, docteur en paléontologie
Romaric Hainez, professeur agrégé de sciences de la vie et de la Terre

Les récents débats sur les abattages de loups dans les régions où ils menaceraient le bétail sont le dernier épisode des relations conflictuelles qu'entretiennent les humains et les loups. L'histoire est ancienne, les deux espèces se côtoyant depuis la préhistoire. Tolkien s'en empare et met en scène des hordes de loups mutants gigantesques, des wargs, fondant sur les héros du *Seigneur des Anneaux* et du *Hobbit*. Voilà un bestiaire propre à alimenter bien des cauchemars ! Mais que sait-on des wargs, exactement ? Peu et beaucoup à la fois. Comme pour le reste de son univers, Tolkien a fait beaucoup de recherches... Mais ici, peu d'éléments nous sont parvenus. Un travail de détective commence pour remonter la source de l'inspiration de l'auteur. Pourquoi et comment Tolkien a-t-il créé ses wargs ? Et pourquoi sont-ils si effrayants ?

La peur du loup remonte au moins au Moyen Âge, à la suite d'une campagne de diabolisation organisée par le christianisme de l'époque. Les contes folkloriques n'ont pas amélioré son image. L'ours a connu le même sort, passant du statut de roi des animaux à celui de bête stupide et dangereuse[1] !

Le loup n'a pourtant pas toujours fait figure d'être maléfique. Bien qu'il ait toujours été prédateur et concurrent direct des humains, il a pu être révéré dans nos civilisations. Rappelons-nous le mythe fondateur de Rome, de Romulus et Rémus recueillis et nourris par une louve. Dans d'autres civilisations, notamment celles d'Amérindiens du nord-est des États-Unis, le loup est souvent un symbole associé aux valeurs familiales (meute et soin aux petits), mais aussi à la force et au courage. Il peut aussi être symbole de la sexualité masculine ou féminine selon le contexte, par exemple dans l'expression « voir le loup ».

Le loup et l'ours ont encore une réputation de « nuisibles » pour une partie du monde pastoral. S'ils sont remontés dans l'estime des citadins, la peur du grand méchant loup, entretenue par une certaine littérature enfantine, perdure chez les enfants. Chez Tolkien, ce sont bien les wargs qui remplissent cette mission. D'où viennent-ils ? Les sources d'inspiration de l'auteur sont multiples…

Un pedigree de warg

Les wargs seraient des êtres intelligents, car ils se sont alliés d'eux-mêmes aux orques, sans qu'il soit nécessaire de les dresser. D'après certains, les wargs seraient à relier aux premiers loups-garous de Beleriand, dont Draugluin était le seigneur, ou aux chiens-loups de la lignée de Carcharoth (un de ces loups-garous) du Premier Âge. Draugluin est le premier loupgarou au service de Sauron, avec qui il vivait dans la tour de garde Tol-in-Gaurhoth. Il fut tué par le chien Huan lors de la quête du Silmaril ; plus tard, Beren et Lúthien utilisèrent sa pelisse pour pénétrer en Angband.

Tolkien n'a laissé aucune note quant au choix du nom des wargs. Néanmoins, on trouve facilement quelques pistes intéressantes. Ainsi, le nom de warg pourrait faire penser à la compression de *war-dog* (« chien de guerre » en anglais). Ces chiens, issus de plusieurs races sélectionnées pour leurs aptitudes (pistage, courrier, combat...) sont utilisés dès l'Antiquité par les Égyptiens, les Grecs, les Romains... et jusqu'à nos jours. Une des plus anciennes batailles où ils interviennent est celle d'Éphèse, en Asie Mineure, contre la cité voisine de Magnésie du Méandre.

On peut aussi trouver une origine scandinave au nom des wargs. En vieux norrois (ou vieil islandais), *vargr* désigne un loup. Ce mot est encore utilisé en Suède pour désigner un loup, quoique le terme *Ulf* (qui évoque le *wolf* anglais) soit plus répandu dans toute la Scandinavie. Le terme *varg* est aussi associé au terrible loup Fenrir qui provoqua le crépuscule des dieux. Tolkien aurait pu puiser une fois de plus dans le vivier des légendes scandinaves pour créer une créature lupine à la malignité irréprochable. Notons que ce terme aurait donné *warg* en vieil anglais, que l'on emploie pour désigner des loups particulièrement maléfiques.

Une inspiration scandinave ?

Qui était ce Fenrir de la mythologie nordique, ennemi juré des anciens dieux scandinaves ? Aussi nommé Fenris, ou Fenrisúlfr, Fenrir était un loup gigantesque, l'un des fils du dieu Loki, avec Sleipnir (le cheval à huit pattes d'Odin),

Hel (déesse des morts et des enfers, dont le nom est à l'origine de *hell*, le mot anglais pour « enfer ») et Jörmungand (serpent gigantesque encerclant la Terre, responsable des séismes et ennemi attitré de Thor).

Un beau jour, Loki ramène le louveteau Fenrir en Asgård (le territoire des dieux). Týr, dieu de la guerre, est chargé de son dressage, mais tout Asgård se rend vite à l'évidence : le loup, qui devient de plus en plus gigantesque, a mauvais fond. En outre, Odin a eu une vision de sa propre fin dans laquelle il sera dévoré par Fenrir lors du Ragnarök, c'est-à-dire le crépuscule des dieux. Il faut se débarrasser du loup à tout prix. Pour parvenir à leurs fins, les Ases (les dieux principaux dont Odin est le chef) font appel aux nains qui fabriquent Gleipnir, le lien magique à l'aspect soyeux et délicat. La composition magique de ce lien est à l'image de sa fonction : bruits de pas de chat, barbe de femme, souffle de poisson, racine de montagne, nerfs d'ours, crachat d'oiseau…

Les Ases, d'abord incrédules, essaient de le déchirer, mais rien n'y fait, le ruban résiste. Confiants, ils convoquent le loup pour le mettre au défi. Mais ce dernier, flairant la ruse, réclame une assurance : l'un des Ases devra mettre sa main dans la gueule du loup en guise de bonne foi. Les dieux hésitent, et finalement Týr se dévoue. Le loup se laisse attacher, et essaie, en vain, de se libérer, devant les moqueries des dieux. Comme ceux-ci refusent de libérer Fenrir, celui-ci dévore la main de Týr.

Fenrir, furieux, tente de mordre tous ceux qui s'approchent. Les Ases lui glissent une épée dans la gueule et l'attachent aux pierres Gjöll et Thviti qu'ils enterrent profondément. De la bave (ou du sang selon certaines sources) s'écoule de la gueule rugissante et perpétuellement ouverte de Fenrir, créant ainsi le fleuve Ván, c'est-àdire « espoir » en vieux norrois. Fenrir est ainsi condamné à rester ligoté, hurlant et bavant de rage jusqu'à ce que le lien cède ; car il cèdera, et les dieux auront leur crépuscule. Après une succession d'évènements funestes, Fenrir réussira à dévorer Odin, mais ce dernier sera vengé par l'un de ses fils, Vidar.

Étonnamment, le loup-garou Carcharoth de Tolkien vit un épisode rappelant celui de Fenrir : élevé par Morgoth et gardant les portes d'Angband, il dévore la main de Beren avec le Silmaril, et ce contact le rend fou. Carcharoth est tué par le chien Huan, après qu'il a réussi à blesser mortellement le chien et Beren.

Le rôle de monture dévolu aux wargs aurait lui aussi été inspiré par la mythologie scandinave où les exemples avec des loups sont nombreux. Sur la pierre de Rök, en Suède, est gravé le plus long texte runique connu ; il daterait du IXe siècle. Il y est fait mention du « cheval de Gunnr », une expression qui désigne en fait un loup, le mot « cheval » serait ici une figure stylistique (un *kenning*) et devrait être pris au sens de monture et non d'équidé. Dans *Le Lai de Hyndla*, un poème en vieux norrois, la völva Hyndla (sorcière-prêtresse) chevauche un loup. La géante Hyrrokkin arrive aux funérailles du Dieu Balder en chevauchant elle aussi un loup, un serpent venimeux en guise de rênes.

Chez Tolkien, cette idée de chevaucher des loups apparaît pour la première fois dans *Le Conte de Tinuviel*, une version préliminaire de l'histoire de Beren et Lúthien écrite dans les années 1920, publiée à titre posthume dans *L'Histoire de la Terre du Milieu*. Quant aux wargs, ils sont pour la première fois mentionnés dans *Bilbo le Hobbit*, le premier livre de Tolkien. L'auteur reste cependant assez évasif sur la description des wargs qu'il dépeint seulement comme de « gros loups démoniaques » avec un « langage terrible ».

La vision de Peter Jackson

D'après ces informations sommaires, Peter Jackson et son équipe ont créé deux « animaux » différents selon que l'on fasse référence aux wargs du *Hobbit* ou à ceux du *Seigneur des Anneaux*. Dans ce dernier – première trilogie de films sortie au cinéma entre 2001 et 2003 –, les wargs sont utilisés par les orques de l'Isengard et du Mordor comme monture et surtout comme animal de guerre. Ils ressemblent à de grosses hyènes massives et musculeuses dont la taille est similaire à celle d'un cheval, soit 1,5 mètre au garrot pour une longueur de 2,5 mètres. Cet aspect est effrayant, mais il ne correspond pas bien avec le reste de l'univers développé par Tolkien dans son œuvre, inspirée par la mythologie d'Europe du Nord.

Dans *Le Seigneur des Anneaux – Les Deux Tours – Guide des créatures*, le réalisateur explique que la hyène a été préférée au loup comme inspiration pour donner aux wargs un aspect plus puissant, plus menaçant. Cependant, dans les commentaires de la version longue du deuxième volet de la trilogie, Peter Jackson avoue que les coûts financiers et les contraintes calendaires ont influencé l'aspect final de ces animaux.

Dans la trilogie du *Hobbit*, les créatures, nommées wargs de Gundabad, ont un aspect lupin bien plus prononcé. Leur apparence reste redoutable et effrayante, mais est plus proche de l'image populaire de ce superprédateur qu'est le grand méchant loup. L'un d'eux, plus grand que les autres, est blanc alors que les autres sont gris. Il est monté par Azog le profanateur. Ce warg nous réserve une surprise, nous y reviendrons plus tard… Que peut-on déduire de cette redoutable morphologie lorsque l'on applique nos connaissances en anatomie, éthologie et évolution ?

Anatomie d'un warg

L'aspect effrayant des wargs résulte en grande partie de l'exacerbation de leurs caractéristiques de prédateurs. Les wargs sont dotés de poils, et on pourrait donc les classer parmi les mammifères. Par comparaison avec les grands mammifères prédateurs actuels et passés, en quoi peut-on dire que les wargs sont des animaux efficaces pour la chasse ?

Le crâne est court et massif et la denture montre d'imposantes canines associées à de puissants muscles, comme chez la hyène. Ces éléments trahissent une mâchoire puissante, apte à broyer les os et qui ne laisse pas échapper sa prise. Les yeux sont petits, les pavillons des oreilles sont à l'arrière de la tête et le pelage est court et dense, offrant peu de prises à l'adversaire, sauf peut-être la crinière qui devient rêne pour le cavalier. Le cou est musculeux, et permet sans doute d'arracher de gros morceaux de chair sans difficulté.

Les membres postérieurs sont plus courts que les antérieurs, ce qui autorise des accélérations fulgurantes sur de courtes distances. Étonnamment, dans les films, les wargs semblent capables de courir sur de longues distances avec un passager sur leur dos. Peut-être ont-ils été mis sous stéroïdes…

Enfin, dans le *Hobbit*, à l'instar de ceux des loups ou des chats, les wargs ont des yeux qui brillent dans le noir. On en déduit qu'ils sont dotés d'un *tapetum lucidum* ou « tapis clair », une couche réfléchissante de cellules située à l'arrière de la rétine dont les humains sont dépourvus. Le *tapetum lucidum* améliore la vision nocturne en renvoyant la lumière ambiante vers la rétine au détriment de la netteté de la vision. Les wargs seraient donc des prédateurs aussi efficaces le jour qu'à la lueur des étoiles.

Avec ces caractéristiques, les wargs seraient des animaux spécialisés dans la chasse au gros gibier, proies peu rapides ou affaiblies. Ils sont ainsi très efficaces pour pourchasser des proies moins véloces qu'eux, mais qui se révèlent parfois dangereuses… telles que des nains, des elfes, voire des hobbits !

Quel mammifère prédateur se rapprocherait le plus des wargs dans la réalité ? Pour la taille, seul l'ours peut faire figure de candidat dans la faune actuelle, mais dans le passé, d'autres super-prédateurs ont foulé nos contrées. Ainsi, on peut comparer un warg à *Canis dirus* (le nom en français pourrait être le « loup sinistre »), un canidé qui vivait il y a 100 000 ans en Amérique du Nord. Sa taille est légèrement supérieure à celle du loup gris actuel, et le crâne présente toutes les caractéristiques de l'animal carnivore. Le *Canis dirus* a été mis au jour au milieu du XIXe siècle dans l'Indiana, aux États-Unis, et son nom lui a été donné en 1854. Tolkien a peut-être entendu parler de ce loup terrible au moment où il écrivait son *Hobbit*.

La musculature très impressionnante des wargs n'est pas uniquement une fantaisie visuelle destinée à impressionner. Les éleveurs bovins connaissent bien une mutation naturelle responsable d'une hypertrophie musculaire et causée par le gène « mh » (pour « muscular hypertrophy »). Le gène non muté code pour une protéine, la myostatine (d'où l'autre nom du gène mh aussi appelé « gène mstn »), qui limite la croissance des tissus musculaires. Les muscles étant la partie la plus valorisée dans une carcasse bovine, les éleveurs ont sélectionné les animaux présentant une mutation de ce gène mh, permettant un développement musculaire plus important. Le résultat est un animal poétiquement baptisé « culard » dont la race bovine blanc bleu belge est un exemple… et typiquement le type de proie qui ferait le délice d'un warg adulte !

Les orques et Saruman, comme les éleveurs bovins, auraient été donc de fins observateurs, capables de sélectionner et de croiser entre eux les individus présentant les caractéristiques les plus intéressantes pour l'utilisation qu'ils avaient en tête, en l'occurrence croquer du héros.

Une agressivité hors norme

Outre la musculature, les orques éleveurs ont également sélectionné un type de comportement spécifique pour les wargs : l'agressivité. Celle qu'ils montrent à l'égard de leurs proies n'est plus à démontrer, mais elle s'exprime aussi, et à plusieurs reprises, entre eux.

Les wargs sont imaginaires, mais une expérience a été tentée avec des renards argentés à partir de 1959 en ex-URSS et est toujours en cours aujourd'hui. Dmitri Beliaïev et son équipe ont étudié la domestication du chien à partir de loups sauvages il y a environ 14 000 ans. Ils ont ainsi croisé des renards argentés sauvages en sélectionnant soit une agressivité, soit une docilité face au contact humain. En seulement dix générations (soit une dizaine d'années), ils ont obtenu deux types de renards : des animaux très craintifs qui mordaient les expérimentateurs et des animaux dociles recherchant le contact avec les humains. La docilité obtenue est liée à des taux significativement plus bas d'adrénaline. Étonnamment, le caractère sélectionné s'accompagnait de modifications phénotypiques comme la couleur du pelage (plus uniforme chez les individus sauvages et plus marbré chez l'animal docile, dualité retrouvée chez les loups et les chiens). Le lien adrénaline-couleur du pelage est encore mal élucidé. Des travaux récents suggèrent qu'un moindre développement des crêtes neurales (des structures précoces de l'embryon à l'origine de divers tissus, dont les cellules pigmentaires et les glandes surrénales productrices de l'adrénaline) serait associé à ce processus de domestication. Enfin, les deux types de renards ont été étudiés sur le plan génétique. Ils se distinguent par l'expression de seulement 40 gènes alors que les renards de l'expérience dans leur ensemble diffèrent de 2 469 gènes par rapport à une population sauvage. Ainsi, le comportement naturellement agressif ou docile peut être assez facilement sélectionné en peu de générations et en ne jouant que sur un petit nombre de gènes. Et nul besoin de connaître les arcanes de la génétique.

Nous avons déjà évoqué la formidable monture d'Azog le Profanateur, le fameux warg blanc. Comme nous vous l'annoncions, il réserve une surprise, rapportée par l'ouvrage *The Hobbit : An Unexpected Journey Chronicles, Creatures & Characters*, sur les secrets du film de Peter Jackson : on y fait référence à la créature sous la forme de « matriarche des wargs ». Il s'agit donc d'une femelle !

Ainsi, la structure sociale des wargs serait de type matriarcal comme celle des hyènes tachetées, dont la hiérarchie comporte de haut en bas une femelle dominante puis toutes les autres femelles dans un ordre complexe basé sur des rapports de domination et de soumission. Les mâles, y compris le dominant, n'arrivent qu'après la femelle la plus faible. Les meutes peuvent compter jusqu'à 70 individus organisés selon une hiérarchie sociale très stricte où chacun a une place précise. Les jeunes hyènes héritent du rang social de leurs parents. Comme un reflet de sa position de dominante, dans le *Hobbit*, la matriarche n'attaque pas et laisse ses subordonnés faire le travail. L'explication est à rechercher du côté des hormones : les hyènes femelles ont un taux de testostérone, l'hormone mâle, au moins aussi élevé que celui des mâles.

En fin de compte, plus que n'importe quel autre membre du bestiaire de la Terre du Milieu, Tolkien le conteur a, sciemment ou inconsciemment, créé une perle d'animalité avec les wargs. Que ce soit au niveau du choix de leur nom, de leur aspect physique, de leur comportement, le tout dans un contexte de légende nordique, l'auteur a donné vie à de formidables adversaires, sauvages et déchaînés face auxquels nos héros frissonnent... et nous avec eux.

Beorn, l'homme-ours ou l'ours-homme ?

Vincent Dupret, docteur en paléontologie
Romaric Hainez, professeur agrégé de sciences de la vie et de la Terre

De nombreuses histoires et mythes mettent en scène des thérianthropes (du grec *therion*, « bête sauvage », et *anthropos*, « homme »), c'est-à-dire des humains capables de se transformer en animal à divers degrés. C'est le cas de beaucoup de dieux égyptiens pourvus d'une tête animale (faucon, hippopotame, chacal, ibis…) posée sur un corps humain. Les lycanthropes, ou loups-garous (*Harry Potter*, *An American Wolf in London*…), entrent également dans cette catégorie. Les œuvres de Tolkien n'y échappent pas, mais elles ont la particularité de placer des thérianthropes dans chaque camp. Ainsi outre les loups-garous[1] du *Silmarillion*, Tolkien nous propose le personnage de Beorn, l'hommeours qui entre dans la catégorie des arctanthropes (*arctos* signifiant « ours » en grec). Plus rare que la lycanthropie, l'arctanthropie est néanmoins au cœur de deux films des studios Disney-Pixar, *Frère des Ours*, sorti en 2003, et *Rebelle*, sorti en 2012.

Beorn est dépeint comme un homme très grand, très musclé, portant barbe hirsute et chevelure noire, et habillé d'un long gilet noir lui tombant jusqu'aux genoux, le tout lui donnant l'aspect d'un ours. Il est d'un naturel peu sociable mais, à sa décharge, il est le dernier de son espèce, qui a été massacrée. Ne se nourrissant que de miel et de crème, Beorn apparaît aimable aux lecteurs. Mais il n'en est pas pour autant un ours en peluche, comme en témoigne la première rencontre avec les héros du *Hobbit.* Tolkien a créé un adjuvant capable de sautes d'humeurs et d'une violence inouïe tout en puisant, nous le verrons, dans les peurs moyenâgeuses inspirées des raids vikings. Cette psychologie complexe de Beorn reflète la volonté de l'auteur de nuancer ses personnages comme le prouvent les notes qu'il a laissées.

Les avatars de la thérianthropie

La thérianthropie est d'une rare diversité ! Selon les lieux, les époques et les civilisations, voire les modes romantiques, les transformations thérianthropiques se font sciemment ou inconsciemment, volontairement ou involontairement, et sont le résultat d'une bénédiction ou d'une malédiction (ou un simple état de fait ni en bien ni en mal, « *born this way* », chanterait Lady Gaga !). Les transformations se font à divers degrés de complétude, variant d'une allure finale humanoïde jusqu'à une métamorphose intégrale. De la même façon, ces changements s'accompagnent d'un panel de sensations allant de perceptions légères jusqu'à la douleur la plus intense. La conscience et la capacité de jugement peuvent rester humaines comme elles peuvent céder la place aux pulsions les plus bestiales. Il en est de même pour le langage articulé et la communication. Les variantes sont infinies et ont alimenté d'innombrables contes et légendes au cours des temps. Ainsi, selon le médiéviste Thomas Alan Shippey en 2002, Beorn aurait ainsi été largement inspiré du personnage de Bödvar Bjarki, de la saga de Hrólf Kraki, une légende islandaise du XIVe siècle, forcé de se changer en ours à la suite d'une malédiction.

Les notes et brouillons de Tolkien montrent que dans les premières esquisses du *Hobbit*, Beorn se nommait alors Medwed, qui signifie « ours » dans les langues slaves non germaniques, comme l'indiquait l'universitaire John D. Rateliff en 2007. Pourtant, c'est Beorn, d'inspiration scandinave, qui sera finalement retenu. Notons que les prénoms Bjorn, Bertrand et Bernard ont en commun cette origine ursine. Enfin, d'après le spécialiste de littérature médiévale Thomas Shippey, Tolkien aurait aussi puisé son inspiration dans le célèbre héros guerrier Beowulf, un « loup des abeilles » (*bee*, abeille, et *wolf*, loup), donc… un ours !

Un paysan-guerrier

Beorn, l'homme-ours, relève de plus d'une dualité : à l'image de sa transformation, il est une personnalité double, même s'il est loin de souffrir de la même schizophrénie que Gollum[2] : sauvage et amical, casanier et violent. Quel est son héritage viking ?

L'image populaire accolée aux incursions vikings du IXe siècle (jusqu'à Paris !) est traumatisante : villageois exterminés, femmes violées, églises pillées… La lecture et l'écriture n'étaient alors pas répandues dans la population et nos sources principales sont des chroniques écrites par des communautés monastiques, cibles régulières de ces raids.

Ceci peut expliquer l'accent mis sur la violence associée aux Vikings dans les récits qui nous sont parvenus. Il n'y a que depuis quelques années, grâce à des bandes dessinées comme *Thorgal*, ou plus récemment certaines séries télévisées inspirées de personnages réels tels que Ragnarr Loðbrók, que les Vikings regagnent un peu leurs lettres de noblesse : on y découvre de paisibles agriculteurs, des commerçants au flair aiguisé (sic), possédant une civilisation et des coutumes complexes et élaborées. Pourtant, les raids dont les *berserkir* constituaient la première ligne ont bien existé. Qui étaient-ils ? Les historiens sont partagés…

Berserker signifierait « peau d'ours », *ber särk* en vieux norrois se traduisant par « chemise en peau d'ours » selon le linguiste Elof Hellquist en 1922, ou bien « sans protection », *berr särk* correspondant à « poitrine nue » d'après l'universitaire Benjamin Blaney, en 1972. La confusion perdure jusqu'en anglais contemporain, *bear* signifiant « ours » et *bare* « nu ». Le débat est toujours ouvert… Apportons notre contribution : et si c'était un jeu de mots ? La double origine serait ainsi plausible. Après tout, les Vikings étaient de grands poètes non avares de rimes ou autres formules stylistiques comme en témoignent leurs sagas[3]. Enfin, on pensait à l'époque que le simple fait de porter une peau de bête pouvait conférer à son détenteur la force de l'animal, voire son apparence. De fait, il est légitime de penser trouver l'une des origines du mythe du loup-garou chez les *berserkir*… surtout si l'on assiste à une de leurs cérémonies !

Les *berserkir* sont dépeints comme de redoutables guerriers vikings qui dévastaient tout sur leur passage. L'apparition ou l'annonce de l'arrivée imminente des *berserkir* glaçait d'effroi le camp adverse. Imaginez courir vers vous des colosses larges et musclés, recouverts d'une peau d'ours, de loup ou de sanglier. Qui plus est, avant de passer à l'attaque, ils poussaient des cris terrifiants, bavaient et moussaient abondamment de la bouche et mordaient leur bouclier. De vraies bêtes féroces ! Le linguiste Régis Boyer explique en 1992 que ces *berserkir* étaient des guerriers-fauves qui entraient dans une fureur sacrée (en vieux norrois *berserksgangr*, signifierait « marche », « allure du guerrier-fauve »). Cet état leur confère une force surhumaine, les rendant capables d'exploits légendaires.

La peau de bête les recouvrant prenait également un rôle de sémaphore pour les alliés car, aveuglés par leur furie destructrice, les *berserkir* ne prêtaient plus attention à leur environnement immédiat, et alliés et ennemis se prenaient des coups indifféremment. Pire encore : eussiez-vous réussi à blesser l'un de ces guerriers divins que sa rage n'en était qu'augmentée ! Un tel état, nommé *furor*, a été exploité notamment dans *Les Chevaliers du Zodiaque*, un manga de Masami Kurumada publié pour la première fois en janvier 1986. Cette folie furieuse rappelle celle de Beorn se jetant dans le combat lors de la bataille des Cinq Armées où son intervention décisive met en déroute l'armée gobeline. Les *berserkir* ne se transformaient bien sûr pas biologiquement en un animal, mais on raconte qu'un de leurs pouvoirs était de troubler la vision de leurs ennemis qui ne voyaient plus que des animaux sauvages et non des humains.

Des historiens pensent que des *berserkir* constituaient la garde rapprochée des rois, comme l'évoque la saga islandaise de Grettir où les guerriers du roi Harald sont désignés sous le nom de « peaux de loup » (les *úlfhéđnar*, de *ulf*, « loup », et *heđinn*, « pelisse » en islandais). Ils ont peut-être également assuré un rôle de prêtrise pour Odin. Ou bien encore étaient-ils de braves paysans « inoffensifs », comme dans le roman *Wolfsangel*, de M. D. Lachlan, paru en 2011, avec des buts, des questionnements (récoltes, éducation des enfants, mariages, élévation sociale). On est bien loin des sociopathes ! Comment les *berserkir* atteignaient-ils cet état second qui les rendait si redoutables ?

Un certain état d'esprit

D'un point de vue mythologique, tout est dans la peau : dès qu'ils se recouvraient de leur peau de bête, les *berserkir* se voyaient investis de sa puissance : l'esprit de la bête se « moulait » à l'intérieur du corps humain et en prenait le contrôle. De plus, certains historiens comme Claude Lecouteux considèrent que le mot *hamr*, signifiant peau, peut, dans ce contexte, se comprendre comme âme.

Dans la réalité, la raison est tout autre. Mais là encore, les avis des historiens divergent. Certains penchent pour l'usage de stupéfiants. Les berserkir se seraient drogués de façon à entrer en transe. Avec quelle substance ? L'amanite tue-mouches Amanita muscaria, connue pour ses propriétés psychotropes liées à la présence d'une molécule nommée muscimole a pu être consommée par les berserkir, selon l'hypothèse émise par le médecin Howard Douglas Fabing dès 1956. Les champignons auraient été coupés, séchés et broyés avant d'être mélangés à de l'alcool (drogue et alcool, un mélange à éviter). La potion aurait pris effet en une trentaine de minutes avec comme premiers symptômes : spasmes musculaires, transpiration, hypersalivation (les effets secondaires consistant en amnésie, évanouissements, vomissements, nausées, rougissements, perte de l'équilibre…). Cette hypothèse a connu un vif succès, malgré une contradiction entre effets physiologiques et comportementaux. Une étude récente de Lily Florence Lowell Geraty (à la suite de Blaney) réfute complètement cette hypothèse, car les effets de l'ingestion de la bufoténine, testés scientifiquement dans les années 1950 sur des humains, ne correspondent pas du tout à ceux décrits par les historiens contemporains des raids. Bien au contraire, les cobayes étaient apathiques et loin d'être enragés. Il apparaît que Fabing avait fait les bonnes observations, mais tiré de fausses conclusions pour faire coller ce comportement à celui des *berserkir.*

Ainsi, des spécialistes, notamment le médiéviste et philologue Vincent Samson et la docteure en littérature britannique médiévale Eve Siebert en 2011, nient l'utilisation par les Vikings de champignons dont les effets les auraient rendus inaptes au combat. De plus, des historiens rétorquent qu'il n'existe aucun témoignage contemporain mentionnant l'usage de ce champignon ou de quelque autre substance : le secret était peut-être bien gardé… Notons néanmoins que le mot *berserk* se retrouve dans le terme islandais *berserkjasveppur* signifiant « champignon ». L'origine physiologique du comportement des *berserkir* reste donc un mystère… On peut donc s'interroger sur une conjonction de plusieurs facteurs : force de persuasion, incantation ou désignation d'un objectif auraient pu faire office de déclencheur d'un comportement violent en association avec une intoxication. Des prestidigitateurs comme Derren Brown démontrent même qu'il est possible d'influencer les actions de monsieur et madame Tout-le-Monde à leur insu et sans drogue.

L'historien Richard A. Gabriel proposa en 1990 que les *berserkir* souffraient d'une forme de troubles de stress post-traumatique. Une hypothèse similaire a été reprise et nuancée par l'historien Thomas Heebøll-Holm en 2014 d'après une étude menée sur des chroniques du XIIe siècle relatives à la première croisade et décrivant des violences exercées par des seigneurs dans diverses situations sur le terrain et de retour chez eux. Selon lui, ces comportements extrêmes peuvent trouver deux origines. Soit ils sont attribués, avec notre lecture moderne, à un syndrome de stress post-traumatique, soit ils n'étaient qu'un comportement classique pour l'époque en temps de guerre, motivés par une escalade de violences et de luttes de pouvoir entre différents seigneurs. La partialité des sources disponibles rend difficile de faire un choix entre ces deux pistes. Le changement de forme et la perte de sa propre conscience font écho à la transe chamanique pendant laquelle l'esprit du chaman visite l'autre monde et entre en communication avec les esprits. Cette hypothèse de Régis Boyer est réfutée par Vincent Samson et le scandinaviste François-Xavier Dillmann.

Une autre hypothèse en rapport avec la transe est celle de l'autohypnose, où le mental prend le dessus sur le physique. Daniel McCoy, spécialiste des mythologies nordiques et germaniques, affirmait en 2016 que le jeûne, la forte chaleur et les danses cérémoniales étaient des pratiques classiques dans les rituels chamaniques germaniques. Autosuggestion et métabolisme contrôlé ouvraient en grand les vannes de la testostérone ou de l'adrénaline, et les *berserkir* devenaient alors surpuissants et sans discernement.

Ce côté « indolore » des combats est à mettre en relation avec le contrôle de la peur par le cerveau. En effet, en situation d'urgence, la priorité donnée par le cerveau est la conservation et la survie de l'individu (c'est l'énergie du désespoir). Une fois à l'abri, la prise de conscience des blessures entraîne celle de la douleur (cette notion restant très subjective, car certains sont plus douillets que d'autres), laissant paradoxalement le *berserker* dans un état de grand épuisement et de grande vulnérabilité comme décrit dans la saga d'Egill, traduite en 1977 par Bernard Scudder.

Ajoutons à ces explications plausibles le fanatisme religieux : on l'a dit, les *berserkir* étaient des représentants d'Odin. Et quel meilleur moyen de se faire accepter auprès de lui au *Valhalla* que de briller par ses exploits sur le champ de bataille et d'y mourir ? Au *Valhalla*, réjouissances, banquets et bagarres sont promis aux heureux élus, jusqu'à ce que sonne *Ragnarök*, le crépuscule des dieux... Quitte à mourir, autant le faire à la gloire de ses dieux et donc autant se jeter le plus vite possible au cœur de la bataille ! Ce cocktail physique, chimique et psychique aurait fait du *berserker* le soldat ultime...

Grandeur et décadence des *berserkir*

Les *berserkir* auraient d'abord constitué la garde rapprochée des rois scandinaves, comme le héros Bödvar Bjarki qui reste, malgré sa transformation ursine, aux côtés du roi Hrólfr durant la bataille contre le roi Hjörvard. Puis, dans les sagas islandaises de la fin du Moyen Âge, ils deviennent des combattants pleins de *furor*, aux yeux révulsés, poussant des cris de bêtes féroces, mordant leur bouclier, insensibles aux coups, en un mot des super guerriers invincibles tirés de film de *fantasy*, jetant l'effroi dans le camp adverse.

Vincent Samson raconte comment du statut de héros et de légendes vivantes, ils passent après la christianisation de la Scandinavie pour des brutes épaisses, qui plus est facilement vaincues par un héros jeune et malin. Il est tentant d'imaginer, mais difficile de prouver, que ce revirement d'estime soit en rapport avec la fin du règne de l'ours comme roi des animaux[4]... Le terme est passé dans le langage courant en anglais où « devenir berserk » (*to go berserk*) signifie devenir fou furieux, perdre le contrôle.

Ce changement d'état s'expliquait par la prise de pouvoir de l'animal totem (ours, mais parfois aussi loup ou sanglier) sur le corps hôte et l'investissait d'une force surnaturelle.

En 1015, le jarl[5] Eiríkr Hákonarson de Norvège décrète les *berserkir* hors-la-loi et, au XIIe siècle, les factions guerrières organisées avaient disparu. Pour rajouter au mystère des origines de Beorn, Tolkien ne donne pas de véritable réponse, même lorsqu'il s'exprime par la bouche de Gandalf qui ne sait s'il est « homme-ours ou ours-homme. »

Le bestiaire des arthropodes

Romain Garrouste, (paléo)entomologiste, MNHN
Camille Garrouste, illustratrice

C'est un combat contre un titan ! Et un épisode clé. Guidés par Gollum, les hobbits Frodo et Sam empruntent le col de Cirith Ungol (« Passe de l'Araignée »), dans les montagnes de l'Ephel Dúath. Là, ils sont surpris par l'hôte de ces lieux, l'araignée géante Araigne. Elle sera blessée par Sam, bien équipé pour l'occasion avec la fiole de Galadriel et l'épée Dard. Hélas, elle a eu le temps de piquer Frodo avec son dard et de l'enrouler dans une toile.

Araigne est l'un des plus spectaculaires représentants du bestiaire de Tolkien en matière d'arthropodes (insectes, araignées…). À la lecture, on constate que certains sont bien détaillés tandis que d'autres le sont plus succinctement, ce qui dénote un intérêt choisi. Araigne et les autres araignées géantes sont privilégiées d'un point de vue littéraire et bénéficient d'une très grande précision dans la description. Elles ont également donné lieu aux interprétations graphiques et cinématographiques les plus poussées. Mais que ce soit dans les romans de Tolkien ou au cinéma, des libertés ont été prises par rapport aux réalités zoologiques. En suivant la zoologie des arthropodes dans l'œuvre de Tolkien ainsi que celle des adaptations, nous tenterons d'en retracer les influences, qu'ils s'agissent de la zoologie du XIXe et du début du XXe siècle ou de la cryptozoologie. Malgré ce bestiaire parfois monstrueux, l'œuvre n'est pas dénuée d'une certaine écologie poétique, une sorte d'écoféerie, où tous les êtres vivants ont leur place, même les plus humbles, conformément à ce que l'on observe dans les écosystèmes. À tout seigneur, toute horreur, commençons par les araignées.

Tolkien *versus* Jackson

Dans l'œuvre de Tolkien, les araignées sont des incarnations zoomorphes de personnages à part entière, certains sont même des personnages clés de la cosmogonie selon Tolkien organisée dans *Le Silmarillion*. Même les entités les plus maléfiques et les plus puissantes (Melkor et Sauron) craignent ces créatures et ce qu'elles représentent. Ils ne peuvent s'en défaire et s'en servent d'alliées.

Araigne est Shelob dans la version originale de l'œuvre. Son nom serait une contraction de *she* (féminin) et *lobbe* (« araignée » en vieil anglais) ; elle est la descendante du personnage-araignée Ungoliant que l'on rencontre dans *Le Silmarillion*. Galadriel, la puissante magicienne des elfes de forêt, et Araigne entretiennent une relation littéraire au sein de l'œuvre de Tolkien. Peut-être doit-on y voir une référence au mythe grec de Circé ? Circé, fille d'Hélios, est une magicienne puissante qui croise la route d'Ulysse. Experte en poisons, elle aide Ulysse après avoir tué une partie de ses compagnons. Les personnages de Galadriel et d'Araigne semblent liés par leur origine ancienne (évoquée dans *Le Silmarillion*) comme s'ils étaient les deux facettes d'une même figure duale.

L'importance donnée à ces personnages-araignées trahit probablement l'aversion inspirée par les araignées réelles. Ainsi, Tolkien aurait indiqué dans une correspondance qu'il n'aimait pas les araignées après avoir été piqué pendant son enfance en Afrique du Sud, mais sans toutefois les détester. En outre, l'arachnophobie, très répandue, explique le succès des araignées géantes dans les représentations, d'abord à travers les diverses illustrations puis dans les adaptations cinématographiques. Pourtant, Tolkien n'a pas, à notre connaissance, représenté graphiquement ces araignées. Plus largement, les animaux de son univers n'ont guère eu les honneurs de ses crayons et pinceaux.

Dans leur description, l'auteur s'est éloigné du modèle zoologique, probablement par souci littéraire. Voici ce qu'il dit d'Araigne (Arachne dans cette traduction du *Seigneur des Anneaux* par Francis Ledoux), qui bénéficie d'un luxe de détails qu'il n'accorde pas à son ancêtre :

> *Elle avait l'allure générale d'une araignée, mais plus énorme que les grandes bêtes de proie et plus terrible qu'elles à cause du méchant dessein qui paraissait dans ses yeux impitoyables. Ces mêmes yeux qu'il avait crus découragés et vaincus, ils luisaient là de nouveau d'une lueur féroce, en grappes dans sa tête poussée en avant. Elle avait de grandes cornes et derrière son court cou, semblable à une tige, venait son énorme corps gonflé, vaste sac boursouflé, pendant et oscillant entre ses pattes, sa grosse masse était noire, tavelée de marques livides, mais la panse en dessous était pâle et lumineuse, et elle émettait une puanteur. Elle avait les pattes repliées, avec de grosses jointures protubérantes bien au-dessus de son dos, ses poils se dressaient comme des piquants d'acier et chaque patte se terminait par une griffe. Mais Arachne n'était pas semblable aux dragons : elle n'avait d'autre point sensible que ses yeux. Sa peau séculaire était pleine des creux et des bosses*

> *de la corruption, mais elle était épaissie des multiples couches d'une mauvaise croissance. [...] bouffie et obèse [...] il la vit, à quelques pas seulement, qui le lorgnait, tandis que son bec sécrétait une bave vénéneuse [...]*

Que devient Araigne, dans l'adaptation du *Seigneur des Anneaux* par Peter Jackson ? Elle est probablement l'une des meilleures animations 3D d'une araignée, même si là encore elle n'est pas rigoureusement conforme à la réalité zoologique. Elle combine observations de postures, précision du comportement de locomotion et d'approche, pas d'une espèce particulière, mais plutôt d'une combinaison.

Le combat avec Frodo et Sam dans le film ne correspond pas à la zoologie des araignées, car elles sont dépourvues de dard venimeux sur l'abdomen. Une araignée cherche à inoculer son venin avec ses chélicères, c'est-à-dire ses crochets situés en avant de la bouche. L'animation de cette araignée, à ces détails anatomiques et comportementaux près, reste réussie. Le réalisateur a expliqué que le modèle choisi est une espèce de Nouvelle-Zélande, la mygale des antipodes *Porrhothele antipodiana*, assez grosse et agressive.

Un peu de zoologie… et de cryptozoologie

Dans la réalité, à quoi ressemblent les araignées ? Les arachnides, comme les scorpions et les acariens, sont des arthropodes dotés de quatre paires de pattes, d'un corps en deux parties apparentes (l'abdomen et l'opisthosome qui réunit la tête et le thorax), de plusieurs paires d'yeux disposées de façon symétrique sur la tête et, nous l'avons vu, d'une paire de chélicères, souvent puissants et toujours venimeux. Bien distinctes des insectes, une grande majorité d'araignées sont carnivores. Leur comportement quelquefois agressif et leur venin parfois toxique, ont valu aux araignées une mauvaise réputation qu'elles ne méritent pas: la plupart sont inoffensives, « calmes » et utiles en tant que prédatrices.

Le folklore cryptozoologique mentionne des araignées géantes un peu partout sur la planète. Elles correspondent à l'interprétation de rumeurs, fondées sur des récits d'explorateurs ou recueillies auprès des populations. Pour ces dernières, il s'agit souvent de légendes locales qu'exploitent certains explorateurs scientifiques (en général seulement pseudoscientifiques !) pour organiser des voyages plus ou moins lointains, entretenant ainsi les rumeurs et favorisant la publicité de ces animaux « cachés ». Ces voyages ne sont pas répréhensibles en eux-mêmes, mais faire appel à la science n'est pas justifiable, sauf pour la partie ethnologique que cela peut représenter. Les exemples les plus marquants de ces créatures de légende sont le yéti de l'Himalaya et le célèbre monstre du Loch Ness. Les araignées ont aussi leur yéti ! Il s'agit de J'ba Fofi (en langue baka, parlée en Afrique centrale). « Observée » pour la première fois dans les années 1930 au Congo, cette araignée de plus d'un mètre de diamètre aurait depuis été vue en plusieurs endroits d'Afrique équatoriale et même en Amazonie. À l'appui de la réalité de J'ba Fofi, certains mentionnent également des toiles géantes démesurées.

Qu'en est-il réellement ? Voyons d'abord la taille. La plus grande araignée du monde est la mygale *Theraphosa leblondi*, d'Amérique du Sud, avec 30 centimètres de diamètre (en prenant en compte les pattes, mais elle a néanmoins un corps massif). Elle peut atteindre 350 grammes. Elle est bien connue en Guyane et au nord de l'Amérique du Sud, où elle est chassée pour être naturalisée (ou mangée par quelques populations locales...). On s'est récemment aperçu que la taille des spécimens naturalisés diminue progressivement et qu'il faut s'éloigner de plus en plus des zones de chasse facilement accessibles (la grande forêt, où elle creuse des terriers caractéristiques) pour trouver de plus gros spécimens, ce qui trahit la raréfaction de cette espèce.

La science étaye quelquefois les arguments cryptozoologiques. Des représentants fossiles imposants connus peuvent en effet justifier des expéditions à la recherche de survivants d'époques révolues, de la préhistoire, du jurassique ou de continents disparus, tels le Gondwana. De tels mondes perdus ont été célébrés au début du XXe siècle par Arthur Conan Doyle et son personnage du professeur Challenger. Et en effet, les paléontologues ont mis à jour les fossiles de *Megarachne*, littéralement « araignée géante ». Cette créature du carbonifère, moyennement conservée, découverte en Argentine en 1980, pouvait atteindre un mètre de diamètre. Ce n'est guère surprenant, le carbonifère étant la période des arthropodes « géants », car l'oxygène y était plus abondant qu'aujourd'hui (une explication souvent donnée mais pas forcément scientifiquement valable) : on connaît ainsi des libellules de 80 centimètres d'envergure, des blattes et d'autres insectes de 40 à 50 centimètres de longueur, des mille-pattes d'un mètre de longueur voire plus...

Hélas, un examen attentif récent du spécimen de *Megarachne* a montré qu'il ne s'agit pas d'une araignée, mais d'un représentant des Euryptérides, un ordre fossile éteint proche des scorpions (mais aquatiques). À ce jour, point d'araignée géante avérée au carbonifère, ce qui déplaira aux chasseurs de J'ba Fofi !

Quant aux toiles géantes, mentionnons celles de grande taille, jusqu'à plusieurs dizaines de mètres de longueur, tissées par des araignées sociales. Ces araignées sociales, vivent en groupe, élèvent leurs jeunes et les toiles s'ajoutent les unes aux autres, génération après génération. C'est le cas de l'araignée *Anelosimus eximius* répandue en Guyane et dans toute l'Amérique du Sud, dont les toiles peuvent occuper 100 mètres cubes et abriter des milliers d'individus. Là encore, pas d'araignées géantes, car les adultes ne mesurent que 5 millimètres.

Les habitants discrets de la Terre du Milieu

Passons maintenant aux autres arthropodes mis en scène par Tolkien. Commençons par les Nicbriqueux, les empêcheurs de dormir en rond à en croire Tolkien.

> *Ils passèrent une misérable journée dans ce pays solitaire et désagréable, leur campement était humide, froid et inconfortable, et les insectes ne les laissaient pas dormir. Il y avait aussi d'abominables créatures qui hantaient les roseaux et les touffes d'herbe et qui, d'après le bruit qu'elles faisaient, devaient être de vilains parents du grillon. Elles étaient des milliers, et elles crissaient partout alentour, nic-bric, bric-nic, sans répit de toute la nuit, au point de rendre les Hobbits presque fous.*
>
> Le Hobbit.

Il s'agit à coup sûr d'Orthoptères. Ces insectes, tels les grillons et les sauterelles, émettent des sons, souvent très audibles, pour communiquer et chantent parfois en chœur. Ces sons résultent en général du frottement des ailes antérieures, modifiées à cet usage.

Le personnage de Beorn, mi-homme mi-ours[1], élève des bourdons pour faire du miel. Ces Hyménoptères sociaux du genre *Bombus* sont plus gros que les abeilles, leurs cousines. Ils vivent en colonies parfois importantes. Dans *Le Hobbit*, Tolkien les décrits ainsi : « et les bandes de jaune sur leurs corps noirs et foncés brillaient comme de l'or ardent. » Cette description correspond aux espèces européennes, très diversifiées et cruciales pour la pollinisation au point que certains bourdons sont effectivement élevés par l'homme. Dans les serres, *Bombus terrestris* visite deux fois plus de fleurs par minute que les abeilles. Et, heureusement pour Beorn, les bourdons fabriquent du miel, mais en petites quantités dont ils se nourrissent, et ne sont pas exploités pour cela.

Des papillons géants apparaissent bien dans *Le Hobbit* (mais pas dans *Le Seigneur des Anneaux*) comme le montre la séquence du film de Peter Jackson, où le mage Gandalf parle à l'un d'entre eux, représenté comme un grand *Saturniidae*, pour lui demander des secours ; ils viendront sous la forme d'un grand aigle.

Cette scène a probablement été rajoutée pour faire un raccourci cinématographique par rapport à l'œuvre écrite. En effet, cette dernière explore beaucoup plus les relations entre les personnages, leur mystique voire leur ontogénie (une réelle obsession de la part de Tolkien, une déformation professionnelle de la linguistique, peut-être). De fait, dans *Le Silmarillion*, les papillons géants, les aigles et les magiciens semblent liés, ce qui explique leur apparente complicité. Dans un autre épisode du *Hobbit*, une nuée de papillons, poursuivie par des chauves-souris, empêche les héros de faire du feu.

Les papillons « géants » existent bien, comme la noctuelle géante *Thysania aggripina* aussi nommée meunier en Guyane, les grands ornithoptères de Papouasie et les *Saturniidae* spectaculaires avec leurs grands ocelles. On trouve ces derniers en Asie tropicale mais aussi en Europe. En Angleterre, le papillon Petit Paon de nuit *Saturnia pavonia* ressemble un peu au messager de Gandalf dans le film.

Tolkien chez les taxonomistes

L'univers de Tolkien inspire depuis longtemps les taxonomistes. On trouve des espèces nommées en référence aux œuvres de Tolkien chez les animaux vertébrés, actuels et fossiles, et les animaux invertébrés. Avant d'aborder quelques-unes des espèces concernées chez ces derniers, rappelons ce qu'est la taxonomie.

Il s'agit de décrire des espèces vivantes et fossiles ainsi que leur rattachement aux catégories de la systématique (les catégories du vivant et leur étude *via* leurs relations de parenté ou phylogénie). La systématique, qui inclut la taxonomie, adopte de plus un point de vue évolutif en prenant en compte l'histoire des espèces et des écosystèmes. C'est une tâche essentielle en biologie, car la seule position d'une espèce dans la classification permet de déduire rapidement une grande partie de sa biologie. Le grand catalogage du vivant toujours en cours n'est pas qu'un exercice académique mais bien une branche indispensable de la biologie. Cette importance et la rigueur qu'elle impose n'empêchent pas que l'on prenne quelques libertés, notamment quand vient l'heure de donner un nom à une espèce et aux différents taxons (genre, famille, ordre…) auxquels elle appartient. On peut donc résumer en disant qu'un taxonomiste est un biologiste qui décrit la biodiversité des espèces.

Une source inépuisable

La plupart des auteurs privilégie des noms qui caractérisent la morphologie, la biologie ou la répartition géographique, comme un appui à la description, une caractérisation supplémentaire. Les premières descriptions étaient latines, et le latin, le grec et les mythologies antiques ont été une source d'inspiration, tout comme les toponymes et noms issus de folklores locaux liés à la répartition géographique des espèces.

La règle principale est un nom binomial (genre et espèce) assorti du nom du ou des descripteurs et de l'année. Ensuite, place à l'imagination, aux hommages, aux clins d'œil. Quelques exemples ? Le ptérosaure du crétacé *Arthurdactylus conandoylensis,* l'insecte Diptère *Campsicnemius charliechaplini,* le bivalve *Abra cadabra*, le grillon « casqué » de Nouvelle-Calédonie *Lepidogryllus darkvaderi,* les genres d'insectes *Mozartella et Beethovena*, la fourmi malgache *Proceratium google*…

L'univers de Tolkien est une source bien ancrée en taxonomie avec des dizaines de taxons qui portent des noms issus de cette nouvelle mythologie. Ce sont souvent des insectes ou des espèces fossiles un peu remarquables, et les auteurs scientifiques sont souvent récidivistes. Ils le peuvent, tant le répertoire des personnages et toponymes est immense chez Tolkien. En outre, ils peuvent puiser dans plusieurs langues inventées par Tolkien, tel l'elfique.

Les références sont les nains, les hobbits, les elfes et les dragons, ainsi que Gandalf. Il y a finalement peu de noms de lieux. La star est sans doute Gollum, *alias* Sméagol, qui sert souvent à décrire des animaux cavernicoles aux formes un peu particulières. Sans surprise, c'est chez les insectes que l'on trouve le plus d'espèces ou taxons « tolkiéniens ». C'est en effet dans ce groupe que l'effort de description est le plus intense depuis la deuxième moitié du XXe siècle, et se poursuit. La tâche est immense et il y aura de nouvelles espèces tolkieniennes, c'est certain. Citons en premier Beorn, un genre de tardigrade (petit arthropode) décrit dès 1964, fossile de l'ambre du Canada (Crétacé) qui a donné aussi son nom à la famille des *Beornidae*, en référence à un personnage qui se transforme en ours (*Le Hobbit*).

La palme revient au petit Protoure (un Hexapode proche des Insectes) *Gollumjapyx smeagol*, cavernicole, en partie translucide et avec une tête sphérique, décrit par Sendra et Ortuño en 2015. Il porte un nom de genre dédié à Gollum et comme nom d'espèce Sméagol, qui est le premier nom du même personnage avant sa transformation à cause de l'Anneau et sa vie… cavernicole. L'animal vit dans des grottes dans l'ouest de l'Espagne *Khamul gothmogi*, petite guêpe décrite par Gates en 2008, est aussi une espèce très tolkienienne. Le genre *Khamul* fait référence au seul Nazgûl doté d'un nom. Le nom d'espèce *gothmogi* correspond à Gothmog, seigneur des balrogs, ces anciennes et puissantes créatures démoniaques.

Les paléontologues aussi ont été bien inspirés, et recherchent souvent des références du passé. Pour les insectes fossiles aussi : citons *Gallogramma galadrieli* (Galadriel).

Depuis les films de Peter Jackson, l'association de Tolkien à la Nouvelle-Zélande ne surprend plus : c'est le pays d'origine du réalisateur et où furent tournés les six opus à partir de 1999. Pourtant, c'est dès 1980 que F.M. Climo a décrit son nouvel ordre de mollusques marin Smeagolida. Il avait été précédé par la description d'un petit requin en 1973, *Gollum attenuatus*. Un autre poisson *Gallaxias gollumoides* (d'eau douce) sera décrit en 1999. Et si c'était à cause de la taxonomie qu'un cinéaste néo-zélandais s'était intéressé à Tolkien ?

Et bien entendu de nombreuses espèces ont été dédiées à Tolkien (en latin tolkieni). Par exemple : la petite guêpe *Shireplitis tolkieni*, ou encore le staphylin *Gabrius tolkieni*, *Khamul tolkieni*, *Leucothoe tolkieni* (un petit crustacé !), et *Martesia tolkieni* (un mollusque bivalve).

Pour Henry Gee, paléontologue anglais et grand spécialiste de Tolkien, la passion de Tolkien pour la nomenclature (géographie, linguistique…) et les noms euphoniques (qui se prononcent bien) ne pouvaient qu'attirer les taxonomistes. Ce type de références indique peut-être plus de choses sur les scientifiques eux-mêmes que sur la biologie des espèces.

Smaug, Glaurung… des monstres pour les biologistes aussi

Stéphane Jouve, paléoherpétologue,
Sorbonne Université

Tolkien n'a rien inventé ! Les dragons sont des animaux fantastiques nés de l'imagination des hommes dès l'Antiquité. Inventés, certes, mais rien n'empêche de les étudier et les classer parmi les autres êtres vivants comme le font les biologistes avec les animaux bien réels. Lançons-nous !

Les dragons sont nombreux dans l'œuvre de Tolkien, mais seulement cinq sont nommés : Glaurung, Ancalagon dit le Noir, Smaug dit le Doré, Scatha, et Chrysophylax Dives. À l'instar de ses dragons, symboles de l'avarice et de la cupidité, Tolkien ne livre guère de descriptions, et leurs aspects et morphologies restent très peu détaillés. Néanmoins, ils ont tous en commun une apparence reptilienne avec un corps couvert d'écailles dont certaines sont suffisamment épaisses pour être assimilées à une cuirasse, ainsi qu'une capacité à cracher du feu. On peut séparer ces dragons en deux grands groupes : les dragons aptères, c'est-à-dire sans ailes, nommés « grands vers » (présents au cours du Premier Âge uniquement), et les dragons ailés, dont le premier représentant est

Ancalagon le Noir (ils apparaissent au Premier Âge et perdurent jusqu'au Quatrième).

La comparaison avec la classification actuelle des espèces vivantes nous apprend que les dragons de Tolkien, du fait de leur respiration aérienne (*via* des poumons) et de la présence de deux paires de membres chez les dragons aptères, sont des vertébrés tétrapodes. Leur croissance lente et continue et l'absence de poils sur leur corps à la faveur d'une peau épaisse et écailleuse les éloignent des mammifères. Qu'en est-il plus précisément de leur taxonomie ? Appartiennent-ils à un seul et même groupe de reptiles ? Est-il possible de les rapprocher d'autres animaux actuels ou disparus ?

Nous nous concentrerons sur les créatures décrites et dessinées par Tolkien lui-même, et négligerons les avatars qu'ils ont inspirés à une foule d'auteurs et d'illustrateurs. Nous éviterons ainsi les incohérences et contradictions pouvant apparaître entre les différentes versions de Glaurung ou Smaug en particulier, les représentations de ce dernier variant notablement. Commençons par les dragons du Premier Âge, tel Glaurung.

De grands vers

Les dragons du Premier Âge sont différents des dragons au sens traditionnel européen. D'abord, ils sont dépourvus d'ailes, et ensuite, Tolkien en parle comme de grands vers. Faut-il voir dans cette appellation de « vers » (*worm* en anglais), une inspiration et utilisation littérale des termes *worm* de la mythologie germanique, *wyrm* en moyen anglais, ou *wurm* en vieux haut-allemand, signifiant tous « serpent » ? Cela ne serait guère étonnant, puisque rappelons que de 1919 à 1920, le premier emploi de Tolkien après la fin de la guerre fut l'étude de l'histoire et l'étymologie des termes d'origine germanique commençant par la lettre W pour le compte de l'*Oxford English Dictionary*... Toujours est-il que la description de ces « dragons-vers » se rapporte assez bien à celle de ces reptiles.

Glaurung, le seul dragon-ver ayant bénéficié d'une brève description disséminée dans le texte et d'une figure de la main de Tolkien semble de très grande taille. Son corps est serpentiforme et sa peau annelée, une caractéristique que l'on retrouve chez beaucoup de reptiles. Son dos est doté d'une cuirasse à l'inverse de son ventre. Les dragons décrits par Tolkien ont donc des écailles et l'habileté et la souplesse de leur corps révèlent qu'il s'agit d'écailles articulées entre elles. Leur aspect luisant et métallique indique qu'elles sont recouvertes d'une épaisse couche de kératine, une protéine qui constitue les écailles, les cornes, les ongles, les poils, les cheveux... Une cuirasse d'écailles épaisses est assez fréquente chez les reptiles, notamment certains dinosaures, la plupart des crocodyliformes (crocodiles et proches parents), de nombreux lézards et bien d'autres espèces fossiles et actuelles. Chez ces animaux, l'armure est constituée de plaques osseuses individuelles – les ostéodermes – plus ou moins articulées entre elles, recouvertes d'une couche de kératine. Ces caractéristiques coïncident avec celles de Glaurung. En revanche, les ostéodermes sont inconnus chez les serpents. On ne trouve nulle mention dans le texte d'éventuels membres pour cet animal qui semble se déplacer en rampant. Néanmoins, les illustrations de Tolkien publiées en 1977 dans *The Silmarillion Calendar 1978* montrent Glaurung avec quatre membres, relativement courts et en position latérale sur le corps. Cette anatomie dite transversale est typique des lézards, mais ne correspond pas du tout à celle de beaucoup d'archosauriformes (un ordre fossile de reptiles), en particulier les crocodyliformes terrestres (des cousins fossiles des crocodiles actuels) et les dinosaures, chez qui les membres ont une position parasagittale, c'est-à-dire à la verticale sous le corps.

L'un des caractères marquants de Glaurung est l'absence de paupières sur ses yeux, une caractéristique nommée ablépharie présente chez de nombreux reptiles actuels. On la rencontre chez les serpents et la plupart des geckos et des scinques (un groupe de lézards). C'est plus précisément une absence de paupière mobile. Le plus souvent, la paupière inférieure, dotée d'une fenêtre transparente, a fusionné avec la partie dorsale de l'orbite. Ainsi, l'œil est protégé par une écaille, notamment de la dessiccation (ou dessèchement). Cette paupière fusionnée n'est présente que chez les squamates, cet ordre des reptiles changeant régulièrement de peau. L'écaille protectrice de l'œil, renouvelée à chaque mue, conserve ainsi sa transparence et sa résistance. Chez les autres reptiles, qui ne muent pas, un tel dispositif est impossible. À partir de ce caractère, nous pouvons restreindre nos recherches quant à la classification des dragons-vers aux seuls squamates, un groupe qui représente tout de même 95 % des reptiles actuels. D'autres caractères restreignent le champ des possibles. Les narines à l'extrémité du museau écartent une importante famille de lézards, les varanoïdes, chez qui elles sont très en arrière. La langue non bifide, à en croire le dessin de Tolkien, élimine le groupe des serpents.

Certaines caractéristiques sont uniques à cette espèce : sa taille démesurée à l'âge adulte et la production pyrique buccale (il crache du feu), en font incontestablement une nouvelle espèce, que nous nommons *Wirmidraco glaurungi* et présentons de la manière naturaliste en page suivante.

Voyons maintenant les dragons pourvus d'ailes.

Qui est Smaug ?

Le deuxième type de dragon est, malgré les apparences, bien différent du premier. Ces dragons aussi sont parfois appelés vers, mais cette appellation semble être un héritage de la dénomination des dragons-vers du Premier Âge, dont nous venons de parler. Si Ancalagon le Noir semble avoir été le plus puissant de tous, aucune description n'en est donnée, hormis le fait qu'il possédait des ailes. En revanche, nous disposons de plus d'éléments quant à l'apparence de Smaug, le dernier grand dragon qui squatte la Montagne Solitaire et donne du fils à retordre à Bilbo et ses amis nains: « Il était étendu là, le grand dragon rouge doré, profondément endormi ; un bruit monotone venait de ses mâchoires et de ses naseaux, ainsi que des rubans de fumée [...] Smaug était allongé, les ailes repliées, comme une immense chauve-souris » (*Bilbo Le Hobbit*). Ses ailes, semblables à celles des chauves-souris, sont donc composées d'une membrane dermique (ou patagium). Ses yeux sont pourvus d'une paupière, sa queue est immense, et il a des membres dont le nombre n'est toutefois pas précisé. Il aurait été biologiquement plus acceptable que les ailes de Smaug soient des membres antérieurs transformés, mais des schémas de Tolkien lui-même figurant Smaug le montrent clairement avec quatre pattes en plus de deux ailes.

À l'instar de *Wirmidraco glaurungi*, il est pourvu d'ostéodermes dorsaux, mais il s'en distingue par le fait que son corps entier en est enveloppé, et non plus seulement son dos. Cette caractéristique est présente chez plusieurs reptiles bien réels, notamment chez certains petits crocodyliformes fossiles ou chez les hélodermes comme le Monstre de Gila *Heloderma suspectum*. Ici encore les illustrations de Tolkien fournissent quelques informations supplémentaires. Ainsi, le cou de Smaug est plus long que celui de *Wirmidraco glaurungi*, ses pattes sont très courtes et elles aussi en position transversale sur le corps. Son museau est beaucoup plus allongé et sa langue bifide. Cette caractéristique est présente uniquement chez les squamates, mais aussi, plus étonnamment, chez les colibris. Chez les squamates, la langue sert à collecter les particules odorantes pour les ramener à des organes chimiosensibles, l'organe de Jacobson situé sur le palais. Les différences de concentration en particules odorantes perçues par les deux parties de la langue aident l'animal à s'orienter vers sa proie.

La présence d'ostéodermes et la langue bifide font sans conteste de Smaug un reptile squamate. Cependant, son dos pourvu d'ailes et sa capacité à produire des flammes en font un animal également unique, et donc une nouvelle espèce que nous nommons *Dracoaliger smaugi*.

Un peu de généalogie

Lorsqu'ils découvrent de nouvelles espèces, les biologistes les classent en se fondant sur leurs caractéristiques morphologiques. Chaque groupe, à toutes les échelles du vivant, est défini par un nombre de caractères que tous les membres de ce groupe, en théorie, partagent et ont hérité d'un ancêtre commun. Ces caractères sont nommés apomorphies. Plus les membres d'un ensemble ont de caractéristiques en commun, plus leur ancêtre commun est proche, et plus leur relation de parenté est étroite. Pour déterminer ces relations de parenté, on exploite plusieurs caractères que l'on définit d'abord avec des états différents dessinant les variations au cours de l'évolution. Par exemple, les paupières sont soit mobiles (état 0 du caractère 314), soit fusionnées (état 1 du caractère 314). Tous les états de caractère pour chaque espèce sont ainsi codés (souvent par un 0 ou un 1) selon leur définition précise. Ces données sont ensuite confiées à un logiciel qui calcule les possibles arbres de parenté regroupant d'une façon hiérarchisée les espèces en fonction du nombre maximum de caractères dérivés partagés.

Puisque nous avons pu assigner les deux dragons au groupe des squamates, nous utiliserons l'analyse phylogénétique publiée par Conrad en 2008 pour tester leurs relations de parenté avec les autres membres de ce groupe. Cette analyse inclue 223 espèces et 364 caractères morphologiques, auxquelles nous avons ajouté nos deux taxons, et un 365e caractère : capacité de production pyrique buccale absente (0) ou présente (1). Le logiciel utilisé a testé 101 157 073 954 combinaisons d'arbres en 2 h 47 min 14 s et a livré quatre arbres. *Dracoaliger smaugi* est, des deux dragons, celui dont les relations sont les plus claires. Il est inclus parmi les *Monstersauria*, proches des hélodermes actuels et des *Gobiderma*, un genre éteint de lézards fossiles du Crétacé dont les représentants ont été découverts dans le désert de Gobi, en Mongolie. Ces animaux sont de redoutables prédateurs, avec des dents tranchantes, et un corps intégralement recouvert d'ostéodermes, même au niveau de la tête, fusionnés au crâne ! En d'autres termes, ce sont, comme Smaug, de vrais blindés ambulants ! Toutefois, le museau particulièrement long de *Dracoaliger smaugi* détonne chez les *Monstersauria*. Cependant, *Eosaniwa koehni*, un petit squamate de l'Eocène d'Allemagne (48 millions d'années environ), se classe parmi les *Monstersauria* et a également un museau relativement long. *Dracoaliger smaugi* pourrait-il être un cousin entre cette forme à museau long et les hélodermes à museau court ? Peut-être, car la queue des hélodermes est courte, alors qu'elle est très longue chez Smaug, comme chez les premiers *Monstersauria* proches d'*Eosaniwa koehni*.

La distribution stratigraphique des *Monstersauria* montre que les plus anciens membres du groupe datent du Crétacé supérieur (100 millions d'années environ). Cela signifierait que l'espèce *Dracoaliger smaugi* se serait séparée des autres membres du groupe plus tôt, au moins à la fin du Crétacé inférieur (de 145 à 100 millions d'années), et que ses ancêtres directs auraient fréquenté les dinosaures et leur auraient même survécu. Comment ? Difficile à dire, mais les dinosaures eux-mêmes n'ont pas complètement disparu, puisque certains, particuliers, subsistent : les oiseaux.

Wirmidraco glaurungi fait lui partie des *Scincomorpha*, reptiles regroupant les scinques, les lézards à pattes réduites ou absentes (amphisbènes) et les serpents. Le dragon partage avec les autres scincomorphes dérivés une absence d'ostéodermes ventraux et des paupières fusionnées. Les premiers scincomorphes dont *Wirmidraco glaurungi* est proche ont une morphologie qui correspond assez bien à celle de Glaurung, avec une queue longue, des membres courts et un mode de déplacement rampant. L'analyse phylogénétique montre que la lignée de *Wirmidraco glaurungi* aurait divergé des autres scincomorphes au moins à la fin du Crétacé inférieur, c'est-à-dire à la même époque que celle de la séparation de la lignée de *Dracoaliger smaugi*.

Les dragons plongent ainsi leurs origines bien avant l'apparition de l'Homme. Cela conforte la proximité de Glaurung avec les serpents, justifiant son appellation courante de dragon-vers. Quant à Smaug, sa classification parmi les *Monstersauria* ne fait que confirmer ses penchants sanguinaires…

Des flammes et des ailes… est-ce bien raisonnable ?

Stéphane Jouve, paléoherpétologue,
Sorbonne Université

Quel animal au corps reptilien vole et crache du feu ? Tous de répondre : le dragon ! Ces caractéristiques sont immuables en Europe depuis le Moyen Âge. Mais ces animaux peuplent les légendes et mythes de bien d'autres civilisations à travers le monde, et ce depuis le fond des temps ! On les trouve ainsi en Asie, au MoyenOrient… Même dans le Nouveau Monde, le serpent à plumes, Quetzalcóatl, peut être interprété comme une sorte de dragon. Ces animaux ont également une place prépondérante dans l'œuvre de Tolkien et en particulier dans les œuvres concernant les Premiers Âges de la Terre du Milieu, la période qui précède la première apparition de Sauron. D'où viennent-ils ?

Un tour du monde des dragons

Si l'origine du mythe reste inconnue, des représentations d'animaux fantastiques s'apparentant aux dragons sont présentes dans presque toutes les cultures antiques. La plus ancienne date d'environ – 6 000 ans et a été retrouvée dans une tombe néolithique à Xishuipo, dans la province du Henan, en Chine. Mušhuššu, animal mythologique mésopotamien qui peut aussi être assimilé à un dragon, est représenté sur un mur de la porte d'Ishtar, vieille de 2 500 ans, et garde l'entrée de l'antique ville de Babylone. Bien souvent, il ne s'agit pas d'animaux clairement identifiés, mais plutôt d'un mélange de divers prédateurs bien réels, contemporains de la civilisation concernée. Mušhuššu possède ainsi un corps et une tête cornue de serpent laissant échapper une langue bifide, des membres antérieurs de lion et des membres postérieurs d'aigle.

Les dragons de l'antiquité grecque ou latine sont bien différents des dragons médiévaux ou nordiques ayant inspiré Tolkien. Il s'agit de serpents mythiques possédant parfois des facultés ou des attributs hors du commun comme un souffle empoisonné (le dragon de Colchide) ou plusieurs têtes (l'hydre de Lerne). Le mot dragon provient d'ailleurs du latin draco, provenant lui-même du grec ancien бράκων (*drákōn*) issu du verbe δε'ρκομαι (*dérkomai*) : regarder, fixer. Ces dragons sont la plupart du temps des gardiens de trésors ou de lieux sacrés, et le mot *drákōn* désigne dans les textes grecs à la fois le serpent de grande taille et le gardien, des attributs dont auraient pu hériter les dragons plus tardifs dont s'inspire Tolkien. La tradition occidentale a fait du dragon une créature reptilienne ailée et soufflant le feu que les héros se doivent d'affronter en combat singulier. Le christianisme en fera l'incarnation du mal, de Satan, et l'Évangile selon saint Jean en fait un des acteurs de l'apocalypse.

Des dragons tolkieniens

Les dragons auraient très vite inspiré Tolkien, et divers aspects de son récit, ainsi que certains personnages, semblent être tirés de contes ou de mythes bien connus. Citons la légende scandinave de Sigurd et Fáfnir, qui influença son conte *La Légende de Sigurd et Gudrún* en 1930. Dans le récit d'origine, Fáfnir est un nain qui, après s'être emparé d'un trésor maudit, se transforme en dragon pour le protéger, et sera finalement tué par le héros Sigurd. Sa mort – il est transpercé par Sigurd caché dans une crevasse – évoque celle de Glaurung éventré par le nain Túrin dans *Le Silmarillion*.

Une deuxième source probable d'inspiration des dragons Tolkieniens est le poème épique anglo-saxon *Beowulf*. Cette fable, composée entre la première moitié du VIIe siècle et le Xe siècle, retranscrit une épopée germanique en vers, et narre les exploits du héros Beowulf. Elle serait l'un des plus anciens témoignages écrits de la littérature anglo-saxonne. Ce texte tient une place particulière dans la vie de Tolkien puisqu'il travailla à sa traduction dans sa jeunesse. Il étudia le texte toute sa vie et en proposa des analyses particulièrement importantes. Le dragon de *Beowulf*, le premier cracheur de feu, est le « père » des dragons européens du Moyen Âge. Comme Smaug, ce dragon incendie un village après qu'on lui a dérobé un objet du trésor qu'il gardait. Largement inspirés de la littérature et des légendes populaires médiévales, les dragons de Tolkien sont logiquement dotés des caractéristiques typiques de ces animaux fantastiques, et en particulier celle des dragons européens, notamment des ailes et la capacité à cracher du feu. Ces traits sont-ils plausibles d'un point de vue zoologique ?

Ça va chauffer !

La possibilité de cracher du feu, et donc d'émettre des substances pyriques, est une caractéristique unique. On ne la trouve chez aucun reptile, ni même aucune autre espèce animale. Comment un animal pourrait-il produire des flammes ? Pour cela, deux choses seraient nécessaires : un carburant et un igniteur.

Pour ce qui est du carburant, la solution la plus simple réside dans l'utilisation de méthane et d'hydrogène. Ces gaz hautement inflammables sont naturellement produits par des bactéries dans les intestins et sont aussi présents dans l'estomac. Chez les humains et les autres animaux, ces gaz sont expulsés par les éructations, les flatulences, et autres émanations gazeuses. Pour les dragons, on peut imaginer une poche spécifique pour la récolte et le stockage du méthane et de l'hydrogène produits par les bactéries du système digestif, et une expulsion contrôlée en cas de besoin.

Le problème de l'étincelle pour déclencher la combustion du méthane et de l'hydrogène, qui ne s'enflamment pas spontanément, est beaucoup plus épineux. Certains ont imaginé le platine comme catalyseur pour l'ignition des gaz. En effet, le platine provoque la combustion de l'hydrogène. Seul hic, le platine est un minerai extrêmement rare, trente fois plus rare que l'or ! La même réaction peut être obtenue avec d'autres minerais du groupe des platines : osmium, iridium, ruthénium, rhodium et raladium, des éléments tout aussi rares que le platine… Le platine est actuellement extrait du minerai de nickel qui en contient 2 grammes par tonne en moyenne. En Afrique du Sud, qui abrite plus de 75 % du platine mondial, le complexe magmatique de Bushveld, « fortement concentré », en contient jusqu'à 5 grammes par tonne... Difficile d'imaginer des hordes de dragons passant leurs journées à mâchonner des cailloux pour en tirer le platine nécessaire à l'obtention de la moindre étincelle.

D'autres substances pourraient faire l'affaire. Le phosphore, sous sa forme dite du phosphore blanc, s'enflamme spontanément à l'air libre. Cette substance est utilisée dans certaines bombes, et sert notamment à enflammer le napalm. Le phosphore fut découvert par l'alchimiste allemand Hennig Brand en 1669, alors qu'il cherchait à transmuter des métaux en or par distillation de l'urine... Après avoir distillé des quantités considérables d'urine, il n'obtint pas une once d'or, mais un produit blanc et lumineux extrêmement inflammable. Ce phosphore blanc peut aussi être obtenu par chauffage d'os ou de phosphate en présence de carbone. Mais, là encore, les quantités de matériau à chauffer ou à distiller sont considérables pour obtenir une faible quantité de phosphore.

Les dragons ont-ils pu développer d'autres mécanismes naturels pour enflammer de l'hydrogène, du méthane ou d'autres gaz ? Ce n'est pas complètement farfelu. De petits scarabées, les scarabées bombardiers, utilisent une réaction chimique pour expulser un jet de substances toxiques à haute température. On peut imaginer la transformation de glandes à venin (présentes chez beaucoup de reptiles) afin qu'elles éjectent une substance chimique enflammant l'hydrogène et le méthane. *Quid* du vol ?

Vol de dragons suspect

Le vol n'est pas rare dans l'histoire des reptiles, et cette faculté est apparue plusieurs fois indépendamment. Le groupe de reptiles volants le plus connu est sans doute celui des… oiseaux. En effet, ces animaux sont les descendants des dinosaures, qui étaient eux-mêmes des reptiles : les oiseaux sont donc des reptiles. L'appareil dédié au vol est formé par les membres antérieurs dont une partie des doigts ont fusionné. La surface portante est constituée des plumes, résultat de la transformation d'écailles dermiques. Rien à voir avec les ailes décrites pour Smaug. D'autres reptiles, tels que les ptérosaures du Mésozoïque, volaient grâce à des membres antérieurs dont le cinquième doigt (l'auriculaire) avait disparu, tandis que le quatrième était considérablement allongé et supportait une membrane de peau tendue entre ce doigt et le côté du corps.

Les membres sont d'ailleurs les principaux supports d'ailes chez les vertébrés. Par exemple, ils sont allongés et supportent une membrane chez le gecko volant (*Ptychozoon kuhli*) et les grenouilles volantes (d'innombrables espèces d'*Hylidae* et de *Rhacophoridae*), mais cette membrane relie aussi des doigts démesurés aux membres antérieurs et postérieurs chez des mammifères tels les chiroptères (chauves-souris). Toujours chez les mammifères, le vol est apparu de façon similaire chez deux groupes différents de rongeurs, souvent réunis à tort sous l'appellation d'écureuils volants : les dermoptères (un groupe proche des primates) et un groupe de marsupiaux (les pétauridés). Bien qu'ayant tous une membrane (le patagium) entre les membres antérieurs et postérieurs leur permettant de planer, cette capacité est apparue indépendamment chez tous ces groupes.

Les ailes de Smaug comme les décrit Tolkien représentent des appendices supplémentaires aux deux paires de membres, et ne résultent donc pas d'une transformation des membres antérieurs, ou d'une quelconque membrane tendue entre les membres antérieurs et postérieurs. On peut d'ailleurs clairement distinguer plusieurs os supportant la membrane alaire, distincte des membres. Cette caractéristique est observable chez deux groupes de reptiles, dont *Coelurosauravus*, le plus ancien vertébré volant ayant existé. Pour voler, il tendait une voile le long de son corps, voile soutenue par des baguettes dermiques osseuses. Ces baguettes, non articulées, n'autorisaient aucun vol battu, mais elles rigidifiaient la voile et amélioraient la portance. Les dragons volants actuels (*Draco volans*), de petits lézards d'une vingtaine de centimètres de long, ont développé des appendices similaires, mais les baguettes osseuses sont en fait les côtes de l'animal, projetées latéralement.

Si les voiles de ces animaux peuvent ressembler à ce qui est présent chez les dragons ailés, elles ne sont pas articulées, et ne permettent qu'un vol plané. Est-il possible que les dragons s'élèvent sans vol battu ? L'hydrogène et le méthane dont nous avons parlé plus haut sont des gaz beaucoup plus légers que l'air. Le documentaire *Dragons : et s'ils avaient existé...* proposé par la BBC suggère qu'ils pourraient aider les dragons à voler. Cette suggestion est néanmoins difficile à défendre. Prenons l'hydrogène, le plus léger des gaz : 14 fois moins dense que l'air, sa masse volumique est de 0,08988 kilogramme par mètre cube contre 1,2 pour l'air. Pour déterminer le volume d'hydrogène nécessaire pour soulever Smaug, on doit d'abord connaître son poids. L'animal dont la forme se rapproche le plus de la sienne est le dragon de Komodo. Ce grand lézard peut mesurer 3 mètres de longueur pour 70 kilogrammes. Si l'on estime la taille de Smaug à 20 mètres, cela porte son poids à 470 kilogrammes. Cela, sans compter que Smaug est caparaçonné avec des ostéodermes, ce que ne possèdent pas les varans (dont fait partie le dragon de Komodo), augmentant considérablement son poids. Cette valeur est donc probablement très sous-estimée, puisqu'un crocodile de 6 mètres pèse déjà près d'une tonne.

Gardons néanmoins cette valeur, en supposant que, comme les oiseaux et les chauves-souris, les dragons aient un squelette creux allégé. Pour obtenir le volume d'hydrogène nécessaire pour soulever Smaug, il suffit de diviser le poids par la différence entre la masse volumique de l'air et celle de l'hydrogène. Le résultat ? Il ne faut pas loin de 60 mètres cubes de gaz pour soulever un Smaug de moins de 500 kilogrammes, soit l'équivalent d'une citerne de 2,5 mètres de diamètre sur 13 mètres de longueur d'un gaz hautement explosif… Un volume disproportionné, même pour un animal de la taille de Smaug !

Ce problème pourrait être compensé par l'utilisation du vol battu, combiné à un volume de gaz plus faible. Mais Smaug pourrait-il battre des ailes ? De tous les vertébrés, seuls les oiseaux et les chauves-souris peuvent produire un vol battu. Ce vol est obtenu par une transformation des membres antérieurs en ailes, alors que Smaug a clairement des membres antérieurs distincts de ses ailes. Chez les vertébrés actuels, seules des anomalies créent des spécimens avec deux paires de membres antérieurs, et la paire supplémentaire provient d'un jumeau fusionné (siamois). Ces membres sont positionnés de façon anarchique sur le corps, ne sont pas vraiment contrôlables, et ne sont pas héréditaires. Cette piste peut donc être abandonnée. Une paire de membres surnuméraire est-elle envisageable autrement ? Les mutations des gènes homéotiques (qui contrôlent l'organisation et la structuration du corps lors du développement) sont étudiées le plus souvent sur la mouche drosophile. Chez cette mouche, la mutation d'un gène homéotique (nommée mutation bithoraxoïde) permet le développement d'une paire d'ailes supplémentaire. Une mutation de ce type est-elle envisageable sur des vertébrés ?

Pas sûr, car la structure et l'organisation du corps des vertébrés lors du développement sont plus complexes et surtout moins sectorisées. Une paire d'ailes supplémentaire requerrait une réorganisation complète des os et des muscles du tronc. De plus, ces membres surnuméraires, d'abord identiques aux membres antérieurs, devraient évoluer en ailes au fil du temps. Est-ce envisageable ? Ce n'est jamais arrivé à aucun vertébré au cours des centaines de millions d'années de leur évolution, hormis aux dragons. Mais peut-être Sauron était-il un as de la manipulation génétique et ajoutait-il des membres surnuméraires aux dragons, comme le font actuellement les généticiens aux mouches drosophiles...

Autre problème de taille : la taille... des ailes. Même les ailes les plus gigantesques pourraient-elles porter le poids d'un animal de plus de 400 kilogrammes ? Le plus grand oiseau actuel, l'albatros hurleur, ne fait que 3,7 mètres d'envergure pour un poids de 12 kilogrammes au maximum. Chez les fossiles, *Pelagornis sandersi* faisait bien 7 mètres d'envergure, mais pour un poids probablement inférieur à 30 kilogrammes. D'autres reptiles font mieux, tel *Quetzlacoatlus*, le ptérosaure de la fin du crétacé et ses 10 mètres d'envergure pour un poids maximum de 250 kilogrammes ! Les biomécaniciens estiment que la limite de taille d'un animal volant est atteinte chez ce ptérosaure, certains suggérant même qu'il était trop gros pour voler, ou que son poids ne dépassait pas 100 kilogrammes. Soulever par le vol, même plané, un animal de plus de 400 kilogrammes semble donc impossible.

Les dragons des mythes et légendes européens, ainsi que ceux de Tolkien sont toujours caractérisés par la capacité à cracher du feu, et bien souvent par la présence d'ailes dorsales. Ces deux attributs sont depuis le Moyen Âge indissociables de l'image du dragon dans l'imaginaire occidental. Pourtant, ces deux qualités sont incompatibles avec la réalité biologique et doivent donc rester dans les mythes et les œuvres littéraires. Après tout, on ne peut que s'en réjouir. Imaginez volant au-dessus de nos têtes un pigeon ou un goéland de 500 kilogrammes…

Des géants qui volent ! Vraiment ?

ANTOINE LOUCHART, paléontologue,
CNRS et École normale supérieure de Lyon

Parmi les oiseaux qui hantent l'œuvre de Tolkien, les aigles, très présents, sont parmi les plus impressionnants par leur gigantisme. Outre leurs dimensions, les aigles géants se distinguent par leur manie de porter des personnages sur leur dos ou dans leurs serres. Jusqu'où est-ce vraisemblable ? De tels géants peuvent-ils réellement voler ? Et transporter des individus ? L'étude des fossiles, mais aussi des aigles actuels, d'aigles disparus, mythologiques, ou encore d'oiseaux cryptozoologiques, c'est-à-dire situés à la frontière de la légende et de la réalité, apporte des éléments de réponse qui ne laissent pas de surprendre. Des inspirations et des explications peuvent être proposées pour toutes ces créatures fantastiques. À chaque fois, l'auteur a su revisiter des savoirs ou des traditions de diverses périodes et contrées, pour en faire œuvre originale.

Les aigles géants, présents dans les trois Âges, sont les oiseaux les plus fréquents dans l'œuvre de Tolkien. Même s'il a pu être inspiré par l'aigle royal (*Aquila chrysaetos*), nicheur dans les îles Britanniques, les aigles géants ne sont pas tout à fait comparables à cette espèce. En effet, non contents d'être les rois des oiseaux, ils sont en outre des êtres conscients, parlants, aux pouvoirs étendus, et immortels !

Spécialisés dans le transport de personnages, le plus souvent pour les tirer d'un mauvais pas (Fingolfin mort, Fingon et Maedhros, Húrin et Huor, Beren et Lúthien dans *Le Silmarillion*, puis le magicien Gandalf, les nains et Bilbo, Frodo et son ami Sam...), les aigles sont aussi des personnages à part entière, qui ont un nom, conversent, prennent part aux décisions, et surtout espionnent l'ennemi. Ils pourvoient de nouvelles capitales, et leur arrivée semble à elle seule changer le cours de l'histoire. Ainsi, leur passage fait lever les cris (« Les aigles arrivent ! ») qui annoncent le dénouement du *Seigneur des Anneaux* comme une apocalypse. Qui annonce à Minas Tirith la chute de Sauron le Maia corrompu ? Un aigle. Au Premier Âge, qui apprend à Turgon la chute de Nargothrond, le meurtre de Thingol et Dior, et la ruine de Doriath ? Encore un aigle !

Les aigles participent parfois activement aux combats, comme lorsqu'ils font tomber les gobelins des montagnes lors de la bataille des Cinq Armées. À l'instar d'aigles semi-légendaires tel l'oiseau-tonnerre – nous y reviendrons –, les ailes des aigles géants faisaient « le bruit des orages de Manwë ». Certains des aigles arrivant de l'ouest sur Númenor et annonçant sa chute « portaient la foudre sous leurs ailes ». Tous les aigles ne sont pas des modèles de vertu, certains étaient lâches et cruels, mais ceux issus de l'ancienne race des montagnes du nord, les plus grands des oiseaux, ont le cœur noble. Les aigles sont souvent providentiels, mais ils arrivent comme le destin, hors de toute planification possible par les autres acteurs. La boutade « Pourquoi Frodo n'est-il pas tout simplement allé jusqu'au Mont Destin à dos d'aigle ? » a suscité un grand nombre de propositions, jusqu'aux plus farfelues. Reste qu'ils ont sauvé Frodo et Sam en dernière extrémité, mais les ont laissé accomplir leur mission peutêtre parce qu'elle n'était pas tout à fait désespérée. Ou seraient-ils intervenus plus tôt en cas de défaillance ou problème plus grave que ceux qui sont advenus ? Les aigles gardent cette part de mystère dans les motivations de leurs actions... Attardons-nous sur leur caractéristique la plus étonnante, à savoir leur taille !

Des dimensions incroyables... mais vraisemblables ?

Les plus grands de ces aigles étaient proprement démesurés, et le premier et chef d'entre eux, Thorondor (*Le Silmarillion*), comptait environ 54 mètres d'envergure (trente toises), si on estime la toise à 1,80 mètre : soit l'envergure d'un bombardier B-52 ! Les aigles géants dépassent donc de beaucoup la taille des aigles royaux actuels, ainsi que celle d'aigles aujourd'hui disparus et qui sont les plus grands connus. Ces aigles éteints vivaient dans des îles où ils chassaient des oiseaux géants ou des mammifères d'assez grande taille. Ainsi, *Harpagornis moorei* de Nouvelle-Zélande, le plus grand d'entre eux, mesurait 2,5 à 3 mètres d'envergure, et pesait jusqu'à près de 15 kilogrammes, soit une taille proche des aigles royaux mais un poids bien supérieur. Sans doute très puissants, ils étaient connus des Maoris sous le nom de *pouākai*, « oiseau mangeur d'homme » ! Des aigles éteints de dimensions proches peuplaient les Caraïbes, ou encore Madagascar, illustrant une augmentation de taille au cours de l'évolution en contexte insulaire, un phénomène répété chez de nombreux oiseaux.

Chez les aigles de Tolkien, on relève des indices d'un autre phénomène évolutif : à mesure de l'avancée dans les différents Âges, ils deviennent moins grands, même s'ils restent gigantesques. Ce phénomène évoque la diminution de la taille au cours des millénaires après la dernière glaciation chez de nombreuses espèces sur Terre, à cause du réchauffement du climat.

En miroir, l'adaptation au froid se traduit souvent par une augmentation de la taille, car le volume d'un animal croît au cube de ses dimensions linéaires, ainsi la chaleur corporelle (liée au volume) est bien mieux produite et conservée, proportionnellement, chez un organisme plus grand ; c'est la loi de Bergmann, qui rend aussi compte de la taille accrue des individus les plus proches des pôles au sein d'une espèce. D'ailleurs les aigles géants ne nichent-ils pas dans les montagnes du nord ?

Des fossiles révèlent que deux oiseaux disparus ont surpassé les aigles réels. L'un est une sorte de vautour géant d'Amérique du Sud de 7 mètres d'envergure, le double des plus grands condors, et atteignant le poids record de 70 kilogrammes : *Argentavis magnificens*. Le second, *Pelagornis sandersi*, a une apparence d'albatros géant, lui aussi de 7 mètres d'envergure (le double des plus grands albatros) pour 30 kilogrammes. Il était orné d'attributs très reconnaissables : de longs denticules aigus dans le bec en faisaient un oiseau à pseudo-dents (des « dents » osseuses).

Ces oiseaux font toutefois figure de nains aux côtés de *Quetzalcoatlus northropi*. Ce ptérosaure géant d'Amérique du Nord de la fin du crétacé (juste avant l'extinction des ptérosaures et des dinosaures) faisait 10,5 mètres d'envergure et était grand comme une girafe ! *Quetzalcoatlus* avait la plus grande envergure connue pour un animal. Les différents modèles proposés pour cet animal prédisaient que cette envergure, conjuguée avec les dernières estimations de poids – environ 250 kilogrammes – interdisait tout vol. Pourtant, l'anatomie de détail des os des ailes de *Quetzalcoatlus* prouve sans conteste le contraire ! Les modèles théoriques, fondés généralement sur les oiseaux actuels, sont donc mis à mal, et sont incapables de « prédire », y compris dans le passé, le vol de créatures disparues cependant bien réelles. On peut penser que des ptérosaures encore plus grands ont peuplé les cieux du Crétacé…

Selon un modèle actuel, et toutes choses étant égales par ailleurs, le poids croît au cube de l'envergure. Celle des aigles géants impliquerait donc un poids probablement rédhibitoire. Mais il faut imaginer des oiseaux avec une puissance musculaire bien plus développée, des proportions différentes, un poids minimisé, une utilisation optimisée des vents et des courants ascendants… Les façons de voler sont potentiellement extrêmement diversifiées, et d'autres créatures volantes possibles peuvent être imaginées avec une envergure bien plus vaste, des formes d'ailes différentes, un poids plus léger, une utilisation des vents ou une gestion de l'énergie particulière. Pourquoi alors ne pas imaginer de puissants aigles géants de 20 mètres, 30 mètres d'envergure ou davantage ? Les 54 mètres d'envergure de Thorondor ne sont plus si loin…

La propulsion d'un avion autorise d'ailleurs des envergures bien plus grandes, sans battements d'ailes bien sûr. Le record appartient à l'hydravion H4-Hercules, avec une envergure de 97,54 mètres ! Précisons toutefois qu'il n'a volé qu'une seule fois, culminant à 21 mètres au-dessus de l'eau et sur 1 600 mètres de distance malgré une puissante motorisation. Si les avions sont faits pour transporter au moins des personnes, sinon des marchandises, qu'en est-il des aigles géants ?

Bienvenue sur Air Thorondor !

Une caractéristique des aigles géants de Tolkien est leur capacité (et leur propension) à porter des gens sur leur dos ! On ne connaît pas dans l'histoire de cas de transports d'humains sur dos d'aigle ni de tout autre oiseau volant d'ailleurs. Mais de nombreuses histoires de bébés ou de petits enfants transportés dans les serres par des aigles ou autres grands rapaces existent à travers le monde. Quelques témoignages seraient bien réels, comme l'enlèvement en 1932 par un pygargue à queue blanche *Haliaeetus albicilla* (un « aigle pêcheur » de stature proche de celle d'un aigle royal) d'une fillette de 3 ans et demi, Svanhild Hartvigsen, sur l'île Norvégienne de Leka. Le pygargue l'a emportée à deux kilomètres de là où elle jouait, et à plus de 180 mètres plus haut, où trois hommes l'ont retrouvée vivante. Elle devait peser près de 10 kilogrammes alors, et il n'est pas exclu qu'un pygargue ait pu l'emporter, aidé par le vent, malgré des commentaires sceptiques. Les trois hommes sont formels et la fillette en a gardé toute sa vie le souvenir et l'empreinte psychologique.

Thorondor, 25 fois plus grand qu'un aigle royal, et ses descendants n'auraient eu aucun mal à transporter un humain, ou deux hobbits, et leurs dimensions permettent en outre qu'ils les portent sur leur large dos. Les aigles géants peuvent aussi porter les gens dans leurs serres, et lorsque Gwaihir (un descendant de Thorondor) sauve Gandalf, il lui signifie qu'il est « aussi léger qu'une plume de cygne à [ses] serres ». Gwaihir peut porter Gandalf sur « bien des lieues ». Des charges à porter semblent décidément peu de choses aux aigles de Tolkien au regard de leur puissance, et lorsqu'il part avec ses congénères vers le

Mont Destin pour sauver Frodo et Sam, Gwaihir affirme à Gandalf : « je t'emporterai où tu voudras, fusses-tu même fait de pierre ». Il ajoute que « le vent du nord souffle, mais nous volerons plus vite que lui ». Les aigles sont en effet très rapides, plus que les Nazgûl et leurs montures, et plus encore apparemment que toute autre créature d'Arda avec ou sans charge.

La nature, inventive, a favorisé d'autres moyens pour transporter des charges en vol, que sur le dos ou les serres : ainsi le grébifoulque d'Amérique du Sud transporte ses petits, en vol, sous ses aisselles dans une poche prévue à cet effet ! Le transport de petits sur le dos existe chez les grèbes par exemple, mais seulement lorsqu'ils sont posés sur l'eau… Enfin, de gros oiseaux comme les cygnes peuvent porter un bébé humain sur le dos (si les deux protagonistes sont de bonne humeur), mais là aussi uniquement sur l'eau, comme l'attestent des photos du XIXe siècle ! Une envergure démesurée, une propension à porter des gens et une volonté de jouer les demi-dieux : où Tolkien est-il allé chercher ces ingrédients ?

Des racines lointaines et des ailes

Parmi les légendes d'aigles géants, et en particulier ceux qui transportent des personnages, il faut citer le Roc, ou Rokh, qui apparaît dans diverses mythologies orientales, et notamment dans *Sinbad le Marin*, dont le héros éponyme se fait transporter dans ses serres. Dans ce conte des *Mille et Une Nuits*, cet aigle gigantesque peut transporter un éléphant, et pond un œuf géant. On a tenté de le rapprocher des oiseaux-éléphants de Madagascar, disparus il y a quelques siècles, et qui pondaient de très gros œufs.

Cependant, ce n'étaient pas des aigles, mais des sortes d'autruches très massives.

L'aigle *Stephanoaetus mahery* vivait aussi sur cette île. Il mesurait entre 2 et 2,5 mètres d'envergure, tandis que le Roc est décrit comme ayant une envergure de 15 à 30 mètres ou davantage ! Une estimation récente, assez simpliste, des dimensions du Roc partait du principe qu'un aigle porte jusqu'à la moitié de son propre poids, et qu'un Roc pouvant porter un éléphant de 4 tonnes devait peser 8 tonnes, et le poids total à porter pour les ailes devait indiquer une surface portante de 250 mètres carrés, amenant à une envergure d'une cinquantaine de mètres… soit celle de Thorondor (il aurait donc pu porter un jeune oliphant dans ses serres) ! Encore une fois, ces raisonnements se heurtent à l'invraisemblance de penser que toutes les règles de proportion restent inchangées pour tous ces paramètres entre un aigle normal et un Roc démesuré. Au contraire, ces proportions doivent être très différentes chez le Roc, mais sans qu'on puisse savoir de quelle façon. Ces allométries sont dues aux limites de résistance aux contraintes, notamment celles dues au propre poids d'un animal géant, qui croît au cube de ses dimensions linéaires. Elles expliquent pourquoi les éléphants ont besoin de pattes si épaisses et robustes pour soutenir leur poids.

Le Moyen-Orient n'est pas avare en aigles géants, et on peut citer le Garuda des mythologies bouddhiste et hindouiste (dans son acception d'aigle géant), et le Simurgh de la mythologie perse. D'aucuns pensent qu'à l'origine de ces mythes étaient peut-être des fossiles de dinosaures ou autres créatures géantes, vus par les Anciens dans ces régions qui en recèlent. Une serre par ci, un bec par là, des vertèbres prises pour celles d'un serpent géant, etc. Toujours est-il que, aussi légendaires qu'ils soient, Tolkien a pu s'inspirer de ces illustres exemples. Le Simurgh est particulièrement intéressant, car si dans la plupart des exemples où il transporte des hommes ou bêtes c'est avec ses serres, parfois c'est sur son dos, comme lorsqu'il aide le Prince Gauhar et son compagnon à s'échapper de prison en les emportant sur ses ailes.

Le griffon (mi-aigle, mi-lion) de l'Antiquité égyptienne et du pourtour méditerranéen porte lui aussi des personnes sur son dos. Plus près de nous, le héros des *Voyages de Gulliver* est transporté par un aigle géant, dans une boîte de voyage accrochée aux serres de l'oiseau et non sur son dos. Nils Holgersson, rapetissé à cause d'un sort, monte quant à lui sur le dos d'une oie et voyage ainsi à travers la Suède.

De façon encore plus « merveilleuse », on peut aussi envisager le transport à dos d'aigle géant d'une façon allégorique. Ainsi, dans les traditions chamaniques ou totémiques, des individus sont emportés par un aigle ou un rapace apparenté. Rendus ensuite au monde des hommes, ils sont alors considérés comme ayant acquis une stature magique. Dans la tradition hébraïque, la protection divine est comparée à l'aigle qui porterait ses petits sur son dos alors que les autres oiseaux les tiendraient dans leurs serres, car l'aigle ne craint que les flèches des hommes et il préfère s'offrir comme cible plutôt que de risquer la vie de ses petits. Pour légendaire que cela soit, c'est une référence biblique importante dans tout le contexte qui a pu inspirer Tolkien dans ses mises en scène fréquentes de transport à dos d'aigle géant. Entre légende et réalité bien documentée, il y a une zone grise où Tolkien a pu puiser…

Aux frontières du réel

Différents aigles « géants » se situent dans la zone grise de la cryptozoologie, entre légendes et faits réels. C'est le cas du Kungstorn de Scandinavie, qui était peut-être simplement un aigle royal ou un pygargue à queue blanche, et du Ngoima d'Afrique centrale, possiblement un aigle martial ou un aigle couronné. Parfois, les oiseaux paraissent plus grands qu'ils ne sont en réalité, et la transmission de visions romancées favorise une exagération de taille. Cette propension expliquerait certaines histoires d'aigles géants. Citons le *Thunderbird* (ou oiseau-tonnerre), un oiseau géant d'Amérique du Nord, mais plus particulièrement celui de Pennsylvanie, dont l'envergure a été estimée jusqu'à 7 mètres. Héritier de légendes amérindiennes, cet oiseau à la forme d'aigle ou de condor est sombre, il bénéficie de témoignages assez récents, et ce genre d'envergure est compatible avec le maximum constaté chez des oiseaux fossiles bien réels.

Les aigles géants étaient assurément les chefs de file des oiseaux d'Arda. Mais chez Tolkien, d'autres créatures ailées rivalisent dans certaines catégories.

Plus grand et plus bizarre

Les montures ailées des Nazgûl sont les créatures qui, dans *Le Seigneur des Anneaux*, portent les Cavaliers noirs après que ceux-ci ont perdu leurs destriers au gué de Bruinen. Ces animaux, qui ressemblent à des ptérosaures (ils ont en commun des ailes membraneuses) à bec et ont allure de vautour géant, sont plus énigmatiques encore que les aigles. D'ailleurs, elles ne sont pas nommées et restent peu décrites. Elles descendent d'organismes non identifiés qui doivent être très anciens sur Arda, et ont été ensuite corrompues par le maléfique Sauron, car aucune bête n'est originellement mauvaise. Cette réminiscence de ptérosaure n'était pas intentionnelle chez Tolkien, mais il n'a pas nié par la suite que ces montures puissent être les descendants de ces reptiles volants. Plus grands que « toute autre créature vivante », y compris donc les plus grands aigles, leur envergure pouvait atteindre 60 voire 70 mètres ou encore davantage… Et là encore, rien n'interdit qu'ils aient pu voler.

À l'autre extrémité du spectre, on trouve les balrogs, ces très anciennes créatures du mal déjà présentes au début du *Silmarillion.* La question des ailes des balrogs n'est pas complètement résolue, car les descriptions n'évoquent que des ténèbres à « la forme de vastes ailes » les entourant. De vraies ailes ni même un possible vol ne sont jamais mentionnés, ce qui ne les empêchait pas de se déplacer à grande vitesse. En supposant qu'ils en aient, les balrogs illustreraient-ils la régression des ailes chez des êtres dragonoïdes, à l'instar de tous les oiseaux qui ont perdu l'aptitude au vol et ont des ailes « raccourcies » ? Là comme ailleurs Tolkien laisse une part de mystère, vers lequel la science se laisse transporter avec bonheur… à dos d'aigle.

Le Guetteur entre deux eaux

Jérémie Bardin et Isabelle Kruta,
paléomalacologistes, Sorbonne Université

Le Seigneur des Anneaux, partie I, livre II, chapitre IV, « Un voyage dans l'obscurité » : sur la route du Mont Destin, la Communauté de l'Anneau est bloquée à l'entrée des mines de la Moria, sous les montagnes du Caradhras, à proximité d'un lac. La porte est scellée par une énigme que Gandalf s'affaire à résoudre. Une fois la solution trouvée, la Communauté s'engage sous la montagne. C'est alors qu'une créature sort en partie du plan d'eau et attrape la jambe de Frodo. Après une lutte acharnée, la compagnie réussit à s'échapper et à entrer dans les mines. La créature en question est l'une des plus mystérieuses de l'univers créé par Tolkien, le Guetteur des Eaux. De fait, la confrontation précédente est la seule et unique rencontre directe avec le gardien, par ailleurs sommairement décrit : « Hors de l'eau avait rampé un long tentacule sinueux ; il était vert pâle, lumineux et humide. L'extrémité munie de doigts avait saisi le pied de Frodon et l'entraînait dans l'eau. Vingt autres bras sortirent. L'eau noire bouillonna, et une horrible puanteur s'éleva. »

Les passionnés de l'univers de Tolkien ont longuement discuté l'identité du Guetteur le rapprochant principalement de créatures mythologiques telles que le Kraken ou un dragon très modifié. Ces deux créatures mythologiques s'inspirent en partie d'animaux réels. Le monde dépeint par Tolkien semble régi par les mêmes lois que celles de la biologie classique. La plupart des créatures de la Terre du Milieu peuvent donc être rapprochées d'organismes que nous connaissons, mais l'ensemble des caractères morphologiques du Guetteur des Eaux ne permet pas d'emblée de le rapprocher d'une espèce connue.

Toutefois, nous pouvons nous livrer à une approche comparative afin de relier cette créature à la biodiversité actuelle et à celle imaginée par Tolkien. Une seconde interprétation de la description du Guetteur pourrait être qu'il n'y a pas un individu mais plusieurs. Bien que cette hypothèse n'ait pas été approfondie auparavant, Frodo lui-même l'envisage : « J'ai senti la proximité de quelque chose d'horrible dès le moment où mon pied a touché l'eau, dit Frodon. Qu'était la chose, ou il y en avait-il beaucoup ? »

Portrait-robot du Guetteur

Les données morphologiques disponibles sont très fragmentaires ; seules les parties aériennes de l'organisme ont pu être observées, la majeure partie restant immergée. Cette vision partielle limite les hypothèses d'attribution taxonomique.

On compte donc 21 appendices dont un seul, nommé « tentacule » par Tolkien, est décrit de façon détaillée. L'impression que donnent ces appendices à la Communauté est celle de serpents nageurs. Ces appendices seraient ainsi allongés et constitués d'une succession de courbes. L'extrémité de l'un d'eux au moins est subdivisée en éléments, en « doigts » préhensiles qui saisissent Frodo. L'ensemble est de couleur vert pâle et émet de la lumière, par un probable phénomène de bioluminescence.

Qu'apprend-on du comportement du Guetteur des Eaux ? Les mésaventures laissent peu de place au doute, la créature est agressive, mais on ignore ses motivations. Est-elle un prédateur, ou bien défend-elle son territoire ou la porte de Durin ? Elle réagit à l'ouverture de la porte ou plus probablement au jet d'une pierre dans le lac par Boromir. À la suite de la première attaque, un mouvement de l'eau est perçu en provenance de l'extrémité sud du lac, et semble être causé par le déplacement d'autres appendices. Vingt sortiront de l'eau peu après.

Aucune donnée directe ne peut être extraite du texte original quant à la taille du Guetteur. Cependant, une interprétation de la succession des évènements peut en apporter une idée globale. En se basant sur les données fournies dans le texte sur les dimensions du lac de la Moria, on peut évaluer la distance de la porte de Durin à l'extrémité sud du lac comme étant supérieure à une centaine de mètres. Puisque Frodo se fait saisir par le premier bras, avant que la compagnie ne voie apparaitre les vingt autres bras à l'extrémité sud, la créature, s'il s'agit d'un seul individu, mesure au moins une centaine de mètres. Une telle dimension n'a jamais été atteinte par un animal sur terre, il s'agirait alors d'une créature géante propre au monde de Tolkien. Une autre façon d'expliquer l'écart d'au moins une centaine de mètres entre le premier bras et les suivants serait d'imaginer une population de plusieurs individus de taille plus restreinte. Le lac en question, situé au pied des Montagnes de Brume, est formé par la rivière Sirannon. Cette dernière étant une rivière de montagne, le plan d'eau est composé d'eau douce, probablement stagnante et de couleur sombre.

Une identification incertaine

Les diverses caractéristiques anatomiques permettent de formuler plusieurs hypothèses quant à l'identité du Guetteur. Ainsi, il est souvent interprété comme étant un Kraken. Cet animal mythologique est relié aux céphalopodes et plus précisément aux formes de grandes tailles (calamars ou poulpes géants) qui pourraient constituer une menace pour l'homme. Peut-on réellement retrouver chez ces céphalopodes les caractéristiques du Guetteur ? Les éléments soutenant cette hypothèse sont divers.

D'abord, l'utilisation du terme « tentacule » semble une référence aux bras des céphalopodes. Les appendices de la créature seraient donc les tentacules d'un céphalopode, des membres souvent sinueux, considérés comme visqueux et dont la mobilité est compatible avec l'attaque de la Communauté de l'Anneau par le Guetteur. Ensuite, la bioluminescence est caractéristique de plusieurs représentants des céphalopodes, tout particulièrement chez ceux vivant en milieu profond. Certains organes, les photophores, portent des cellules spécialisées, les photocytes, capables d'émettre ou de modifier l'émission lumineuse. La luminescence peut également être produite par des bactéries vivant en association avec le céphalopode. Cependant, dans ce cas, les bactéries sont associées à la poche à encre et non aux tentacules. De l'encre est également sécrétée et diffusée dans le milieu par certains céphalopodes et pourrait expliquer la couleur très sombre du lac de Sirannon. S'il s'agit d'un Kraken, sa taille de plus d'une centaine de mètres expliquerait une production d'encre suffisante pour noircir un lac de la taille de celui de la Moria. Enfin, dans l'imaginaire collectif, les Krakens sont dotés d'un comportement offensif. Ils se servent de leurs tentacules pour attaquer ou défendre leur territoire comme le fait le Guetteur.

En revanche, certaines caractéristiques sont difficilement compatibles avec l'hypothèse d'un quelconque céphalopode. C'est le cas de la digitation à l'extrémité de chaque tentacule. Certains céphalopodes, tels les cirrates (les poulpes à oreilles) portent sur les bras une paire de filaments de part et d'autre de chaque ventouse. Ces organes, les cirres, seraient des organes sensoriels probablement utiles à l'alimentation, mais leur rôle exact demeure discuté. On pourrait donc imaginer que les digitations des appendices du Guetteur soient des cirres surdéveloppés et concentrés sur la partie terminale.

Autre écueil, le nombre élevé d'appendices, en l'occurrence vingt et un. Une telle abondance n'est connue que chez le nautile, qui peut avoir plus d'une trentaine de tentacules digitaux. Néanmoins, la morphologie générale (coquille externe, forme des bras, mobilité) de ces animaux n'est pas compatible avec celle d'un Kraken. Toutes les représentations de cet animal mythologique le rapprochent en effet, soit des poulpes (huit bras) soit des calamars (dix bras).

Enfin, un argument majeur à l'encontre de l'interprétation « céphalopode » est le milieu de vie. En effet, tous les céphalopodes actuels comme passés sont exclusivement inféodés au milieu marin.

Le Guetteur peut-il être une hydre ou une polype géante ? Les hydres appartiennent au groupe des cnidaires qui comprend également les méduses, les anémones et les coraux. Puisque l'hydre est le seul cnidaire vivant en eaux douce, il constitue un bon candidat pour un Guetteur-cnidaire.

La morphologie des polypes consiste en une couronne de tentacules portée par une sole de fixation (ou pied). La forme sinueuse ainsi que la texture du guetteur sont compatibles avec les caractéristiques des hydres d'eau douce. Les appendices serpentiformes du Guetteur pourraient être des soles de fixation et les digitations terminales correspondraient aux tentacules du polype.

Deux interprétations peuvent expliquer le nombre élevé d'appendices. La première consiste à faire correspondre chaque tentacule du Guetteur avec un individu d'hydre ; il s'agirait donc d'une colonie d'hydres. L'autre est reliée au mode de reproduction asexué de ces cnidaires qui s'effectue par bourgeonnement. Un bourgeon se forme sur le pied et engendre par divisions cellulaires un nouvel individu qui peut soit se séparer, soit rester fixé. Le guetteur serait alors une seule hydre géante avec de multiples bourgeons encore attachés à un seul pied.

La couleur verte se retrouve bien chez l'hydre verte (*Chlorohydra viridissima*) tandis que la bioluminescence, bien qu'absente chez l'hydre, existe chez de nombreux cnidaires. Ces deux propriétés sont donc compatibles avec un Guetteur-hydre.

Tirant son nom de l'hydre de Lerne, le monstre à sept têtes serpentiformes de la mythologie grecque vaincu par Héraclès, l'hydre est connue pour ses capacités régénératrices lui conférant presque le pouvoir d'immortalité. À l'instar des têtes de l'hydre de Lerne, chaque tentacule coupé d'une hydre se régénère. Même si aucun tentacule n'est coupé chez le Guetteur, il est de façon indirecte considéré comme une créature très ancienne par Gandalf.

De même que pour le Kraken, certains arguments ne plaident pas pour une hydre. De fait, l'hydre est un animal peu mobile : elle vit fixée ou se laisse dériver à la surface de l'eau. Les tentacules des hydres peuvent capturer des proies, mais semblent avoir une mobilité réduite. C'est tout l'inverse du Guetteur, capable de mouvements rapides, que ce soit pour la nage ou la capture.

Autre contre-argument, à l'inverse de son homonyme mythologique, l'hydre est un animal de petite taille (2 centimètres maximum), et il faudrait invoquer un cas de gigantisme d'un facteur d'au moins 5 000 pour voir une hydre devenir un monstre de taille compatible au Guetteur.

Autre interprétation évoquée par les passionnés de l'univers de Tolkien : celle d'un Guetteur-dragon. Les arguments avancés dérivent d'une interprétation de la succession des évènements de l'univers de Tolkien, et de l'existence de dragons aquatiques. En supposant que les dragons puissent être rapprochés des reptiles que nous connaissons, voyons quels pourraient être les arguments pour et contre l'hypothèse du guetteur en tant que reptile.

Si le Guetteur est un dragon aquatique issu de la transformation d'une autre forme de dragon, alors il s'agit d'un tétrapode dérivé (cela regroupe la plupart des animaux à quatre pattes connus : grenouille, lézard, cheval…). Pour qu'un tétrapode produise les mouvements ondulants du Guetteur, il faudrait que ses membres n'aient plus d'ossature. Une conséquence de la perte du squelette est le problème de l'insertion musculaire puisque les muscles permettent le mouvement du corps par l'intermédiaire des mouvements relatifs des os qu'ils déplacent. Sans os ou structure rigide, point de mouvement grâce aux muscles (dans le cas des tétrapodes). En outre, les dragons classiques ont six membres (quatre pattes et deux ailes). Or, le nombre de membres du Guetteur est d'au moins vingt et un, impliquant une importante multiplication des membres (une homologie sérielle, pour les biologistes). D'un point de vue biologique, cette hypothèse est difficile à défendre en raison du nombre important de modifications et d'incohérence sur le plan biophysique.

L'hypothèse du serpent expliquerait aisément plusieurs caractéristiques. Les mouvements ondulatoires des bras sont compatibles avec ceux d'un serpent grâce aux nombreuses vertèbres qui composent son corps. Le nombre de doigts des bras du Guetteur n'est pas connu, or une gueule de serpent grande ouverte peut être comparée à une pince préhensile à deux doigts. La couleur et la texture des bras du guetteur sont également communes chez les serpents. Enfin, cette hypothèse va dans le sens d'une population d'individus, ce qui résout le paradoxe de la taille.

Toutes les questions ne sont pas résolues pour autant. D'abord, si chaque bras est un serpent, pourquoi les membres de la Communauté n'identifient-elles pas clairement cet organisme ? Pour empêcher cette reconnaissance, il faudrait que les « serpents » soient très modifiés : pertes des yeux, des dents, de l'ouverture buccale.

En fin de compte, il apparait difficile d'apporter une réponse ferme et définitive sur la position du Guetteur des Eaux du lac de la montagne de la Moria dans l'arbre du vivant. D'un point de vue biologique, il ne correspond pas totalement aux animaux que l'on connait. D'autres témoignages directs aideraient à conforter ou réfuter certaines de nos hypothèses. De nombreux écrits de la main de Tolkien encore non publiés aideront peut-être à résoudre le mystère et à replacer la créature dans l'univers systématique de l'auteur. D'après les données, bien qu'elle n'ait jamais été vraiment envisagée, une approche logique du texte force à considérer l'hypothèse populationnelle comme très probable. Quant aux caractères morphologiques, il est fort possible que la mosaïque de caractères présents chez le

Guetteur s'inspire à la fois du vivant et du bestiaire mythologique. En effet, bien que Tolkien se soit principalement inspiré de la mythologie nordique, l'influence de la créature monstrueuse de l'hydre de Lerne née dans la mythologie grecque pourrait s'ajouter à celle du Kraken et à la peur tentaculaire laissée dans l'imaginaire collectif pour la création du Guetteur de la Moria.

Le bestiaire cryptozoologique de Tolkien

Benoit Grison, biologiste et sociologue des sciences,
Université d'Orléans

La cryptozoologie, fondée dans les années 1950 par le zoologiste franco-belge Bernard Heuvelmans, est un domaine-frontière de la zoologie, entre inventaire de la biodiversité animale et mythologie zoologique. Idéalement, le but de cette discipline est de découvrir des animaux nouveaux, en s'appuyant sur les connaissances des populations du cru (on parle d'« ethnosavoirs »), des témoignages recoupés, et plus rarement des indices matériels, telles des pièces anatomiques. Fort de cette définition, on s'interroge : l'œuvre de Tolkien entretiendrait-elle des liens avec l'univers de la cryptozoologie ? Cela semble incongru au premier abord, et pourtant…

Réhabilitons tout d'abord la cryptozoologie. Souvent dévoyée par des hurluberlus, l'approche cryptozoologique a bel et bien permis des découvertes notables durant ces dernières décennies : citons l'étrange saola du nord du Vietnam (*Pseudoryx nghetinhensis*), une sorte d'intermédiaire entre les caprins et les antilopes, ou encore le cœlacanthe indonésien (*Latimeria menadoensis*), seul rescapé avec son cousin des Comores du groupe des actinistiens, supposé éteint depuis quelque 70 millions d'années…

En fait, la cryptozoologie défendue par Heuvelmans constitue une forme d'ethnozoologie, touchant aussi bien à la question des savoirs naturalistes très précis possédés par certaines ethnies qu'à celle de la production culturelle de créatures mythiques. Sa méthodologie interdisciplinaire a ainsi conduit à « déconstruire » des animaux problématiques tels que le fameux monstre du Loch Ness, illusoire puisque suscité à la surface du lac écossais par des mirages optiques, « vagues sans vent » et autres phoques égarés… Parcourons maintenant le bestiaire cryptozoologique de Tolkien.

Le Grand Serpent du Septentrion

Commençons par le « grand inconnu des océans », le « Serpent de Mer ». Notre auteur l'évoque dès 1927 dans *Roverandom*, un conte pas qu'enfantin, car émaillé de références savantes à la culture et à la littérature nordiques. Le magicien Artaxerxès (un nom de grand roi perse !) décrit ainsi ce monstre serpentiforme, énorme au héros canin du récit, Roverandom : « … primordial, historique […] fabuleux, mythique et stupide ». L'on relève ici des allusions au Grand Serpent de Midgard (la « Terre du Milieu » !) de la mythologie viking, qui, quand vient la fin des temps, émerge de l'abîme pour contribuer à la « ruine des dieux », mais aussi au *Soe-orm*, le « Ver de Mer » des anciens Scandinaves. Celui-ci était souvent figuré dans les églises norvégiennes médiévales, mais rarement aux proues des drakkars, contrairement à une idée reçue. Des monstres marins similaires sont mentionnés dans l'épopée anglo-saxonne *Beowulf* (VIIe-VIIIe siècle), source d'inspiration majeure pour l'œuvre de Tolkien. Ce dernier leur fait une place dans ses *Étymologies* sous le nom de *Lingwiléke*, terme de langue elfique qu'il traduit logiquement par « Serpent de Mer ».

Au XVIIe puis au XVIIIe siècle, le voyageur italien Francesco Negri et l'évêque Pontoppidan, de Bergen, deux érudits férus d'histoire naturelle, recueillirent auprès d'informateurs supposés fiables un grand nombre d'histoires sur la croyance au *Soe-orm*, le « Grand Serpent » du nord. Pour ceux-ci, il s'agissait bien d'une créature de chair et de sang… Mais certains traits invraisemblables prêtés à l'animal (une taille énorme et une agressivité digne d'un dragon) indiquent clairement que ces récits relevaient davantage de la tradition orale que du témoignage circonstancié tel qu'on le conçoit aujourd'hui !

De fait, l'histoire naturaliste du problème du Grand Serpent de Mer ne débute réellement qu'au XIXe siècle. Très précisément, l'année 1817 marque l'acte de naissance en Nouvelle-Angleterre du débat scientifique autour du monstre marin : cette année-là, les témoignages s'étaient en effet multipliés dans cette région de l'hémisphère nord, tout particulièrement dans la rade de Gloucester. Des témoins variés, dont certains tenus pour instruits (ecclésiastiques, capitaines de navire…) rapportaient encore et toujours la même chose : ils avaient observé un très grand animal marin, d'à coup sûr plus de dix mètres, sombre et aux multiples bosses. Le cou du Serpent de Mer, discernable, faisait à peine un mètre de long… Sa vitesse, comparable à celle de certains grands cétacés, aurait été de plusieurs dizaines de kilomètres par heure.

La Société linnéenne de Boston, constituée de savants éminents, s'émut suffisamment de toutes ces observations pour lancer une enquête d'envergure sur la base d'un « questionnaire standard » avant la lettre. Bientôt, l'intelligentsia anglaise prit elle aussi très au sérieux des récits de Serpents de Mer émanant souvent de capitaines de marine, piliers aux yeux de l'opinion britannique d'une institution exemplaire : la flotte impériale. Sous le règne de Victoria, des savants aussi éminents que Charles Lyell, l'un des pionniers de la géologie moderne, ou Thomas Henry Huxley, ardent défenseur des idées de Darwin, n'hésitèrent pas à s'intéresser aux témoignages relatifs au fameux monstre marin.

Durant la période édouardienne, celle de la jeunesse de Tolkien, l'engouement pour le « grand inconnu des océans » ne faiblit pas, bien au contraire : l'idée chérie par les vulgarisateurs d'alors, aimantés par les découvertes paléontologiques récentes, était que l'on avait affaire à une espèce de reptile marin, relique de l'Ère secondaire – une hypothèse ne s'accordant nullement avec les descriptions des témoins !

Tolkien ne pouvait ignorer ces spéculations visant à naturaliser l'ancien animal mythique de Scandinavie. Ainsi, l'une de ses influences majeures en tant que chercheur, le folkloriste et anthropologue écossais Andrew Lang, avançait dans nombre de ses écrits que la « survivance cryptique » d'espèces tenues pour disparues pourrait expliquer certaines histoires de bêtes mystérieuses rapportées par les explorateurs. Dans ce contexte, il ne faut pas s'étonner que trouvant sur le rivage de Lyme Regis un fragment de mandibule de vertébré fossile, l'adolescent Tolkien, pince-sans-rire, l'ait alors qualifié de mâchoire de dragon !

Que reste-t-il de nos jours de ces tentatives de rationalisation du mythe du Serpent de Mer ? Plus qu'on ne le croit. Sur les quelques 400 observations d'apparence crédible amassées depuis deux siècles, beaucoup renvoient clairement à des animaux marins rares tels que le régalec (ou ruban de mer, le plus grand des poissons osseux), le requin-baleine, ou même la tortue luth.

Cependant, de très nombreux témoignages continuent à émaner de la côte ouest de l'Amérique du Nord, restituant l'image cohérente de ce qui serait un grand mammifère marin inconnu, au cou allongé, de plusieurs mètres de long, que la presse a affublé du sobriquet de « cadborosaure » (en référence à la baie de Cadboro) : l'océanographe Paul LeBlond a analysé ce corpus, et il n'exclut pas qu'il renvoie à une espèce nouvelle. En matière de biodiversité, la mer peut nous réserver encore bien des surprises…

De l'Aspidochélon au Kraken

Tolkien manifestant un tropisme marqué à l'égard du thème des monstres aquatiques, il s'est encore penché sur le cas de deux d'entre eux, l'Aspidochélon et le Kraken.

L'Aspidochélon apparaît dans le poème « Fastitocalon », ébauché à la fin des années 1920, et repris dans *Les Aventures de Tom Bombadil.* Cette histoire, censée être familière aux hobbits, évoque la nature trompeuse d'une île sur laquelle se prélassent des mouettes, abri providentiel pour les marins, laquelle se révèle être le dos d'une créature monstrueuse, susceptible de les engloutir à tout moment ! Dans l'esprit de l'auteur, le monstre en question est visiblement une tortue géante : en effet, le terme *Fastitocalon* est une déformation anglo-saxonne médiévale d'Aspidochélon, désignant une créature mythique de l'Antiquité. Elle apparaît pour la première fois dans le *Physiologos*, l'ancêtre de tous les bestiaires chrétiens, peut-être composé au IIe siècle en Égypte, et son nom signifie littéralement « tortue-serpent ». Il est sous-entendu ici que c'est la carapace de cet être hybride qui peut être pris par les nautoniers pour une terre où accoster, sur laquelle on ferait du feu…

Dans la perspective du *Physiologos* – qui n'est nullement un livre de zoologie au sens moderne, l'Aspidochélon est le symbole du Mal tentateur. Comme le bestiaire grec traite majoritairement d'animaux bien réels, certes prétextes à d'édifiantes leçons, on peut se demander si l'Aspidochélon est l'écho déformé d'un grand animal marin bien réel. Bien entendu, si l'on prend son portrait composite au pied de la lettre, celui-ci fait penser à une sorte de Serpent de Mer à la silhouette de plésiosaure, comme l'a fait remarquer malicieusement Bernard Heuvelmans.

Après tout, lors de son voyage au VIe siècle, le moine irlandais saint Brendan, grand navigateur, était censé avoir célébré la Pâque sur une « île ondulante », qui n'était autre que le grand serpent Jasconius, sans doute une réminiscence du serpent de Midgard cher aux peuples du Nord… Plus sérieusement, il n'est pas exclu que la tortue luth ait pu inspirer pour partie l'Aspidochélon : cette dernière, la plus grande tortue actuelle, peut atteindre 850 kilogrammes pour 3 mètres de long. Cosmopolite, on la trouve aussi bien dans les eaux tropicales qu'en Méditerranée, ou encore dans l'Atlantique et les mers septentrionales.

Abordons maintenant la question épineuse du Guetteur des Eaux, monstre tentaculaire et lacustre, qui dans la première partie du *Seigneur des Anneaux* fait subir bien des avanies aux malheureux hobbits à l'entrée de la Moria, la cité des nains[1]. Il s'agit vraisemblablement d'une réminiscence du Kraken des Scandinaves d'autrefois, lui aussi gigantesque et aux multiples bras.

Le légendaire de cette créature mythique s'est lentement édifié à partir du Moyen Âge. Au départ, on distingue le poisson Hafgufa, gigantesque – le plus grand de la Création

– quelque peu informe, à l'appétit insatiable, et entouré d'une cour de menu fretin, mais aussi un autre monstre, Lyngbakr ou « dos de bruyère », la plus grande baleine du monde. Ce dernier est, comme l'Aspidochélon, un cas particulier de « bête-île » médiévale. Peu à peu, les deux créatures de légende, initialement distinctes, vont fusionner et donner naissance au mythe du Kraken à la Renaissance. Tel qu'il est décrit par divers érudits, le Kraken est une bête énorme, aux contours mal délimités, que les braves pêcheurs risquent de tenir à tort pour un fond marin peu profond, susceptible de détruire les embarcations par inadvertance ou malveillance en remontant lentement des profondeurs. Cet animal, étrange et effroyable à la fois, serait doté d'un corps plutôt circulaire et de grandes « cornes ». Lors de sa genèse, le Kraken a emprunté plusieurs de ses traits caractéristiques hétéroclites à l'observation de grands cétacés et à divers « invertébrés » (cnidaires, échinodermes, crustacés). N'oublions pas que Kraken s'écrit parfois aussi *Kraxen* ou encore *Krabben*, c'est-à-dire « crabe »...

Dans cette affaire, des individus du calmar géant *Architeuthis*, moribonds à la surface de l'océan, ont bien sûr joué un rôle. Cette créature extraordinaire, avec une taille record d'environ 17 mètres et un poids pouvant dépasser les 300 kilogrammes, est bel et bien le plus grand des céphalopodes connus. Il possède des globes oculaires atteignant parfois le diamètre d'un ballon de volley-ball : ces yeux spectaculaires ont été développés pour pouvoir échapper aux cachalots, qui viennent leur chercher noise dans leur habitat, à 1 000 mètres de profondeur.

Le calmar-chef n'ayant été découvert qu'en 1853, longtemps, les récits des marins sur ses dimensions démesurées et ses démêlés avec le cachalot ont été tenus pour des superstitions grotesques. Cela étant dit, Tolkien commet un impair biologique de taille : un Kraken d'eau douce ne saurait en aucun cas exister !

Maîtres des animaux et hommes sauvages

Beorn lui-même, l'« homme-ours » de *Bilbo le Hobbit*[2], n'est pas sans rapport avec le champ de la cryptozoologie. Cette figure renvoie en effet au mythe universel de l'homme sauvage. Son incarnation la plus ancienne est peut-être le géant Enkidu, couvert d'une toison abondante, commandant aux animaux de la forêt, dans le récit babylonien de *L'Épopée de Gilgamesh*. De même, le géant étrusque Sylvanus, barbu et hirsute, hantait encore avec sa compagne Maia les forêts des Romains, tout comme le *Basa Jaun*, le « seigneur sauvage » des Basques, la sylve pyrénéenne. Partout, l'homme sauvage est le maître des animaux, celui qui défend la Nature contre les excès des chasseurs.

C'est peut-être la culture médiévale qui a le plus développé le potentiel symbolique inhérent au mythe de l'homme sauvage, figure radicale de l'altérité. Comme l'historien Richard Bernheimer l'a montré, l'homme sylvestre, brutal et sans langage, est conçu en son sein comme l'antithèse à la fois du chevalier, tenant d'un code d'honneur élaboré, et de l'adepte de l'amour courtois, ce qui en fait un repoussoir comique. Fuyant les zones cultivées, la « nature domestique », il se terre dans les forêts profondes, les montagnes et les marais, se nourrit de viande crue. Il se bat armé d'une massue grossière ou d'un tronc d'arbre et n'hésite pas à kidnapper des jouvencelles.

De tels traits mythiques ont parfois été associés à certains des grands primates supposés inconnus dont s'occupe la cryptozoologie : c'est le cas du Yéti, ou encore de l'Almasty du Caucase, sur lequel une chercheuse aussi sérieuse que Marie-Jeanne Koffmann a recueilli des centaines de témoignages cohérents, qui ont suscité l'intérêt du paléontologue et paléoanthropologue Yves Coppens. En soi, cela n'est pas rédhibitoire, des animaux réels pouvant être associés par diverses ethnies au mythe de l'homme sauvage et velu : cela a été le cas de l'ours, aussi bien que du gorille et de l'orang-outan avant leur découverte.

Ainsi qu'aimait à le souligner Jorge Luis Borges, la zoologie des songes est plus pauvre que celle de la nature : fasciné par l'extraordinaire diversité du monde naturel, Tolkien ne l'aurait pas contredit.

ANNEXES

BIBLIOGRAPHIE

Les extraits cités dans les chapitres « Langage et évolution chez Tolkien », « Les paysages chez Tolkien. Une approche géomorphologique » (pour les extraits du *Seigneur des anneaux*), « Les pierres précieuses, joyaux de la Terre du Milieu », « Invisible aux yeux de Sauron », « Récits d'un jeune médecin… en Terre du Milieu », « Pourquoi les hobbits ont-ils de gros pieds poilus ? », « Gollum, la métamorphose du hobbit », « La vision des elfes », « Les nains sont-ils des hyènes ? », « La possibilité d'un ent », « Les OGM de Saruman », « L'évolution des peuples de la Terre du Milieu, une approche phylogénétique des humanoïdes dans Tolkien » (pour les extraits du *Seigneur des anneaux*), « Mythotypie des origines », « Tolkien, cet ornithologue », « Le bestiaire des arthropodes » et « Des flammes et des ailes… est-ce bien raisonnable ? » sont tirés des œuvres traduites par Francis Ledoux :

Tolkien J. R. R., *Le Hobbit* (traduit par F. Ledoux), Paris, éditions Stock, 1969.

Tolkien J. R. R., *Le Seigneur des anneaux* (traduit par F. Ledoux), Paris, Christian Bourgois éditeur, 1972-1973.

Les extraits cités dans les chapitres « Vestiges archéologiques et cités enfouies », « Les paysages chez Tolkien. Une approche géomorphologique » (pour les extraits du *Hobbit*), « Une histoire chimique de l'Anneau Unique », « L'évolution des peuples de la

Terre du Milieu, une approche phylogénétique des humanoïdes chez Tolkien » (pour les extraits du *Hobbit*) et « Mémoire(s) d'oliphants » sont tirés des œuvres traduites par Daniel Lauzon :

Tolkien J. R. R., *Le Hobbit* (traduit par D. Lauzon), Paris, Christian Bourgois éditeur, 2012.

Tolkien J. R. R., *Le Seigneur des anneaux* (traduit par D. Lauzon), Paris, Christian Bourgois éditeur, 2014-2015.

Tolkien et les sciences. Une relation à plusieurs visages (Isabelle Pantin)

Aristote, *Métaphysique* (traduit par J. Tricot), Paris, Vrin, 1991.

Bachelard Gaston, *La Formation de l'esprit scientifique*, Paris, Vrin, 1938.

Carter Lin, *Tolkien : A Look Behind The Lord of the Rings*, New York, Ballantine Books, 1969.

Gee Henry, *The Science of Middle-Earth : Explaining The Science Behind The Greatest Fantasy Epic Ever Told !*, Cold Spring Harbor Laboratory Press, 2004 ; édition revue non datée sur Kindle ebooks.

Larsen Kristine, « Sauron, Mount Doom, and Elvish Moths : The Influence of Tolkien on Modern Science », *Tolkien Studies* 4, 2007, p. 223-234.

Pantin Isabelle, « Le conteur en *Janus bifrons*. Le double courant du temps dans la création de Tolkien », *Revue Europe*, 2015, numéro dirigé par Roger Bozzetto et consacré à Lovecraft et Tolkien.

Tolkien J. R. R., « The Lost Road », *The History of Middle-earth* (traduit par D. Lauzon dans *La Route Perdue et autres textes*), Paris, Christian Bourgois, 2008.

Tolkien J. R. R., Christopher Tolkien (éd.), « Du conte de fées », *Les Monstres et les Critiques et autres essais* (traduit par C. Laferrière), Paris, Christian Bourgois éditeur, 2006.

Tolkien J. R. R., Christopher Tolkien (éd.), « The Notion Club Papers », *The History of Middle-earth,* Londres, Allen & Unwin, 1983.

Tolkien J. R. R., Verlyn Flieger (éd.), « "The story of Kullervo" and Essays on *Kalevala* », *Tolkien Studies*, n° 7, 2010.

Tolkien J. R. R., Verlyn Flieger (éd.), Douglas A. Anderson (éd.) *On Fairy-Stories. Expanded edition, with commentary and notes*, Londres, HarperCollins, 2008.

Tolkien J. R. R., Tolkien Christopher, Carpenter Humphrey (éd.), *Lettres* (traduit par V. Ferré et D. Martin), Paris, Christian Bourgois éditeur, 2005.

Tolkien chercheur, illustrateur... et rêveur (Cécile Breton)

Collectif, *Vénus et Caïn, figures de la préhistoire, 1830-1930*, catalogue d'exposition, Musée d'Aquitaine et Réunion des musées nationaux, 2003.

Coulombe D., « *Bilbo le Hobbit*, un livre d'enfant pour adultes » [en ligne], supplément web à la revue *Solaris*, n° 135, automne 2000. Disponible sur : https://www.revue-solaris.com/ articles/ solaris-135-article-bilbo-le-hobbit/

Delevoy Robert L., *Le Symbolisme*, Paris, Flammarion, 1982.

Hammond W. G. et Scull C., *J. R. R. Tolkien, artiste et illustrateur* (traduit par J. Georgel), Christian Bourgeois éditeur, 1995.

Harding J., *Les Peintres préraphaélites*, Paris, Flammarion, 1977.

Haeckel E., *Kunstformen der Natur*, Olaf Breidbach ed., 1899 et 1904.

Lilford T. L. P, Coloured Figures of the Birds of the British Isles, Londres, Porter, 1885-1897.

Marchal H. (dir.), Muses et ptérodactyles, La poésie de la science de Chénier à Rimbaud, Paris, Seuil, 2013.

Sauvayre R., « Comment la science alimente les croyances. La surprenante dialectique entre convocation et disqualification du discours scientifique », Éditions Matériologiques. Sciences et pseudoscience. Regard des sciences humaines, 2014, p. 81-93.

Tolkien C., *Pictures by J. R. R. Tolkien*, Londres, George Allen & Unwin, 1979 (réédition, 1992).

Tolkien J. R. R., *Mr. Bliss*, Londres, George Allen & Unwin, 1982.

Tolkien J. R. R., *The Father Christmas Letters*, Londres, George Allen & Unwin, 1976.

Tolkien J. R. R., Tolkien Christopher, Carpenter Humphrey (éd.), *Lettres* (traduit par V. Ferré et D. Martin), Paris, Christian Bourgois éditeur, 2005.

Tolkien et la sociologie : face à la perte d'un monde (Thierry Rogel)

Durkheim Émile, *De la division du travail social*, Paris, PUF Quadrige, 2013 (1re éd., 1895).

Elias Norbert, *Qu'est-ce que la sociologie ?* (traduit par Y. Hoffmann), La Tour-d'Aigues, Éditions de l'Aube, 1991.

Klein Gérard, « Bilbo ou le prophète du *Seigneur des Anneaux* », dans *Fiction* n° 188, Opta, août 1969. Nisbet Robert, *La tradition sociologique*, Paris, PUF Quadrige, 1984.

Renan Ernest, « Qu'est-ce qu'une nation ? », *Discours et conférences*, 1882.

Simmel Georg, « Excursus sur l'étranger », *Sociologie* – Études sur les formes de socialisation, Paris, PUF Quadrige, 2010.

Tönnies Ferdinand, Communauté et Société – Catégories fondamentales de la sociologie pure, Paris, PUF, 2010, 1re éd. 1887.

Mythologie contre mythologie : Tolkien et l'économie (Thierry Rogel)

Graeber David, *Dette : 5000 ans d'Histoire*, Paris, Les liens qui Libèrent, 2013.

Keynes John Maynard, Perspectives économiques pour nos petits-enfants, Paris, NRF, 1930.

Orléan André, « Crise de la souveraineté et crise de la monnaie : l'hyperinflation allemande des années 1920 » [en ligne], 2008. Disponible sur : http://www. parisschoolofeconomics.com/ orlean-andre/depot/ publi/crise.pdf

Orléan André, *L'Empire de la valeur*, Paris, Seuil, 2011. Pol anyi Karl, *La Grande Transformation*, Paris, Gallimard, 1983, 1re éd. 1944.

Samuelson Paul, *L'Économique*, Paris, Armand Colin, 1972.

Simmel Georg, *Philosophie de l'argent*, Paris, PUF Quadrige, 1999.

Veblen Thorstein, *Théorie de la classe de loisir*, Paris, Gallimard, 1978.

Von Hayek Friedrich, *La Route de la servitude*, Paris, PUF Quadrige, 2013, 1re éd. 1944.

Familles, pouvoir et politique dans *Le Seigneur des Anneaux* (Thierry Rogel)

Ghassarian Christian, *Introduction à l'analyse de la parenté*, Paris, Points-Seuil, 1996.

Godelier Maurice, *Métamorphoses de la parenté*, Paris, Flammarion, 2010.

Lamaison P., « La notion de maison : entretien avec C. Lévi-Strauss », *Terrain*, n° 9, 1987.

Lévi-Strauss Claude, « L'organisation sociale des Kwakiutl », *La Voie des masques*, Paris, Pocket, 2004, p. 156-164.

Lévi-Strauss Claude, « Maison » dans Bonte-Izard, *Dictionnaire de l'ethnologie et de l'anthropologie*, Paris, PUF Quadrige, 2000.

Lévi-Strauss Claude, Les structures élémentaires de la parenté, PUF, 1949.

Lévy-Leblond Jean-Marc, « L'avenir de la science : progrès ou régrès ? » [enregistrement vidéo], 25e Festival d'Astronomie de Fleurance, 2015. Disponible sur : http://www.dailymotion.com/video/x3cxgx8

Martuccelli Danilo, *Les sociétés et l'impossible – Les limites imaginaires de la réalité*, Paris, Armand Colin, 2014.

Radcliffe-Brown Alfred Reginald, « Étude des systèmes de parenté » (1941), *Structure et fonction dans la société primitive*, Paris, Points-Seuil, 1972.

Défense et illustration de la philosophie chez Tolkien (Michaël Devaux)

Cet article reprend certains des résultats de notre cours « Tolkien et la philosophie » au Collège des Bernardins, séances d'octobre à décembre 2016.

Arduini Roberto et Testi Claudio A. (éd.), *Tolkien and Philosophy*, Zurich and Jena, Walking Tree, 2014.

Aristote, *Éthique à Nicomaque* (traduit par R. Bodéus), Paris, GF, 2004.

Biggar Gordon Mary C., *The Life of George S. Gordon, 1881-1942*, Oxford, Oxford UP, 1945.

Boèce, *Consolation de la Philosophie* (version alfrédienne traduit par F. Toupin et P. Getliffe), Paris, AMAES, 2014.

Burton Robert, « Amour de l'érudition ou abus d'étude. Avec une digression sur la misère des hommes de lettres et la raison de la mélancolie des muses », *L'Anatomie de la mélancolie* (trad. de B. Hœpffner et C. Goffaux), Paris, José Corti, 2000, textes 2, 3 et15.

Dixsaut M., *Le Naturel philosophe. Essai sur les dialogues de Platon*, Paris, Vrin, 1985.

Fausset Hugh (l'Anson), *Studies in Idealism*, Londres, Dent, 1923. Rééd. 1965 et 1982, Dent (Londres, Toronto) et Dutton (New York).

Fitzgerald J., « A "Clerkes Compleinte" : Tolkien and the Division of Lit. and Lang. », *Tolkien Studies*, 6, 2009.

Kreeft Peter J., The Philosophy of Tolkien. The Worldview Behind The Lord of the Rings, San Francisco, Ignatius Press, 2005.

Platon, *La République* (traduit par P. Pachet), Paris, Folio, 1993.

Ryan J. S., « The Oxford Undergraduate Studies in Early English and Related Languages of J. R. R. Tolkien (1913-1915) », *Tolkien's View*, Zurich and Jena, Walking Tree, 2009, p. 17-26.

Tolkien J. R. R., « The Clerkes Compleinte », *The Gryphon*, décembre 1922, NS 4/3, p. 95 ; rééd. « *The Clerkes Compleinte:* Text, Commentary and Translation », ed. by T. Shippey & A. Stenström, *Arda 1984*, 4, 1986 ; *facsimile* du mànuscrit leedésien dans « The Clerkes Compleinte Revisited », Arda 1986, 1990.

— , *On Fairy-stories*, ed. by V. Flieger & D. A. Anderson, London, HarperCollins, 2008. Tolkien J. R. R., « Philosophical Thoughts », *Parma Eldalamberon*, n° 20, 2012, p. 113-115.

Tolkien J. R. R., *Sauron Defeated*, Londres, HarperCollins, 1992.

Tolkien J. R. R., *The Peoples of Middle-earth*, Londres, HarperCollins, 1996, p. 344.

— , « The Shibboleth of Feänor », *The Peoples of Middle-earth*, Tolkien C. (éd.), Londres, HarperCollins, 1996.

Tolkien J. R. R., Tolkien Christopher, Carpenter Humphrey (éd.), *Lettres* (traduit par V. Ferré et D. Martin), Paris, Christian Bourgois éditeur, 2005. Tolkien John et Priscilla, *The Tolkien Family Album*, Londres, HarperCollins, 1992.

Vestiges archéologiques et cités enfouies (Vivien Stocker)

Beare Rhona, « Goblin Graffiti », *Tyalië Tyelelliéva*, n° 14, mars 2000.

Beare Rhona, « Painted Caves and Yggdrasil », *Tyalië Tyelelliéva*, n° 9, octobre 1996.

Beare Rhona, « Painted Caves », *Tyalië Tyelelliéva*, n° 5, avril 1995.

Carpenter Humphrey, J. R. R. Tolkien, une biographie (traduit par P. Alien), Pocket, 2004.

Forest-Hill Lynn, « The Inspiration for Tolkien's Ring », *History Today*, vol. 64, n° 1, janvier 2014.

Omotunde Jean-Philippe, Manuel d'études des humanités classiques africaines, vol. 1, Menaibuc, 2007.

Plutarque, *Vie d'Alexandre* (traduit par V. André et R. Betolaud), Paris, Hachette, 1863.

Sabo Deborah, « Archaeology and the sense of history in J. R. R. Tolkien's Middle-earth », *Mythlore*, n° 99/100, automne/hiver 2007, p. 99-112.

Scull Christina et Hammond Wayne G., *J. R. R. Tolkien Artiste et illustrateur* (traduit par J. Georgel), Christian Bourgois éditeur, 1996.

Scull Christina et Hammond Wayne G., *Reader's Guide, The J. R. R. Tolkien Companion and Guide*, HarperCollins Publishers, 2006.

Scull Christina, « The Influence of Archaeology & History on Tolkien's world », *Scholarship & Fantasy, Proceedings of The Tolkien Phenomenon*, Anglicana Turkuensia, 1992, p. 33-51.

Stocker Vivien, « Les Númenóréens, des Égyptiens en Terre du Milieu », *L'Arc et le Heaume* (magazine de l'Association Tolkiendil), vol. 3.

Tolkien J. R. R., « Appendix I : The Name 'Nodens' », Report on the Excavation of the Prehistoric, Roman, and Post-Roman Site in Lydney Park, Goucestershire, R. E. M.

Wheeler et T. V. Wheeler, Oxford University Press for the Society of the Antiquaries, 1932, p. 132-137. Réimprimé dans *Tolkien Studies*, vol. 4, 2007, p. 177-183.

Tolkien J. R. R., *Contes et légendes inachevés* (traduit par T. Jolas), Paris, Christian Bourgois éditeur, 2005. Tolkien J. R. R.,

Le Seigneur des Anneaux (traduit par F. Ledoux), Christian Bourgois éditeur, 1992.

Tolkien J. R. R., *Le Seigneur des Anneaux, La Fraternité de l'Anneau* (traduit par D. Lauzon), Christian Bourgois éditeur, 2014.

Tolkien J. R. R., *Le Silmarillion* (traduit par P. Alien), Christian Bourgois éditeur, 2004.

Tolkien J. R. R., *Lettres du Père Noël* (traduit par G.-G. Lemaire et C. Leroy), Christian Bourgois éditeur, 2004.

Tolkien J. R. R., *Sauron Defeated*, HarperCollins Publishers, 2002.

Tolkien J. R. R., Tolkien Christopher, Carpenter Humphrey (éd.), *Lettres* (traduit par V. Ferré et D. Martin), Paris, Christian Bourgois éditeur, 2005.

Histoire et historiographie en Terre du Milieu (Damien Bador)

Tolkien J. R. R.

Tolkien Christopher (éd.), *Sauron Defeated*, Londres, HarperCollins, 1992.

Tolkien Christopher (éd.), *Contes et légendes inachevés* (traduit par T. Jolas), Paris, Christian Bourgois éditeur, 1993.

Le Silmarillion (traduit par P. Alien), Paris, Christian Bourgois éditeur, 1993.

Tolkien Christopher (éd.), *Morgoth's Ring*, Londres, HarperCollins, 1993.

Tolkien Christopher (éd.), *The War of the Jewels*, Londres, HarperCollins, 1994.

Tolkien Christopher (éd.), *The Peoples of Middleearth*, Londres, HarperCollins, 1996.

Finn and Hengest: the Fragment and the Episode, Londres, HarperCollins, 1998.

Tolkien Christopher (éd.), *Le Livre des contes perdus* (traduit par A. Tolkien), Paris, Christian Bourgois éditeur, 2001.

Tolkien Christopher, Carpenter Humphrey (éd.), *Lettres* (traduit par V. Ferré et D. Martin), Paris, Christian Bourgois éditeur, 2005.

Les Lais de Beleriand (traduit par D. Lauzon), Paris, Christian Bourgois éditeur, 2006.

La Formation de la Terre du Milieu (traduit par D. Lauzon), Paris, Christian Bourgois éditeur, 2007. *Les Enfants de Húrin* (traduit par D. Martin), Paris, Christian Bourgois éditeur, 2008.

La Route Perdue et autres textes (traduit par D. Lauzon), Paris, Christian Bourgois éditeur, 2008.

Le Seigneur des Anneaux, La Fraternité de l'Anneau (traduit par D. Lauzon), Paris, Christian Bourgois éditeur, 2014.

Le Seigneur des Anneaux, Les Deux Tours (traduit par D. Lauzon), Paris, Christian Bourgois éditeur, 2015.

Le Seigneur des Anneaux, Le Retour du Roi (traduit par D. Lauzon), Paris, Christian Bourgois éditeur, 2016.

Linguistique et faërie (Damien Bador)

Bador Damien, « Elfiques, langues », dans Ferré Vincent (dir.), *Dictionnaire Tolkien*, Paris, CNRS éditions, 2012, p. 171-175.

Gilliver Peter, Marshall Jeremy et Weiner Edmund, *The Ring of Words: Tolkien and the Oxford English Dictionary*, Oxford, Oxford University Press, 2009.

Tolkien J. R. R., Christopher Tolkien (éd.), « Du conte de fées », *Les Monstres et les Critiques et autres essais* (traduit par C. Laferrière), Paris, Christian Bourgois éditeur, 2006.

Tolkien J. R. R., Flieger Verlyn (éd.), « "The story of Kullervo" and Essays on *Kalevala* », *Tolkien Studies*, n° 7, 2010.

Tolkien J. R. R., Gilson Christopher (éd.), « Words, phrases and passages in various tongues in *The Lord of the Rings* », *Parma Eldalamberon*, n° 17, 2007.

Tolkien J. R. R., Gilson Christopher et al. (éd.), « Qenyaqetsa, The Qenya Phonology and Lexicon together with The Poetic and Mythologic Words of Eldarissa », *Parma Eldalamberon*, n° 12, 1998.

Tolkien J. R. R., *La Route Perdue et autres textes* (traduit par D. Lauzon), Paris, Christian Bourgois éditeur, 2008.

Tolkien J. R. R., *Le Seigneur des Anneaux, La Fraternité de l'Anneau* (traduit par D. Lauzon), Christian Bourgois éditeur, 2014.

Tolkien J. R. R., *Le Seigneur des Anneaux, Le Retour du roi* (traduit par D. Lauzon), Paris, Christian Bourgois éditeur, 2016.
Tolkien J. R. R., Hostetter Carl (éd.) « From Quendi and Eldar, Appendix D », *Vinyar Tengwar* n° 39, 1998, p. 4-20.
Tolkien J. R. R., Hostetter Carl (éd.), « The Rivers and Beaconhills of Gondor », *Vinyar Tengwar* n ° 42, 2001, p. 5-31.
Tolkien J. R. R., Smith Arden (éd.), « The Alphabet of Rúmil », *Parma Eldalamberon* n° 13, 2001, p. 5-89.
Tolkien J. R. R., Tolkien Christopher (éd.), *The Peoples of Middle-Earth*, Londres, HarperCollins, 1996.
Tolkien J. R. R., Tolkien Christopher, Carpenter Humphrey (éd.), *Lettres* (traduit par V. Ferré et D. Martin), Paris, Christian Bourgois éditeur, 2005.
Tolkien J. R. R., Wynne Patrick (éd.), « Eldarin Hands, Fingers & Numerals and Related Writings - Part Two », *Vinyar Tengwar*, n° 48, 2005, p. 4-34.

Le Seigneur des Anneaux, une mythologie de la corruption et de la dépendance (Thierry Jandrock)

Foster Robert, *The Complete guide to Middle-Earth*, New York, Del Rey, 1978.
Goethe W.E., *Faust*, Paris, Garnier Flammarion, 1964.
Gross Benjamin, *L'aventure du langage : l'alliance de la parole dans la pensée juive*, Paris, Albin Michel, Présence du Judaïsme, 2003.
Jandrok Thierry, « Des Anneaux du Désir au Désir de l'Anneau : Les avatars de la relation d'objet », dans *Actes du Colloque du CRELID, Fantasy : Le Merveilleux Médiéval Aujourd'hui*, sous la direction de Anne Besson et Myriam White-Le Goff, Paris, Bragelonne, Collection Essais, 2007, p. 59-71. Disponible sur : http://www.tolkiendil.com/essais/colloques/colloque_crelid/t_jandrok
Tolkien J. R. R., *The Book of Lost Tales 1*, New York, Del Rey, 1992.
Tolkien J. R. R., *The Book of Lost Tales 2*, New York, Del Rey, 1992.
Tolkien J. R. R., *The Lays of Beleriand*, New York, Del Rey, 1994.
Tolkien J. R. R., *The Lord of the Rings, 50th Anniversary Edition*, New York, Houghton Mifflin, 2004.

Tolkien J. R. R., *The Lost Road and Other Writings*, New York, Del Rey, 1996.
Tolkien J. R. R., *The Shaping of Middle-Earth*, New York, Del Rey, 1995.
Tolkien J. R. R., *The Silmarillion*, New York, Del Rey, 2004.

Les paysages chez Tolkien. Une approche géomorphologique (Stephen Giner)

Bru Alice, « Des développeurs danois modélisent la Terre du Milieu du Seigneur des Anneaux »
Curless A., *A Tolkien bestiary*, Littlehampton Book Services Ltd, 1979.
Pour une promenade virtuelle en Terre du Milieu [en ligne], *Slate.fr*, 30 janvier 2014. Disponible sur : www. slate.fr/life/82849/développeurs-danois-modelisentterre-du-milieu-seigneur-des-anneaux-tolkien
Turlin J.-R., *Promenades au pays des Hobbits*. Dinan, Éditions Terre de Brume, 2012.
Willis D. (dir.), « Númenor et la Cottoniana enquête sur une île en forme d'étoile à cinq branches », dans Collectif, *Tolkien, le façonnement d'un monde. Vol. 2* – Astronomie & Géographie, 2014, p. 141-154.

Promenade géologique en Terre du Milieu (Loïc Mangin)

Howes M., The elder ages and the later glaciation of the *Pleistocene epoch*, Tolkien Journal vol. 4, n° 2, 1967, p. 3-15.
Mangin Loïc, « Promenade géologique en Terre du Milieu », *Pour la Science*, n° 423, décembre 2012.
Reynolds R., *The geomorphology of Middle-Earth*, The Swansea Geographer, 11, 1974, p. 67-71.
Sarjeant W., *The geology of Middle-Earth*, Proceedings of the J. R. R. Tolkien Centenary Conference, 1992.

Summer is coming. Le climat en Terre du Milieu (Dan Lunt)

D'après l'article « The Climate of Middle Earth, Radagast the Brown », *Journal of Hobbitlore*, n° 1, 2013, p. 1-8. Traduction de J.-Sébastien Steyer.

Fonst ad, K. W., *The Atlas of Middle Earth*, Revised Edition, Houghton Mifflin, 1991.

Tolkien J. R. R., *The Lord of the Rings*, Londres, George Allen and Unwin, 1954.

Tolkien J. R. R., *The Shaping of Middle Earth*, Unwin Hyman Limited, 1986.

Les mondes souterrains dans Tolkien, une histoire underground, (Sylvie-Anne Delaire)

Henon Priscille, « Dédales en Terre du Milieu », *Tolkien, le façonnement d'un monde Astronomie et Géographie*, vol. 2, 2014, p. 155-172.

Kuntz Thomas H., *Ecology of bats*, New York, SpringerVerlag, 2011.

Les pierres précieuses, joyaux de la Terre du Milieu (Erik Gonthier et Cécile Michaux)

Encyclopédie Tolkiendil [en ligne]. Disponible sur : https://www.tolkiendil.com/encyclo

Flieger Verlyn et Hostet ter Carl F., *Tolkien's Legendarium*, Praeger Publishers Inc, 2000.

Les Archives de Gondor [en ligne]. Disponible sur : https://www.archivesdegondor.net/

Steyer Jean-Sébastien et Lehoucq Roland, « L'imaginaire cristallisé », *Pour la Science*, n° 463, mai 2016, p. 84-85.

Une métallurgie médiévale-fantastique (Jean-Marc Joubert et Jean-Claude Crivello)

Byko Maureen, « Fabricating the Weapons and Armor of *The Lord of the Rings* » *[en ligne], Journal of the Minerals,* Metals & Materials Society, novembre 2002. Disponible sur : www.tms.org/pubs/journals/jom/0211/ byko-0211.html

Encyclopédie Tolkiendil [en ligne]. Disponible sur : https://www.tolkiendil.com/encyclopedie

Ferré Vincent (dir.), *Dictionnaire Tolkien*, CNRS éditions, 2012.

Gee Henry, *The Science of Middle-Earth : Explaining The Science Behind The Greatest Fantasy Epic Ever Told !*, Cold Spring Harbor Laboratory Press, 2004, p. 130-138.

Gschneider K.A. Jr., « The magnetocaloric effect, magnetic refrigeration and ductile intermetallic compounds », *Acta Materialia*, n° 57(1),2009, p. 18-28.

Scull Christina et Hammond Wayne G., *Reader's Guide, The J. R. R. Tolkien Companion and Guide*, HarperCollins Publishers, 2006.

The One Wiki to Rule Them All [en ligne]. Disponible sur : https://lotr. fandom.com/wiki/Main_Page

Tolkien Gateway [en ligne]. Disponible sur : http://www. tolkien-gateway.net/wiki/Main_Page

Tolkien J. R. R., Tolkien Christ opher, Carpenter Humphr ey (éd.), *Lettres* (traduit par V. Ferré et D. Martin), Paris, Christian Bourgois éditeur, 2005.

Tyler J. E. A., *The Complete Tolkien Companion*, New York, Thomas Dunne Books, 2003.

Une histoire chimique de l'Anneau Unique (Stéphane Sarrade)

« Réacteur nucléaire naturel d'Oklo » [en ligne]. Disponible sur : https://fr. wikipedia.org/ wiki/R%C3 %A9acteur_ nucl%C3 %A9aire_ naturel_d%27Oklo

Blazy Pierre et Jdid El-Aid, « Métallogénie : les différents types de gisements d'or » [en ligne], Techniques de l'ingénieur, 10 décembre 2006. Disponible sur : https://www. techniques-ingenieur. fr/base-documentaire/materiaux-th11/ elaborationet-recyclage-des-metaux-de-transition-42649210/ metallurgie-de-l-or-m2403/metallogenie-les-differentstypes-de-gisements-d-or-m2403niv10004.html

Centre national de ressources textuelles et lexicales, « Transmutation » [en ligne]. Disponible sur : https://www. cnrtl.fr/lexicographie/transmutation

Ferré Vincent (dir.), *Dictionnaire Tolkien*, CNRS éditions, 2012.

MineralInfo, « Exploration minière », collection « La mine en France ». Disponible sur : www. mineralinfo. fr/sites/default/ files/upload/tome_04_exploration_ miniere_final24032017.pdf

Pourquoi les hobbits ont-ils de gros pieds poilus ? (Jean-Sébastien Steyer)

Dollé et al., « Hox-4 genes and the morphogenesis of the mammalian genitalia », *Genes & Development* n° 5, 1991, p. 1767-1776.

Meijer et al., « The Fellowship of the Hobbit : the fauna surrounding *Homo floresiensis* », *Journal of Biogeography*, n ° 37, 2010, p. 995-1006.

Myhr vold et al., « What is the use of elephant hair ? », *PLoS ONE* 7(10), 2012, e47018.

Tolkien J. R. R., *The Annotated Hobbit*, Londres, Ed. Anderson D., 1937.

Wilson Edmond, « Oo, those awful orcs ! A review of *The Fellowship of the Ring* » [en ligne], The Nation, 14 avril 1956. Disponible sur : https://www. jrrvf.com/sda/critiques/The_Nation.html

Collectif, Fantasy, l'origine des mondes. Hors-série *Les Inrocks*, décembre 2012.

Gollum, la métamorphose du hobbit (Jean-Sébastien Steyer)

Panafieu J.-B. (de) et Renversade C., *Métamorphoses Deyrolle – Histoires surnaturelles*, Toulouse, éditions Plume de carotte, 2016.

Tolkien J. R. R., Anderson Douglas A. (ed.), « Teeth ! teeth ! my preciousss ; but we has only six ! », *The Annotated Hobbit*, Boston, Houghton Mifflin Company, 1988.

Les nains sont-ils des hyènes ? (Sidney Delgado et Virginie Delgado-Bréüs)

Ameisen J. C., *Dans la lumière et les ombres*, Paris, Éditions Points, 2011, chapitre 24.

Austad S. N. et Sunquist M. E., « Sex-ratio manipulation in the common opossum ». *Nature* 324, 58-60, 1986.

Cunha et al., « Development of the external genitalia : Perspertive from the spotted hyena (*Crocuta crocuta*) », *Differenciation*, 87, 4-22, 2014.

Dloniak S. M. et al., « Rank-related maternal effects of androgens on behaviour in wild spotted hyena », *Nature* 440, 1190-1193, 2006.

Drea C. M., Place N. J., Weldele M. L., Coscia E. M., Licht P. et Glickman S. E., « Exposure to naturally circulating androgens during fœtal life incurs direct reproductive costs in female spotted hyenas, but is prerequisite for male mating », *Proc. R. Soc. Lond.* B 269, 1981-1987, 2002.

Gould S. J. et Lewontin R. C., « The Spandrels of San Marco and the Panglossian Paradigm : A Critique of the Adaptationist Programme ». *Proc. Roy. Soc.* London B 205, 1979, p. 581-598.

Gould S. J., *Ontogeny and Phylogeny*, Harvard University Press, 1977.

Goymann W., East M. L., Hofer H., « Androgen and the role of female "hyperaggressiveness" in spotted hyena », *Hormones and Behaviour*, 39, 2000, p. 83-92.

Hamilton W. D., « Extraordinary sex ratios. A sex-ratio theory for sex linkage and inbreeding has new implications in cytogenetics and entomology », *Science* 156 (3774) : 477-88, 1967.

Holekamp K. E. et Smale L., « Rapid change in offspring sex-ratios after clan fission in spotted hyena », *The American Naturalist*, 1995.

Muller M. et Wrangham R. « Sexual mimicry in hyena », *The Quaterly Review of Biology*, vol. 77, n° 1, 2002.

Raff R., « Evo-Devo : the evolution of a new discipline » [en ligne], *Nature Reviews Genetics*, 1, 74-79, 2000.

Tolkien J. R. R., *The History of Middle-earth*, Livre XI, Chapitre XIII, Londres, HarperCollins, 2002.

Tolkien J. R. R., *Le Seigneur des Anneaux*, « Appendice A – Les Gens de Durin » (traduit par F. Ledoux), Paris, Christian Bourgois éditeur, 1992.

Tolkien J. R. R., *Le Silmarillion* (traduit par P. Alien), Paris, Christian Bourgois éditeur, 2004.

Mémoire(s) d'oliphants (Arnaud Varennes-Schmitt)

Gheerbrant E., « Paleocene emergence of elephant relatives and the rapid radiation of African ungulates », *Proceedings of the National Academy of Sciences*, 2009, 106 (26).

Gheerbrant E., Sudre J., Cappetta H., « A Paleocene proboscidean from Morocco », *Nature*, 1996, 383, p. 68-70.

Gheerbrant E., Tassy P., « L'origine et l'évolution des éléphants », *Comptes Rendus* Palevol, 2009, 8, p. 281-294.

Kistler John M., *War Elephants*, Bison Books, 2007.

Nossov Konstantin, *War Elephants*, Osprey Publishing, 2008.

Tolkien J. R. R., *Le Seigneur des Anneaux, Le Retour du roi* (traduit par D. Lauzon), Paris, Christian Bourgois éditeur, 2016.

Tolkien J. R. R., *Le Seigneur des Anneaux, Les Deux Tours* (traduit par D. Lauzon), Paris, Christian Bourgois éditeur, 2015.

Les wargs, des chiens de guerre d'origine scandinave ? (Vincent Dupret et Romaric Hainez)

Belyaev (1980) *The genetics and phenogenetics of domestic behaviour. Problems in General Genetics*, Compte-rendu du 14e Congrès international de génétique, Moscou, Mir Publishers, 1980, p. 123-137.

Brawn D., *Le Seigneur des Anneaux – Les Deux Tours – Guide des créatures* (traduit par Al. Delarbre), Paris, Gallimard Jeunesse, 2002.

Clinquart A., Hornick J.-L., Van Eenaeme C., Istasse L., « Influence du caractère culard sur la production et la qualité de la viande des bovins Blanc Bleu Belge », *INRA Prod. Anim.*, 11(4), 285-297. Disponible sur : https://www6.inra.fr/productionsanimales/1998-Volume-11/Numero-4-1998/Influence-du-caractere-culard-sur-la-production-et-laqualite-de-la-viande-des-bovins

Falconer D., The Hobbit Chronicles : Creatures & Character. An Unexpected Journey, Londres, HarperCollins, 2013.

Gélinet P., Kobyl ak A., Bobbé S., « Le Loup », dans « 2000 ans d'histoire » [enregistrement audio], 30 avril 2016, France Inter.

Guerber, H. A., *Myths of the Norsemen from the Eddas and Sagas*, Londres, George G. Harrap & Company, 1909.

IFL Sciences !, « Why so many domesticated mammals have floppy ears ». Disponible sur : http://www.iflscience.com/plants-and-animals/why-so-many-domesticated-mammals-have-floppy-ears

Jussiau R., Rigal J., Papet A., *Amélioration génétique des animaux d'élevage*, Educagri, 2013, p. 86.

Linberg J. et al. « Selection for tameness has changed brain gene expression in silver foxes », Correspondence, vol. 15, n° 22, nov. 2015, p. 915-916. Disponible sur : http://www.cell.com/current-biology/retrieve/pii/ S0960982205013278

Polin S., *Le chien de guerre : utilisations à travers les conflits*, thèse de doctorat, 2003. Disponible sur : http://theses.vet-alfort.fr/telecharger.php?id=467

Trut L., Gugatkin L. A., « Comment transformer un renard en chien », *Pour la science,* n° 479, 25 août 2017. Disponible sur : https://www.pourlascience.fr/sd/zoologie/ comment-transformer-un-renard-en-chien-9807.php

Wang X. et al., *Genomic responses to selection for tame/ aggressive behaviors in the silver fox (*Vulpes vulpes*)*, PNAS, octobre 2018, 115 (41). Disponible sur : https://www.pnas.org/content/115/41/10398

« Belyaev Experiment : Agressives Foxes » [enregistrement vidéo]. Disponible sur : https://www. youtube.com/ watch?v=9fC7l6gW05k

« Belyaev Experiment : Docile Foxes » [enregistrement vidéo]. Disponible sur : http://www.youtube.com/ watch?v=mzTcmE-pMLU

Beorn, l'homme-ours ou l'ours-homme ? (Vincent Dupret et Romaric Hainez)

Blaney, B., *The Berserker : His Origin and Development in Old Norse Literature*, University of Colorado, 1972.

Boyer, R., *Sagas islandaises*, Paris, Bibliothèque de la Pléiade. Gallimard, 1992.

Dillmann F.-X., *Les magiciens dans l'Islande ancienne*, thèse soutenue à Caen en 1986, sous la direction de Frédéric Durand.

Fabing H. D. « On going berserk : a neurochemical inquiry », *American Journal of Psychology*, 1956, 113.5 :409-415.

Gabriel R. A., *No More Heroes : Madness and Psychiatry In War*, New York, Hill & Wang, 1990.

Geraty L. F. L., Berserk for berserkir : Introducing combat trauma to the compendium of theories on the Norse berserker, thèse de doctorat, 2015, University of Iceland, Háskóli Íslands, Hugvísindasvið. Disponible en anglais sur : https://skemman.is/handle/1946/21040.

Heebøll-Holm T. K., « Apocalypse then ? The first crusade, traumas of war and Thomas de Marle », dans Hundahl K., Kjær L., Lund N. (eds.), *Denmark and Europe in Middle Age. c. 1000-1525*, Ashgate Publishing. 2014, p. 237-254.

Hellquist E., *Svensk etymologisk ordbok*, Gleerups, Lund, 1922.

Hirst M., *Vikings* [enregistrement vidéo]. 2013, Shaw Media, Octagon Films, Take 5 Productions, MGM Television.

Jones G., *Eirik the Red and Other Icelandic Sagas*, Oxford World's Classics, Oxford University Press, 2009.

Kurumada M., *Saint Seiya, Les Chevaliers du Zodiaque*, Kana, 1998-2000 (pour la première édition française).

Lachlan M. D., *Wolfsangel*, Londres, Victor Gollarez Ltd, 2010.

Lecouteux C., *Fantômes et revenants au Moyen Âge*, Paris, L'Arbre à mémoire, 1986.

McCoy D., The Viking Spirit : An Introduction to Norse Mythology and Religion, CreateSpace Independent Publishing Platform, 2016.

Ödman S., Försök at utur Naturens Historia förklara de nordiska gamla Kämpars Berserka-gang, Kongliga Vetenskaps Academiens nya Handlingar, 5 :240–247, 1784.

Price N. S., *The Viking Way : Religion and War in Late Iron Age Scandinavia*, thèse, Department of Archaeology & Ancient History, Uppsala University, 2002.

Rateliff J. D., *The History of The Hobbit. Part One : Mr Baggins*, New York, Houghton Mifflin Harcourt, 2007.

Samson V., Les Berserkir. Les guerriers-fauves dans la Scandinavie ancienne, de l'âge de Vendel aux Vikings (VIe-XIe siècle), Villeneuve-d'Ascq, Presses Universitaires du Septentrion, 2011.

Shippey T. A., *J. R. R. Tolkien : author of the century*, Boston, Houghton Mifflin Company, 2002.

Siebert E., « Science Gone Berserk », 2016. Disponible sur : https://skepticalhumanities.com/2011/05/03/ science-gone-berserk/

Sturluson S., *Egil's Saga* (traduit par H. Palsson et P. Edwards), Penguin Classics, 1977.

Le bestiaire des arthropodes (Romain Garrouste et Camille Garrouste)

Climo, F.M., « Smeagolida, a new order of gymnomorph mollusc from New Zealand based on a new genus and species », *New Zealand Journal of Zoology*, 7(4): 513-522, 1980.

Jóźwiak P., Rewicz T., Pabis K., « Taxonomic etymology - in search of inspiration », *ZooKeys* 513 : 143-160, 2015.

Kaila Lauri, « A revision of the Nearctic species of the genus Elachista s.l. III. The *Bifasciella*, *Praelineata*, *Saccharella* and *Freyerella* groups (*Lepidoptera*, *Elachistidae*) », *Acta Zoologica Fennica*. 211 : 1-235, 1999.

Morrone J.J., « Systematics, cladistics, and biogeography of the Andean weevil genera Macrostyphlus, Adioristidius, Puranius, and Amathynetoides, new genus (*Coleoptera* : *Curculionidae*) », *American Museum Novitates*, n° 3104, 1994.

Sendra A., Ortuno V. M., Moreno A., Montagu, S. et Teruel S., « Gollumjapyx smeagol gen. n., sp. n., an enigmatic hypogean japygid (Diplura : Japygidae) from the eastern Iberian Peninsula », *Zootaxa*, 1372, 35-52, 2006.

Smaug, Glaurung… des monstres pour les biologistes aussi (Stéphane Jouve)

Conrad J.L., « Phylogeny and systematic of Squamata (Reptilia) based on morphology », *Bulletin of the American Museum of Natural History*, 310, 2008.

Tolkien J. R. R., *The Hobbit*, Boston and New York, Houghton Mifflin Co., 1938.

Tolkien J. R. R., *The Silmarillion Calendar 1978*, Londres, George Allen and Unwin Ltd, 1977.

Des flammes et des ailes… est-ce bien raisonnable ? (Stéphane Jouve)

Tolkien J. R. R., *The Hobbit*, Boston and New York, Houghton Mifflin Co., 1938.

Le Guetteur entre deux eaux (Jérémie Bardin et Isabelle Kruta)

Mangold K., Bidder A. M et Portmann A. « Organisation générale des céphalopodes », dans Grassé P. (ed.), *Traité de zoologie*, Tome V, Fascicule 4 p. 7, 1989.

Schneidewind F. « The biology of Middle-earth ». in *Drout, M.D.C., J. R. R. Tolkien Encyclopedia: Scholarship and Critical Assessment*, Abington-onThames, Routledge, 2007.

Le bestiaire cryptozoologique de Tolkien (Benoît Grison)

Carpenter Humphrey, *J. R. R. Tolkien, une biographie* (traduit par P. Alien), Paris, Christian Bourgois éditeur, 2002.

Day D., *Créatures de Tolkien*, Paris, Octopus-Hachette, 2002.

Grison B., Du Yéti au calmar géant : le bestiaire énigmatique de la Cryptozoologie, Paris, Delachaux & Niestlé, 2016.

Heuvelmans B., *The Kraken and the Colossal Octopus*, Londres, Kegan Paul, 2003.

Lang A., *The Complete Works*, Delphi Classics, 2015 [eBook].
Page R. I., *Mythes Nordiques*, Paris, Seuil, 1993.

Zucker A. (éd.), *Physiologos, le bestiaire des bestiaires*, Grenoble, Éditions Jérôme Millon, 2004.

BIOGRAPHIES

Sous la direction de Roland Lehoucq, Loïc Mangin et Jean-Sébastien Steyer

Né après la Grande Guerre des elfes et des orques, **Roland Lehoucq** est astrophysicien au CEA et enseignant à Sciences Po et au master Écologie, Énergie et Société de l'université Paris Diderot. Auteur de nombreux ouvrages de vulgarisation, il est aussi président des Utopiales, festival international de science-fiction de Nantes.

Fidèle ami de Gandalf, **Loïc Mangin** est rédacteur en chef adjoint du magazine *Pour La Science* où il tient notamment la rubrique « Art & Science ». Il est également l'auteur du blog Best of Bestioles (http://bit. ly/PLS-BOB) et du livre *Pollock, Turner, Van Gogh, Vermeer... et la science* (Belin, 2018).

Originaire de la Comté, **Jean-Sébastien Steyer** est paléontologue au CNRS et au Muséum de Paris. Ancien pigiste pour *Charlie Hebdo* (rubrique « La Science amusante »), il est conférencier, auteur de plusieurs ouvrages de vulgarisation et chroniqueur dans la revue *Espèces*, notamment. Il utilise les œuvres de fiction pour diffuser les connaissances.

Chercheurs et enseignants au Muséum de Paris, **Christine Argot** et **Luc Vivès** sont spécialistes de l'histoire des collections exposées dans la galerie de paléontologie et d'anatomie comparée. Ils diffusent les résultats de ces recherches épistémologiques auprès des étudiants ou du grand public, via des conférences et des publications.

Damien Bador est ingénieur en aéronautique et spécialiste des langues inventées par J. R. R. Tolkien. Il a notamment dirigé *L'Encyclopédie du Hobbit* (éditions Le Pré aux Clercs, 2013) et participé au *Dictionnaire Tolkien* (sous la direction de V. Ferré, CNRS éditions, 2012) et au *Monde des Hobbits* (éditions Le Pré aux Clercs, 2014).

Jérémie Bardin est paléontologue au Centre de recherche en Paléontologie-Paris (CR2P) et ingénieur en traitement de données à Sorbonne Université. Il étudie les modèles d'évolution de la morphologie et leur utilisation pour reconstruire les relations de parentés entre les organismes et déceler les mécanismes constants dans l'histoire du vivant.

Élodie Boucheron-Dubuisson est maître de conférences à Sorbonne Université où elle enseigne la biologie végétale. Après s'être intéressée au rôle de la microgravité sur le développement du système racinaire, elle travaille actuellement sur la flore des mousses de Madagascar au Muséum de Paris.

Après une formation en arts plastiques puis en archéologie protohistorique, **Cécile Breton** s'est tournée vers la diffusion des sciences et l'édition, et a fondé deux revues de vulgarisation scientifique : *Stantari, histoire naturelle & culturelle de la Corse* en 2005, puis *Espèces. Revue d'histoire naturelle*, en 2011, qu'elle dirige aujourd'hui.

Professeur agrégé de SVT à l'université de Pau et résident imaginaire de la Comté, **Jean-Philippe Colin** ne sort de son trou de hobbit que lorsqu'il s'agit de partager son enthousiasme pour les sciences du vivant.

Maître de conférences à l'université Clermont-Auvergne, **Bruno Corbara** travaille sur l'écologie et l'éthologie des insectes sociaux et le fonctionnement de écosystèmes aquatiques. Ancien responsable d'expéditions internationales, comme celles du « Radeau des cimes », il est directeur de publication et conseiller éditorial de la revue *Espèces*.

Docteur en chimie, **Jean-Claude Crivello** est chargé de recherche au CNRS, affecté à l'Institut de chimie des matériaux de Paris-Est. Spécialiste de la liaison chimique en phase solide, il étudie l'influence de la composition chimique et de la cristallographie afin d'optimiser des matériaux pour des applications spécifiques comme le stockage de l'hydrogène.

Vétérinaire et spéléologue, **Sylvie Delaire** est passionnée d'explorations *sur* et *sous* terre. Engagée, elle organise avec son équipe des expéditions internationales et s'intéresse depuis plus de dix ans à la protection du patrimoine minier souterrain et à sa mise en valeur.

Biologiste et maître de conférences à Sorbonne Université et à la faculté des sciences Pierre-et-MarieCurie, **Sidney Delgado** enseigne la biologie animale et l'évolution. Chercheur dans l'équipe « Homologie » du Muséum de Paris, il est spécialiste de l'évolution et du développement des tissus minéralisés chez les Vertébrés.

Docteur en linguistique française pragmatique et syntaxe, diplômée de l'université de Bretagne occidentale et de Paris IV – Sorbonne, **Virginie Delgado-Bréüs** est spécialiste du langage de l'armée française.

Agrégé et docteur en philosophie, **Michaël Devaux** enseigne la philosophie de l'éducation à l'université de Caen Normandie. Membre de l'ANR Condorcet, il enseigne Tolkien au collège des Bernardins (Paris) et a dirigé plusieurs ouvrages, notamment *Tolkien, les racines du légendaire* (éditions Ad Solem, 2003) et *J. R. R. Tolkien, l'effigie des Elfes* (Bragelonne, 2014).

Jean-Yves Dubuisson est professeur à Sorbonne Université où il enseigne la biodiversité, l'histoire du vivant, la (paléo)botanique et l'écologie végétale. S'intéressant principalement à l'évolution des plantes et travaillant sur des modèles de fougères et orchidées, il oriente ses recherches sur l'origine et l'histoire des communautés végétales dans les milieux insulaires

Vincent Dupret est paléontologue, diplômé du Muséum de Paris, et spécialiste de l'origine et la diversification des vertébrés à mâchoires, placodermes ou « poissons cuirassés » notamment. Il a travaillé aux quatre coins du monde et donne des conférences en France et à l'étranger pour tous types de publics.

Camille Garrouste est diplômée de l'Institut supérieur des arts appliqués. Elle est artiste numérique et illustratrice scientifique.

Spécialiste des insectes, **Romain Garrouste** est chercheur au MNHN et membre de la Société des explorateurs français. Il a participé à de nombreuses expéditions sur la (paléo)biodiversité dans plus d'une vingtaine de pays et a codécouvert plusieurs gisements fossiles dans le monde. Il s'investit dans la diffusion des connaissances, participe à des projets collaboratifs éditoriaux.

Géoarchéologue et topographe, **Stephen Giner** conçoit régulièrement des espaces muséographiques sur les géosciences dans le sud-est de la France. Homme de terrain, il siège aussi au Comité d'orientation scientifique et culturel du projet UNESCO de Géoparc du territoire des Maures.

Ethnominéralogiste, spécialiste en paléolithophonie, pariétaliste et mégalithiste, **Erik Gonthier** a réalisé de nombreux ouvrages, films documentaires et expositions. Expert en pierres précieuses, ancien joaillier, il a exécuté plusieurs œuvres pour la Monnaie de Paris et monté plus de 130 expositions à travers le monde. Son intérêt pour la sémio-plastique l'a fait reclasser plusieurs collections, notamment au Muséum de Paris.

Docteur en sciences cognitives, biologiste et sociologue des sciences, **Benoit Grison** est enseignant-chercheur à l'UFR Collegium sciences & techniques de l'université d'Orléans. Ses intérêts scientifiques actuels se répartissent entre les neurosciences comportementales, l'ethnozoologie et l'épistémologie des sciences de la vie.

Agrégé de SVT à l'université de Picardie Jules-Verne, **Romaric Hainez** y enseigne une biologie mâtinée de références aux mondes de l'imaginaire pour montrer que la science est partout, même, et surtout, là où on ne l'attend pas.

Docteur en psychologie et psychopathologie, psychologue clinicien, écrivain, essayiste et psychanalyste, **Thierry Jandrok** est également membre du Centre d'études et de recherches sur les littératures de l'imaginaire de l'Université de Lorraine. Il a participé à de nombreux ouvrages sur le sujet.

Ingénieur et docteur en sciences des matériaux, **Jean-Marc Joubert** est directeur de recherche au CNRS. Il travaille à l'Institut de chimie et des matériaux Paris-Est sur les alliages métalliques, et s'intéresse à la structure et aux propriétés des composés intermétalliques et de leurs hydrures, la détermination et la modélisation de diagrammes de phases.

Docteur en paléontologie, spécialiste des crocodylomorphes (les crocodiles et leurs cousins), **Stéphane Jouve** est responsable des collections Géosciences à Sorbonne Université.

Isabelle Kruta est une paléontologue rattachée au Centre de recherche en Paléontologie-Paris et maître de conférences à Sorbonne Université. Sa recherche porte sur la préservation exceptionnelle de céphalopodes fossiles afin de reconstruire les parties molles de l'anatomie de ces organismes et d'étudier leurs interactions trophiques.

Paléontologue spécialiste d'oiseaux fossiles au CNRS et au laboratoire de géologie de Lyon, passionné d'oiseaux (vivants) et de leur observation, **Antoine Louchart** étudie des oiseaux de différentes périodes, avec un intérêt particulier pour les oiseaux éteints sur les îles dans les siècles récents, à cause de l'homme.

Dan Lunt est professeur en climatologie à l'université de Bristol (Grande-Bretagne). Responsable du projet de comparaison des modèles climatiques (www.deepmip.org), il est aussi l'auteur principal de la sixième évaluation du groupe d'experts intergouvernemental sur l'évolution du climat (IPCC). Titulaire du prix Philip Leverhulme, il est aussi fan de *fantasy*.

François Marchal est chargé de recherche au CNRS à l'UMR 7268 Anthropologie bio-culturelle, droit, éthique et santé. Ses recherches portent sur l'évolution du système locomoteur chez les hominidés du point de vue morphofonctionnel, ainsi que sur les modalités du dimorphisme sexuel du bassin humain et leurs implications pratiques en termes d'estimation du sexe.

Coordinatrice de projets culturels, **Cécile Michaux** a reçu une formation pluridisciplinaire à la Sorbonne Nouvelle, allant de la direction de projets culturels au développement touristique des territoires. Actuellement dans le monde des arts vivants, elle continue à s'intéresser et à toucher à toutes les formes de cultures et à favoriser leur connaissance et leur transmission.

Professeur émérite de littérature à l'École normale supérieure (Paris) et membre de l'Institut d'histoire moderne et contemporaine, **Isabelle Pantin** travaille sur l'histoire du livre et sur les relations entre science, philosophie et littérature. Elle a publié *Tolkien et ses légendes : une expérience en fiction* (CNRS Éditions, 2013).

Luc Perino est médecin, écrivain et essayiste, diplômé de médecine tropicale et épidémiologie. Après avoir exercé en Afrique subsaharienne, Chine tropicale et France rurale, il enseigne à l'université de Lyon « Biologie de l'évolution et médecine ». Il est l'auteur d'écrits sur les dérives du système sanitaire et du marché de la santé, Darwin et les sciences de l'évolution.

Agrégé de sciences sociales et enseignant en lycée, **Thierry Rogel** s'intéresse à la vulgarisation de sa discipline. Il a publié plusieurs ouvrages sur le sujet, notamment *Introduction impertinente à la sociologie* (éditions Liris 1999 et 2004) et *La Sociologie des super-héros* (éditions Hermann, 2012).

Stéphane Sarrade est directeur de recherche au CEA en génie des procédés. Passionné de chimie verte, il développe des procédés de séparation, de décontamination et d'extraction grâce aux fluides supercritiques et aux membranes de filtration. À travers ses ouvrages, il propose de nouvelles approches de la chimie pour rendre notre monde encore plus durable.

Volcanologue, géologue, expert et consultant en risques géologiques, **Laurent Stieltjes** est directeur de recherche, notamment au BRGM. Sensible au partage des connaissances sur la culture de la vie, de la Terre et de leur évolution, il a élaboré des interventions, ouvrages, films et conférences, où il propose son regard transverse de géologue sur différents sujets.

Vivien Stocker est l'un des administrateurs de l'association Tolkiendil qui promeut l'œuvre de Tolkien dans le monde francophone. Il a participé au *Dictionnaire Tolkien* (sous la direction de V. Ferré, CNRS éditions, 2012). Il est aussi coauteur de *L'Encyclopédie du Hobbit et du Monde des Hobbits* (éditions Le Pré aux Clercs, 2013 et 2014).

Arnaud Varennes-Schmitt est docteur en paléontologie, diplômé du Muséum de Paris. Sa thèse a porté sur l'évolution des éléphants et leurs proches parents. Il se consacre aujourd'hui à l'enseignement de la biologie dans différents établissements du supérieur.

NOTES

Tolkien et les sciences, une relation à plusieurs visages

1. *Tolkien Studies*, 7, 2010, p. 269.

2. Tolkien, « The Notion Club Papers », dans *The History of Middle-earth,* 1983-1996, t. IX, p. 167.

3. *Du conte de fées,* note D sur la section « Enfants ».

4. Aphorisme tiré de A. C. Clarke, « Technology and the Future », *Report on Planet Three and Other Speculations,* Londres, HarperCollins, 1972.

5. Par exemple, Richard Kieckhefer, *Magic in the Middle Ages,* Cambridge University Press, 2000.

6. *Out of the Silent Planet* (1938), *Perelandra* (1943), *That Hideous Strength* (1945).

Tolkien chercheur, illustrateur... et rêveur

1. Beowulf et Sigurd sont deux héros de la littérature épique anglo-saxonne pour le premier et de la mythologie nordique pour le second. Beowulf sera tué par un dragon anonyme tandis que Sigurd vaincra le dragon Fáfnir détenteur d'un trésor. Sigurd est la forme ancienne du héros Siegfried de la *Chanson des Nibelungen*.

2. De l'italien « *palafitta* » dont l'étymologie est sujette à discussion mais qui, dans les grandes lignes, associe les notions de « marais » de « pieu planté ». C'est le nom qui a été donné aux cités

sur pilotis du Néolithique et de l'âge du bronze lorsqu'elles ont été découvertes.

3. Peintre académique français qui s'est beaucoup inspiré des découvertes archéologiques. Il imagine des scènes de la Préhistoire et de l'Antiquité gauloise et romaine qu'il teinte de patriotisme mais qui servent aussi de prétexte à des représentations érotiques (comme *Le Butin* qui montre un soldat gaulois entrant dans un gynécée ou cet autre *Rapt* mais cette fois à l'âge de pierre).

4. Hæckel Ernst, *Kunstformen der Natur,* Olaf Breidbach ed., 1904.

5. Écrivain du XIVe siècle qui était à Tolkien ce que les primitifs italiens étaient aux préraphaélites dans le domaine littéraire, c'est-à-dire le point final de la littérature elle-même.

6. *Fellow's garden* de l'université d'Oxford.

7. Autrice de Frankenstein ou le Prométhée moderne, 1818.

8. Notamment auteur de *L'Ève future*, 1886.

Tolkien et la sociologie : face à la perte d'un monde

1. Tolkien donne au terme un sens plus large que la définition commune : est conte de fées un conte qui aborde la faërie (ou la magie).

2. Mais il se méfie des magnétophones… Humphrey Carpenter, *J. R. R. Tolkien – Une biographie*, Paris, Christian Bourgois, 1980, p. 193.

3. Karl Marx (1818-1883), Alexis de Tocqueville (1805-1859), Ferdinand Tönnies (1855-1936), Max Weber (1864-1920), Émile Durkheim (1858-1917), Georg Simmel (1858-1918).

4. Traduction initiale de Francis Ledoux (1972). Dans sa nouvelle traduction par Daniel Lauzon (2014), le titre devient *La Fraternité de l'Anneau.*

Mythologie contre mythologie : Tolkien et l'économie

1. Aussi appelée « loi sur les pauvres », cette loi, en vigueur en Grande-Bretagne de 1795 à 1834, assurait aux personnes les

plus démunies un revenu minimum indexé sur le prix du pain et la taille de la famille

2. Adam Smith (1723-1790), Thomas Robert Malthus (1766-1834), David Ricardo (1772-1823), Karl Marx (1818-1883)

3. Les économistes *mainstream* correspondent au courant de recherche actuellement dominant en économie. Il se caractérise par un usage important de la modélisation mathématisée au détriment des apports des autres sciences sociales. Bien qu'il n'y ait pas de lien obligatoire avec le libéralisme économique, beaucoup de commentateurs associent *mainstream* et libéralisme économique.

4. L'appellation « classiques » recouvre la majorité des auteurs du XIXe siècle (Smith, Ricardo…). On les distingue des « néoclassiques » (Walras, Jevons, Pareto…) qui émergent au tournant des XIXe et XXe siècles.

Familles, pouvoir et *politique dans Le Seigneur des anneaux*

1. Dont la filiation passe par le lignage masculine.

2. La relation avunculaire est également fondamentale dans un troisième cas, les relations de parenté de la famille de Donald Duck développée par Carl Barks… mystère des sciences humaines

1. Voir les chapitres « Les OGM (Orques Génétiquement Modifiés) de Saruman », p. 335, et « L'évolution des peuples de la Terre du Milieu, une approche phylogénétique des humanoïdes chez Tolkien », p. 345.

Défense et illustration de la philosophie chez Tolkien

1. De ce que l'on sait des études de Tolkien reconstituées par J. S. Ryan, on ne peut attester comme formation philosophique qu'un examen sur Platon le 27 février 1913 et un autre sur la *Consolation de Philosophie* de Boèce (dans la 'traduction'en vieil anglais). Signalons aussi que Tolkien assista à au moins une séance de club philosophique des étudiants, *The Dialectal Society*, le 28 janvier 1913 : Arnold J. Toynbee y parla de « La philosophie de l'histoire ».

2. Forme de la requête qui cherche les mots commençant par « philosoph »

3. Voir, respectivement, *Lettres*, p. 268, et *Sauron defeated*, p. 178.

4. *On Fairy-stories*, London, HarperCollins, 2008, § 83, p. 67 (nous traduisons; les traductions de F. Ledoux et C. Lafferière forcent le texte en disant « en butte aux » ou « la cible des » philosophes).

5. *Ibid.*, p. 260-261 (nous traduisons).

6. Les matières mentionnées par Tolkien (vers 20-32) reprennent sans guère en oublier les filières proposées dans *The Leeds University Calendar, 1921-22* [en ligne], Leeds, Jowett & Sowry Ltd, 1921. Disponible sur : http://digital.library.leeds.ac.uk/11262/); pour la philosophie, voir p. 146 et 165.

7. « The Clerkes Compleinte », *The Gryphon*, Leeds, décembre 1922, NS 4/3, p. 95 (nous traduisons). Republié dans *Arda 1984*, 4, 1988, p. 1-2 (avec traduction anglaise) puis dans *Arda 1986*, 1990, p. 2-3 (manuscrit leedésien), et (version oxonienne) par Jill Fitzgerald, « A "Clerkes Compleinte" : Tolkien and the Division of Lit. and Lang. », *Tolkien Studies*, 6, 2009, p. 50

8. « Philosophical Thoughts », *Parma Eldalamberon*, n° 20, 2012, p. 113-115 (nous traduisons). Arden R. Smith normalise à tort le nom de Fausset sous l'orthographe Fawcett, sans l'identifier.)

9. *The Life of George S. Gordon, 1881-1942*, Oxford, Oxford UP, 1945, p. 20 (nous traduisons).

10. Francis Herbert Bradley, idéaliste britannique. Professeur à Merton College (Oxford), comme Tolkien; il est mort en 1924.

11. « J'écris des choses que l'on pourrait classer dans la catégorie des contes de fées [...]. Je fais cela parce que, si ce n'est pas lui attribuer un titre trop grandiloquent, je trouve que mon commentaire sur le monde y est le plus facilement et naturellement exprimé. [...] J'espère que "commentaire sur le monde" ne paraît pas trop solennel. » (J. R. R. Tolkien, Christopher Tolkien, Humphrey Carpenter (éd.), *Lettres* (traduit par V. Ferré et D. Martin), Paris, Christian Bourgois éditeur, 2005, p. 419).

12. J. R. R. Tolkien, *The Peoples of Middle-earth*, London, HarperCollins, 1996, p. 344 (nous traduisons).

13. *Ibid.*, note 30 p. 359-360 (nous traduisons).

Vestiges archéologiques et cités enfouies

1. J. R. R. Tolkien, *Lettres*, Paris, Christian Bourgois éditeur, 2005. Lettre n° 54, p. 279 (traduction modifiée).

2. Gordon et Tolkien sont connus pour avoir publié ensemble une édition de référence du texte moyen anglais *Sir Gawain and the Green Knight (Sire Gauvain et le Chevalier Vert).*

Histoire et historiographie en Terre du Milieu

1. L'historiographie est l'histoire des méthodes suivant lesquelles les événements des temps passés ont été étudiés et écrits. Elle illustre ainsi les changements qui affectent les objets, les sources et les méthodes de la discipline historique.

2. Poème épique anglo-saxon composé entre le VIIe et le Xe siècle de notre ère, narrant les exploits du héros scandinave Beowulf, notamment face au monstre Grendel et à un dragon.

3. Fragment d'un poème épique anglo-saxon du haut Moyen Âge, relatant un combat entre Danois, Jutes et Frisons auquel il est fait allusion dans *Beowulf.*

4. *Le Silmarillion* n'a jamais été finalisé du vivant de J. R. R. Tolkien. Celui-ci a confié à son fils Christopher le soin de publier ses manuscrits, nombreux et parfois désordonnés. Christopher Tolkien a fait le choix d'un texte lissé par souci d'accessibilité et a notamment ôté la plupart des passages où les textes du *Silmarillion* sont attribués à tel ou tel auteur elfique. L'*Ainulindalë* y figure donc sans que son auteur fictif ne soit identifié. La publication ultérieure des manuscrits de Tolkien dans les douze tomes de *L'Histoire de la Terre du Milieu* (dont seuls les cinq premiers sont actuellement traduits en français) a permis à Christopher Tolkien de montrer le processus de rédaction de son père. Il a aussi remis dans leur contexte les éléments qui avaient été ôtés du *Silmarillion* publié, comme les noms des rédacteurs elfiques.

5. Poème mythologique grec du VIIIe siècle av. J.-C. racontant l'origine des dieux de l'Olympe et de leur progéniture.

6. Dans un but d'homogénéisation justifié, Christopher Tolkien a fusionné les « Annales d'Aman » avec le texte de la « Quenta Silmarillion », dont il sera question plus bas. Il n'en est donc pas question dans *Le Silmarillion.* Toutefois, les premières

versions de ces annales sont publiées dans *La Formation de la Terre du Milieu* et *La Route perdue*, tandis que les remaniements ultérieurs figurent dans *Morgoth's Ring*.

7. Comme pour les « Annales d'Aman », ce texte a été fusionné avec la « Quenta Silmarillion » en vue de la publication du *Silmarillion*. La première version de ces annales figure aussi dans *La Formation de la Terre du Milieu* et *La Route perdue*, tandis que les derniers remaniements sont inclus dans *The War of the Jewels*.

8. Ces manuscrits ont posé un problème complexe en vue de la publication du *Silmarillion*, puisque les annales et la « Quenta Silmarillion » étaient fortement redondants. En conséquence, Christopher Tolkien a accordé la priorité à cette dernière, tout en excluant les essais non narratifs trop périphériques.

9. Important manuscrit gallois écrit vers 1382-1410, contenant des récits mythologiques, épiques et historiques, ainsi que de la poésie de cour et un recueil de remèdes médicaux.

10. Les *Quatre Branches du Mabinogi* sont quatre récits épiques médiévaux faisant de nombreuses allusions à l'ancienne mythologie celtique.

Linguistique et faërie

1. Dans *Le Seigneur des Anneaux*, Tolkien représente l'occidentalien par l'anglais et les langues apparentées par des langues germaniques cousines. Ainsi le rohanais est-il remplacé par le vieil anglais et la langue du Val d'Erebor par le vieux norrois.

2. Voir le chapitre « Histoire et historiographie en Terre du Milieu », p. 117.

3. Ce principe est employé par de nombreux alphabets historiques, comme l'écriture indienne brahmi et ses dérivés.

1. Voir le chapitre « Invisible aux yeux de Sauron ? », p. 241.

2. Voir le chapitre « Gollum, la métamorphose du hobbit », p. 293.

3. Le patronyme « Gollum » est formé à partir des deux principales syllabes de Smeagol. En les inversant, on obtient « Goleams », prononcé « Gollûm », avec le « s » de Sauron muet, et une accentuation sur la seconde syllabe.

4. Chaque soir, le rabbin qui avait conçu le Golem effaçait la première lettre du nom inscrit sur le front de son serviteur. À cet

instant le corps du serviteur d'argile s'immobilisait avant de retourner à l'informe. Le mot *meth* ainsi créé signifiant en hébreu « mort » !

Les paysages chez Tolkien une approche géomorphologique

1. Voir le chapitre « Les volcans, sources de magie et de légendes », p. 175.

Promenade géologique en Terre du Milieu

1. Ce texte est inspiré d'un article du même auteur, « Promenade géologique en Terre du Milieu »,paru dans *Pour la Science*, n° 423, décembre 2012.

2. Voir le chapitre « Pourquoi les hobbits ont-ils de gros pieds poilus? », p. 273.

3. Voir le chapitre « Smaug, Glaurung... Des monstres pour les biologistes aussi », p. 431.

Summer is coming Le climat en Terre du Milieu

1. Voir le chapitre « Les paysages chez Tolkien. Une approche géomorphologique », p. 155.

2. Voir le chapitre « Plantes et paysages en Terre du Milieu », p. 195.

Plantes et paysages en Terre du Milieu

1. Voir le chapitre « *Summer is coming.* Le climat en Terre du Milieu », p. 183.

2. Voir le chapitre « Les paysages chez Tolkien. Une approche géomorphologique », p. 155.

Les mondes souterrains dans Tolkien, une histoire underground

1. Pour les monstres et autres créatures imaginaires, nous renvoyons le lecteur à la partie 6, « Un bestiaire fantastique », p. 361-479.

Les pierres précieuses, joyaux de la Terre du Milieu

1. Voir le chapitre « Invisible aux yeux de Sauron ? », p. 241.
2. Voir le chapitre « *Le Seigneur des Anneaux*, une mythologie de la corruption et de la dépendance », p. 143.
3. Voir le chapitre « Une histoire chimique de l'Anneau Unique », p. 251.

Invisible aux yeux de Sauron ?

1. Voir le chapitre « Pourquoi les hobbits ont-ils de gros pieds poilus ? », page 273.
2. Voir le chapitre « Gollum, la métamorphose du hobbit », p. 293.

Pourquoi les hobbits ont-ils de gros pieds poilus ?

1. Voir le chapitre « L'évolution des peuples de la Terre du Milieu, une approche phylogénétique des humanoïdes chez Tolkien », p. 345.
2. Voir le chapitre « Les paysages chez Tolkien. Une approche géomorphologique », p. 155.
3. Voir le chapitre « Quand un hobbit chamboule les paléoanthropologues », p. 281.

Quand un hobbit chamboule les paléo-anthropologues

1. Voir le chapitre « Pourquoi les hobbits ont-ils de gros pieds poilus ? », p. 273.

Gollum, la métamorphose du hobbit

1. Voir le chapitre « Récits d'un jeune médecin… en Terre du Milieu », p. 263.
2. Monstre humanoïde dans le poème épique anglo-saxon Beowulf.
3. D'après l'énigme « Trente chevaux sur une colline rouge, D'abord ils mâchonnent, Puis ils frappent leur marque, Ensuite ils restent immobiles. »

La vision des elfes

1. Plus précisément, l'angle de diffraction est proportionnel au quotient de la longueur d'onde de la lumière incidente et de la dimension de l'objet. Pour que la diffraction ne perturbe pas l'observation d'un objet, il faut donc utiliser une lumière de longueur d'onde plus petite que la taille de l'objet.

2. Voir le chapitre « Gollum, la métamorphose du hobbit », p. 293.

3. Voir le chapitre « Récits d'un jeune médecin… en Terre du Milieu », p. 263.

Les nains sont-ils des hyènes ?

1. Voir le chapitre « Quand un hobbit chamboule les paléoanthropologues », p. 281.

L'évolution des peuples de la Terre du Milieu, une approche phylogénétique des humanoïdes chez Tolkien

1. Voir le chapitre « Pourquoi les hobbits ont-il de gros pieds poilus ? p. 273.

2. Voir le chapitre « Les OGM (Orques Génétiquement Modifiés) de Saruman », p. 335.

3. Pour les lecteurs les plus curieux, ce logiciel est gratuit et disponible en ligne.

4. Voir le chapitre « Gollum, la métamorphose du hobbit », p. 293.

Mythotypie des origines

1. Voir le chapitre « Des géants qui volent ! Vraiment ? », p. 449.

2. Voir le chapitre « Quand un hobbit chamboule les paléoanthropologues », p. 281.

Tolkien, cet ornithologue

1. Voir le chapitre « La vision des elfes », p. 303.

2. Voir le chapitre « Des géants qui volent ! Vraiment ? », p. 449.

Mémoire(s) d'oliphants

1. Groupe de Proboscidiens fossiles qui portaient une paire de défenses inférieures recourbées vers le bas.
2. Groupe de Proboscidiens fossiles qui possédaient deux paires de défenses.
3. Groupe de Proboscidiens qui contient les éléphants actuels et les mammouths.
4. Maître de l'éléphant qui, généralement assis sur son cou, va le diriger lors d'une bataille.
5. Pièce de tissu servant d'ornement et dressée sur le dos d'un animal monté (généralement un cheval).

Les wargs, des chiens de guerre d'origine scandinave ?

1. Voir le chapitre « Beorn, l'homme-ours ou l'ours-homme ? », p. 409.

Beorn, l'homme-ours ou l'ours-homme ?

1. Voir le chapitre « Les wargs, des chiens de guerre d'origine scandinave ? », p. 397.
2. Voir le chapitre « Gollum, la métamorphose du hobbit », p. 293.
3. Voir aussi le chapitre « Les wargs, des chiens de guerre d'origine scandinave ? », p. 397.
4. Voir le chapitre « Les wargs, des chiens de guerre d'origine scandinave ? », p. 397.
5. Équivalent d'un comte.

Le bestiaire des arthropodes

1. Voir le chapitre « Beorn, l'homme-ours ou l'ours-homme ? », p. 409.

Le bestiaire cryptozoologique de Tolkien

1. Voir le chapitre « Le Guetteur entre deux eaux », p. 461.
2. Voir le chapitre « Beorn, l'homme-ours ou l'ours-homme ? », p. 409.

REMERCIEMENTS

Merci à Alexandre Martinez, Muriel Sempé et Thelma Steyer.

Jean-Sébastien Steyer

Dédié à mon frère Jean-Claude (7 juin 1954 – 7 septembre 1973). Je remercie Jean-Sébastien Auriol pour sa relecture des premières versions de ce chapitre, ainsi que pour ses suggestions.

Thierry Rogel

TABLE DES MATIÈRES

TROISIÈME PARTIE

UN ENVIRONNEMENT COMPLEXE

QUATRIÈME PARTIE

DES MILIEUX GRANDIOSES

CINQUIÈME PARTIE

DES PERSONNAGES ÉTONNANTS

SIXIÈME PARTIE

UN BESTIAIRE FANTASTIQUE

ANNEXES

Composition réalisée par
IGS-CP à L'Isle-d'Espagnac (16)

Imprimé en France par
CPI Bussière
en mai 2022
N° d'impression : 2065123